普通高等学校省级规划教材

高等理工院校数学基础教材

线性代数

XIANXING DAISHU

第2版

主　编　许　峰　范爱华

副主编　殷志祥　李　勇

参　编　汪忠志　李文喜　张艳霞

中国科学技术大学出版社

图书在版编目(CIP)数据

线性代数/许峰,范爱华主编. —2版. —合肥：中国科学技术大学出版社,2013.4(2024.1重印)
(普通高等学校省级规划教材)
ISBN 978-7-312-03204-2

Ⅰ. 线…　Ⅱ. ①许…　②范…　Ⅲ. 线性代数—高等学校—教材
Ⅳ. O151.2

中国版本图书馆CIP数据核字(2013)第062827号

出版　中国科学技术大学出版社
安徽省合肥市金寨路96号，邮编：230026
http://press.ustc.edu.cn
https://zgkxjsdxcbs.tmall.com

印刷　安徽国文彩印有限公司

发行　中国科学技术大学出版社

经销　全国新华书店

开本　880 mm×1230 mm　1/32

印张　9.5

字数　302千

版次　2008年8月第1版　2013年4月第2版

印次　2024年1月第17次印刷

定价　23.00元

第2版前言

本书第1版自2008年出版以来,已被几所高校选用,受到了广大学生和教师的普遍欢迎和认可.在此,谨向所有关心本书的读者表示衷心的感谢.

本书第2版基本上保持了第1版的结构和内容编排,主要修改之处如下:

1. 更加突出了线性代数概念的几何意义

线性代数和空间解析几何的联系极为密切,甚至可以说,线性代数就是n维空间的解析几何.本书第2版重点突出了对一些重要概念的几何解释.例如,第1章增加了行列式的几何意义;第2章增加了矩阵乘法的几何意义;第3章增加了线性方程组解的判定定理的几何意义和向量组的线性相关性的几何意义;第4章增加了矩阵特征值和特征向量的几何意义;第5章增加了二次型正(负)定的几何意义.

2. 增加了一些例题

为了帮助学生开拓线性代数知识的应用面,本书第2版增加了一些应用型实例.例如,第1章增加了克莱姆法则和范德蒙行列式的应用实例;第3章增加了线性方程组通解结构定理的应用实例;第5章增加了关于矩阵合同判定的实例.

3. 补充了一些说明和解释性文字

为了使学生更深入、全面地理解线性代数的概念和方法,本书第2版补充了一些说明和解释性文字.例如,第2章增加了引入初等矩阵的缘由等;第4章增加了对施密特正交化方法数值稳定性的说明.

最后,特别要感谢中国科学技术大学出版社对本书第2版的关心和支持.

许 峰

2013年1月

前　言

随着计算机技术的飞速发展和广泛应用，许多实际问题得以通过离散化的数值计算而得到定量的解决. 而线性代数正是实际问题离散化的数学基础. 不仅如此，线性代数在训练学生的逻辑思维和推理能力、分析和解决实际问题的能力方面也起着重要的作用. 因此，线性代数已成为理工、经济、工商管理等各专业大学生必修的重要数学基础课之一.

由于历史原因，我国线性代数的教学内容与课程体系受前苏联的影响很深. 我国 20 世纪五六十年代的线性代数教材往往是高等代数教材的缩写本，理论性很强，难度较大，不太适合普通高校工科专业使用.

20 世纪 80 年代初，同济大学编写了供普通高校工科专业使用的《线性代数》. 该教材较好地把握了工科线性代数课程教学的基本要求，内容选择适当，难度适中，论述通俗易懂，例题与习题较为典型，一经出版，即被大部分普通工科院校广泛采用，历经二十余年，畅销不衰，成为工科线性代数最经典的教材.

近几年来，随着高等学校招生规模的不断扩大，高校的培养模式、教学方法、教学手段等逐渐呈现出多元化. 高校教材也悄然发生着变化，由几花争艳逐步演变为百花齐放. 每门课程不再是只有几种教材供选择，有些基础课程的教材已有数十种之多，而且还不断有新教材问世. 诚然，近年来大量涌现出来的新教材中不乏精品，但其中也有一些属低水平的重复建设，质量不尽如人意.

作者长期从事线性代数课程的教学，积累了一定的教学经验和教学资料，对线性代数教材也有不少自己的看法，但一直从未有过自己编写教材的奢望. 2007 年 10 月，适逢申报安徽省高等学校“十一五”省级规划教材，在院领导和中国科学技术大学出版社编辑老师的动员和鼓励下，作者打消了各种疑虑，毅然决定编写一本线性代数教材.

为了使得这本教材有一点点自己的特色，避免低水平的重复建设，作者在以下几个方面做了一些工作：

1. 一位哲人曾经说过：“科学只能给我们知识，而历史却能给我们智慧.”在教材每一章的引言中，作者对本章要讨论的主要概念和问题的背景、起源、研究历程以及一些数学家对此所做的贡献做了一点简要介绍，并且在附录中介绍了代数学的发展历史. 这样做不仅能使学生了解一点数学发展历史，接受一点数学文化的熏陶，而且能使学生知晓一点所学内容的来龙去脉和应用领域，提高一点学习兴趣.

作者这样做，是想在提高大学生数学文化素养方面做一点尝试，希望得到读者的认可.

2. 在内容编排方面，与别的教材相比，本教材做了较大变化. 首先，将矩阵的初等变换和矩阵的秩两个内容并入第 2 章“矩阵”，而将关于线性方程组的内容全部合并为第 3 章“线性方程组”. 这样做的目的是使这两章的内容比较完整，利于教学. 其次，对有些内容做了合并、调整. 比如，将全排列、逆序数和对换内容合并入“行列式的定义”一节，将向量组的线性组合内容合并入“向量组的线性相关性”一节，将向量的内积内容合并入“正交矩阵与正交变换”一节.

不过,内容的编排历来是容易引发争议的问题,“仁者见仁,智者见智”,每本教材都有自己的想法和道理,没有绝对的合理与不合理.

3. 作者在编写本教材时的一个指导思想是:力争使教材通俗易懂,易于自学.具体做法包括:(1) 对于一些重要概念,如行列式、矩阵及其运算、矩阵及向量组的秩、特征值与特征向量、正交变换等,都是通过浅显易懂的具体例子引入,以使学生更好地理解这些重要概念,同时也使学生明白:数学概念不是数学家凭空想象出来的,而是来源于实际.(2) 在提出本章节的主要问题和给出某些定理时,作者特别注意解说性文字的编写,使学生很容易明白为什么要讨论这个问题,这个问题与其他问题有什么联系,等等.

4. 教材不是教学辅导书,许多内容和方法的总结应该由教师和学生去完成.但考虑到学生的实际情况,从利于教师教和学生学的角度出发,教材对一些重要的内容和方法做了适当的总结和条理化.

这种做法无疑不太利于学生学习能力的培养,是否合适,值得商榷.

5. 例题和习题的选择是教材编写中的重要工作.作者在编写教材时,特别注意例题的代表性和典型性.另外,考虑到教学的方便,采取了按节配置习题的方式.所选习题题型较为丰富,覆盖面大.

由于线性代数学时较少,所以总体感觉教材的习题量偏大.请教师和学生在使用时注意选择.

需要指出的是,与其他所有教材编写者一样,作者在编写本教材时，参考、借鉴了多种优秀线性代数教材，这些教材在诸如内容编排、定理的论述等方面给了作者许多有益的启示. 在此，向这些教材的作者表示感谢和敬意.

这本教材从开始编写到完成只有几个月时间，而且是在繁重的工作之余编写的，因此，教材中存在这样那样的问题甚至错误是在所难免的. 一本优秀的教材是要经过反复锤炼的，是要经得起时间检验的. 作者期待着广大读者特别是各位同行的批评意见和建议.

最后，特别要感谢作者的夫人和中国科学技术大学出版社，没有他们的支持和关心，本教材不可能按时完成.

许 峰

2008 年 5 月

目　　录

第1章 行 列 式

引 言

行列式的概念最早是在17世纪由日本数学家关孝和(Seki Takakazu,约1642～1708)提出来的.他在1683年写了一部名为《解伏题之法》的著作,意思是“解行列式问题的方法”,书中对行列式的概念和它的展开已经有了清楚的叙述.欧洲第一个提出行列式概念的是德国数学家、微积分学奠基人之一莱布尼兹(G. W. Leibnitz,1646～1716).1693年4月,莱布尼兹在写给法国数学家洛比达(L'Hospital,1661～1704)的一封信中使用了行列式,并给出了线性方程组的系数行列式为零的条件.

1750年,瑞士数学家克莱姆(G. Cramer,1704～1752)在其著作《线性代数分析导引》中,对行列式的定义和展开法则给出了比较完整、明确的阐述,并给出了我们现在熟知的解线性方程组的克莱姆法则.1764年,法国数学家贝祖(E. Bezout,1730～1783)将确定行列式每一项符号的方法进行了系统化,利用系数行列式概念指出了如何判断一个齐次线性方程组有非零解.

在很长一段时间内,行列式只是作为解线性方程组的一种工具,没有人意识到它可以独立于线性方程组之外,单独形成一门理论.

在行列式的发展史上,第一个把行列式理论与线性方程组求解相分离的人是法国数学家范德蒙(A. T. Vandermonde,1735～1796).范德蒙自幼在父亲的指导下学习音乐,但对数学有浓厚的兴趣,后来终于成为法兰西科学院院士.他给出了用余子式来展开三阶行列式的法则,并研究了被后人以他的名字命名的“范德蒙行列式”.范德蒙是行列式理论的奠基人.

法国数学家拉普拉斯(P. S. Laplace,1749～1827)在1772年发

表的论文《对积分和世界体系的探讨》中，推广了范德蒙的行列式展开法则，这个方法现在称为拉普拉斯展开法则.

在行列式理论方面做出突出贡献的还有法国大数学家柯西(A. L. Cauchy，1789～1857).1815年，柯西在一篇论文中给出了行列式的系统理论.他给出了行列式的乘法定理；在行列式的记号中，他首次采用了双重足标的新记法；引进了行列式特征方程的术语；改进了拉普拉斯的行列式展开定理，并给出了一个证明.

继柯西之后，在行列式理论方面最多产的人是德国数学家雅可比(J. Jacobi，1804～1851).他引进了函数行列式，即"雅可比行列式"，指出函数行列式在多重积分的变量替换中的作用，给出了函数行列式的导数公式.雅可比的著名论文《论行列式的形成和性质》标志着行列式系统理论的形成.

行列式在许多数学分支中都有着非常广泛的应用，是常用的一种计算工具.在本门课程中，它是研究线性方程组、矩阵及向量组线性相关性的一种重要工具.

本章主要介绍 n 阶行列式的定义、性质及其计算方法.此外，还要介绍解线性方程组的克莱姆法则.

1.1 二阶与三阶行列式

1.1.1 二阶行列式

历史上，行列式的概念是在研究线性方程组的解的过程中产生的.下面我们通过解二元线性方程组引出二阶行列式的概念.

对于二元线性方程组

$$\begin{cases} a_{11}x_1 + a_{12}x_2 = b_1, \\ a_{21}x_1 + a_{22}x_2 = b_2, \end{cases} \tag{1.1}$$

当 $a_{11}a_{22} - a_{12}a_{21} \neq 0$ 时，用消元法易得

$$x_1 = \frac{b_1a_{22} - a_{12}b_2}{a_{11}a_{22} - a_{12}a_{21}}, \quad x_2 = \frac{a_{11}b_2 - b_1a_{21}}{a_{11}a_{22} - a_{12}a_{21}}. \tag{1.2}$$

(1.2)式中的分子、分母都是四个数分两对相乘再相减而得，其中

分母 $a_{11}a_{22}-a_{12}a_{21}$ 是由方程组(1.1)的四个系数确定的.将这四个系数按它们在方程组(1.1)中的位置,排成两行两列的数表

$$\begin{matrix} a_{11} & a_{12} \\ a_{21} & a_{22} \end{matrix}, \tag{1.3}$$

表达式 $a_{11}a_{22}-a_{12}a_{21}$ 称为数表(1.3)所确定的**二阶行列式**,并记为

$$\begin{vmatrix} a_{11} & a_{12} \\ a_{21} & a_{22} \end{vmatrix}. \tag{1.4}$$

数 a_{ij} $(i, j = 1, 2)$ 称为行列式(1.4)的**元素**.元素 a_{ij} 的第一个下标 i 称为**行标**,表明该元素位于第 i 行;第二个下标 j 称为**列标**,表明该元素位于第 j 列.

由上述定义可知,二阶行列式是由四个数按一定的法则运算所得的代数和,这个法则称为**对角线法则**.如图1.1所示,从 a_{11} 到 a_{22} 的实连线称为**主对角线**,从 a_{12} 到 a_{21} 的虚连线称为**副对角线**.按照对角线法则,二阶行列式等于主对角线上两元素之积减去副对角线上两元素之积所得的差.

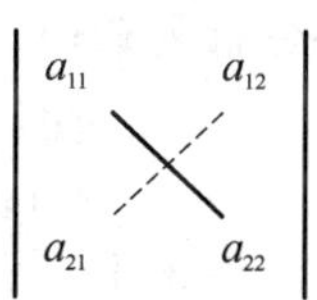

图 1.1

利用二阶行列式的概念,(1.2)式中的分子也可以写成二阶行列式,即

$$b_1a_{22}-a_{12}b_2 = \begin{vmatrix} b_1 & a_{12} \\ b_2 & a_{22} \end{vmatrix},$$

$$a_{11}b_2-b_1a_{21} = \begin{vmatrix} a_{11} & b_1 \\ a_{21} & b_2 \end{vmatrix}.$$

若记

$$D = \begin{vmatrix} a_{11} & a_{12} \\ a_{21} & a_{22} \end{vmatrix},$$

$$D_1 = \begin{vmatrix} b_1 & a_{12} \\ b_2 & a_{22} \end{vmatrix},$$

$$D_2 = \begin{vmatrix} a_{11} & b_1 \\ a_{21} & b_2 \end{vmatrix},$$

当$D=a_{11}a_{22}-a_{12}a_{21}\neq 0$时，则方程组(1.1)的解可记为

$$\left.\begin{aligned} x_1 &= \frac{D_1}{D} = \frac{\begin{vmatrix} b_1 & a_{12} \\ b_2 & a_{22} \end{vmatrix}}{\begin{vmatrix} a_{11} & a_{12} \\ a_{21} & a_{22} \end{vmatrix}}, \\ x_2 &= \frac{D_2}{D} = \frac{\begin{vmatrix} a_{11} & b_1 \\ a_{21} & b_2 \end{vmatrix}}{\begin{vmatrix} a_{11} & a_{12} \\ a_{21} & a_{22} \end{vmatrix}}. \end{aligned}\right\} \tag{1.5}$$

这里的分母D是方程组(1.1)的系数所确定的二阶行列式，称为**系数行列式**；x_1的分子D_1是用常数项b_1，b_2替换D中x_1的系数a_{11}，a_{21}所得的二阶行列式；x_2的分子D_2是用常数项b_1，b_2替换D中x_2的系数a_{12}，a_{22}所得的二阶行列式.

例1.1 解方程组

$$\begin{cases} 2x_1+3x_2=8, \\ x_1-2x_2=-3. \end{cases}$$

解 $D=\begin{vmatrix} 2 & 3 \\ 1 & -2 \end{vmatrix}=2\times(-2)-3\times 1=-7,$

$$D_1=\begin{vmatrix} 8 & 3 \\ -3 & -2 \end{vmatrix}=8\times(-2)-3\times(-3)=-7,$$

$$D_2=\begin{vmatrix} 2 & 8 \\ 1 & -3 \end{vmatrix}=2\times(-3)-8\times 1=-14,$$

从而

$$x_1=\frac{D_1}{D}=\frac{-7}{-7}=1,$$

$$x_2=\frac{D_2}{D}=\frac{-14}{-7}=2.$$

1.1.2 三阶行列式

与二阶行列式类似，同样可得三阶行列式的概念.

定义 1.1　设有九个数排成三行三列的数表

$$\begin{matrix} a_{11} & a_{12} & a_{13} \\ a_{21} & a_{22} & a_{23}, \\ a_{31} & a_{32} & a_{33} \end{matrix} \tag{1.6}$$

记

$$\begin{vmatrix} a_{11} & a_{12} & a_{13} \\ a_{21} & a_{22} & a_{23} \\ a_{31} & a_{32} & a_{33} \end{vmatrix} = a_{11}a_{22}a_{33} + a_{12}a_{23}a_{31} + a_{13}a_{21}a_{32} - a_{11}a_{23}a_{32} - a_{12}a_{21}a_{33} - a_{13}a_{22}a_{31}, \tag{1.7}$$

称(1.7)式为数表(1.6)所确定的**三阶行列式**.

由上述定义可见,三阶行列式有六项,每一项均为不同行不同列的三个元素的乘积再冠以正负号,其运算规律遵循图 1.2 所示的**对角线法则**:图中的三条实线看做是平行于主对角线的连线,三条虚线看作是平行于副对角线的连线,实线上三元素的乘积冠正号,虚线上三元素的乘积冠负号.

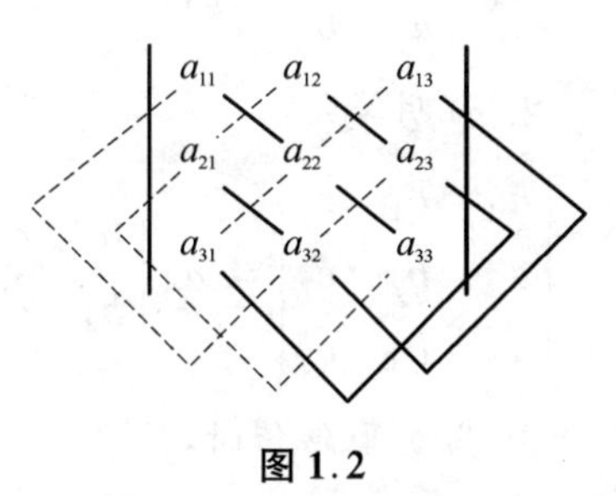

图 1.2

例 1.2　计算三阶行列式

$$D = \begin{vmatrix} 1 & 2 & 3 \\ 4 & 0 & 5 \\ -1 & 0 & 6 \end{vmatrix}.$$

解
$$\begin{aligned} D &= 1\times 0\times 6 + 2\times 5\times(-1) + 3\times 4\times 0 - 1\times 5\times 0 \\ &\quad - 2\times 4\times 6 - 3\times 0\times(-1) \\ &= -10 - 48 \\ &= -58. \end{aligned}$$

例 1.3　求解方程

$$D = \begin{vmatrix} 1 & 1 & 1 \\ 2 & 3 & x \\ 4 & 9 & x^2 \end{vmatrix} = 0.$$

解 方程左端

$$D = 3x^2 + 4x + 18 - 9x - 2x^2 - 12 = x^2 - 5x + 6,$$

由 $x^2 - 5x + 6 = 0$,解得 $x = 2$ 或 $x = 3$.

必须指出的是,对角线法则只适用于二阶和三阶行列式.要研究四阶及更高阶行列式,必须先定义全排列与逆序数,然后才能给出一般行列式的概念.

习 题 1.1

1. 利用对角线法则计算下列三阶行列式:

(1) $\begin{vmatrix} 1 & 0 & -1 \\ 3 & 5 & 0 \\ 0 & 4 & 1 \end{vmatrix}$;　　(2) $\begin{vmatrix} a & b & c \\ b & c & a \\ c & a & b \end{vmatrix}$;

(3) $\begin{vmatrix} 1 & 1 & 1 \\ a & b & c \\ a^2 & b^2 & c^2 \end{vmatrix}$;　　(4) $\begin{vmatrix} x & y & x+y \\ y & x+y & x \\ x+y & x & y \end{vmatrix}$.

2. 证明等式:

$$\begin{vmatrix} a_1 & b_1 & c_1 \\ a_2 & b_2 & c_2 \\ a_3 & b_3 & c_3 \end{vmatrix} = a_1 \begin{vmatrix} b_2 & c_2 \\ b_3 & c_3 \end{vmatrix} - b_1 \begin{vmatrix} a_2 & c_2 \\ a_3 & c_3 \end{vmatrix} + c_1 \begin{vmatrix} a_2 & b_2 \\ a_3 & b_3 \end{vmatrix}.$$

3. 当 x 取何值时,

$$\begin{vmatrix} 3 & 1 & x \\ 4 & x & 0 \\ 1 & 0 & x \end{vmatrix} \neq 0.$$

1.2 n 阶行列式的定义

1.2.1 全排列与逆序数

定义 1.2 将 1, 2, …, n 这 n 个数任意组合后排成的数组 $j_1 j_2 \cdots j_n$ 称为一个 n 阶**全排列**,简称**排列**.

例如,1234 和 4312 都是四阶全排列,而 53214 为一个五阶全排列.

对于 n 阶全排列$j_1j_2\cdots j_n$,从1, 2, …, n 这n 个数中任取一个放在第一个位置,有 n 种取法;从剩下的 $n-1$ 个数中任取一个放在第二个位置,有 $n-1$ 种取法;依次类推,直到最后一个数放在第 n 个位置上,只有一种取法.因此,n 阶全排列的总数为$P_n = n\cdot(n-1)\cdot\cdots\cdot 2\cdot 1 = n!$.

若在全排列中规定一种标准排列次序(通常为由小到大的递增次序),那么便有了下列逆序及逆序数的概念.

定义 1.3 在全排列中任取两个数,如前面的数大于后面的数,则称它们构成一个**逆序**.一个全排列中所有逆序的总和称为此全排列的**逆序数**,记为 t.

逆序数为奇(偶)数的全排列称为**奇(偶)排列**.

计算全排列 $j_1j_2\cdots j_n$ 的逆序数较为简单.对于数 $j_k(k=1, 2, \cdots, n)$,如果比 j_k 小且排在j_k 后面的数有t_k 个,那么 j_k 的逆序数就是 t_k.所有数的逆序数的总和

$$t = t_1 + t_2 + \cdots + t_n = \sum_{k=1}^{n} t_k,$$

即为此全排列的逆序数.

例 1.4 求下列全排列的逆序数:

(1) 312;　　(2) 134782695;

(3) $n(n-1)\cdots 321$;　　(4) $123\cdots(n-1)n$.

解 (1) $t_1 = 2$, $t_2 = 0$, $t_3 = 0$, $t = 2+0+0 = 2$.

(2) $t_1 = 0$, $t_2 = 1$, $t_3 = 1$, $t_4 = 3$, $t_5 = 3$, $t_6 = 0$, $t_7 = 1$, $t_8 = 1$, $t_9 = 0$, $t = 0+1+1+3+3+0+1+1+0 = 10$.

(3) $t_k = n-k\ (k=1, 2, \cdots, n)$, $t = (n-1)+(n-2)+\cdots+2+1+0 = \dfrac{1}{2}n(n-1)$.

(4) $t_k = 0\ (k=1, 2, \cdots, n)$, $t = 0$.

1.2.2 n 阶行列式的定义

为了给出一般的 n 阶行列式的定义,先来研究一下三阶行列式的

定义.

三阶行列式的定义为

$$\begin{vmatrix} a_{11} & a_{12} & a_{13} \\ a_{21} & a_{22} & a_{23} \\ a_{31} & a_{32} & a_{33} \end{vmatrix} = a_{11}a_{22}a_{33} + a_{12}a_{23}a_{31} + a_{13}a_{21}a_{32} - a_{11}a_{23}a_{32} - a_{12}a_{21}a_{33} - a_{13}a_{22}a_{31}.$$

不难看出：

(1) 三阶行列式共有 $6=3!$ 项，其中正、负项各为 3 项；

(2) 每项均为取自不同行不同列的三个元素的乘积；

(3) 确定每项的符号的法则是：当该项元素的行标按自然数顺序排列后，若对应的列标构成的排列是偶排列则取正号，是奇排列则取负号.

例如，项 $a_{11}a_{23}a_{32}$ 的列标 132 的逆序数为 1，为奇排列，所以此项符号为负.

综上所述，三阶行列式可定义为

$$\begin{vmatrix} a_{11} & a_{12} & a_{13} \\ a_{21} & a_{22} & a_{23} \\ a_{31} & a_{32} & a_{33} \end{vmatrix} = \sum (-1)^t a_{1j_1} a_{2j_2} a_{3j_3}, \tag{1.8}$$

其中 t 为排列 $j_1 j_2 j_3$ 的逆序数，$\sum$ 表示对 1，2，3 三个数的所有排列 $j_1 j_2 j_3$ 求和.

仿照上述三阶行列式的定义，可以给出一般的 n 阶行列式的定义.

定义 1.4 设有 n^2 个数，排成 n 行 n 列的数表

$$\begin{matrix} a_{11} & a_{12} & \cdots & a_{1n} \\ a_{21} & a_{22} & \cdots & a_{2n} \\ \vdots & \vdots & & \vdots \\ a_{n1} & a_{n2} & \cdots & a_{nn} \end{matrix}, \tag{1.9}$$

做出表中位于不同行不同列的 n 个数的乘积，并冠以符号 $(-1)^t$，得到形如

$$(-1)^t a_{1j_1} a_{2j_2} \cdots a_{nj_n} \tag{1.10}$$

的项，其中 $j_1 j_2 \cdots j_n$ 为 $1, 2, \cdots, n$ 的一个全排列，t 为此排列的逆序数. 由于这样的排列共有 $n!$ 个，因而形如(1.10)式的项共有 $n!$ 项. 所有这 $n!$ 项的代数和

$$\sum (-1)^t a_{1j_1} a_{2j_2} \cdots a_{nj_n} \tag{1.11}$$

称为 **n 阶行列式**，记为

$$D = \begin{vmatrix} a_{11} & a_{12} & \cdots & a_{1n} \\ a_{21} & a_{22} & \cdots & a_{2n} \\ \vdots & \vdots & & \vdots \\ a_{n1} & a_{n2} & \cdots & a_{nn} \end{vmatrix} = \sum (-1)^t a_{1j_1} a_{2j_2} \cdots a_{nj_n}, \tag{1.12}$$

简记为 $\det(a_{ij})$，a_{ij} 称为行列式的**元素**.

按此定义的二阶、三阶行列式，与1.1节中用对角线法则定义的二阶、三阶行列式显然是一致的. 当 $n = 1$ 时，一阶行列式 $|a| = a$，注意不要与绝对值记号相混淆.

这里，我们顺便给出行列式的几何意义，其结论只需根据空间解析几何知识获得.

(1) 二阶行列式 $\begin{vmatrix} a_{11} & a_{12} \\ a_{21} & a_{22} \end{vmatrix}$ 的绝对值在几何上表示以向量 $\{a_{11}, a_{12}\}$，$\{a_{21}, a_{22}\}$ 为邻边的平行四边形的面积；

(2) 三阶行列式 $\begin{vmatrix} a_{11} & a_{12} & a_{13} \\ a_{21} & a_{22} & a_{23} \\ a_{31} & a_{32} & a_{33} \end{vmatrix}$ 的绝对值在几何上表示以向量 $\{a_{11}, a_{12}, a_{13}\}$，$\{a_{21}, a_{22}, a_{23}\}$，$\{a_{31}, a_{32}, a_{33}\}$ 为相邻棱的平行六面体的体积；

(3) n 阶行列式 $\begin{vmatrix} a_{11} & a_{12} & \cdots & a_{1n} \\ a_{21} & a_{22} & \cdots & a_{2n} \\ \vdots & \vdots & & \vdots \\ a_{n1} & a_{n2} & \cdots & a_{nn} \end{vmatrix}$ 的绝对值在几何上表示行列式所对应的向量组按照平行四边形法则组合成的超空间立体的

体积.

例 1.5 试证明:若 n 阶行列式 D 中非零元素的个数少于 n,则 $D=0$.

证 因为 D 中非零元素的个数少于 n,所以 D 的一般项 $a_{1j_1}a_{2j_2}\cdots a_{nj_n}=0$. 根据行列式的定义, $D=0$.

例 1.6 证明下三角行列式

$$D_n=\begin{vmatrix} a_{11} & & & \\ a_{21} & a_{22} & & \\ \vdots & \vdots & \ddots & \\ a_{n1} & a_{n2} & \cdots & a_{nn} \end{vmatrix}=a_{11}a_{22}\cdots a_{nn}.$$

证 由于当 $j>i$ 时 $a_{ij}=0$,所以 D_n 中可能不为 0 的元素 a_{kj_k},其下标应满足 $j_k\leqslant k$,即 $j_1\leqslant 1$, $j_2\leqslant 2$, $\cdots$, $j_n\leqslant n$.

在所有排列 $j_1j_2\cdots j_n$ 中,能满足上述关系的排列只有一个自然排列 $12\cdots n$,即 D_n 中可能不为 0 的项只有一项 $(-1)^t a_{11}a_{22}\cdots a_{nn}$. 显然 $t=0$, 所以

$$D_n=a_{11}a_{22}\cdots a_{nn}.$$

类似地可证明:

上三角行列式

$$D_n=\begin{vmatrix} a_{11} & a_{12} & \cdots & a_{1n} \\ & a_{22} & \cdots & a_{2n} \\ & & \ddots & \vdots \\ & & & a_{nn} \end{vmatrix}=a_{11}a_{22}\cdots a_{nn};$$

对角行列式

$$D_n=\begin{vmatrix} a_{11} & & & \\ & a_{22} & & \\ & & \ddots & \\ & & & a_{nn} \end{vmatrix}=a_{11}a_{22}\cdots a_{nn}.$$

例 1.7 计算反对角行列式

$$D_n = \begin{vmatrix} & & & a_{1n} \\ & & a_{2,n-1} & \\ & \iddots & & \\ a_{n1} & & & \end{vmatrix}.$$

解　观察通项 $a_{1j_1}a_{2j_2}\cdots a_{n-1,j_{n-1}}a_{nj_n}$ 知,要想使之不为零,必须 $j_1=n$,同理 $j_2=n-1$, …, $j_{n-1}=2$, $j_n=1$,而 $t(j_1j_2\cdots j_n)=t[n(n-1)\cdots 21]=\frac{1}{2}n(n-1)$,故

$$D_n=(-1)^{\frac{n(n-1)}{2}}a_{1n}a_{2,n-1}\cdots a_{n1}.$$

1.2.3　对换

为进一步研究 n 阶行列式的性质,先要讨论对换的概念及其与排列奇偶性的关系.

定义 1.5　将一个排列中的两个数位置对调称为**对换**.将相邻两个数对换称为**相邻对换**.

例如,对换排列 21354 中 1 和 4 的位置后,得到新排列 24351.

对换与排列的奇偶性有直接的关系.

定理 1.1　一个排列中的任意两个元素对换,排列改变奇偶性.

证　先证相邻对换的情形.

设排列为 $a_1\cdots a_l abb_1\cdots b_m$,对换 a 与 b,变为 $a_1\cdots a_l bab_1\cdots b_m$. 显然,$a_1$, …, a_l 和 b_1, …, b_m 这些元素的逆序数经过对换并不改变,而 a, b 两元素的逆序数改变为:当 $a<b$ 时,经对换后 b 的逆序数增加 1 而 a 的逆序数不变;当 $a>b$ 时,经对换后 b 的逆序数不变而 a 的逆序数减少 1. 因此,排列 $a_1\cdots a_l abb_1\cdots b_m$ 与排列 $a_1\cdots a_l bab_1\cdots b_m$ 的奇偶性不同.

再证一般对换的情形.

设排列为 $a_1\cdots a_l ab_1\cdots b_m bc_1\cdots c_n$,先将它作 m 次相邻对换,变成 $a_1\cdots a_l abb_1\cdots b_m c_1\cdots c_n$,再作 $m+1$ 次相邻对换,变成 $a_1\cdots a_l bb_1\cdots b_m ac_1\cdots c_n$. 也就是说,经 $2m+1$ 次相邻对换,排列 $a_1\cdots a_l ab_1\cdots b_m bc_1\cdots c_n$ 变成排列 $a_1\cdots a_l bb_1\cdots b_m ac_1\cdots c_n$,所以这两个排列的奇偶性相反.

推论 奇排列变成标准排列的对换次数为奇数,偶排列变成标准排列的对换次数为偶数.

证 由定理1.1知,对换的次数就是排列奇偶性的变化次数,而标准排列是偶排列,其逆序数为0,因此推论成立.

定理1.2 在所有 n 阶排列中,奇、偶排列各半,各为$\frac{1}{2}n!$个.

证 设奇、偶排列分别为 p,q 个,则 $p+q=n!$,不妨假定 $p\leqslant q$.

对所有排列作同一对换,由定理1.1,奇、偶排列的个数变为 q,p 个.根据假定,又有 $q\leqslant p$,从而 $p=q=\frac{1}{2}n!$.

下面我们利用定理1.1给出行列式的另一种表示法.

定理1.3 n 阶行列式也可定义为

$$D=\sum(-1)^s a_{i_1j_1}a_{i_2j_2}\cdots a_{i_nj_n}, \tag{1.13}$$

其中 s 为行标与列标排列的逆序数之和,即

$$s=t(i_1i_2\cdots i_n)+t(j_1j_2\cdots j_n). \tag{1.14}$$

证 对于行列式 D 中的一般项$(-1)^s a_{i_1j_1}a_{i_2j_2}\cdots a_{i_nj_n}$,若交换两元素的位置,相当于同时进行一个行标的对换和一个列标的对换.根据定理1.1,行标和列标排列的逆序数都要发生改变.因此,无论交换前一般项行标和列标排列的逆序数为奇或偶,交换后一般项行标和列标排列的逆序数之和的奇偶性始终保持不变,即 s 的奇偶性保持不变,从而一般项$(-1)^s a_{i_1j_1}a_{i_2j_2}\cdots a_{i_nj_n}$的符号始终保持不变.

这样,我们总可以经过有限次交换,使其行标为自然数顺序排列,即变为(1.12)式的一般项,从而 n 阶行列式也可以定义为(1.13)式的形式.

特别地,若经过有限次交换将一般项$(-1)^s a_{i_1j_1}a_{i_2j_2}\cdots a_{i_nj_n}$的列标变为自然数顺序排列,则可得 n 阶行列式的另一种定义

$$D=\sum(-1)^t a_{i_11}a_{i_22}\cdots a_{i_nn}, \tag{1.15}$$

其中 t 为行标排列 $i_1i_2\cdots i_n$ 的逆序数.

例1.8 在六阶行列式中,下列两项各应带什么符号?

(1) $a_{23}a_{31}a_{42}a_{56}a_{14}a_{65}$;　　(2) $a_{32}a_{43}a_{14}a_{51}a_{66}a_{25}$.

解 (1) 用定义1.4讨论:

$$a_{23}a_{31}a_{42}a_{56}a_{14}a_{65} = a_{14}a_{23}a_{31}a_{42}a_{56}a_{65},$$

列标431265的逆序数 $t = 3+2+1 = 6$ 为偶数,所以 $a_{23}a_{31}a_{42}a_{56}a_{14}a_{65}$ 前应带正号.

(2) 用定理1.3讨论:

行标341562的逆序数为 $t_1 = 2+2+1+1 = 6$;

列标234165的逆序数为 $t_2 = 1+1+1+1 = 4$.

行标与列标排列的逆序数之和 $s = t_1 + t_2 = 10$ 为偶数,所以 $a_{32}a_{43}a_{14}a_{51}a_{66}a_{25}$ 前应带正号.

例1.9 用行列式定义计算

$$D_n = \begin{vmatrix} 0 & 0 & \cdots & 0 & 1 & 0 \\ 0 & 0 & \cdots & 2 & 0 & 0 \\ \vdots & \vdots & & \vdots & \vdots & \vdots \\ n-1 & 0 & \cdots & 0 & 0 & 0 \\ 0 & 0 & \cdots & 0 & 0 & n \end{vmatrix}.$$

解 显然,此行列式中不为零的不同行不同列的乘积只有 $a_{1,n-1}a_{2,n-2}\cdots a_{n-1,1}a_{nn} = (n-1)(n-2)\cdot\cdots\cdot 2\cdot 1\cdot n = n!$一项,而 $t[(n-1)(n-2)\cdots 2\ 1\ n] = (n-2)+(n-3)+\cdots+1 = \frac{1}{2}(n-1)(n-2)$,所以

$$D_n = (-1)^{\frac{(n-1)(n-2)}{2}} n!.$$

习 题 1.2

1. 求下列排列的逆序数:

(1) 36715284;　　(2) $13\cdots(2n-1)24\cdots(2n)$;

(3) $13\cdots(2n-1)(2n)(2n-2)\cdots 2$.

2. 写出四阶行列式中含有因子 $a_{11}a_{23}$ 的项.

3. 在六阶行列式 $|a_{ij}|$ 中,下列各元素乘积应取什么符号?

(1) $a_{15}a_{23}a_{32}a_{44}a_{51}a_{66}$;　　(2) $a_{21}a_{53}a_{16}a_{42}a_{65}a_{34}$.

4. 选择 k,l,使 $a_{13}a_{2k}a_{34}a_{42}a_{5l}$ 成为五阶行列式 $|a_{ij}|$ 中带负号的项.

5. 设 n 阶行列式中有 n^2-n 个以上的元素为零,证明该行列式

为零.

6. 用行列式的定义计算下列行列式:

(1) $\begin{vmatrix} 0 & 0 & 1 & 0 \\ 0 & 1 & 0 & 0 \\ 0 & 0 & 0 & 1 \\ 1 & 0 & 0 & 0 \end{vmatrix}$;　　(2) $\begin{vmatrix} 0 & 1 & 0 & \cdots & 0 \\ 0 & 0 & 2 & \cdots & 0 \\ \vdots & \vdots & \vdots & & \vdots \\ 0 & 0 & 0 & \cdots & n-1 \\ n & 0 & 0 & \cdots & 0 \end{vmatrix}$;

(3) $\begin{vmatrix} a_{11} & a_{12} & a_{13} & a_{14} & a_{15} \\ a_{21} & a_{22} & a_{23} & a_{24} & a_{25} \\ a_{31} & a_{32} & 0 & 0 & 0 \\ a_{41} & a_{42} & 0 & 0 & 0 \\ a_{51} & a_{52} & 0 & 0 & 0 \end{vmatrix}$.

1.3 行列式的性质

由上节行列式的定义可知,n 阶行列式等于不同行不同列的 n 个元素的乘积之和,这种和共有 $n!$ 项.显然,当 n 较大时,用定义计算行列式是不现实的.

在本节中,我们要介绍行列式的一系列性质,这些性质在行列式的理论研究和计算中起着非常重要的作用.

首先引入转置行列式的概念.

定义 1.6 将行列式 D 的行与列互换后得到的行列式称为 D 的**转置行列式**,记为 D^{T}.即若

$$D = \begin{vmatrix} a_{11} & a_{12} & \cdots & a_{1n} \\ a_{21} & a_{22} & \cdots & a_{2n} \\ \vdots & \vdots & & \vdots \\ a_{n1} & a_{n2} & \cdots & a_{nn} \end{vmatrix},$$

则

$$D^{\mathrm{T}}=\begin{vmatrix} a_{11} & a_{21} & \cdots & a_{n1} \\ a_{12} & a_{22} & \cdots & a_{n2} \\ \vdots & \vdots & & \vdots \\ a_{1n} & a_{2n} & \cdots & a_{nn} \end{vmatrix}.$$

性质 1 行列式与它的转置行列式相等,即 $D=D^{\mathrm{T}}$.

证 记 $D=\det(a_{ij})$ 的转置行列式

$$D^{\mathrm{T}}=\begin{vmatrix} b_{11} & b_{12} & \cdots & b_{1n} \\ b_{21} & b_{22} & \cdots & b_{2n} \\ \vdots & \vdots & & \vdots \\ b_{n1} & b_{n2} & \cdots & b_{nn} \end{vmatrix},$$

则 $b_{ij}=a_{ji}\,(i,\ j=1,\ 2,\ \cdots,\ n)$.

根据行列式的定义,有

$$D^{\mathrm{T}}=\sum(-1)^{t}b_{1j_1}b_{2j_2}\cdots b_{nj_n}=\sum(-1)^{t}a_{j_1 1}a_{j_2 2}\cdots a_{j_n n},$$

而由定理1.3,有

$$D=\sum(-1)^{t}a_{j_1 1}a_{j_2 2}\cdots a_{j_n n},$$

所以 $D=D^{\mathrm{T}}$.

由此性质可知,行列式中的行与列具有相同的地位.行具有的性质,列也同样具有;反之亦然.

性质 2 交换两行(列),行列式仅改变符号.

证 设 n 阶行列式

$$D=\begin{vmatrix} a_{11} & a_{12} & \cdots & a_{1n} \\ \vdots & \vdots & & \vdots \\ a_{i1} & a_{i2} & \cdots & a_{in} \\ \vdots & \vdots & & \vdots \\ a_{j1} & a_{j2} & \cdots & a_{jn} \\ \vdots & \vdots & & \vdots \\ a_{n1} & a_{n2} & \cdots & a_{nn} \end{vmatrix},$$

交换行列式的第 i 行与第 j 行对应元素 $(1\leqslant i<j\leqslant n)$,得行列式

$$D_1 = \begin{vmatrix} a_{11} & a_{12} & \cdots & a_{1n} \\ \vdots & \vdots & & \vdots \\ a_{j1} & a_{j2} & \cdots & a_{jn} \\ \vdots & \vdots & & \vdots \\ a_{i1} & a_{i2} & \cdots & a_{in} \\ \vdots & \vdots & & \vdots \\ a_{n1} & a_{n2} & \cdots & a_{nn} \end{vmatrix}.$$

根据定理1.3,有

$$D = \sum (-1)^s a_{1p_1} \cdots a_{ip_i} \cdots a_{jp_j} \cdots a_{np_n},$$

$$D_1 = \sum (-1)^{s_1} a_{1p_1} \cdots a_{jp_i} \cdots a_{ip_j} \cdots a_{np_n},$$

其中 $a_{1p_1} \cdots a_{ip_i} \cdots a_{jp_j} \cdots a_{np_n}$ 和 $a_{1p_1} \cdots a_{jp_i} \cdots a_{ip_j} \cdots a_{np_n}$ 都是 D 中取自不同行不同列的 n 个元素的乘积,且

$$s = t(1 \cdots i \cdots j \cdots n) + t(p_1 \cdots p_i \cdots p_j \cdots p_n),$$

$$s_1 = t(1 \cdots j \cdots i \cdots n) + t(p_1 \cdots p_i \cdots p_j \cdots p_n).$$

由定理1.1可知,s 与 s_1 的奇偶性相反,即 D 的一般项与 D_1 的一般项符号相反,从而 $D = -D_1$.

一般地,用 r_i 表示行列式的第 i 行,用 c_j 表示第 j 列.交换 i, j 两行记作 $\mathrm{r}_i \leftrightarrow \mathrm{r}_j$,交换 i, j 两列记作 $\mathrm{c}_i \leftrightarrow \mathrm{c}_j$.

推论 若行列式中有两行(列)完全相同,则此行列式等于零.

证 互换相同的两行(列),由性质2,得 $D = -D$,故 $D = 0$.

性质3 用数 k 乘行列式的某一行(列),等于用数 k 乘此行列式,即

$$D_1 = \begin{vmatrix} a_{11} & a_{12} & \cdots & a_{1n} \\ \vdots & \vdots & & \vdots \\ ka_{i1} & ka_{i2} & \cdots & ka_{in} \\ \vdots & \vdots & & \vdots \\ a_{n1} & a_{n2} & \cdots & a_{nn} \end{vmatrix}$$

$$= k\begin{vmatrix} a_{11} & a_{12} & \cdots & a_{1n} \\ \vdots & \vdots & & \vdots \\ a_{i1} & a_{i2} & \cdots & a_{in} \\ \vdots & \vdots & & \vdots \\ a_{n1} & a_{n2} & \cdots & a_{nn} \end{vmatrix}$$

$$= kD. \tag{1.16}$$

证 根据行列式的定义,用数 k 乘行列式的第 i 行后,行列式为

$$\begin{aligned} D_1 &= \sum (-1)^{t(j_1\cdots j_i\cdots j_n)} a_{1j_1}\cdots(ka_{ij_i})\cdots a_{nj_n} \\ &= k\sum (-1)^{t(j_1\cdots j_i\cdots j_n)} a_{1j_1}\cdots a_{ij_i}\cdots a_{nj_n} \\ &= kD. \end{aligned}$$

用数 k 乘第 i 行(列)通常记作 $\mathrm{r}_i \times k$ $(\mathrm{c}_i \times k)$.

由性质 3 可知,行列式的某一行(列)中所有元素的公因子可以提到行列式符号的外面.这里要提醒读者注意的是,从行列式中提取公因子时,只需行列式的某一行(列)有公因子即可;同样,用数 k 乘行列式时,只能用 k 乘此行列式的某一行(列)的各元素.这与第 2 章中要介绍的矩阵的性质有很大的不同.

例 1.10 设

$$\begin{vmatrix} a_{11} & a_{12} & a_{13} \\ a_{21} & a_{22} & a_{23} \\ a_{31} & a_{32} & a_{33} \end{vmatrix} = 1,$$

求

$$\begin{vmatrix} 6a_{11} & -2a_{12} & -10a_{13} \\ -3a_{21} & a_{22} & 5a_{23} \\ -3a_{31} & a_{32} & 5a_{33} \end{vmatrix}.$$

解

$$\begin{vmatrix} 6a_{11} & -2a_{12} & -10a_{13} \\ -3a_{21} & a_{22} & 5a_{23} \\ -3a_{31} & a_{32} & 5a_{33} \end{vmatrix}$$

$$= -2\begin{vmatrix} -3a_{11} & a_{12} & 5a_{13} \\ -3a_{21} & a_{22} & 5a_{23} \\ -3a_{31} & a_{32} & 5a_{33} \end{vmatrix}$$

$$= -2\times(-3)\times 5\begin{vmatrix} a_{11} & a_{12} & a_{13} \\ a_{21} & a_{22} & a_{23} \\ a_{31} & a_{32} & a_{33} \end{vmatrix}$$

$$= 30.$$

形如

$$\begin{vmatrix} 0 & a_{12} & a_{13} & \cdots & a_{1n} \\ -a_{12} & 0 & a_{23} & \cdots & a_{2n} \\ -a_{13} & -a_{23} & 0 & \cdots & a_{3n} \\ \vdots & \vdots & \vdots & & \vdots \\ -a_{1n} & -a_{2n} & -a_{3n} & \cdots & 0 \end{vmatrix}$$

的行列式称为**反对称行列式**.

例 1.11 证明奇数阶反对称行列式的值为零.

证 设

$$D = \begin{vmatrix} 0 & a_{12} & a_{13} & \cdots & a_{1n} \\ -a_{12} & 0 & a_{23} & \cdots & a_{2n} \\ -a_{13} & -a_{23} & 0 & \cdots & a_{3n} \\ \vdots & \vdots & \vdots & & \vdots \\ -a_{1n} & -a_{2n} & -a_{3n} & \cdots & 0 \end{vmatrix},$$

利用行列式的性质 1 及性质 3,有

$$D = D^{\mathrm{T}} = \begin{vmatrix} 0 & -a_{12} & -a_{13} & \cdots & -a_{1n} \\ a_{12} & 0 & -a_{23} & \cdots & -a_{2n} \\ a_{13} & a_{23} & 0 & \cdots & -a_{3n} \\ \vdots & \vdots & \vdots & & \vdots \\ a_{1n} & a_{2n} & a_{3n} & \cdots & 0 \end{vmatrix}$$

$$= (-1)^n \begin{vmatrix} 0 & a_{12} & a_{13} & \cdots & a_{1n} \\ -a_{12} & 0 & a_{23} & \cdots & a_{2n} \\ -a_{13} & -a_{23} & 0 & \cdots & a_{3n} \\ \vdots & \vdots & \vdots & & \vdots \\ -a_{1n} & -a_{2n} & -a_{3n} & \cdots & 0 \end{vmatrix}$$

$$= (-1)^n D.$$

当 n 为奇数时，得 $D = -D$，即 $D = 0$.

性质4 行列式中若有两行(列)对应元素成比例，则此行列式为零.

证 由性质3和性质1的推论可直接得出此结论.

例如，行列式 $\begin{vmatrix} 2 & -4 & 1 \\ 3 & -6 & 3 \\ -5 & 10 & 4 \end{vmatrix}$ 中的第一列与第二列对应元素成比例，根据性质4，此行列式等于零.

性质5 若行列式的某一列(行)的元素都是两数之和，例如，第 i 列的元素都是两数之和：

$$D = \begin{vmatrix} a_{11} & a_{12} & \cdots & (a_{1i} + a_{1i}') & \cdots & a_{1n} \\ a_{21} & a_{22} & \cdots & (a_{2i} + a_{2i}') & \cdots & a_{2n} \\ \vdots & \vdots & & \vdots & & \vdots \\ a_{n1} & a_{n2} & \cdots & (a_{ni} + a_{ni}') & \cdots & a_{nn} \end{vmatrix},$$

则 D 等于下列两个行列式之和：

$$D = \begin{vmatrix} a_{11} & a_{12} & \cdots & a_{1i} & \cdots & a_{1n} \\ a_{21} & a_{22} & \cdots & a_{2i} & \cdots & a_{2n} \\ \vdots & \vdots & & \vdots & & \vdots \\ a_{n1} & a_{n2} & \cdots & a_{ni} & \cdots & a_{nn} \end{vmatrix} + \begin{vmatrix} a_{11} & a_{12} & \cdots & a_{1i}' & \cdots & a_{1n} \\ a_{21} & a_{22} & \cdots & a_{2i}' & \cdots & a_{2n} \\ \vdots & \vdots & & \vdots & & \vdots \\ a_{n1} & a_{n2} & \cdots & a_{ni}' & \cdots & a_{nn} \end{vmatrix}$$

$$= D_1 + D_2.$$

证 根据行列式的定义，得

$$\begin{aligned} D &= \sum (-1)^{t(j_1 \cdots j_i \cdots j_n)} a_{1j_1} \cdots (a_{ij_i} + a_{ij_i}') \cdots a_{nj_n} \\ &= \sum (-1)^{t(j_1 \cdots j_i \cdots j_n)} a_{1j_1} \cdots a_{ij_i} \cdots a_{nj_n} \\ &\quad + \sum (-1)^{t(j_1 \cdots j_i \cdots j_n)} a_{1j_1} \cdots a_{ij_i}' \cdots a_{nj_n} \end{aligned}$$

$$= D_1 + D_2.$$

上述结果可以推广到有限个和的情形.

性质 6 把行列式的某一行(列)的各元素乘以同一数后加到另一行(列)对应元素上,行列式不变.

例如,用数 k 乘第 j 列加到第 i 列上($i \neq j$),则有

$$D = \begin{vmatrix} a_{11} & \cdots & a_{1i} & \cdots & a_{1j} & \cdots & a_{1n} \\ a_{21} & \cdots & a_{2i} & \cdots & a_{2j} & \cdots & a_{2n} \\ \vdots & & \vdots & & \vdots & & \vdots \\ a_{n1} & \cdots & a_{ni} & \cdots & a_{nj} & \cdots & a_{nn} \end{vmatrix}$$

$$= \begin{vmatrix} a_{11} & \cdots & a_{1i} + ka_{1j} & \cdots & a_{1j} & \cdots & a_{1n} \\ a_{21} & \cdots & a_{2i} + ka_{2j} & \cdots & a_{2j} & \cdots & a_{2n} \\ \vdots & & \vdots & & \vdots & & \vdots \\ a_{n1} & \cdots & a_{ni} + ka_{nj} & \cdots & a_{nj} & \cdots & a_{nn} \end{vmatrix}$$

$$= D_1.$$

证 由性质 5 和性质 4,得

$$D_1 = \begin{vmatrix} a_{11} & \cdots & a_{1i} & \cdots & a_{1j} & \cdots & a_{1n} \\ a_{21} & \cdots & a_{2i} & \cdots & a_{2j} & \cdots & a_{2n} \\ \vdots & & \vdots & & \vdots & & \vdots \\ a_{n1} & \cdots & a_{ni} & \cdots & a_{nj} & \cdots & a_{nn} \end{vmatrix}$$

$$+ \begin{vmatrix} a_{11} & \cdots & ka_{1j} & \cdots & a_{1j} & \cdots & a_{1n} \\ a_{21} & \cdots & ka_{2j} & \cdots & a_{2j} & \cdots & a_{2n} \\ \vdots & & \vdots & & \vdots & & \vdots \\ a_{n1} & \cdots & ka_{nj} & \cdots & a_{nj} & \cdots & a_{nn} \end{vmatrix}$$

$$= D + 0 = D.$$

用数 k 乘第 j 行(列)加到第 i 行(列)通常记作 $\mathrm{r}_i + k\mathrm{r}_j$ ($\mathrm{c}_i + k\mathrm{c}_j$).

例 1.12 证明:

$$\begin{vmatrix} b+c & c+a & a+b \\ b_1+c_1 & c_1+a_1 & a_1+b_1 \\ b_2+c_2 & c_2+a_2 & a_2+b_2 \end{vmatrix} = 2\begin{vmatrix} a & b & c \\ a_1 & b_1 & c_1 \\ a_2 & b_2 & c_2 \end{vmatrix}.$$

证

$$\begin{vmatrix} b+c & c+a & a+b \\ b_1+c_1 & c_1+a_1 & a_1+b_1 \\ b_2+c_2 & c_2+a_2 & a_2+b_2 \end{vmatrix}$$

$$= \begin{vmatrix} b & c+a & a+b \\ b_1 & c_1+a_1 & a_1+b_1 \\ b_2 & c_2+a_2 & a_2+b_2 \end{vmatrix} + \begin{vmatrix} c & c+a & a+b \\ c_1 & c_1+a_1 & a_1+b_1 \\ c_2 & c_2+a_2 & a_2+b_2 \end{vmatrix}$$

$$= \begin{vmatrix} b & c+a & a \\ b_1 & c_1+a_1 & a_1 \\ b_2 & c_2+a_2 & a_2 \end{vmatrix} + \begin{vmatrix} c & a & a+b \\ c_1 & a_1 & a_1+b_1 \\ c_2 & a_2 & a_2+b_2 \end{vmatrix}$$

$$= \begin{vmatrix} b & c & a \\ b_1 & c_1 & a_1 \\ b_2 & c_2 & a_2 \end{vmatrix} + \begin{vmatrix} c & a & b \\ c_1 & a_1 & b_1 \\ c_2 & a_2 & b_2 \end{vmatrix}$$

$$= \begin{vmatrix} a & b & c \\ a_1 & b_1 & c_1 \\ a_2 & b_2 & c_2 \end{vmatrix} + \begin{vmatrix} a & b & c \\ a_1 & b_1 & c_1 \\ a_2 & b_2 & c_2 \end{vmatrix}$$

$$= 2\begin{vmatrix} a & b & c \\ a_1 & b_1 & c_1 \\ a_2 & b_2 & c_2 \end{vmatrix}.$$

性质2、性质3和性质6介绍了行列式关于行和列的三种运算，即 $\mathrm{r}_i \leftrightarrow \mathrm{r}_j$，$\mathrm{r}_i \times k$，$\mathrm{r}_i + k\mathrm{r}_j$ 和 $\mathrm{c}_i \leftrightarrow \mathrm{c}_j$，$\mathrm{c}_i \times k$，$\mathrm{c}_i + k\mathrm{c}_j$. 利用这些运算可以简化行列式的计算，特别是利用运算 $\mathrm{r}_i + k\mathrm{r}_j$（$\mathrm{c}_i + k\mathrm{c}_j$）可以把行列式中许多元素化为0. 计算行列式常用的一种方法就是利用行列式的性质将其化为上三角行列式，从而得到行列式的值.

例1.13　计算行列式

$$D=\begin{vmatrix}3&1&-1&2\\-5&1&3&-4\\2&0&1&-1\\1&-5&3&-3\end{vmatrix}.$$

解 $D\xlongequal{c_1\leftrightarrow c_2}-\begin{vmatrix}1&3&-1&2\\1&-5&3&-4\\0&2&1&-1\\-5&1&3&-3\end{vmatrix}$

$$\xlongequal[r_4+5r_1]{r_2-r_1}-\begin{vmatrix}1&3&-1&2\\0&-8&4&-6\\0&2&1&-1\\0&16&-2&7\end{vmatrix}$$

$$\xlongequal[r_4+2r_2]{r_3+\frac{r_2}{4}}-\begin{vmatrix}1&3&-1&2\\0&-8&4&-6\\0&0&2&-\frac{5}{2}\\0&0&6&-5\end{vmatrix}$$

$$\xlongequal{r_4-3r_3}-\begin{vmatrix}1&3&-1&2\\0&-8&4&-6\\0&0&2&-\frac{5}{2}\\0&0&0&\frac{5}{2}\end{vmatrix}$$

$=40.$

例 1.14 计算行列式

$$D=\begin{vmatrix}3&1&1&1\\1&3&1&1\\1&1&3&1\\1&1&1&3\end{vmatrix}.$$

解 注意到行列式中各行(列)四个数之和都为 6,故可把第二、

三、四列同时加到第一列，提出公因子 6，然后各列减去第一列，化为上三角行列式来计算.

$$D \xlongequal{r_1+r_2+r_3+r_4} \begin{vmatrix} 6 & 6 & 6 & 6 \\ 1 & 3 & 1 & 1 \\ 1 & 1 & 3 & 1 \\ 1 & 1 & 1 & 3 \end{vmatrix}$$

$$= 6\begin{vmatrix} 1 & 1 & 1 & 1 \\ 1 & 3 & 1 & 1 \\ 1 & 1 & 3 & 1 \\ 1 & 1 & 1 & 3 \end{vmatrix}$$

$$\xlongequal[\substack{r_3-r_1\\ r_4-r_1}]{r_2-r_1} 6\begin{vmatrix} 1 & 1 & 1 & 1 \\ 0 & 2 & 0 & 0 \\ 0 & 0 & 2 & 0 \\ 0 & 0 & 0 & 2 \end{vmatrix}$$

$$= 48.$$

仿照上述方法，可以得到下列一般的结果：

$$\begin{vmatrix} a & b & \cdots & b \\ b & a & \cdots & b \\ \vdots & \vdots & & \vdots \\ b & b & \cdots & a \end{vmatrix} = [a+(n-1)b](a-b)^{n-1}.$$

例 1.15　计算行列式

$$D = \begin{vmatrix} a_1 & -a_1 & 0 & 0 \\ 0 & a_2 & -a_2 & 0 \\ 0 & 0 & a_3 & -a_3 \\ 1 & 1 & 1 & 1 \end{vmatrix}.$$

解　根据行列式的特点，可将第一列加至第二列，然后第二列加至第三列，再将第三列加至第四列，目的是使 D 中的零元素增多.

$$D \xlongequal{c_2+c_1} \begin{vmatrix} a_1 & 0 & 0 & 0 \\ 0 & a_2 & -a_2 & 0 \\ 0 & 0 & a_3 & -a_3 \\ 1 & 2 & 1 & 1 \end{vmatrix}$$

$$\xlongequal{c_3+c_2} \begin{vmatrix} a_1 & 0 & 0 & 0 \\ 0 & a_2 & 0 & 0 \\ 0 & 0 & a_3 & -a_3 \\ 1 & 2 & 3 & 1 \end{vmatrix}$$

$$\xlongequal{c_4+c_3} \begin{vmatrix} a_1 & 0 & 0 & 0 \\ 0 & a_2 & 0 & 0 \\ 0 & 0 & a_3 & 0 \\ 1 & 2 & 3 & 4 \end{vmatrix}$$

$$= 4a_1a_2a_3.$$

例 1.16 设

$$D = \begin{vmatrix} a_{11} & \cdots & a_{1k} & & & \\ \vdots & & \vdots & & & \\ a_{k1} & \cdots & a_{kk} & & & \\ c_{11} & \cdots & c_{1k} & b_{11} & \cdots & b_{1n} \\ \vdots & & \vdots & \vdots & & \vdots \\ c_{n1} & \cdots & c_{nk} & b_{n1} & \cdots & b_{nn} \end{vmatrix},$$

$$D_1 = \det(a_{ij}) = \begin{vmatrix} a_{11} & \cdots & a_{1k} \\ \vdots & & \vdots \\ a_{k1} & \cdots & a_{kk} \end{vmatrix},$$

$$D_2 = \det(b_{ij}) = \begin{vmatrix} b_{11} & \cdots & b_{1n} \\ \vdots & & \vdots \\ b_{n1} & \cdots & b_{nn} \end{vmatrix},$$

证明：$D = D_1 D_2$.

证 对 D_1 作运算 $\mathrm{r}_i + k\mathrm{r}_j$，把 D_1 化为下三角形行列式，设为

$$D_1=\begin{vmatrix} p_{11} & & \\ \vdots & \ddots & \\ p_{k1} & \cdots & p_{kk} \end{vmatrix}=p_{11}\cdots p_{kk};$$

对 D_2 作运算 c_i+kc_j,把 D_2 化为下三角形行列式,设为

$$D_2=\begin{vmatrix} q_{11} & & \\ \vdots & \ddots & \\ q_{n1} & \cdots & q_{nn} \end{vmatrix}=q_{11}\cdots q_{nn}.$$

从而,对 D 的前 k 行作运算 r_i+kr_j,再对后 n 列作运算 c_i+kc_j,把 D 化为下三角行列式

$$D=\begin{vmatrix} p_{11} & & & & & \\ \vdots & \ddots & & & & \\ p_{k1} & \cdots & p_{kk} & & & \\ c_{11} & \cdots & c_{1k} & q_{11} & & \\ \vdots & & \vdots & \vdots & \ddots & \\ c_{n1} & \cdots & c_{nk} & q_{n1} & \cdots & q_{nn} \end{vmatrix},$$

所以

$$D=p_{11}\cdot\cdots\cdot p_{kk}\cdot q_{11}\cdot\cdots\cdot q_{nn}=D_1D_2.$$

例 1.17 计算 $2n$ 阶行列式

$$D_{2n}=\begin{vmatrix} a & & & & & b \\ & \ddots & & & \iddots & \\ & & a & b & & \\ & & c & d & & \\ & \iddots & & & \ddots & \\ c & & & & & d \end{vmatrix}.$$

解 将 D_{2n} 中的第 $2n$ 行依次与第 $2n-1$ 行,…,第 2 行对调(作 $2n-2$ 次相邻对换),再把第 $2n$ 列依次与第 $2n-1$ 列,…,第 2 列对调,得

$$D_{2n} = (-1)^{2(2n-2)} \begin{vmatrix} a & b & 0 & \cdots & \cdots & 0 \\ c & d & 0 & \cdots & \cdots & 0 \\ 0 & 0 & a & & & b \\ & & & \ddots & \therefore & \\ \vdots & \vdots & & a & b & \\ \vdots & \vdots & & c & d & \\ & & & \therefore & \ddots & \\ 0 & 0 & c & & & d \end{vmatrix},$$

根据例 1.16 的结果,有

$$D_{2n} = D_2 D_{2(n-1)} = (ad - bc) D_{2(n-1)}.$$

依次类推,即得

$$\begin{aligned} D_{2n} &= (ad - bc)^2 D_{2(n-2)} \\ &= \cdots \\ &= (ad - bc)^{n-1} D_2 \\ &= (ad - bc)^n. \end{aligned}$$

习 题 1.3

1. 用行列式的性质计算下列行列式:

(1) $\begin{vmatrix} -ab & ac & ae \\ bd & -cd & de \\ bf & cf & -ef \end{vmatrix}$;　　(2) $\begin{vmatrix} a & 1 & 0 & 0 \\ -1 & b & 1 & 0 \\ 0 & -1 & c & 1 \\ 0 & 0 & -1 & d \end{vmatrix}$;

(3) $\begin{vmatrix} 1 & 2 & 3 & 4 \\ 2 & 3 & 4 & 1 \\ 3 & 4 & 1 & 2 \\ 4 & 1 & 2 & 3 \end{vmatrix}$;　　(4) $\begin{vmatrix} 1 & 1 & 1 & 1 \\ -1 & 1 & 1 & 1 \\ -1 & -1 & 1 & 1 \\ -1 & -1 & -1 & 1 \end{vmatrix}$.

2. 把下列行列式化为上三角形行列式,并计算其值:

(1) $\begin{vmatrix} -2 & 2 & -4 & 0 \\ 4 & -1 & 3 & 5 \\ 3 & 1 & -2 & -3 \\ 2 & 0 & 5 & 1 \end{vmatrix}$；　(2) $\begin{vmatrix} 0 & 4 & 5 & -1 & 2 \\ -5 & 0 & 2 & 0 & 1 \\ 7 & 2 & 0 & 3 & -4 \\ -3 & 1 & -1 & -5 & 0 \\ 2 & -3 & 0 & 1 & 3 \end{vmatrix}$.

3. 设行列式 $|a_{ij}| = m$ $(i, j = 1, 2, \cdots, 5)$，依下列次序对 $|a_{ij}|$ 进行变换后，求其结果：

交换第一行与第五行，再转置，用 2 乘所有元素，再用 (-3) 乘以第二列加到第四列，最后用 4 除第二行各元素.

4. 用行列式性质证明下列等式：

(1) $\begin{vmatrix} a_1 + kb_1 & b_1 + c_1 & c_1 \\ a_2 + kb_2 & b_2 + c_2 & c_2 \\ a_3 + kb_3 & b_3 + c_3 & c_3 \end{vmatrix} = \begin{vmatrix} a_1 & b_1 & c_1 \\ a_2 & b_2 & c_2 \\ a_3 & b_3 & c_3 \end{vmatrix}$；

(2) $\begin{vmatrix} y+z & z+x & x+y \\ x+y & y+z & z+x \\ z+x & x+y & y+z \end{vmatrix} = 2\begin{vmatrix} x & y & z \\ z & x & y \\ y & z & x \end{vmatrix}$；

(3) $\begin{vmatrix} a^2 & (a+1)^2 & (a+2)^2 & (a+3)^2 \\ b^2 & (b+1)^2 & (b+2)^2 & (b+3)^2 \\ c^2 & (c+1)^2 & (c+2)^2 & (c+3)^2 \\ d^2 & (d+1)^2 & (d+2)^2 & (d+3)^2 \end{vmatrix} = 0$.

5. 计算下列行列式：

(1) $\begin{vmatrix} 1 & 2 & 3 & \cdots & n-1 & n \\ -1 & 0 & 3 & \cdots & n-1 & n \\ -1 & -2 & 0 & \cdots & n-1 & n \\ \vdots & \vdots & \vdots & & \vdots & \vdots \\ -1 & -2 & -3 & \cdots & 0 & n \\ -1 & -2 & -3 & \cdots & -(n-1) & 0 \end{vmatrix}$；

(2) $\begin{vmatrix} 1 & a_1 & a_2 & \cdots & a_n \\ 1 & a_1+b_1 & a_2 & \cdots & a_n \\ 1 & a_1 & a_2+b_2 & \cdots & a_n \\ \vdots & \vdots & \vdots & & \vdots \\ 1 & a_1 & a_2 & \cdots & a_n+b_n \end{vmatrix}$；

(3) $\begin{vmatrix} x & a_1 & a_2 & \cdots & a_{n-1} & 1 \\ a_1 & x & a_2 & \cdots & a_{n-1} & 1 \\ a_1 & a_2 & x & \cdots & a_{n-1} & 1 \\ \vdots & \vdots & \vdots & & \vdots & \vdots \\ a_1 & a_2 & a_3 & \cdots & x & 1 \\ a_1 & a_2 & a_3 & \cdots & a_n & 1 \end{vmatrix}$.

6. 解下列方程：

(1) $\begin{vmatrix} 1 & 1 & 2 & 3 \\ 1 & 2-x^2 & 2 & 3 \\ 2 & 3 & 1 & 5 \\ 2 & 3 & 1 & 9-x^2 \end{vmatrix} = 0$；

(2) $\begin{vmatrix} 1 & 1 & 1 & \cdots & 1 & 1 \\ 1 & 1-x & 1 & \cdots & 1 & 1 \\ 1 & 1 & 2-x & \cdots & 1 & 1 \\ \vdots & \vdots & \vdots & & \vdots & \vdots \\ 1 & 1 & 1 & \cdots & (n-2)-x & 1 \\ 1 & 1 & 1 & \cdots & 1 & (n-1)-x \end{vmatrix} = 0$.

1.4 行列式按行(列)展开

一般来说，低阶行列式的计算比高阶行列式的计算要简便.因此，我们自然地要考虑用低阶行列式表示高阶行列式的问题.

将三阶行列式按第一行三个元素进行组合，有

$$\begin{vmatrix} a_{11} & a_{12} & a_{13} \\ a_{21} & a_{22} & a_{23} \\ a_{31} & a_{32} & a_{33} \end{vmatrix} = a_{11}a_{22}a_{33} + a_{12}a_{23}a_{31} + a_{13}a_{21}a_{32}$$

$$- a_{11}a_{23}a_{32} - a_{12}a_{21}a_{33} - a_{13}a_{22}a_{31}$$

$$= a_{11}(a_{22}a_{33} - a_{23}a_{32}) + a_{12}(a_{23}a_{31} - a_{21}a_{33})$$

$$+ a_{13}(a_{21}a_{32} - a_{22}a_{31})$$

$$= a_{11}\begin{vmatrix} a_{22} & a_{23} \\ a_{32} & a_{33} \end{vmatrix} - a_{12}\begin{vmatrix} a_{21} & a_{23} \\ a_{31} & a_{33} \end{vmatrix}$$

$$+ a_{13}\begin{vmatrix} a_{21} & a_{22} \\ a_{31} & a_{32} \end{vmatrix}.$$

上式表明，三阶行列式可以按第一行“展开”. 对上式重新组合，三阶行列式也可以按其他行或列“展开”. 从而，三阶行列式的计算转化为二阶行列式的计算.

为了从更一般的角度考虑用低阶行列式表示高阶行列式的问题，先引入余子式和代数余子式的概念.

定义 1.7 在 n 阶行列式中，将 a_{ij} 所在的第 i 行、第 j 列划去后，余下的 $n-1$ 阶行列式称为 a_{ij} 的**余子式**，记为 M_{ij}；而 $A_{ij} = (-1)^{i+j}M_{ij}$ 称为 a_{ij} 的**代数余子式**.

例如，对于三阶行列式

$$D = \begin{vmatrix} a_{11} & a_{12} & a_{13} \\ a_{21} & a_{22} & a_{23} \\ a_{31} & a_{32} & a_{33} \end{vmatrix},$$

第一行三个元素 a_{11}, a_{12}, a_{13} 的余子式分别为

$$M_{11} = \begin{vmatrix} a_{22} & a_{23} \\ a_{32} & a_{33} \end{vmatrix},$$

$$M_{12} = \begin{vmatrix} a_{21} & a_{23} \\ a_{31} & a_{33} \end{vmatrix},$$

$$M_{13}=\begin{vmatrix} a_{21} & a_{22} \\ a_{31} & a_{32} \end{vmatrix},$$

代数余子式分别为

$$A_{11}=(-1)^{1+1}M_{11}=M_{11},$$

$$A_{12}=(-1)^{1+2}M_{12}=-M_{12},$$

$$A_{13}=(-1)^{1+3}M_{13}=M_{13}.$$

显然

$$D=a_{11}A_{11}+a_{12}A_{12}+a_{13}A_{13}.$$

为了对一般情形进行讨论,先证明一个引理.

引理 一个 n 阶行列式 D,如果其中第 i 行除 a_{ij} 外所有元素都为零,则该行列式等于 a_{ij} 与它的代数余子式的乘积,即 $D=a_{ij}A_{ij}$.

证 先证 a_{ij} 位于 D 的第 1 行第 1 列的情形,即

$$D=\begin{vmatrix} a_{11} & 0 & \cdots & 0 \\ a_{21} & a_{22} & \cdots & a_{2n} \\ \vdots & \vdots & & \vdots \\ a_{n1} & a_{n2} & \cdots & a_{nn} \end{vmatrix}.$$

由例 1.16 的结果知

$$D=a_{11}M_{11}=a_{11}A_{11}.$$

再证一般情形,此时

$$D=\begin{vmatrix} a_{11} & \cdots & a_{1j} & \cdots & a_{1n} \\ \vdots & & \vdots & & \vdots \\ 0 & \cdots & a_{ij} & \cdots & 0 \\ \vdots & & \vdots & & \vdots \\ a_{n1} & \cdots & a_{nj} & \cdots & a_{nn} \end{vmatrix}.$$

将 D 的第 i 行依次与第 $i-1,\cdots,2,1$ 各行交换后换到第 1 行,再把第 j 列依次与第 $j-1,\cdots,2,1$ 各列交换后换到第 1 列,则共经过 $i+j-2$ 次交换后,把 a_{ij} 交换到 D 的第 1 行第 1 列,所得行列式为

$$D_1 = (-1)^{i+j-2}D = (-1)^{i+j}D,$$

而元素 a_{ij} 在 D_1 中的余子式就是 a_{ij} 在 D 中的余子式 M_{ij}. 利用前面的结果,有

$$D_1 = a_{ij}M_{ij}.$$

从而

$$D = (-1)^{i+j}D_1 = (-1)^{i+j}a_{ij}M_{ij} = a_{ij}A_{ij}.$$

定理 1.4 行列式等于它的某一行(列)的各元素与其对应的代数余子式的乘积之和,即

$$D = a_{i1}A_{i1} + a_{i2}A_{i2} + \cdots + a_{in}A_{in} \quad (i = 1, 2, \cdots, n), \tag{1.17}$$

或

$$D = a_{1j}A_{1j} + a_{2j}A_{2j} + \cdots + a_{nj}A_{nj} \quad (j = 1, 2, \cdots, n). \tag{1.18}$$

证

$$D = \begin{vmatrix} a_{11} & a_{12} & \cdots & a_{1n} \\ \vdots & \vdots & & \vdots \\ a_{i1} + 0 + \cdots + 0 & 0 + a_{i2} + \cdots + 0 & \cdots & 0 + 0 + \cdots + a_{in} \\ \vdots & \vdots & & \vdots \\ a_{n1} & a_{n2} & \cdots & a_{nn} \end{vmatrix}$$

$$= \begin{vmatrix} a_{11} & a_{12} & \cdots & a_{1n} \\ \vdots & \vdots & & \vdots \\ a_{i1} & 0 & \cdots & 0 \\ \vdots & \vdots & & \vdots \\ a_{n1} & a_{n2} & \cdots & a_{nn} \end{vmatrix} + \begin{vmatrix} a_{11} & a_{12} & \cdots & a_{1n} \\ \vdots & \vdots & & \vdots \\ 0 & a_{i2} & \cdots & 0 \\ \vdots & \vdots & & \vdots \\ a_{n1} & a_{n2} & \cdots & a_{nn} \end{vmatrix}$$

$$+ \cdots + \begin{vmatrix} a_{11} & a_{12} & \cdots & a_{1n} \\ \vdots & \vdots & & \vdots \\ 0 & 0 & \cdots & a_{in} \\ \vdots & \vdots & & \vdots \\ a_{n1} & a_{n2} & \cdots & a_{nn} \end{vmatrix},$$

根据引理,即得

$$D = a_{i1}A_{i1} + a_{i2}A_{i2} + \cdots + a_{in}A_{in} \quad (i = 1, 2, \cdots, n).$$

类似地,若按列证明,可得

$$D = a_{1j}A_{1j} + a_{2j}A_{2j} + \cdots + a_{nj}A_{nj} \quad (j = 1, 2, \cdots, n).$$

这个定理称为**行列式按行(列)展开法则**.将行列式按行(列)展开是计算行列式的另一种重要方法.

例 1.18 计算行列式

$$D = \begin{vmatrix} 3 & 1 & -1 & 2 \\ -5 & 1 & 3 & -4 \\ 2 & 0 & 1 & -1 \\ 1 & -5 & 3 & -3 \end{vmatrix}.$$

解 $$D \xlongequal[c_4 + c_3]{c_1 - 2c_3} \begin{vmatrix} 5 & 1 & -1 & 1 \\ -11 & 1 & 3 & -1 \\ 0 & 0 & 1 & 0 \\ -5 & -5 & 3 & 0 \end{vmatrix}$$

$$= 1 \times (-1)^{3+3} \begin{vmatrix} 5 & 1 & 1 \\ -11 & 1 & -1 \\ -5 & -5 & 0 \end{vmatrix}$$

$$\xlongequal{r_2 + r_1} \begin{vmatrix} 5 & 1 & 1 \\ -6 & 2 & 0 \\ -5 & -5 & 0 \end{vmatrix}$$

$$= \begin{vmatrix} -6 & 2 \\ -5 & -5 \end{vmatrix}$$

$$= (-6) \times (-5) - 2 \times (-5)$$

$$= 40.$$

例 1.19 证明范德蒙行列式

$$V_n = \begin{vmatrix} 1 & 1 & \cdots & 1 \\ x_1 & x_2 & \cdots & x_n \\ x_1^2 & x_2^2 & \cdots & x_n^2 \\ \vdots & \vdots & & \vdots \\ x_1^{n-1} & x_2^{n-1} & \cdots & x_n^{n-1} \end{vmatrix}$$

$$= \prod_{n \geqslant i > j \geqslant 1} (x_i - x_j)$$

$$\begin{aligned} = (x_2 - x_1)(x_3 - x_1)(x_4 - x_1)\cdots(x_n - x_1) \\ (x_3 - x_2)(x_4 - x_2)\cdots(x_n - x_2) \\ \cdots \quad \cdots \quad \cdots \quad \cdots \\ (x_{n-1} - x_{n-2})(x_n - x_{n-2}) \\ (x_n - x_{n-1}). \end{aligned}$$

证 用数学归纳法.当 $n = 2$ 时

$$V_2 = \begin{vmatrix} 1 & 1 \\ x_1 & x_2 \end{vmatrix} = x_2 - x_1 = \prod_{2 \geqslant i > j \geqslant 1} (x_i - x_j),$$

所证等式成立.

假设所证等式对于 $n-1$ 阶范德蒙行列式成立,现要证等式对 n 阶范德蒙行列式也成立.为此,设法将 V_n 降阶:从第 n 行开始,后一行减去前一行的 x_1 倍,有

$$V_n = \begin{vmatrix} 1 & 1 & 1 & \cdots & 1 \\ 0 & x_2 - x_1 & x_3 - x_1 & \cdots & x_n - x_1 \\ 0 & x_2(x_2 - x_1) & x_3(x_3 - x_1) & \cdots & x_n(x_n - x_1) \\ \vdots & \vdots & \vdots & & \vdots \\ 0 & x_2^{n-2}(x_2 - x_1) & x_3^{n-2}(x_3 - x_1) & \cdots & x_n^{n-2}(x_n - x_1) \end{vmatrix},$$

按第1列展开,并把每列的公因子$(x_i - x_1)$提出,就有

$$V_n = (x_2 - x_1)(x_3 - x_1)\cdots(x_n - x_1) \begin{vmatrix} 1 & 1 & \cdots & 1 \\ x_2 & x_3 & \cdots & x_n \\ \vdots & \vdots & & \vdots \\ x_2^{n-2} & x_3^{n-2} & \cdots & x_n^{n-2} \end{vmatrix}.$$

上式右端的行列式是 $n-1$ 阶范德蒙行列式，根据假设，它等于所有 (x_i-x_j) 因子的乘积，其中 $n\geqslant i>j\geqslant 2$. 从而

$$V_n=(x_2-x_1)(x_3-x_1)\cdots(x_n-x_1)\prod_{n\geqslant i>j\geqslant 2}(x_i-x_j)$$

$$=\prod_{n\geqslant i>j\geqslant 1}(x_i-x_j).$$

由定理 1.4 还可得到下列重要推论：

推论 行列式中某一行(列)的各元素与另一行(列)对应元素代数余子式的乘积之和为零，即

$$a_{i1}A_{j1}+a_{i2}A_{j2}+\cdots+a_{in}A_{jn}=0\quad(i\neq j),\tag{1.19}$$

或

$$a_{1i}A_{1j}+a_{2i}A_{2j}+\cdots+a_{ni}A_{nj}=0\quad(i\neq j).\tag{1.20}$$

证 将行列式 $D=\det(a_{ij})$ 的第 j 行元素换成第 i 行元素，再按第 j 行展开，有

$$\begin{vmatrix} a_{11} & \cdots & a_{1n} \\ \vdots & & \vdots \\ a_{i1} & \cdots & a_{in} \\ \vdots & & \vdots \\ a_{i1} & \cdots & a_{in} \\ \vdots & & \vdots \\ a_{n1} & \cdots & a_{nn} \end{vmatrix}=a_{i1}A_{j1}+a_{i2}A_{j2}+\cdots+a_{in}A_{jn}\quad(i\neq j).$$

根据行列式的性质，左端行列式显然为零，所以

$$a_{i1}A_{j1}+a_{i2}A_{j2}+\cdots+a_{in}A_{jn}=0\quad(i\neq j).$$

同理可证

$$a_{1i}A_{1j}+a_{2i}A_{2j}+\cdots+a_{ni}A_{nj}=0\quad(i\neq j).$$

综上所述，可得有关代数余子式的一个重要性质：

$$a_{i1}A_{j1}+a_{i2}A_{j2}+\cdots+a_{in}A_{jn}=\begin{cases}D & (i=j)\\ 0 & (i\neq j)\end{cases},\tag{1.21}$$

或

$$a_{1i}A_{1j} + a_{2i}A_{2j} + \cdots + a_{ni}A_{nj} = \begin{cases} D & (i = j) \\ 0 & (i \neq j) \end{cases}. \tag{1.22}$$

例 1.20 设

$$D = \begin{vmatrix} 3 & -5 & 2 & 1 \\ 1 & 1 & 0 & -5 \\ -1 & 3 & 1 & 3 \\ 2 & -4 & -1 & -3 \end{vmatrix},$$

D 中元素 a_{ij} 的余子式和代数余子式分别记为 M_{ij} 和 A_{ij}，求 $A_{11} + A_{12} + A_{13} + A_{14}$ 及 $M_{11} + M_{21} + M_{31} + M_{41}$.

解 注意到 $A_{11} + A_{12} + A_{13} + A_{14}$ 等于用 1, 1, 1, 1 代替 D 的第一行所得的行列式，即

$$A_{11} + A_{12} + A_{13} + A_{14} = \begin{vmatrix} 1 & 1 & 1 & 1 \\ 1 & 1 & 0 & -5 \\ -1 & 3 & 1 & 3 \\ 2 & -4 & -1 & -3 \end{vmatrix}$$

$$\xlongequal[r_3 - r_1]{r_4 + r_3} \begin{vmatrix} 1 & 1 & 1 & 1 \\ 1 & 1 & 0 & -5 \\ -2 & 2 & 0 & 2 \\ 1 & -1 & 0 & 0 \end{vmatrix}$$

$$= \begin{vmatrix} 1 & 1 & -5 \\ -2 & 2 & 2 \\ 1 & -1 & 0 \end{vmatrix}$$

$$\xlongequal{c_2 + c_1} \begin{vmatrix} 1 & 2 & -5 \\ -2 & 0 & 2 \\ 1 & 0 & 0 \end{vmatrix}$$

$$= \begin{vmatrix} 2 & -5 \\ 0 & 2 \end{vmatrix}$$

$$= 4.$$

由定义知

$$M_{11}+M_{21}+M_{31}+M_{41}=A_{11}-A_{21}+A_{31}-A_{41}$$

$$=\begin{vmatrix} 1 & -5 & 2 & 1 \\ -1 & 1 & 0 & -5 \\ 1 & 3 & 1 & 3 \\ -1 & -4 & -1 & -3 \end{vmatrix}$$

$$\xlongequal{r_4+r_3}\begin{vmatrix} 1 & -5 & 2 & 1 \\ -1 & 1 & 0 & -5 \\ 1 & 3 & 1 & 3 \\ 0 & -1 & 0 & 0 \end{vmatrix}$$

$$=-\begin{vmatrix} 1 & 2 & 1 \\ -1 & 0 & -5 \\ 1 & 1 & 3 \end{vmatrix}$$

$$\xlongequal{r_1-2r_3}-\begin{vmatrix} -1 & 0 & -5 \\ -1 & 0 & -5 \\ 1 & 1 & 3 \end{vmatrix}$$

$$=0.$$

习 题 1.4

1. 求行列式

$$\begin{vmatrix} -3 & 0 & 4 \\ 5 & 0 & 3 \\ 2 & -2 & 1 \end{vmatrix}$$

中元素 2 和 -2 的代数余子式.

2. 已知四阶行列式 D 中第三列元素依次为 $-1, 2, 0, 1$,它们的余子式依次为 $5, 3, -7, 4$,求 D.

3. 证明:

(1) $\begin{vmatrix} a^2 & ab & b^2 \\ 2a & a+b & 2b \\ 1 & 1 & 1 \end{vmatrix}=(a-b)^3$;

(2) $\begin{vmatrix} 1 & 1 & 1 & 1 \\ a & b & c & d \\ a^2 & b^2 & c^2 & d^2 \\ a^4 & b^4 & c^4 & d^4 \end{vmatrix} = (a-b)(a-c)(a-d)(b-c)$

$\cdot (b-d)(c-d)(a+b+c+d).$

4. 设 n 阶行列式 $D = \det(a_{ij})$，把 D 上下翻转，或逆时针旋转 90°，或依副对角线翻转，依次得

$$D_1 = \begin{vmatrix} a_{n1} & \cdots & a_{nn} \\ \vdots & & \vdots \\ a_{11} & \cdots & a_{1n} \end{vmatrix},$$

$$D_2 = \begin{vmatrix} a_{1n} & \cdots & a_{nn} \\ \vdots & & \vdots \\ a_{11} & \cdots & a_{n1} \end{vmatrix},$$

$$D_3 = \begin{vmatrix} a_{nn} & \cdots & a_{1n} \\ \vdots & & \vdots \\ a_{n1} & \cdots & a_{11} \end{vmatrix},$$

证明：$D_1 = D_2 = (-1)^{\frac{n(n-1)}{2}} D, D_3 = D.$

5. 计算下列行列式：

(1) $\begin{vmatrix} 1+x & 1 & 1 & 1 \\ 1 & 1-x & 1 & 1 \\ 1 & 1 & 1+y & 1 \\ 1 & 1 & 1 & 1-y \end{vmatrix}$；

(2) $\begin{vmatrix} 0 & a & b & a \\ a & 0 & a & b \\ b & a & 0 & a \\ a & b & a & 0 \end{vmatrix}$；

(3) $\begin{vmatrix} x & y & 0 & \cdots & 0 & 0 \\ 0 & x & y & \cdots & 0 & 0 \\ \vdots & \vdots & \vdots & & \vdots & \vdots \\ 0 & 0 & 0 & \cdots & x & y \\ y & 0 & 0 & \cdots & 0 & x \end{vmatrix}$;

(4) $\begin{vmatrix} x & -1 & 0 & \cdots & 0 & 0 \\ 0 & x & -1 & \cdots & 0 & 0 \\ \vdots & \vdots & \vdots & & \vdots & \vdots \\ 0 & 0 & 0 & \cdots & x & -1 \\ a_n & a_{n-1} & a_{n-2} & \cdots & a_2 & a_1+x \end{vmatrix}$;

(5) $\begin{vmatrix} -a_1 & a_1 & 0 & \cdots & 0 & 0 \\ 0 & -a_2 & a_2 & \cdots & 0 & 0 \\ \vdots & \vdots & \vdots & & \vdots & \vdots \\ 0 & 0 & 0 & \cdots & -a_n & a_n \\ 1 & 1 & 1 & \cdots & 1 & 1 \end{vmatrix}$;

(6) $\begin{vmatrix} 1 & 2 & 3 & \cdots & n \\ 2 & 3 & 4 & \cdots & 1 \\ 3 & 4 & 5 & \cdots & 2 \\ \vdots & \vdots & \vdots & & \vdots \\ n & 1 & 2 & \cdots & n-1 \end{vmatrix}$.

6. 计算下列行列式(D_k 为 k 阶行列式):

(1) $D_n = \begin{vmatrix} a & 0 & 0 & \cdots & 0 & 1 \\ 0 & a & 0 & \cdots & 0 & 0 \\ 0 & 0 & a & \cdots & 0 & 0 \\ \vdots & \vdots & \vdots & & \vdots & \vdots \\ 0 & 0 & 0 & \cdots & a & 0 \\ 1 & 0 & 0 & \cdots & 0 & a \end{vmatrix}$;

(2) $D_{n+1}=\begin{vmatrix} a^n & (a-1)^n & \cdots & (a-n)^n \\ a^{n-1} & (a-1)^{n-1} & \cdots & (a-n)^{n-1} \\ \vdots & \vdots & & \vdots \\ a & a-1 & \cdots & a-n \\ 1 & 1 & \cdots & 1 \end{vmatrix}$；

(3) $D_{2n}=\begin{vmatrix} a_n & & & & & b_n \\ & \ddots & & & \iddots & \\ & & a_1 & b_1 & & \\ & & c_1 & d_1 & & \\ & \iddots & & & \ddots & \\ c_n & & & & & d_n \end{vmatrix}$；

(4) $D_n=\det(a_{ij})$，其中 $a_{ij}=|i-j|$；

(5) $D_n=\begin{vmatrix} 1+a_1 & 1 & \cdots & 1 \\ 1 & 1+a_2 & \cdots & 1 \\ \vdots & \vdots & & \vdots \\ 1 & 1 & \cdots & 1+a_n \end{vmatrix}$，其中 $a_1a_2\cdots a_n\neq 0$.

1.5 克莱姆法则

在1.1节中我们已经知道，对于二元线性方程组

$$\begin{cases} a_{11}x_1+a_{12}x_2=b_1, \\ a_{21}x_1+a_{22}x_2=b_2, \end{cases}$$

当系数行列式 $D=\begin{vmatrix} a_{11} & a_{12} \\ a_{21} & a_{22} \end{vmatrix}=a_{11}a_{22}-a_{12}a_{21}\neq 0$时，方程组的解可记为

$$x_1=\frac{D_1}{D}=\frac{\begin{vmatrix} b_1 & a_{12} \\ b_2 & a_{22} \end{vmatrix}}{\begin{vmatrix} a_{11} & a_{12} \\ a_{21} & a_{22} \end{vmatrix}},$$

$$x_2=\frac{D_2}{D}=\frac{\begin{vmatrix} a_{11} & b_1 \\ a_{21} & b_2 \end{vmatrix}}{\begin{vmatrix} a_{11} & a_{12} \\ a_{21} & a_{22} \end{vmatrix}}.$$

对于一般的线性方程组是否有类似的结果呢？答案是肯定的.

下面首先介绍 n 元线性方程组的概念.

含有 n 个未知数 $x_1,x_2,\cdots,x_n$ 的线性方程组

$$\begin{cases} a_{11}x_1+a_{12}x_2+\cdots+a_{1n}x_n=b_1, \\ a_{21}x_1+a_{22}x_2+\cdots+a_{2n}x_n=b_2, \\ \cdots\cdots\cdots\cdots \\ a_{n1}x_1+a_{n2}x_2+\cdots+a_{nn}x_n=b_n \end{cases} \tag{1.23}$$

称为 n **元线性方程组**.当其右端的常数项 $b_1,b_2,\cdots,b_n$ 不全为零时，(1.23)称为**非齐次线性方程组**；当 b_1，b_2，$\cdots$，b_n 全为零时，方程组(1.23)变为

$$\begin{cases} a_{11}x_1+a_{12}x_2+\cdots+a_{1n}x_n=0, \\ a_{21}x_1+a_{22}x_2+\cdots+a_{2n}x_n=0, \\ \cdots\cdots\cdots\cdots \\ a_{n1}x_1+a_{n2}x_2+\cdots+a_{nn}x_n=0, \end{cases} \tag{1.24}$$

称(1.24)为**齐次线性方程组**.线性方程组(1.23)的系数 a_{ij} 构成的行列式

$$D=\begin{vmatrix} a_{11} & a_{12} & \cdots & a_{1n} \\ a_{21} & a_{22} & \cdots & a_{2n} \\ \vdots & \vdots & & \vdots \\ a_{n1} & a_{n2} & \cdots & a_{nn} \end{vmatrix}$$

称为该方程组的**系数行列式**.

定理 1.5　若线性方程组(1.23)的系数行列式 $D \neq 0$，则此方程组有唯一解

$$x_1 = \frac{D_1}{D}, \quad x_2 = \frac{D_2}{D}, \quad \cdots, \quad x_n = \frac{D_n}{D},$$

其中 $D_j(j = 1, 2, \cdots, n)$ 是将 D 中的第 j 列元素用右端项 $b_1, \cdots, b_n$ 代替后所得的行列式，即

$$D_j = \begin{vmatrix} a_{11} & \cdots & a_{1,j-1} & b_1 & a_{1,j+1} & \cdots & a_{1n} \\ \vdots & & \vdots & \vdots & \vdots & & \vdots \\ a_{n1} & \cdots & a_{n,j-1} & b_n & a_{n,j+1} & \cdots & a_{nn} \end{vmatrix}.$$

上述定理称为**克莱姆法则**，其证明过程将在 2.4 节中给出.

例 1.21　用克莱姆法则求解方程组

$$\begin{cases} 2x_1 + x_2 - 5x_3 + x_4 = 8, \\ x_1 - 3x_2 - 6x_4 = 9, \\ 2x_2 - x_3 + 2x_4 = -5, \\ x_1 + 4x_2 - 7x_3 + 6x_4 = 0. \end{cases}$$

解

$$D = \begin{vmatrix} 2 & 1 & -5 & 1 \\ 1 & -3 & 0 & -6 \\ 0 & 2 & -1 & 2 \\ 1 & 4 & -7 & 6 \end{vmatrix}$$

$$= \begin{vmatrix} 0 & 7 & -5 & 13 \\ 1 & -3 & 0 & -6 \\ 0 & 2 & -1 & 2 \\ 0 & 7 & -7 & 12 \end{vmatrix}$$

$$= -\begin{vmatrix} 7 & -5 & 13 \\ 2 & -1 & 2 \\ 7 & -7 & 12 \end{vmatrix}$$

$$= -\begin{vmatrix} -3 & -5 & 3 \\ 0 & -1 & 0 \\ -7 & -7 & -2 \end{vmatrix}$$

$$= \begin{vmatrix} -3 & 3 \\ -7 & -2 \end{vmatrix}$$

$$= 27,$$

$$D_1 = \begin{vmatrix} 8 & 1 & -5 & 1 \\ 9 & -3 & 0 & -6 \\ -5 & 2 & -1 & 2 \\ 0 & 4 & -7 & 6 \end{vmatrix} = 81,$$

$$D_2 = \begin{vmatrix} 2 & 8 & -5 & 1 \\ 1 & 9 & 0 & -6 \\ 0 & -5 & -1 & 2 \\ 1 & 0 & -7 & 6 \end{vmatrix} = -108,$$

$$D_3 = \begin{vmatrix} 2 & 1 & 8 & 1 \\ 1 & -3 & 9 & -6 \\ 0 & 2 & -5 & 2 \\ 1 & 4 & 0 & 6 \end{vmatrix} = -27,$$

$$D_4 = \begin{vmatrix} 2 & 1 & -5 & 8 \\ 1 & -3 & 0 & 9 \\ 0 & 2 & -1 & -5 \\ 1 & 4 & -7 & 0 \end{vmatrix} = 27,$$

所以

$$x_1 = \frac{D_1}{D} = 3, \quad x_2 = \frac{D_2}{D} = -4,$$

$$x_3 = \frac{D_3}{D} = -1, \quad x_4 = \frac{D_4}{D} = 1.$$

必须指出的是,用克莱姆法则求解线性方程组时,计算量是非常大的.例如,用克莱姆法则求解仅仅只有 20 个未知数的线性方程组,如果采用定义计算行列式,即使用每秒运算百亿次乘法的超级计算机,也要计算三千多年.可见,克莱姆法则的价值主要在于它给出了线性方程组存在唯一解的条件,至于它给出的解的计算公式,并不具有太大的实用价值.

撇开求解公式,克莱姆法则可叙述如下:

定理 1.6 若线性方程组(1.23)的系数行列式 $D \neq 0$，则此方程组一定有解，且解是唯一的.

定理 1.6 的逆否定理为：

若线性方程组(1.23)无解或有两个不同的解，则它的系数行列式必为零.

对齐次线性方程组(1.24)，易见 $x_1 = x_2 = \cdots = x_n = 0$ 显然是该方程组的解，称其为齐次线性方程组(1.24)的**零解**.将定理 1.6 应用于齐次线性方程组(1.24)，可得下列结论：

定理 1.7 若齐次线性方程组(1.24)的系数行列式 $D \neq 0$，则此方程组一定没有非零解，仅有零解.

定理 1.8 若齐次线性方程组(1.24)有非零解，则它的系数行列式必为零.

显然，定理 1.8 即为定理 1.7 的逆否定理.

定理 1.8 说明系数行列式为零是齐次线性方程组有非零解的必要条件.在第 3 章中还将进一步证明这个条件也是充分的.

需要指出的是，线性方程组(1.23)的系数行列式等于零时，方程组可能无解，也可能有无穷多组解. 如何进一步判定将在第 3 章中讨论.

例 1.22 问 λ 为何值时，齐次线性方程组

$$\begin{cases} (1-\lambda)x_1 - 2x_2 + 4x_3 = 0, \\ 2x_1 + (3-\lambda)x_2 + x_3 = 0, \\ x_1 + x_2 + (1-\lambda)x_3 = 0 \end{cases}$$

有非零解?

解 系数行列式

$$D = \begin{vmatrix} 1-\lambda & -2 & 4 \\ 2 & 3-\lambda & 1 \\ 1 & 1 & 1-\lambda \end{vmatrix}$$

$$\xlongequal{c_2 - c_1} \begin{vmatrix} 1-\lambda & \lambda-3 & 4 \\ 2 & 1-\lambda & 1 \\ 1 & 0 & 1-\lambda \end{vmatrix}$$

$$= (1-\lambda)^3 + (\lambda-3) - 2(1-\lambda)(\lambda-3) - 4(1-\lambda)$$

$$= (1-\lambda)^3 + (\lambda - 3) + 2(1-\lambda)^2$$
$$= \lambda(\lambda - 2)(3 - \lambda).$$

根据定理1.8,当系数行列式等于零,即$\lambda = 0$,$\lambda = 2$或$\lambda = 3$时,所给齐次线性方程组有非零解.

最后,给出一个用克莱姆法则和范德蒙行列式解决实际问题的例子.

例1.23　证明:过$n+1$个不同点的n次多项式存在且唯一.

证　设过$n+1$个不同点$(x_i, y_i)(i=0,1,2,\cdots,n)$的多项式为$f(x)=a_0+a_1x+a_2x^2+\cdots+a_nx^n$,则

$$\begin{cases} a_0 + a_1x_0 + a_2x_0^2 + \cdots + a_nx_0^n = y_0, \\ a_0 + a_1x_1 + a_2x_1^2 + \cdots + a_nx_1^n = y_1, \\ \cdots\cdots\cdots\cdots \\ a_0 + a_1x_n + a_2x_n^2 + \cdots + a_nx_n^n = y_n, \end{cases}$$

其系数行列式为范德蒙行列式

$$D_n = \begin{vmatrix} 1 & x_0 & x_0^2 & \cdots & x_0^n \\ 1 & x_1 & x_1^2 & \cdots & x_1^n \\ \vdots & \vdots & \vdots & & \vdots \\ 1 & x_n & x_n^2 & \cdots & x_n^n \end{vmatrix} = \prod_{n\geqslant i>j\geqslant 0}(x_i - x_j) \neq 0.$$

由克莱姆法则,线性方程组存在唯一解,即所求多项式存在且唯一.

习　题　1.5

1. 用克莱姆法则解下列线性方程组:

(1) $\begin{cases} x + y - 2z = -3, \\ 5x - 2y + 7z = 22, \\ 2x - 5y + 4z = 4; \end{cases}$

(2) $\begin{cases} x_1 + x_2 + x_3 + x_4 = 5, \\ x_1 + 2x_2 - x_3 + 4x_4 = -2, \\ 2x_1 - 3x_2 - x_3 - 5x_4 = -2, \\ 3x_1 + x_2 + 2x_3 + 11x_4 = 0. \end{cases}$

2. 判断齐次线性方程组

$$\begin{cases} 2x_1 + 2x_2 - x_3 = 0, \\ x_1 - 2x_2 + 4x_3 = 0, \\ 5x_1 + 8x_2 - 2x_3 = 0 \end{cases}$$

是否仅有零解.

3. 问 λ,μ 取何值时,齐次方程组

$$\begin{cases} \lambda x_1 + x_2 + x_3 = 0, \\ x_1 + \mu x_2 + x_3 = 0, \\ x_1 + 2\mu x_2 + x_3 = 0 \end{cases}$$

有非零解?

4. 问 λ 取何值时,齐次方程组

$$\begin{cases} (1-\lambda)x_1 - 2x_2 + 4x_3 = 0, \\ 2x_1 + (3-\lambda)x_2 + x_3 = 0, \\ x_1 + x_2 + (1-\lambda)x_3 = 0 \end{cases}$$

有非零解?

第2章 矩　　阵

引　　言

矩阵是数学中的一个基本概念，是代数学的一个主要研究对象，也是数学研究和应用的一个重要工具．“矩阵”这个词是由英国籍犹太裔数学家西尔维斯特(J. Sylvester, 1814～1897)在1848年首先使用的，它来源于拉丁语，代表一排数．西尔维斯特是为了将数字的矩形阵列区别于行列式而发明了这个术语．实际上，定义行列式首先要用到矩阵的概念．也就是说，在逻辑上，矩阵的概念应先于行列式的概念，然而在历史上次序正好相反．

英国数学家凯莱(A. Cayley, 1821～1895)一般被公认为是矩阵论的创立者．凯莱出生于一个古老而有才能的英国家庭，剑桥大学三一学院大学毕业后留校讲授数学．三年后他转从律师职业，工作卓有成效，并利用业余时间研究数学，发表了大量的数学论文．凯莱为了研究线性变换下的不变量，首先把矩阵作为一个独立的数学概念提出来，并发表了关于矩阵的一系列文章．1858年，他发表了关于矩阵的第一篇论文《矩阵论的研究报告》，系统地阐述了关于矩阵的理论．文中他定义了矩阵的相等、矩阵的运算法则、矩阵的转置以及矩阵的逆等一系列基本概念，指出了矩阵加法的可交换性与可结合性．另外，凯莱还给出了方阵的特征方程和特征值的一些基本结果．

1855年，法国数学家埃米特(C. Hermite, 1822～1901)证明了一些特殊矩阵特征值的性质，如现在称为埃米特矩阵的特征值性质等．后来，德国数学家克莱伯施(A. Clebsch, 1831～1872)、布克海姆(A. Buchheim, 1834～1887)等证明了对称矩阵的特征值性质．泰伯(H. Taber, 1860～1918)引入矩阵的迹的概念，并给出了一些有关的结论．

在矩阵论的发展史上，德国数学家弗罗伯纽斯(F. G. Frobenius,

1849～1917)的贡献是不可磨灭的.他讨论了最小多项式问题,引进了矩阵的秩、不变因子和初等因子、正交矩阵、矩阵的相似变换、合同矩阵等概念,以合乎逻辑的形式整理了不变因子和初等因子的理论,并讨论了正交矩阵与合同矩阵的一些重要性质.1854年,法国数学家约当(C. Jordan, 1838～1922)研究了矩阵化为标准型的问题.1892年,法国数学家梅茨勒(W. H. Metzler, 1863～1927)引进了矩阵的超越函数概念,并将其写成矩阵的幂级数的形式.法国数学家傅立叶(B. J. Fourier, 1768～1830)和庞加莱(J. H. Poincare, 1814～1897)的著作中还讨论了无限阶矩阵问题,这项工作主要是为了适应方程发展的需要而开展的.

经过两个多世纪的发展,矩阵由最初作为一种工具到现在已成为独立的一门数学分支——矩阵论.矩阵论又可分为矩阵方程论、矩阵分解论和广义逆矩阵论等矩阵的现代理论.矩阵及其理论现已广泛地应用于现代科技的各个领域.

本章主要介绍矩阵的概念及其运算、逆矩阵和分块矩阵.此外,还要介绍矩阵的初等变换和矩阵的秩.

2.1 矩阵的概念

2.1.1 引例

引例1 线性方程组

$$\begin{cases} a_{11}x_1 + a_{12}x_2 + \cdots + a_{1n}x_n = b_1, \\ a_{21}x_1 + a_{22}x_2 + \cdots + a_{2n}x_n = b_2, \\ \cdots\cdots\cdots\cdots \\ a_{n1}x_1 + a_{n2}x_2 + \cdots + a_{nn}x_n = b_n \end{cases}$$

的系数 a_{ij} $(i, j = 1, 2, \cdots, n)$ 和右端项 b_j $(j = 1, 2, \cdots, n)$ 按原位置构成一数表:

$$\begin{pmatrix} a_{11} & a_{12} & \cdots & a_{1n} & b_1 \\ a_{21} & a_{22} & \cdots & a_{2n} & b_2 \\ \vdots & \vdots & & \vdots & \vdots \\ a_{n1} & a_{n2} & \cdots & a_{nn} & b_n \end{pmatrix}.$$

根据克莱姆法则，该数表决定着上述方程组是否有解，以及如果有解，解是什么等问题．可见，研究这个数表很有意义．

引例 2 某航空公司在 A，B，C，D 四城市之间开辟了若干航线，图 2.1 表示了四城市间的航班图．航班图也可用表格表示如下：

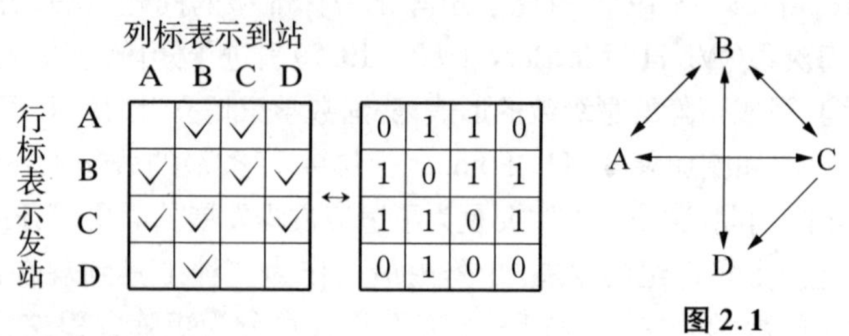

图 2.1

其中，√表示有航班．

为便于研究，记表中√为 1，空白处为 0，则得到一个数表．该数表反映了四城市间的航班连接情况．

引例 3 某企业生产四种产品，各种产品的季度产值（单位：万元）如表 2.1 所示．

表 2.1

季度 \ 产值 \ 产品	A	B	C	D
1	80	75	75	78
2	98	70	85	84
3	90	75	90	90
4	88	70	82	80

数表

$$\begin{pmatrix} 80 & 75 & 75 & 78 \\ 98 & 70 & 85 & 84 \\ 90 & 75 & 90 & 90 \\ 88 & 70 & 82 & 80 \end{pmatrix}$$

具体描述了这家企业各种产品的季度产值，同时也揭示了产值随季度变化的规律、季增长率和年产量等情况.

2.1.2　矩阵的定义

定义 2.1　由 $m\times n$ 个数 a_{ij} $(i=1,2,\cdots,m;\ j=1,2,\cdots,n)$ 排成的 m 行、n 列数表

$$\begin{matrix} a_{11} & a_{12} & \cdots & a_{1n} \\ a_{21} & a_{22} & \cdots & a_{2n} \\ \vdots & \vdots & & \vdots \\ a_{m1} & a_{m2} & \cdots & a_{mn} \end{matrix} \tag{2.1}$$

称为 ***m* 行 *n* 列矩阵**,简称 ***m*×*n* 矩阵**. 为表示它是一个整体,通常加一个括弧,并用大写黑体字母表示它,记为

$$\boldsymbol{A}=\begin{pmatrix} a_{11} & a_{12} & \cdots & a_{1n} \\ a_{21} & a_{22} & \cdots & a_{2n} \\ \vdots & \vdots & & \vdots \\ a_{m1} & a_{m2} & \cdots & a_{mn} \end{pmatrix}. \tag{2.2}$$

这 $m\times n$ 个数称为矩阵 $\boldsymbol{A}$ 的**元素**,a_{ij} 称为矩阵 $\boldsymbol{A}$ 的**第 i 行第 j 列元素**. $m\times n$ 矩阵 $\boldsymbol{A}$ 也可简记为 $\boldsymbol{A}=\boldsymbol{A}_{m\times n}=(a_{ij})_{m\times n}$.

元素为实数的矩阵称为**实矩阵**,元素为复数的矩阵称为**复矩阵**. 本书中的矩阵除特别说明者外,都为实矩阵.

所有元素均为零的矩阵称为**零矩阵**,记为 $\boldsymbol{O}$.

若矩阵 $\boldsymbol{A}=(a_{ij})$ 的行数与列数都等于 n,则称 $\boldsymbol{A}$ 为 **n 阶方阵**,记为 $\boldsymbol{A}_n$.

如果两个矩阵具有相同的行数和相同的列数,则称这两个矩阵为**同型矩阵**.

定义 2.2　如果 $\boldsymbol{A}$, $\boldsymbol{B}$ 为同型矩阵,且对应元素相等,则称矩阵 $\boldsymbol{A}$ 与矩阵 $\boldsymbol{B}$ **相等**,记为 $\boldsymbol{A}=\boldsymbol{B}$.

2.1.3　几种特殊矩阵

(1) 只有一行的矩阵

$$\boldsymbol{A}=(a_1\quad a_2\quad \cdots\quad a_n)$$

称为**行矩阵**或**行向量**. 为避免元素间的混淆,行矩阵也记作 $\boldsymbol{A} = (a_1, a_2, \cdots, a_n)$.

(2) 只有一列的矩阵

$$\boldsymbol{B} = \begin{pmatrix} b_1 \\ b_2 \\ \vdots \\ b_m \end{pmatrix}$$

称为**列矩阵**或**列向量**.

(3) n 阶方阵

$$\boldsymbol{\Lambda} = \begin{pmatrix} \lambda_1 & 0 & \cdots & 0 \\ 0 & \lambda_2 & \cdots & 0 \\ \vdots & \vdots & & \vdots \\ 0 & 0 & \cdots & \lambda_n \end{pmatrix}$$

称为**对角矩阵**. 对角矩阵也可记为

$$\boldsymbol{\Lambda} = \operatorname{diag}(\lambda_1, \lambda_2, \cdots, \lambda_n).$$

(4) n 阶方阵

$$\boldsymbol{E} = \begin{pmatrix} 1 & 0 & \cdots & 0 \\ 0 & 1 & \cdots & 0 \\ \vdots & \vdots & & \vdots \\ 0 & 0 & \cdots & 1 \end{pmatrix}$$

称为 ***n* 阶单位矩阵**.

(5)
$$\begin{pmatrix} a_{11} & a_{12} & \cdots & a_{1n} \\ & a_{22} & \cdots & a_{2n} \\ & & \ddots & \vdots \\ & & & a_{nn} \end{pmatrix}$$

和

$$\begin{pmatrix} a_{11} & & & \\ a_{21} & a_{22} & & \\ \vdots & & \ddots & \\ a_{n1} & a_{n2} & \cdots & a_{nn} \end{pmatrix}$$

分别称为**上三角矩阵**和**下三角矩阵**.

2.1.4　线性变换的概念

变量 $x_1, x_2, \cdots, x_n$ 与变量 $y_1, y_2, \cdots, y_m$ 之间的关系式

$$\begin{cases} y_1 = a_{11}x_1 + a_{12}x_2 + \cdots + a_{1n}x_n, \\ y_2 = a_{21}x_1 + a_{22}x_2 + \cdots + a_{2n}x_n, \\ \qquad\cdots\cdots\cdots\cdots \\ y_m = a_{m1}x_1 + a_{m2}x_2 + \cdots + a_{mn}x_n \end{cases} \tag{2.3}$$

称为从变量 $x_1, x_2, \cdots, x_n$ 到变量 $y_1, y_2, \cdots, y_m$ 的**线性变换**，$\boldsymbol{A} = (a_{ij})_{m\times n}$ 称为线性变换(2.3)的**系数矩阵**.

显然,线性变换与其系数矩阵之间存在一一对应关系.因而,可利用矩阵来研究线性变换,亦可利用线性变换来研究矩阵.

线性变换

$$\begin{cases} y_1 = x_1, \\ y_2 = x_2, \\ \quad\cdots\cdots \\ y_n = x_n \end{cases}$$

称为**恒等变换**,其系数矩阵就是单位矩阵.

矩阵$\begin{pmatrix} 1 & 0 \\ 0 & 0 \end{pmatrix}$所对应的线性变换$\begin{cases} x_1 = x, \\ y_1 = 0 \end{cases}$可看作是 xOy 面上将向量 $\overrightarrow{OP} = \begin{pmatrix} x \\ y \end{pmatrix}$ 变为向量 $\overrightarrow{OP_1} = \begin{pmatrix} x_1 \\ y_1 \end{pmatrix} = \begin{pmatrix} x \\ 0 \end{pmatrix}$ 的变换.由于向量 $\overrightarrow{OP_1}$是向量$\overrightarrow{OP}$在 x 轴上的投影向量,因此这是一个**投影变换**(见图2.2).

矩阵$\begin{pmatrix} \cos\varphi & -\sin\varphi \\ \sin\varphi & \cos\varphi \end{pmatrix}$所对应的线性变换$\begin{cases} x_1 = x\cos\varphi - y\sin\varphi, \\ y_1 = x\sin\varphi + y\cos\varphi \end{cases}$将 xOy 面上的向量$\overrightarrow{OP} = \begin{pmatrix} x \\ y \end{pmatrix}$变为向量$\overrightarrow{OP_1} = \begin{pmatrix} x_1 \\ y_1 \end{pmatrix}$.设$\overrightarrow{OP}$ 的长度为 r,辐角为 θ,即设 $x = r\cos\theta, y = r\sin\theta$, 则

$$\begin{cases} x_1 = r(\cos\varphi\cos\theta - \sin\varphi\sin\theta) = r\cos(\theta+\varphi), \\ y_1 = r(\sin\varphi\cos\theta + \cos\varphi\sin\theta) = r\sin(\theta+\varphi). \end{cases}$$

这表明$\overrightarrow{OP_1}$的长度也为 r,而辐角为$\theta+\varphi$.因此,这是把向量$\overrightarrow{OP}$依逆时针方向旋转 φ 角的**旋转变换**(见图 2.3).

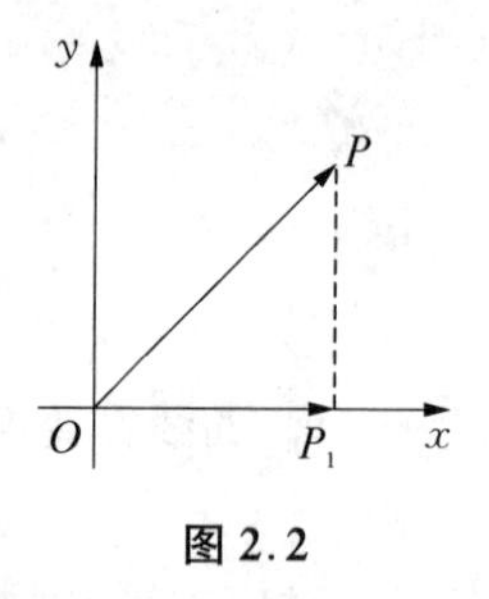

图 2.2

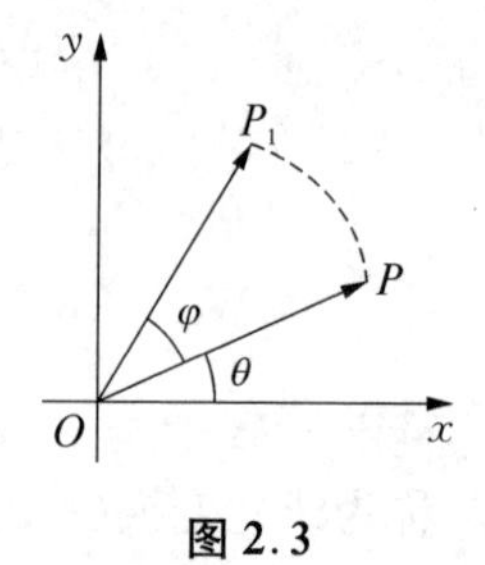

图 2.3

习 题 2.1

1. 两人零和对策问题.两儿童玩"石头—剪子—布"游戏,每人的出法只能在{石头,剪子,布}中选择一种,当他们各选择一个出法(亦称策略)时,就确定了一个"局势",也就是得出了各自的输赢.若规定胜者得 1 分,负者得 −1 分,平手各得 0 分,对于各种可能的局势(每一局势得分之和为零即零和),试用赢得矩阵来表示 A 的得分.

2. 有 6 名选手参加乒乓球比赛,成绩如下:选手 1 胜选手 2,4,5,6,负于 3;选手 2 胜 4,5,6,负于 1,3;选手 3 胜 1,2,4,负于 5,6;选手 4 胜 5,6,负于 1,2,3;选手 5 胜 3,6,负于 1,2,4.若胜一场得 1 分,负一场得 0 分,试用矩阵表示输赢状况,并排序.

2.2 矩阵的运算

2.2.1 矩阵的加法

定义 2.3 设有两个 $m\times n$ 矩阵$\boldsymbol{A}=(a_{ij})$,$\boldsymbol{B}=(b_{ij})$,矩阵 $\boldsymbol{A}$ 与 $\boldsymbol{B}$ 的和记为$\boldsymbol{A}+\boldsymbol{B}$,规定为

$$\boldsymbol{A}+\boldsymbol{B}=(a_{ij}+b_{ij})_{m\times n}$$

$$=\begin{pmatrix} a_{11}+b_{11} & a_{12}+b_{12} & \cdots & a_{1n}+b_{1n} \\ a_{21}+b_{21} & a_{22}+b_{22} & \cdots & a_{2n}+b_{2n} \\ \vdots & \vdots & & \vdots \\ a_{m1}+b_{m1} & a_{m2}+b_{m2} & \cdots & a_{mn}+b_{mn} \end{pmatrix}. \tag{2.4}$$

显然,只有两个同型矩阵才能进行加法运算.

设矩阵 $\boldsymbol{A}=(a_{ij})$,记 $-\boldsymbol{A}=(-a_{ij})$, $-\boldsymbol{A}$ 称为矩阵的**负矩阵**.显然, $\boldsymbol{A}+(-\boldsymbol{A})=\boldsymbol{O}$. 由此规定矩阵的**减法**为

$$\boldsymbol{A}-\boldsymbol{B}=\boldsymbol{A}+(-\boldsymbol{B}). \tag{2.5}$$

加法满足下列运算规律:

(1) $\boldsymbol{A}+\boldsymbol{B}=\boldsymbol{B}+\boldsymbol{A}$;

(2) $(\boldsymbol{A}+\boldsymbol{B})+\boldsymbol{C}=\boldsymbol{A}+(\boldsymbol{B}+\boldsymbol{C})$.

2.2.2 数与矩阵的乘法

定义 2.4 数 λ 与矩阵 $\boldsymbol{A}=(a_{ij})_{m\times n}$ 的乘积记为 $\lambda\boldsymbol{A}$ 或 $\boldsymbol{A}\lambda$,规定为

$$\lambda\boldsymbol{A}=\boldsymbol{A}\lambda=(\lambda a_{ij})_{m\times n}=\begin{pmatrix} \lambda a_{11} & \lambda a_{12} & \cdots & \lambda a_{1n} \\ \lambda a_{21} & \lambda a_{22} & \cdots & \lambda a_{2n} \\ \vdots & \vdots & & \vdots \\ \lambda a_{m1} & \lambda a_{m2} & \cdots & \lambda a_{mn} \end{pmatrix}. \tag{2.6}$$

数与矩阵的乘积运算简称为**数乘运算**.

数乘运算满足:

(1) $(\lambda\mu)\boldsymbol{A}=\lambda(\mu\boldsymbol{A})$;

(2) $(\lambda+\mu)\boldsymbol{A}=\lambda\boldsymbol{A}+\mu\boldsymbol{A}$;

(3) $\lambda(\boldsymbol{A}+\boldsymbol{B})=\lambda\boldsymbol{A}+\lambda\boldsymbol{B}$.

例 2.1 已知

$$\boldsymbol{A}=\begin{pmatrix} -1 & 2 & 3 & 1 \\ 0 & 3 & -2 & 1 \\ 4 & 0 & 3 & 2 \end{pmatrix},$$

$$\boldsymbol{B}=\begin{pmatrix} 4 & 3 & 2 & -1 \\ 5 & -3 & 0 & 1 \\ 1 & 2 & -5 & 0 \end{pmatrix},$$

求 $3\boldsymbol{A}-2\boldsymbol{B}$.

解 $$3\boldsymbol{A}-2\boldsymbol{B}=3\begin{pmatrix}-1&2&3&1\\0&3&-2&1\\4&0&3&2\end{pmatrix}-2\begin{pmatrix}4&3&2&-1\\5&-3&0&1\\1&2&-5&0\end{pmatrix}$$

$$=\begin{pmatrix}-3-8&6-6&9-4&3+2\\0-10&9+6&-6-0&3-2\\12-2&0-4&9+10&6-0\end{pmatrix}$$

$$=\begin{pmatrix}-11&0&5&5\\-10&15&-6&1\\10&-4&19&6\end{pmatrix}.$$

例 2.2 已知

$$\boldsymbol{A}=\begin{pmatrix}3&-1&2&0\\1&5&7&9\\2&4&6&8\end{pmatrix},$$

$$\boldsymbol{B}=\begin{pmatrix}7&5&-2&4\\5&1&9&7\\3&2&-1&6\end{pmatrix},$$

且 $\boldsymbol{A}+2\boldsymbol{X}=\boldsymbol{B}$，求 $\boldsymbol{X}$.

解 $$\boldsymbol{X}=\frac{1}{2}(\boldsymbol{B}-\boldsymbol{A})=\frac{1}{2}\begin{pmatrix}4&6&-4&4\\4&-4&2&-2\\1&-2&-7&-2\end{pmatrix}$$

$$=\begin{pmatrix}2&3&-2&2\\2&-2&1&-1\\\frac{1}{2}&-1&-\frac{7}{2}&-1\end{pmatrix}.$$

2.2.3 矩阵与矩阵的乘法

设有两个线性变换

$$\begin{cases}y_1=a_{11}x_1+a_{12}x_2+a_{13}x_3,\\y_2=a_{21}x_1+a_{22}x_2+a_{23}x_3\end{cases}\tag{2.7}$$

和

$$\begin{cases} x_1 = b_{11}t_1 + b_{12}t_2, \\ x_2 = b_{21}t_1 + b_{22}t_2, \\ x_3 = b_{31}t_1 + b_{32}t_2, \end{cases} \tag{2.8}$$

要想求出从 t_1，t_2 到 y_1，y_2 的线性变换，可将(2.8)式代入(2.7)式，即得

$$\begin{cases} y_1 = (a_{11}b_{11} + a_{12}b_{21} + a_{13}b_{31})t_1 \\ \qquad + (a_{11}b_{12} + a_{12}b_{22} + a_{13}b_{32})t_2, \\ y_2 = (a_{21}b_{11} + a_{22}b_{21} + a_{23}b_{31})t_1 \\ \qquad + (a_{21}b_{12} + a_{22}b_{22} + a_{23}b_{32})t_2. \end{cases} \tag{2.9}$$

线性变换(2.9)可看成是先作线性变换(2.8)再作线性变换(2.7)的结果.我们把线性变换(2.9)称为**线性变换(2.8)和(2.7)的乘积**，相应地，把(2.9)式所对应的矩阵定义为(2.8)式和(2.7)式所对应的矩阵的乘积，即

$$\begin{pmatrix} a_{11} & a_{12} & a_{13} \\ a_{21} & a_{22} & a_{23} \end{pmatrix} \begin{pmatrix} b_{11} & b_{12} \\ b_{21} & b_{22} \\ b_{31} & b_{32} \end{pmatrix}$$

$$= \begin{pmatrix} a_{11}b_{11} + a_{12}b_{21} + a_{13}b_{31} & a_{11}b_{12} + a_{12}b_{22} + a_{13}b_{32} \\ a_{21}b_{11} + a_{22}b_{21} + a_{23}b_{31} & a_{21}b_{12} + a_{22}b_{22} + a_{23}b_{32} \end{pmatrix}.$$

仿照上式，可以给出一般矩阵乘积的定义.

定义 2.5　设 $\boldsymbol{A} = (a_{ij})$ 是一个 $m \times s$ 矩阵，$\boldsymbol{B} = (b_{ij})$ 是一个 $s \times n$ 矩阵，则规定**矩阵 $\boldsymbol{A}$ 与矩阵 $\boldsymbol{B}$ 的乘积**是一个 $m \times n$ 矩阵 $\boldsymbol{C} = (c_{ij})$，其中 c_{ij} 等于 $\boldsymbol{A}$ 的第 i 行元素与 $\boldsymbol{B}$ 的第 j 列对应元素的乘积之和，即

$$c_{ij} = a_{i1}b_{1j} + a_{i2}b_{2j} + \cdots + a_{is}b_{sj}$$

$$= \sum_{k=1}^{s} a_{ik}b_{kj} \quad (i = 1, 2, \cdots, m;\ j = 1, 2, \cdots, n), \tag{2.10}$$

并将此乘积记作 $\boldsymbol{C} = \boldsymbol{AB}$.

矩阵 $\boldsymbol{C}$ 的产生过程如下：

$$\boldsymbol{AB}=\begin{pmatrix}a_{11} & a_{12} & \cdots & a_{1s}\\ \vdots & \vdots & & \vdots\\ a_{i1} & a_{i2} & \cdots & a_{is}\\ \vdots & \vdots & & \vdots\\ a_{m1} & a_{m2} & \cdots & a_{ms}\end{pmatrix}_{m\times s}\begin{pmatrix}b_{11} & \cdots & b_{1j} & \cdots & b_{1n}\\ b_{21} & \cdots & b_{2j} & \cdots & b_{2n}\\ \vdots & & \vdots & & \vdots\\ b_{s1} & \cdots & b_{sj} & \cdots & b_{sn}\end{pmatrix}_{s\times n}$$

$$=\begin{pmatrix}c_{11} & \cdots & c_{1n}\\ \\ \vdots & c_{ij} & \vdots\\ \\ c_{m1} & \cdots & c_{mn}\end{pmatrix}_{m\times n}.$$

必须注意的是,只有 $\boldsymbol{A}$ 的列数等于 $\boldsymbol{B}$ 的行数时,$\boldsymbol{A}$ 与 $\boldsymbol{B}$ 才能相乘.

例 2.3 已知

$$\boldsymbol{A}=\begin{pmatrix}1 & 0 & 3 & -1\\ 2 & 1 & 0 & 2\end{pmatrix},$$

$$\boldsymbol{B}=\begin{pmatrix}4 & 1 & 0\\ -1 & 1 & 3\\ 2 & 0 & 1\\ 1 & 3 & 4\end{pmatrix},$$

求 $\boldsymbol{AB}$.

解

$$\boldsymbol{AB}=\begin{pmatrix}1 & 0 & 3 & -1\\ 2 & 1 & 0 & 2\end{pmatrix}\begin{pmatrix}4 & 1 & 0\\ -1 & 1 & 3\\ 2 & 0 & 1\\ 1 & 3 & 4\end{pmatrix}$$

$$=\begin{pmatrix}1\times4+0\times(-1) & 1\times1+0\times1 & 1\times0+0\times3\\ +3\times2+(-1)\times1 & +3\times0+(-1)\times3 & +3\times1+(-1)\times4\\ \\ 2\times4+1\times(-1) & 2\times1+1\times1 & 2\times0+1\times3\\ +0\times2+2\times1 & +0\times0+2\times3 & +0\times1+2\times4\end{pmatrix}$$

$$= \begin{pmatrix} 9 & -2 & -1 \\ 9 & 9 & 11 \end{pmatrix}.$$

根据矩阵乘法，若 $\boldsymbol{A} = (a_{ij})_{1\times n}$（行向量），$\boldsymbol{B} = (b_{ij})_{n\times 1}$（列向量），则 $\boldsymbol{AB} = (c_{ij})_{1\times 1}$ 为一个一阶方阵，即一个实数，而 $\boldsymbol{BA} = (c_{ij})_{n\times n}$ 却是一个 n 阶方阵.

例 2.4　已知

$$\boldsymbol{A} = (1 \quad 2 \quad 3), \quad \boldsymbol{B} = \begin{pmatrix} 3 \\ 2 \\ 1 \end{pmatrix},$$

求 $\boldsymbol{AB}$，$\boldsymbol{BA}$.

解　$\boldsymbol{AB} = (1 \quad 2 \quad 3)\begin{pmatrix} 3 \\ 2 \\ 1 \end{pmatrix} = 10$；

$$\boldsymbol{BA} = \begin{pmatrix} 3 \\ 2 \\ 1 \end{pmatrix}(1 \quad 2 \quad 3) = \begin{pmatrix} 3 & 6 & 9 \\ 2 & 4 & 6 \\ 1 & 2 & 3 \end{pmatrix}.$$

请读者注意两者的区别.

例 2.5　已知

$$\boldsymbol{A} = \begin{pmatrix} 2 & 1 \\ -4 & -2 \end{pmatrix}, \quad \boldsymbol{B} = \begin{pmatrix} 3 & -1 \\ -6 & 2 \end{pmatrix},$$

求 $\boldsymbol{AB}$，$\boldsymbol{BA}$，$\boldsymbol{A}^2$.

解　$\boldsymbol{AB} = \begin{pmatrix} 2 & 1 \\ -4 & -2 \end{pmatrix}\begin{pmatrix} 3 & -1 \\ -6 & 2 \end{pmatrix} = \begin{pmatrix} 0 & 0 \\ 0 & 0 \end{pmatrix}$；

$$\boldsymbol{BA} = \begin{pmatrix} 3 & -1 \\ -6 & 2 \end{pmatrix}\begin{pmatrix} 2 & 1 \\ -4 & -2 \end{pmatrix} = \begin{pmatrix} 10 & 5 \\ -20 & -10 \end{pmatrix};$$

$$\boldsymbol{A}^2 = \begin{pmatrix} 2 & 1 \\ -4 & -2 \end{pmatrix}\begin{pmatrix} 2 & 1 \\ -4 & -2 \end{pmatrix} = \begin{pmatrix} 0 & 0 \\ 0 & 0 \end{pmatrix}.$$

在例 2.3 中，$\boldsymbol{A}$ 是 2×4 矩阵，$\boldsymbol{B}$ 是 4×3 矩阵，乘积 $\boldsymbol{AB}$ 有意义而 $\boldsymbol{BA}$ 却没有意义. 在例 2.5 中，$\boldsymbol{A}$ 与 $\boldsymbol{B}$ 都是 2 阶方阵，从而 $\boldsymbol{AB}$ 和 $\boldsymbol{BA}$ 也都是 2 阶方阵，但 $\boldsymbol{AB}$ 和 $\boldsymbol{BA}$ 仍然可以不相等. 可见，矩阵的乘法不满

足交换律，即在一般情况下，$\boldsymbol{AB} \neq \boldsymbol{BA}$.

对于两个 n 阶方阵 $\boldsymbol{A}$，$\boldsymbol{B}$，若 $\boldsymbol{AB} = \boldsymbol{BA}$，则称方阵 $\boldsymbol{A}$ 与 $\boldsymbol{B}$ 是**可交换**的.

在例 2.5 中，我们还发现：不能由(1) $\boldsymbol{AB} = \boldsymbol{O}$；(2) $\boldsymbol{A}^2 = \boldsymbol{O}$；(3) $\boldsymbol{AB} = \boldsymbol{A}^2$ 分别得出(1) $\boldsymbol{A} = \boldsymbol{O}$ 或 $\boldsymbol{B} = \boldsymbol{O}$；(2) $\boldsymbol{A} = \boldsymbol{O}$；(3) $\boldsymbol{A} = \boldsymbol{B}$. 这表明矩阵的乘法消去律与数的乘法消去律有极大的不同. 我们将在 2.3节中介绍在什么条件下才能在一个等式两边消去矩阵.

矩阵的乘法虽然不满足交换律，但仍满足下列结合律和分配律(假设运算都是可行的)：

(1) $(\boldsymbol{AB})\boldsymbol{C} = \boldsymbol{A}(\boldsymbol{BC})$；

(2) $\lambda(\boldsymbol{AB}) = (\lambda\boldsymbol{A})\boldsymbol{B} = \boldsymbol{A}(\lambda\boldsymbol{B})$；

(3) $\boldsymbol{A}(\boldsymbol{B} + \boldsymbol{C}) = \boldsymbol{AB} + \boldsymbol{AC}$，$(\boldsymbol{A} + \boldsymbol{B})\boldsymbol{C} = \boldsymbol{AC} + \boldsymbol{BC}$.

对于单位矩阵 $\boldsymbol{E}$，容易验证：$\boldsymbol{EA} = \boldsymbol{AE} = \boldsymbol{A}$，即单位矩阵 $\boldsymbol{E}$ 在矩阵乘法中的作用类似于数 1.

有了矩阵的乘法，就可以定义**矩阵的幂**. 设 $\boldsymbol{A}$ 为 n 阶方阵，则定义

$$\boldsymbol{A}^1 = \boldsymbol{A}, \quad \boldsymbol{A}^2 = \boldsymbol{A} \cdot \boldsymbol{A}, \quad \cdots, \quad \boldsymbol{A}^{k+1} = \boldsymbol{A}^k \cdot \boldsymbol{A},$$

其中 k 为正整数.

因为矩阵乘法不满足交换律，所以对于两个 n 阶方阵 $\boldsymbol{A}$ 与 $\boldsymbol{B}$，一般来说 $(\boldsymbol{AB})^k \neq \boldsymbol{A}^k\boldsymbol{B}^k$，只有当 $\boldsymbol{A}$ 与 $\boldsymbol{B}$ 可交换时，才有 $(\boldsymbol{AB})^k = \boldsymbol{A}^k\boldsymbol{B}^k$. 类似地，等式 $(\boldsymbol{A} + \boldsymbol{B})^2 = \boldsymbol{A}^2 + 2\boldsymbol{AB} + \boldsymbol{B}^2$，$(\boldsymbol{A} + \boldsymbol{B}) \cdot (\boldsymbol{A} - \boldsymbol{B}) = \boldsymbol{A}^2 - \boldsymbol{B}^2$，也只有当 $\boldsymbol{A}$ 与 $\boldsymbol{B}$ 可交换时才成立.

例 2.6 求与矩阵

$$\boldsymbol{A} = \begin{pmatrix} 0 & 1 & 0 & 0 \\ 0 & 0 & 1 & 0 \\ 0 & 0 & 0 & 1 \\ 0 & 0 & 0 & 0 \end{pmatrix}$$

可交换的所有矩阵.

解 设与 $\boldsymbol{A}$ 可交换的矩阵为

$$\boldsymbol{B} = \begin{pmatrix} a & b & c & d \\ a_1 & b_1 & c_1 & d_1 \\ a_2 & b_2 & c_2 & d_2 \\ a_3 & b_3 & c_3 & d_3 \end{pmatrix},$$

则

$$AB=\begin{pmatrix}0&1&0&0\\0&0&1&0\\0&0&0&1\\0&0&0&0\end{pmatrix}\begin{pmatrix}a&b&c&d\\a_1&b_1&c_1&d_1\\a_2&b_2&c_2&d_2\\a_3&b_3&c_3&d_3\end{pmatrix}$$

$$=\begin{pmatrix}a_1&b_1&c_1&d_1\\a_2&b_2&c_2&d_2\\a_3&b_3&c_3&d_3\\0&0&0&0\end{pmatrix},$$

$$BA=\begin{pmatrix}a&b&c&d\\a_1&b_1&c_1&d_1\\a_2&b_2&c_2&d_2\\a_3&b_3&c_3&d_3\end{pmatrix}\begin{pmatrix}0&1&0&0\\0&0&1&0\\0&0&0&1\\0&0&0&0\end{pmatrix}$$

$$=\begin{pmatrix}0&a&b&c\\0&a_1&b_1&c_1\\0&a_2&b_2&c_2\\0&a_3&b_3&c_3\end{pmatrix}.$$

由 $\boldsymbol{AB}=\boldsymbol{BA}$，即得

$$a_1=0,\quad b_1=a,\quad c_1=b,\quad d_1=c,$$

$$a_2=0,\quad b_2=a_1=0,\quad c_2=b_1=a,\quad d_2=c_1=b,$$

$$a_3=0,\quad b_3=a_2=0,\quad c_3=b_2=0,\quad d_3=c_2=a,$$

于是可得

$$B=\begin{pmatrix}a&b&c&d\\0&a&b&c\\0&0&a&b\\0&0&0&a\end{pmatrix},$$

其中 a，b，c，d 为任意实数.

例 2.7　已知

$$A=\begin{pmatrix}1&0\\ \lambda&1\end{pmatrix},$$

求 A^k.

解 $A^2=\begin{pmatrix}1&0\\ \lambda&1\end{pmatrix}\begin{pmatrix}1&0\\ \lambda&1\end{pmatrix}=\begin{pmatrix}1&0\\ 2\lambda&1\end{pmatrix}$,

$$A^3=A^2\cdot A=\begin{pmatrix}1&0\\ 2\lambda&1\end{pmatrix}\begin{pmatrix}1&0\\ \lambda&1\end{pmatrix}=\begin{pmatrix}1&0\\ 3\lambda&1\end{pmatrix},$$

故

$$A^k=\begin{pmatrix}1&0\\ k\lambda&1\end{pmatrix}.$$

利用矩阵的乘法,线性变换

$$\begin{cases}y_1=a_{11}x_1+a_{12}x_2+\cdots+a_{1n}x_n,\\ y_2=a_{21}x_1+a_{22}x_2+\cdots+a_{2n}x_n,\\ \cdots\cdots\cdots\cdots\cdots\\ y_m=a_{m1}x_1+a_{m2}x_2+\cdots+a_{mn}x_n\end{cases}$$

可表示为矩阵形式

$$y=Ax,$$

其中

$$A=(a_{ij})_{m\times n},\quad x=\begin{pmatrix}x_1\\ x_2\\ \vdots\\ x_n\end{pmatrix},\quad y=\begin{pmatrix}y_1\\ y_2\\ \vdots\\ y_m\end{pmatrix}.$$

需要特别指出的是,看似有些"奇异"的矩阵乘法其实有着很清楚的几何含义.下面以一个实例来说明矩阵乘法的几何意义.

在2.1节中,介绍了将 xOy 面上的向量$\overrightarrow{OP}=\begin{pmatrix}x\\ y\end{pmatrix}$变为$\overrightarrow{OP_1}=\begin{pmatrix}x_1\\ y_1\end{pmatrix}$的旋转变换.设

$$A=\begin{pmatrix}\cos\alpha&-\sin\alpha\\ \sin\alpha&\cos\alpha\end{pmatrix},\quad B=\begin{pmatrix}\cos\beta&-\sin\beta\\ \sin\beta&\cos\beta\end{pmatrix},$$

$$\overrightarrow{OP_1}=AB\,\overrightarrow{OP},\quad x=r\cos\theta,\ y=r\sin\theta,$$

得

$$\begin{cases} x_1 = r[\cos(\alpha+\beta)\cos\theta - \sin(\alpha+\beta)\sin\theta] = r\cos(\theta+\alpha+\beta), \\ y_1 = r[\sin(\alpha+\beta)\cos\theta + \cos(\alpha+\beta)\sin\theta] = r\sin(\theta+\alpha+\beta). \end{cases}$$

这表明$\overrightarrow{OP_1}$的长度也为 r,而辐角为 $\theta+\alpha+\beta$. 因此,这是将向量$\overrightarrow{OP}$依逆时针方向先旋转α 角再旋转β 角的旋转变换,即矩阵的乘积在几何上相当于线性变换的叠加.

2.2.4　矩阵的转置

定义 2.6　将矩阵 $\boldsymbol{A}$ 的行与同序数的列互换后所得的矩阵称为 $\boldsymbol{A}$ 的**转置矩阵**,记为 $\boldsymbol{A}^{\mathrm{T}}$.

根据转置的定义,若

$$\boldsymbol{A} = \begin{pmatrix} a_{11} & a_{12} & \cdots & a_{1n} \\ a_{21} & a_{22} & \cdots & a_{2n} \\ \vdots & \vdots & & \vdots \\ a_{m1} & a_{m2} & \cdots & a_{mn} \end{pmatrix},$$

则

$$\boldsymbol{A}^{\mathrm{T}} = \begin{pmatrix} a_{11} & a_{21} & \cdots & a_{m1} \\ a_{12} & a_{22} & \cdots & a_{m2} \\ \vdots & \vdots & & \vdots \\ a_{1n} & a_{2n} & \cdots & a_{mn} \end{pmatrix}.$$

矩阵的转置满足下列运算规律(假设运算都是可行的):

(1) $(\boldsymbol{A}^{\mathrm{T}})^{\mathrm{T}} = \boldsymbol{A}$;

(2) $(\boldsymbol{A} \pm \boldsymbol{B})^{\mathrm{T}} = \boldsymbol{A}^{\mathrm{T}} \pm \boldsymbol{B}^{\mathrm{T}}$;

(3) $(\lambda\boldsymbol{A})^{\mathrm{T}} = \lambda\boldsymbol{A}^{\mathrm{T}}$;

(4) $(\boldsymbol{AB})^{\mathrm{T}} = \boldsymbol{B}^{\mathrm{T}}\boldsymbol{A}^{\mathrm{T}}$.

证　(1), (2), (3)显然成立,现证(4). 设 $\boldsymbol{A} = (a_{ij})_{m\times s}$, $\boldsymbol{B} = (b_{ij})_{s\times n}$, 则$(\boldsymbol{AB})^{\mathrm{T}}$ 与 $\boldsymbol{B}^{\mathrm{T}}\boldsymbol{A}^{\mathrm{T}}$ 均为 $n\times m$ 矩阵.

矩阵$(\boldsymbol{AB})^{\mathrm{T}}$ 第 j 行第 i 列的元素是 $\boldsymbol{AB}$ 第 i 行第 j 列的元素

$$\sum_{k=1}^{s} a_{ik}b_{kj} = a_{i1}b_{1j} + a_{i2}b_{2j} + \cdots + a_{is}b_{sj},$$

而矩阵 $\boldsymbol{B}^{\mathrm{T}}\boldsymbol{A}^{\mathrm{T}}$ 的第 j 行第 i 列元素应为矩阵 $\boldsymbol{B}^{\mathrm{T}}$ 的第 j 行元素与 $\boldsymbol{A}^{\mathrm{T}}$ 的第 i 列对应元素的乘积之和,即矩阵 $\boldsymbol{B}$ 的第 j 列元素与矩阵 $\boldsymbol{A}$ 的第 i 行对应元素乘积之和

$$\sum_{k=1}^{s} b_{kj}a_{ik} = b_{1j}a_{i1} + b_{2j}a_{i2} + \cdots + b_{sj}a_{is},$$

所以 $(\boldsymbol{AB})^{\mathrm{T}} = \boldsymbol{B}^{\mathrm{T}}\boldsymbol{A}^{\mathrm{T}}$.

定义 2.7 对方阵 $\boldsymbol{A}$,若 $\boldsymbol{A}^{\mathrm{T}} = \boldsymbol{A}$,即 $a_{ij} = a_{ji}$,则称 $\boldsymbol{A}$ 为**对称矩阵**.若 $\boldsymbol{A}^{\mathrm{T}} = -\boldsymbol{A}$,即 $a_{ij} = -a_{ji}$,则称 $\boldsymbol{A}$ 为**反对称矩阵**.

例 2.8 设 $\boldsymbol{A}$ 与 $\boldsymbol{B}$ 是两个 n 阶反对称矩阵,证明:$\boldsymbol{AB}$ 是反对称矩阵当且仅当 $\boldsymbol{AB} = -\boldsymbol{BA}$.

证 因 $\boldsymbol{A}$ 与 $\boldsymbol{B}$ 是两个 n 阶反对称矩阵,故 $\boldsymbol{A}^{\mathrm{T}} = -\boldsymbol{A}$, $\boldsymbol{B}^{\mathrm{T}} = -\boldsymbol{B}$.若 $\boldsymbol{AB} = -\boldsymbol{BA}$,则 $(\boldsymbol{AB})^{\mathrm{T}} = \boldsymbol{B}^{\mathrm{T}}\boldsymbol{A}^{\mathrm{T}} = -\boldsymbol{B}(-\boldsymbol{A}) = \boldsymbol{BA} = -\boldsymbol{AB}$,即 $\boldsymbol{AB}$ 是反对称矩阵.

反之,若 $\boldsymbol{AB}$ 是反对称矩阵,即 $(\boldsymbol{AB})^{\mathrm{T}} = -\boldsymbol{AB}$,则 $\boldsymbol{AB} = -(\boldsymbol{AB})^{\mathrm{T}} = -\boldsymbol{B}^{\mathrm{T}}\boldsymbol{A}^{\mathrm{T}} = -(-\boldsymbol{B})(-\boldsymbol{A}) = -\boldsymbol{BA}$.

例 2.9 设列矩阵 $\boldsymbol{X} = (x_1, x_2, \cdots, x_n)^{\mathrm{T}}$ 满足 $\boldsymbol{X}^{\mathrm{T}}\boldsymbol{X} = 1$, $\boldsymbol{E}$ 为 n 阶单位矩阵,$\boldsymbol{H} = \boldsymbol{E} - 2\boldsymbol{XX}^{\mathrm{T}}$,证明:$\boldsymbol{H}$ 是对称矩阵,且 $\boldsymbol{HH}^{\mathrm{T}} = \boldsymbol{E}$.

证 因为

$$\begin{aligned}\boldsymbol{H}^{\mathrm{T}} &= (\boldsymbol{E} - 2\boldsymbol{XX}^{\mathrm{T}})^{\mathrm{T}} = \boldsymbol{E}^{\mathrm{T}} - 2(\boldsymbol{XX}^{\mathrm{T}})^{\mathrm{T}}\\ &= \boldsymbol{E} - 2(\boldsymbol{X}^{\mathrm{T}})^{\mathrm{T}}\boldsymbol{X}^{\mathrm{T}} = \boldsymbol{E} - 2\boldsymbol{XX}^{\mathrm{T}}\\ &= \boldsymbol{H},\end{aligned}$$

故 $\boldsymbol{H}$ 是对称矩阵.从而

$$\begin{aligned}\boldsymbol{HH}^{\mathrm{T}} &= \boldsymbol{H}^2 = (\boldsymbol{E} - 2\boldsymbol{XX}^{\mathrm{T}})^2\\ &= \boldsymbol{E} - 4\boldsymbol{XX}^{\mathrm{T}} + 4(\boldsymbol{XX}^{\mathrm{T}})(\boldsymbol{XX}^{\mathrm{T}})\\ &= \boldsymbol{E} - 4\boldsymbol{XX}^{\mathrm{T}} + 4\boldsymbol{X}(\boldsymbol{X}^{\mathrm{T}}\boldsymbol{X})\boldsymbol{X}^{\mathrm{T}}\\ &= \boldsymbol{E} - 4\boldsymbol{XX}^{\mathrm{T}} + 4\boldsymbol{XX}^{\mathrm{T}}\\ &= \boldsymbol{E}.\end{aligned}$$

2.2.5 方阵的行列式

定义 2.8 由 n 阶方阵 $\boldsymbol{A}$ 的元素所构成的行列式(各元素的位置

不变)称为**方阵 $\boldsymbol{A}$ 的行列式**,记作 $|\boldsymbol{A}|$ 或 $\det \boldsymbol{A}$.

方阵与行列式是两个不同的概念. n 阶方阵是 n^2 个数按一定方式排列而成的数表,而 n 阶行列式则是这些数按一定的运算法则所确定的一个数.

方阵 $\boldsymbol{A}$ 的行列式 $|\boldsymbol{A}|$ 满足以下运算规律(设 $\boldsymbol{A}$, $\boldsymbol{B}$ 为 n 阶方阵,λ 为常数):

(1) $|\boldsymbol{A}^{\mathrm{T}}| = |\boldsymbol{A}|$;

(2) $|\lambda \boldsymbol{A}| = \lambda^n |\boldsymbol{A}|$;

(3) $|\boldsymbol{AB}| = |\boldsymbol{BA}| = |\boldsymbol{A}||\boldsymbol{B}|$.

证　(1),(2)显然,现证明(3).

设 $\boldsymbol{A} = (a_{ij})$,$\boldsymbol{B} = (b_{ij})$, 构造 $2n$ 阶行列式

$$D = \begin{vmatrix} a_{11} & \cdots & a_{1n} & & & \\ \vdots & & \vdots & & & \\ a_{n1} & \cdots & a_{nn} & & & \\ -1 & & & b_{11} & \cdots & b_{1n} \\ & \ddots & & \vdots & & \vdots \\ & & -1 & b_{n1} & \cdots & b_{nn} \end{vmatrix} = \begin{vmatrix} \boldsymbol{A} & \boldsymbol{O} \\ -\boldsymbol{E} & \boldsymbol{B} \end{vmatrix},$$

由第 1 章例 1.16 可知 $D = |\boldsymbol{A}||\boldsymbol{B}|$. 而在 D 中以 b_{1j} 乘第 1 列,b_{2j} 乘第 2 列,…,b_{nj} 乘第 n 列,都加到第 $n+j$ 列上 $(j = 1, 2, \cdots, n)$,则有

$$D = \begin{vmatrix} \boldsymbol{A} & \boldsymbol{C} \\ -\boldsymbol{E} & \boldsymbol{O} \end{vmatrix},$$

其中 $\boldsymbol{C} = (c_{ij})$,$c_{ij} = b_{1j}a_{i1} + b_{2j}a_{i2} + \cdots + b_{nj}a_{in}$,故 $\boldsymbol{C} = \boldsymbol{AB}$.

再对 D 的行作 $\mathrm{r}_i \leftrightarrow \mathrm{r}_{n+j}$ $(j = 1, 2, \cdots, n)$, 有

$$D = (-1)^n \begin{vmatrix} -\boldsymbol{E} & \boldsymbol{O} \\ \boldsymbol{A} & \boldsymbol{C} \end{vmatrix},$$

从而

$$\begin{aligned} D &= (-1)^n |-\boldsymbol{E}||\boldsymbol{C}| \\ &= (-1)^n (-1)^n |\boldsymbol{E}||\boldsymbol{C}| \end{aligned}$$

$$=|\boldsymbol{C}|=|\boldsymbol{AB}|,$$

所以

$$|\boldsymbol{AB}|=|\boldsymbol{A}||\boldsymbol{B}|.$$

由此可见,对于 n 阶方阵 $\boldsymbol{A}$, $\boldsymbol{B}$,虽然一般 $\boldsymbol{AB}\neq\boldsymbol{BA}$,但

$$|\boldsymbol{AB}|=|\boldsymbol{A}||\boldsymbol{B}|=|\boldsymbol{B}||\boldsymbol{A}|=|\boldsymbol{BA}|.$$

这里要提醒读者注意运算规律(2)与行列式性质 3 的不同.

例 2.10 已知 $\boldsymbol{A}$ 为三阶方阵,且 $|\boldsymbol{A}|=-2$,求 $|\boldsymbol{A}^2|$, $|-2\boldsymbol{A}|$.

解 $|\boldsymbol{A}^2|=|\boldsymbol{A}|^2=4$;

$|-2\boldsymbol{A}|=(-2)^3|\boldsymbol{A}|=16.$

习 题 2.2

1. 计算:

(1) $\begin{pmatrix}1&2&3\\2&4&6\\3&6&9\end{pmatrix}\begin{pmatrix}-1&-2&-4\\-1&-2&-4\\1&2&4\end{pmatrix}$;

(2) $\begin{pmatrix}-1\\2\\3\end{pmatrix}(3\quad 2\quad -2)$;

(3) $\begin{pmatrix}2&1&4&0\\1&-1&3&4\end{pmatrix}\begin{pmatrix}1&3&1\\0&-1&2\\1&-3&1\\4&0&-2\end{pmatrix}$;

(4) $(x_1\quad x_2\quad x_3)\begin{pmatrix}a_{11}&a_{12}&a_{13}\\a_{12}&a_{22}&a_{23}\\a_{13}&a_{32}&a_{33}\end{pmatrix}\begin{pmatrix}x_1\\x_2\\x_3\end{pmatrix}$.

2. 设

$$\boldsymbol{A}=\begin{pmatrix}1&1&1\\1&1&-1\\1&-1&1\end{pmatrix},\quad \boldsymbol{B}=\begin{pmatrix}1&2&3\\-1&-2&4\\0&5&1\end{pmatrix},$$

求 $3\boldsymbol{AB}-2\boldsymbol{A}$ 及 $\boldsymbol{A}^{\mathrm{T}}\boldsymbol{B}$.

3. 已知两个线性变换

$$\begin{cases} x_1 = 2y_1 + y_3, \\ x_2 = -2y_1 + 3y_2 + 2y_3, \\ x_3 = 4y_1 + y_2 + 5y_3 \end{cases}$$

和

$$\begin{cases} y_1 = -3z_1 + z_2, \\ y_2 = 2z_1 + z_3, \\ y_3 = -z_2 + 3z_3, \end{cases}$$

求从 z_1, z_2, z_3 到 x_1, x_2, x_3 的线性变换.

4. 某企业某年出口到三个国家的两种货物的数量以及两种货物的单位价格、重量、体积如表2.2所示.

表2.2

产品 产量 月份	美国	德国	日本	单位价格（万元）	单位重量（t）	单位体积（m^3）
A_1	3 000	1 500	2 000	0.5	0.04	0.2
A_2	1 400	1 300	800	0.4	0.06	0.4

利用矩阵乘法计算该企业出口到三个国家的货物总价值、总重量和总体积.

5. 设矩阵

$$\boldsymbol{A} = \begin{pmatrix} 1 & 1 \\ 0 & 1 \end{pmatrix},$$

求所有与 $\boldsymbol{A}$ 可交换的矩阵.

6. 计算下列矩阵(其中 n 为正整数):

(1) $\begin{pmatrix} 1 & 0 \\ \lambda & 1 \end{pmatrix}^n$;　　(2) $\begin{pmatrix} \lambda & 1 & 0 \\ 0 & \lambda & 1 \\ 0 & 0 & \lambda \end{pmatrix}^n$.

7. 设矩阵

$$A = \begin{pmatrix} 1 & 0 & 1 \\ 0 & 2 & 0 \\ 1 & 0 & 1 \end{pmatrix},$$

正整数 $n \geqslant 2$，求 $A^n - 2A^{n-1}$.

8. 已知 $\boldsymbol{\alpha} = (1, 2, 3)$，$\boldsymbol{\beta} = \left(1, \frac{1}{2}, \frac{1}{3}\right)$，矩阵 $A = \boldsymbol{\alpha}^{\mathrm{T}}\boldsymbol{\beta}$，其中 $\boldsymbol{\alpha}^{\mathrm{T}}$ 是 $\boldsymbol{\alpha}$ 的转置，求 A^n（n 为正整数）.

9. 设 A，B 都是 n 阶对称矩阵，证明：AB 是对称矩阵的充分必要条件是 $AB = BA$.

10. 设矩阵 A 为三阶矩阵，若已知 $|A| = m$，求 $|-mA|$.

11. 设 A 为 n 阶矩阵，n 为奇数，且 $AA^{\mathrm{T}} = E_n$，$|A| = 1$，求 $|A - E_n|$.

12. 设 A，B 均为 n 阶矩阵，且 $A = \frac{1}{2}(B + E)$. 证明：$A^2 = A$ 当且仅当 $B^2 = E$.

2.3 逆 矩 阵

2.3.1 逆矩阵的概念与性质

在数的运算中，如果数 $a \neq 0$，总存在唯一一个数 a^{-1}，使得 $a \cdot a^{-1} = a^{-1} \cdot a = 1$.

数的逆在解方程中起着重要作用. 例如，解一元线性方程 $ax = b$ 时，若 $a \neq 0$，则其解为 $x = a^{-1}b$.

对于矩阵，是否存在类似的运算呢？在回答这个问题之前，我们先引入可逆矩阵和逆矩阵的概念.

定义 2.9 对于 n 阶方阵 A，如果存在一个 n 阶方阵 B，使得 $AB = BA = E$，则称 A 是**可逆矩阵**，并称矩阵 B 为 A 的**逆矩阵**，记为 A^{-1}.

其实，从后面定理 2.3 的推论可知，$AB = E$ 和 $BA = E$ 其中之一成立，则 A，B 均可逆且互为逆矩阵.

定理 2.1 若矩阵 $\boldsymbol{A}$ 可逆,则 $\boldsymbol{A}$ 的逆矩阵是唯一的.

证 设 $\boldsymbol{B}$, $\boldsymbol{C}$ 均为 $\boldsymbol{A}$ 的逆矩阵,即 $\boldsymbol{AB}=\boldsymbol{BA}=\boldsymbol{E}$, $\boldsymbol{AC}=\boldsymbol{CA}=\boldsymbol{E}$,则

$$\boldsymbol{B}=\boldsymbol{BE}=\boldsymbol{B}(\boldsymbol{AC})=(\boldsymbol{BA})\boldsymbol{C}=\boldsymbol{EC}=\boldsymbol{C},$$

从而 $\boldsymbol{A}$ 的逆矩阵唯一.

逆矩阵的运算满足下列规律:

(1) 若 $\boldsymbol{A}$ 可逆,则 $\boldsymbol{A}^{-1}$ 也可逆,且 $(\boldsymbol{A}^{-1})^{-1}=\boldsymbol{A}$.

(2) 若 $\boldsymbol{A}$ 可逆,数 $\lambda\neq 0$,则 $\lambda\boldsymbol{A}$ 也可逆,且 $(\lambda\boldsymbol{A})^{-1}=\lambda^{-1}\boldsymbol{A}^{-1}$.

(3) 若 $\boldsymbol{A}$, $\boldsymbol{B}$ 为同阶可逆矩阵,则 $\boldsymbol{AB}$ 也可逆,且 $(\boldsymbol{AB})^{-1}=\boldsymbol{B}^{-1}\boldsymbol{A}^{-1}$.

(4) 若 $\boldsymbol{A}$ 可逆,则 $\boldsymbol{A}^{\mathrm{T}}$ 也可逆,且 $(\boldsymbol{A}^{\mathrm{T}})^{-1}=(\boldsymbol{A}^{-1})^{\mathrm{T}}$.

证 用定义易证(1),(2),现证明(3),(4).

(3) $(\boldsymbol{AB})(\boldsymbol{B}^{-1}\boldsymbol{A}^{-1})=\boldsymbol{A}(\boldsymbol{BB}^{-1})\boldsymbol{A}^{-1}=\boldsymbol{AEA}^{-1}=\boldsymbol{AA}^{-1}=\boldsymbol{E}$,故 $(\boldsymbol{AB})^{-1}=\boldsymbol{B}^{-1}\boldsymbol{A}^{-1}$.

(4) $\boldsymbol{A}^{\mathrm{T}}(\boldsymbol{A}^{-1})^{\mathrm{T}}=(\boldsymbol{A}^{-1}\boldsymbol{A})^{\mathrm{T}}=\boldsymbol{E}^{\mathrm{T}}=\boldsymbol{E}$,所以 $(\boldsymbol{A}^{\mathrm{T}})^{-1}=(\boldsymbol{A}^{-1})^{\mathrm{T}}$.

2.3.2 伴随矩阵及其与逆矩阵的关系

定义 2.10 对于方阵 $\boldsymbol{A}$,由其行列式 $|\boldsymbol{A}|$ 各元素的代数余子式构成的方阵

$$\begin{pmatrix} A_{11} & A_{21} & \cdots & A_{n1} \\ A_{12} & A_{22} & \cdots & A_{n2} \\ \vdots & \vdots & & \vdots \\ A_{1n} & A_{2n} & \cdots & A_{nn} \end{pmatrix}$$

称为矩阵 $\boldsymbol{A}$ 的**伴随矩阵**,记为 $\boldsymbol{A}^*$.

例 2.11 设矩阵

$$\boldsymbol{A}=\begin{pmatrix} 1 & 0 & 1 \\ 2 & 1 & 0 \\ -3 & 2 & -5 \end{pmatrix},$$

求 $\boldsymbol{A}$ 的伴随矩阵.

解 因为

$$A_{11}=\begin{vmatrix}1&0\\2&-5\end{vmatrix}=-5,\quad A_{12}=-\begin{vmatrix}2&0\\-3&-5\end{vmatrix}=10,$$

$$A_{13}=\begin{vmatrix}2&1\\-3&2\end{vmatrix}=7,\quad A_{21}=-\begin{vmatrix}0&1\\2&-5\end{vmatrix}=2,$$

$$A_{22}=\begin{vmatrix}1&1\\-3&-5\end{vmatrix}=-2,\quad A_{23}=-\begin{vmatrix}1&0\\-3&2\end{vmatrix}=-2,$$

$$A_{31}=\begin{vmatrix}0&1\\1&0\end{vmatrix}=-1,\quad A_{32}=-\begin{vmatrix}1&1\\2&0\end{vmatrix}=2,$$

$$A_{33}=\begin{vmatrix}1&0\\2&1\end{vmatrix}=1,$$

所以

$$\boldsymbol{A}^*=\begin{pmatrix}-5&2&-1\\10&-2&2\\7&-2&1\end{pmatrix}.$$

在求伴随矩阵时,要注意伴随矩阵中元素的符号以及排列位置.

下面给出关于伴随矩阵的一个基本结果.

定理 2.2 $\boldsymbol{AA}^*=\boldsymbol{A}^*\boldsymbol{A}=|\boldsymbol{A}|\boldsymbol{E}$.

证 根据行列式展开法则及推论,有

$$\boldsymbol{AA}^*=\begin{pmatrix}a_{11}&a_{12}&\cdots&a_{1n}\\a_{21}&a_{22}&\cdots&a_{2n}\\\vdots&\vdots&&\vdots\\a_{m1}&a_{m2}&\cdots&a_{mn}\end{pmatrix}\begin{pmatrix}A_{11}&A_{21}&\cdots&A_{n1}\\A_{12}&A_{22}&\cdots&A_{n2}\\\vdots&\vdots&&\vdots\\A_{1n}&A_{2n}&\cdots&A_{nn}\end{pmatrix}$$

$$=\begin{pmatrix}|\boldsymbol{A}|&&&\\&|\boldsymbol{A}|&&\\&&\ddots&\\&&&|\boldsymbol{A}|\end{pmatrix}$$

$$=|\boldsymbol{A}|\boldsymbol{E}.$$

同理 $\boldsymbol{A}^*\boldsymbol{A}=|\boldsymbol{A}|\boldsymbol{E}$,即 $\boldsymbol{AA}^*=\boldsymbol{A}^*\boldsymbol{A}=|\boldsymbol{A}|\boldsymbol{E}$.

从定理 2.2 中容易看出,$|\boldsymbol{A}|$是否为零与$\boldsymbol{A}$是否可逆密切相关.

定义 2.11　如果方阵 $\boldsymbol{A}$ 的行列式 $|\boldsymbol{A}| = 0$，则称 $\boldsymbol{A}$ 为**奇异阵**，否则称 $\boldsymbol{A}$ 为**非奇异阵**.

根据上述内容，可以得到非奇异与可逆、伴随矩阵与逆矩阵之间的一个重要关系.

定理 2.3　$\boldsymbol{A}$ 非奇异（即 $|\boldsymbol{A}| \neq 0$）的充要条件是 $\boldsymbol{A}$ 可逆，且 $\boldsymbol{A}^{-1} = \dfrac{1}{|\boldsymbol{A}|}\boldsymbol{A}^*$.

证　必要性. 由定理 2.2，$\boldsymbol{AA}^* = \boldsymbol{A}^*\boldsymbol{A} = |\boldsymbol{A}|\boldsymbol{E}$，因 $\boldsymbol{A}$ 非奇异，即 $|\boldsymbol{A}| \neq 0$，故

$$\boldsymbol{A}\left(\frac{1}{|\boldsymbol{A}|}\boldsymbol{A}^*\right) = \left(\frac{1}{|\boldsymbol{A}|}\boldsymbol{A}^*\right)\boldsymbol{A} = \boldsymbol{E},$$

由定义知，$\boldsymbol{A}$ 可逆，且 $\boldsymbol{A}^{-1} = \dfrac{1}{|\boldsymbol{A}|}\boldsymbol{A}^*$.

充分性. 因 $\boldsymbol{A}$ 可逆，即有 $\boldsymbol{A}^{-1}$，使 $\boldsymbol{A} \cdot \boldsymbol{A}^{-1} = \boldsymbol{E}$，故 $|\boldsymbol{A} \cdot \boldsymbol{A}^{-1}| = |\boldsymbol{E}|$，$|\boldsymbol{A}||\boldsymbol{A}^{-1}| = 1$，得 $|\boldsymbol{A}| \neq 0$，即 $\boldsymbol{A}$ 非奇异.

推论　若 $\boldsymbol{AB} = \boldsymbol{E}$ 或 $\boldsymbol{BA} = \boldsymbol{E}$，则 $\boldsymbol{A}$，$\boldsymbol{B}$ 互为逆矩阵.

证　$\boldsymbol{AB} = \boldsymbol{E}$，$|\boldsymbol{AB}| = |\boldsymbol{A}||\boldsymbol{B}| = |\boldsymbol{E}| = 1$，得 $|\boldsymbol{A}| \neq 0$，$|\boldsymbol{B}| \neq 0$，即 $\boldsymbol{A}$，$\boldsymbol{B}$ 均为非奇异阵，从而 $\boldsymbol{A}$，$\boldsymbol{B}$ 均可逆，且

$$\boldsymbol{B} = \boldsymbol{EB} = (\boldsymbol{A}^{-1}\boldsymbol{A})\boldsymbol{B} = \boldsymbol{A}^{-1}(\boldsymbol{AB}) = \boldsymbol{A}^{-1}\boldsymbol{E} = \boldsymbol{A}^{-1},$$

即 $\boldsymbol{A}$，$\boldsymbol{B}$ 互为逆矩阵.

定理 2.3 提供了一种求逆矩阵的方法——**伴随矩阵法**.

例 2.12　求二阶矩阵

$$\boldsymbol{A} = \begin{pmatrix} a & b \\ c & d \end{pmatrix}$$

的逆矩阵，其中 $ad - bc \neq 0$.

解　$|\boldsymbol{A}| = ad - bc \neq 0$，即 $\boldsymbol{A}$ 可逆. 又

$$\boldsymbol{A}^* = \begin{pmatrix} A_{11} & A_{21} \\ A_{12} & A_{22} \end{pmatrix} = \begin{pmatrix} d & -b \\ -c & a \end{pmatrix},$$

故

$$\boldsymbol{A}^{-1} = \frac{1}{ad - bc}\begin{pmatrix} d & -b \\ -c & a \end{pmatrix}.$$

记住上述结果有助于我们快捷、准确地计算某些问题.

例 2.13 解矩阵方程

$$\begin{pmatrix} 1 & 4 \\ -1 & 2 \end{pmatrix} \boldsymbol{X} \begin{pmatrix} 2 & 0 \\ -1 & 1 \end{pmatrix} = \begin{pmatrix} 3 & 1 \\ 0 & -1 \end{pmatrix}.$$

解 记方程为 $\boldsymbol{AXB} = \boldsymbol{C}$，显然 $\boldsymbol{A}, \boldsymbol{B}$ 均可逆，故 $\boldsymbol{A}^{-1}\boldsymbol{AXBB}^{-1} = \boldsymbol{A}^{-1}\boldsymbol{CB}^{-1}$，得 $\boldsymbol{X} = \boldsymbol{A}^{-1}\boldsymbol{CB}^{-1}$，从而

$$\begin{aligned} \boldsymbol{X} &= \begin{pmatrix} 1 & 4 \\ -1 & 2 \end{pmatrix}^{-1} \begin{pmatrix} 3 & 1 \\ 0 & -1 \end{pmatrix} \begin{pmatrix} 2 & 0 \\ -1 & 1 \end{pmatrix}^{-1} \\ &= \frac{1}{6}\begin{pmatrix} 2 & -4 \\ 1 & 1 \end{pmatrix} \begin{pmatrix} 3 & 1 \\ 0 & -1 \end{pmatrix} \frac{1}{2}\begin{pmatrix} 1 & 0 \\ 1 & 2 \end{pmatrix} \\ &= \begin{pmatrix} 1 & 1 \\ \frac{1}{4} & 0 \end{pmatrix}. \end{aligned}$$

例 2.14 求例 2.11 中矩阵

$$\boldsymbol{A} = \begin{pmatrix} 1 & 0 & 1 \\ 2 & 1 & 0 \\ -3 & 2 & -5 \end{pmatrix}$$

的逆矩阵.

解 因为

$$|\boldsymbol{A}| = \begin{vmatrix} 1 & 0 & 1 \\ 2 & 1 & 0 \\ -3 & 2 & -5 \end{vmatrix} = 2 \neq 0,$$

所以矩阵 $\boldsymbol{A}$ 可逆.

由例 2.11 知

$$\boldsymbol{A}^* = \begin{pmatrix} -5 & 2 & -1 \\ 10 & -2 & 2 \\ 7 & -2 & 1 \end{pmatrix},$$

从而

$$A^{-1} = \frac{1}{|A|}A^* = \frac{1}{2}\begin{pmatrix} -5 & 2 & -1 \\ 10 & -2 & 2 \\ 7 & -2 & 1 \end{pmatrix}$$

$$= \begin{pmatrix} -\frac{5}{2} & 1 & -\frac{1}{2} \\ 5 & -1 & 1 \\ \frac{7}{2} & -1 & \frac{1}{2} \end{pmatrix}.$$

例 2.15 设矩阵

$$A = \begin{pmatrix} 4 & 2 & 3 \\ 1 & 1 & 0 \\ -1 & 2 & 3 \end{pmatrix}$$

满足 $AB = A + 2B$，求矩阵 B.

解 由 $AB - 2B = A$，得$(A - 2E)B = A$. 又

$$|A - 2E| = \begin{vmatrix} 2 & 2 & 3 \\ 1 & -1 & 0 \\ -1 & 2 & 1 \end{vmatrix} = \begin{vmatrix} 5 & -4 & 0 \\ 1 & -1 & 0 \\ -1 & 2 & 1 \end{vmatrix} = -1 \neq 0,$$

即 $A-2E$ 可逆，且

$$(A - 2E)^{-1} = \frac{1}{|A - 2E|}(A - 2E)^*$$

$$= -\begin{pmatrix} -1 & 4 & 3 \\ -1 & 5 & 3 \\ 1 & -6 & -4 \end{pmatrix}.$$

故

$$B = (A - 2E)^{-1}A$$

$$= -\begin{pmatrix} -1 & 4 & 3 \\ -1 & 5 & 3 \\ 1 & -6 & -4 \end{pmatrix}\begin{pmatrix} 4 & 2 & 3 \\ 1 & 1 & 0 \\ -1 & 2 & 3 \end{pmatrix}$$

$$
=\begin{pmatrix} 3 & -8 & -6 \\ 2 & -9 & -6 \\ -2 & 12 & 9 \end{pmatrix}.
$$

对例 2.15,用 2.5 节中将要介绍的初等变换法更为适宜.

例 2.16 设

$$
\boldsymbol{P}=\begin{pmatrix} 1 & 2 \\ 1 & 4 \end{pmatrix},\quad \boldsymbol{\Lambda}=\begin{pmatrix} 1 & 0 \\ 0 & 2 \end{pmatrix},
$$

并且 $\boldsymbol{AP}=\boldsymbol{P\Lambda}$,求 $\boldsymbol{A}^n$.

解 显然

$$
\boldsymbol{P}^{-1}=\frac{1}{2}\begin{pmatrix} 4 & -2 \\ -1 & 1 \end{pmatrix}.
$$

且有

$$
\boldsymbol{A}=\boldsymbol{P\Lambda P}^{-1},\quad \boldsymbol{A}^2=\boldsymbol{P\Lambda P}^{-1}\boldsymbol{P\Lambda P}^{-1}=\boldsymbol{P\Lambda}^2\boldsymbol{P}^{-1},\quad \cdots,
$$

$$
\boldsymbol{A}^n=\boldsymbol{P\Lambda}^n\boldsymbol{P}^{-1};
$$

$$
\boldsymbol{\Lambda}=\begin{pmatrix} 1 & 0 \\ 0 & 2 \end{pmatrix},\quad \boldsymbol{\Lambda}^2=\begin{pmatrix} 1 & 0 \\ 0 & 2 \end{pmatrix}\begin{pmatrix} 1 & 0 \\ 0 & 2 \end{pmatrix}=\begin{pmatrix} 1 & 0 \\ 0 & 2^2 \end{pmatrix},\quad \cdots,
$$

$$
\boldsymbol{\Lambda}^n=\begin{pmatrix} 1 & 0 \\ 0 & 2^n \end{pmatrix}.
$$

所以

$$
\begin{aligned}
\boldsymbol{A}^n &= \begin{pmatrix} 1 & 2 \\ 1 & 4 \end{pmatrix}\begin{pmatrix} 1 & 0 \\ 0 & 2^n \end{pmatrix}\frac{1}{2}\begin{pmatrix} 4 & -2 \\ -1 & 1 \end{pmatrix} \\
&= \frac{1}{2}\begin{pmatrix} 1 & 2^{n+1} \\ 1 & 2^{n+2} \end{pmatrix}\begin{pmatrix} 4 & -2 \\ -1 & 1 \end{pmatrix} \\
&= \begin{pmatrix} 2-2^n & 2^n-1 \\ 2-2^{n+1} & 2^{n+1}-1 \end{pmatrix}.
\end{aligned}
$$

例 2.17 判断下列结论是否正确,并说明理由.

(1) 若 $\boldsymbol{A}^2=\boldsymbol{A}$,则 $\boldsymbol{A}=\boldsymbol{O}$ 或 $\boldsymbol{A}=\boldsymbol{E}$;

(2) 若 $\boldsymbol{AX}=\boldsymbol{AY}$,且 $\boldsymbol{A}\neq\boldsymbol{O}$,则 $\boldsymbol{X}=\boldsymbol{Y}$.

解 首先举例说明两个结论都不正确：

(1) $\boldsymbol{A}=\begin{pmatrix}1&1\\0&0\end{pmatrix}$满足$\boldsymbol{A}^2=\boldsymbol{A}$，但$\boldsymbol{A}\neq\boldsymbol{O}$，$\boldsymbol{A}\neq\boldsymbol{E}$；

(2) $\boldsymbol{A}=\begin{pmatrix}1&0\\0&0\end{pmatrix}$，$\boldsymbol{X}=\begin{pmatrix}1&1\\-1&1\end{pmatrix}$，$\boldsymbol{Y}=\begin{pmatrix}1&1\\0&1\end{pmatrix}$满足$\boldsymbol{AX}=\boldsymbol{AY}$，但$\boldsymbol{X}\neq\boldsymbol{Y}$.

下面分析在什么条件下所给结论才成立：

(1) $\boldsymbol{A}^2-\boldsymbol{A}=\boldsymbol{O}$，$\boldsymbol{A}(\boldsymbol{A}-\boldsymbol{E})=\boldsymbol{O}$，若$\boldsymbol{A}$可逆，则有$\boldsymbol{A}^{-1}\boldsymbol{A}(\boldsymbol{A}-\boldsymbol{E})=\boldsymbol{A}^{-1}\cdot\boldsymbol{O}$，即$\boldsymbol{A}-\boldsymbol{E}=\boldsymbol{O}$，从而$\boldsymbol{A}=\boldsymbol{E}$.

(2) 若$\boldsymbol{A}$可逆，则$\boldsymbol{A}^{-1}\boldsymbol{AX}=\boldsymbol{A}^{-1}\boldsymbol{AY}$，可得$\boldsymbol{X}=\boldsymbol{Y}$.

本例提醒读者，与数的消去律不同，即使等式两边的公因子矩阵不是零矩阵，也不一定能将其消去.只有当等式两边的公因子矩阵为可逆矩阵时，才能将其消去.

例 2.18 设方阵$\boldsymbol{A}$满足$\boldsymbol{A}^3-3\boldsymbol{A}-10\boldsymbol{E}=\boldsymbol{O}$，证明：$\boldsymbol{A}$和$\boldsymbol{A}-4\boldsymbol{E}$都可逆，并求其逆矩阵.

证 由$\boldsymbol{A}^3-3\boldsymbol{A}-10\boldsymbol{E}=\boldsymbol{O}$，得

$$\boldsymbol{A}(\boldsymbol{A}^2-3\boldsymbol{E})=10\boldsymbol{E},$$

$$\boldsymbol{A}\left(\frac{\boldsymbol{A}^2-3\boldsymbol{E}}{10}\right)=\boldsymbol{E},$$

即$\boldsymbol{A}$可逆，且

$$\boldsymbol{A}^{-1}=\frac{\boldsymbol{A}^2-3\boldsymbol{E}}{10}.$$

同理可得：

$$\boldsymbol{A}^3-4\boldsymbol{A}^2+4\boldsymbol{A}^2-16\boldsymbol{A}+13\boldsymbol{A}-52\boldsymbol{E}=-42\boldsymbol{E},$$

$$(\boldsymbol{A}-4\boldsymbol{E})(\boldsymbol{A}^2+4\boldsymbol{A}+13\boldsymbol{E})=-42\boldsymbol{E},$$

$$(\boldsymbol{A}-4\boldsymbol{E})\left(-\frac{\boldsymbol{A}^2+4\boldsymbol{A}+13\boldsymbol{E}}{42}\right)=\boldsymbol{E},$$

即$\boldsymbol{A}-4\boldsymbol{E}$可逆，且

$$(\boldsymbol{A}-4\boldsymbol{E})^{-1}=-\frac{\boldsymbol{A}^2+4\boldsymbol{A}+13\boldsymbol{E}}{42}.$$

习 题 2.3

1. 求下列矩阵的逆矩阵:

(1) $\begin{pmatrix} 1 & 2 \\ 2 & 5 \end{pmatrix}$; (2) $\begin{pmatrix} \cos\theta & -\sin\theta \\ \sin\theta & \cos\theta \end{pmatrix}$;

(3) $\begin{pmatrix} 1 & 2 & -1 \\ 3 & 4 & -2 \\ 5 & -4 & 1 \end{pmatrix}$; (4) $\begin{pmatrix} a_1 & & & \\ & a_2 & & \\ & & \ddots & \\ & & & a_n \end{pmatrix}$ $(a_1a_2\cdots a_n \neq 0)$.

2. 利用逆矩阵解下列方程:

(1) $\begin{pmatrix} 2 & 5 \\ 1 & 3 \end{pmatrix} \boldsymbol{X} = \begin{pmatrix} 4 & -6 \\ 2 & 1 \end{pmatrix}$;

(2) $\boldsymbol{X} \begin{pmatrix} 2 & 1 & -1 \\ 2 & 1 & 0 \\ 1 & -1 & 1 \end{pmatrix} = \begin{pmatrix} 1 & -1 & 3 \\ 4 & 3 & 2 \end{pmatrix}$;

(3) $\begin{pmatrix} 0 & 1 & 0 \\ 1 & 0 & 0 \\ 0 & 0 & 1 \end{pmatrix} \boldsymbol{X} \begin{pmatrix} 1 & 0 & 0 \\ 0 & 0 & 1 \\ 0 & 1 & 0 \end{pmatrix} = \begin{pmatrix} 1 & -4 & 3 \\ 2 & 0 & -1 \\ 1 & -2 & 0 \end{pmatrix}$;

(4) $\begin{cases} x_1 + 2x_2 + 3x_3 = 1, \\ 2x_1 + 2x_2 + 5x_3 = 2, \\ 3x_1 + 5x_2 + x_3 = 3. \end{cases}$

3. 已知线性变换

$$\begin{cases} x_1 = 2y_1 + 2y_2 + y_3, \\ x_2 = 3y_1 + y_2 + 5y_3, \\ x_3 = 3y_1 + 2y_2 + 3y_3, \end{cases}$$

求从变量 x_1, x_2, x_3 到变量 y_1, y_2, y_3 的线性变换.

4. 若 $\boldsymbol{A}^k = \boldsymbol{O}$ (k 是正整数),求证:

$$(\boldsymbol{E} - \boldsymbol{A})^{-1} = \boldsymbol{E} + \boldsymbol{A} + \boldsymbol{A}^2 + \cdots + \boldsymbol{A}^{k-1}.$$

5. 设方阵$\boldsymbol{A}$满足$\boldsymbol{A}^2-\boldsymbol{A}-2\boldsymbol{E}=\boldsymbol{O}$，证明：$\boldsymbol{A}$及$\boldsymbol{A}+2\boldsymbol{E}$都可逆.

6. 若三阶矩阵$\boldsymbol{A}$的伴随矩阵为$\boldsymbol{A}^*$，已知$|\boldsymbol{A}|=\dfrac{1}{2}$，求$|(3\boldsymbol{A})^{-1}-2\boldsymbol{A}^*|$.

7. 若矩阵$\boldsymbol{A}$可逆，证明其伴随矩阵$\boldsymbol{A}^*$也可逆，且$(\boldsymbol{A}^*)^{-1}=(\boldsymbol{A}^{-1})^*$.

8. 设n阶矩阵$\boldsymbol{A}$的伴随矩阵为$\boldsymbol{A}^*$，证明：

(1) 若$|\boldsymbol{A}|=0$，则$|\boldsymbol{A}^*|=0$；

(2) $|\boldsymbol{A}^*|=|\boldsymbol{A}|^{n-1}$.

9. (1) 设

$$\boldsymbol{A}=\begin{pmatrix}0&3&3\\1&1&0\\-1&2&3\end{pmatrix},$$

并且$\boldsymbol{AB}=\boldsymbol{A}+2\boldsymbol{B}$，求$\boldsymbol{B}$；

(2) 设

$$\boldsymbol{A}=\begin{pmatrix}1&0&1\\0&2&0\\1&0&1\end{pmatrix},$$

并且$\boldsymbol{AB}+\boldsymbol{E}=\boldsymbol{A}^2+\boldsymbol{B}$，求$\boldsymbol{B}$.

10. 已知矩阵$\boldsymbol{A}$的伴随矩阵

$$\boldsymbol{A}^*=\begin{pmatrix}1&0&0&0\\0&1&0&0\\1&0&1&0\\1&-3&0&8\end{pmatrix},$$

并且$\boldsymbol{ABA}^{-1}=\boldsymbol{BA}^{-1}+3\boldsymbol{E}$，求$\boldsymbol{B}$.

11. 设$\boldsymbol{P}^{-1}\boldsymbol{AP}=\boldsymbol{\Lambda}$，其中

$$\boldsymbol{P}=\begin{pmatrix}-1&-4\\1&1\end{pmatrix},\quad \boldsymbol{\Lambda}=\begin{pmatrix}-1&0\\0&2\end{pmatrix},$$

求$\boldsymbol{A}^{11}$.

12. 设矩阵$\boldsymbol{A}$，$\boldsymbol{B}$及$\boldsymbol{A}+\boldsymbol{B}$都可逆，证明$\boldsymbol{A}^{-1}+\boldsymbol{B}^{-1}$也可逆，并求其逆矩阵.

13. 设 n 阶矩阵 $\boldsymbol{A}$, $\boldsymbol{B}$ 满足 $\boldsymbol{A}+\boldsymbol{B}=\boldsymbol{AB}$.

(1) 证明：$\boldsymbol{A}-\boldsymbol{E}$ 为可逆矩阵；

(2) 已知

$$\boldsymbol{B}=\begin{pmatrix}1 & -3 & 0\\ 2 & 1 & 0\\ 0 & 0 & 2\end{pmatrix},$$

求矩阵 $\boldsymbol{A}$.

14. 设 $\boldsymbol{A}$ 为 n 阶非零矩阵，$\boldsymbol{A}^*=\boldsymbol{A}^{\mathrm{T}}$，其中 $\boldsymbol{A}^*$ 为 $\boldsymbol{A}$ 的伴随矩阵，证明：$\boldsymbol{A}$ 可逆.

2.4 分块矩阵

2.4.1 分块矩阵的概念

对于行数和列数较高的矩阵，为了简化运算，经常采用分块法，使大矩阵的运算转化成若干小矩阵的运算，同时也使原矩阵的结构显得简单而清晰. 具体做法是将大矩阵 $\boldsymbol{A}$ 用若干条纵线和横线分成多个小矩阵. 每个小矩阵称为 $\boldsymbol{A}$ 的**子块**，以子块为元素的形式上的矩阵称为**分块矩阵**.

矩阵的分块有多种方式，可视具体需要而定. 例如，矩阵

$$\boldsymbol{A}=\begin{pmatrix}1 & 0 & 0 & 3\\ 0 & 1 & 0 & -1\\ 0 & 0 & 1 & 0\\ 0 & 0 & 0 & 1\end{pmatrix}$$

可分成

$$\boldsymbol{A}=\left(\begin{array}{ccc:c}1 & 0 & 0 & 3\\ 0 & 1 & 0 & -1\\ 0 & 0 & 1 & 0\\ \hdashline 0 & 0 & 0 & 1\end{array}\right)=\begin{pmatrix}\boldsymbol{E}_3 & \boldsymbol{B}\\ \boldsymbol{O} & \boldsymbol{E}_1\end{pmatrix},$$

其中

$$\boldsymbol{B}=\begin{pmatrix}3\\ -1\\ 0\end{pmatrix};$$

也可分成

$$A=\left(\begin{array}{cc|cc}1&0&0&3\\0&1&0&-1\\\hline 0&0&1&0\\0&0&0&1\end{array}\right)=\begin{pmatrix}E_2&C\\O&E_2\end{pmatrix},$$

其中

$$C=\begin{pmatrix}0&3\\0&-1\end{pmatrix}.$$

2.4.2　分块矩阵的运算

分块矩阵的运算与普通矩阵的运算规则相似.分块时要注意,运算的两矩阵按块能计算,并且参与运算的子块也能运算,即内外都能运算.

(1) 设矩阵 A 与 B 的行数相同、列数相同,采用相同的分块法.若

$$A=\begin{pmatrix}A_{11}&\cdots&A_{1t}\\\vdots&&\vdots\\A_{s1}&\cdots&A_{st}\end{pmatrix},$$

$$B=\begin{pmatrix}B_{11}&\cdots&B_{1t}\\\vdots&&\vdots\\B_{s1}&\cdots&B_{st}\end{pmatrix},$$

其中 A_{ij} 与 B_{ij} 的行数相同、列数相同,则

$$A+B=\begin{pmatrix}A_{11}+B_{11}&\cdots&A_{1t}+B_{1t}\\\vdots&&\vdots\\A_{s1}+B_{s1}&\cdots&A_{st}+B_{st}\end{pmatrix}.$$

(2) 设

$$A=\begin{pmatrix}A_{11}&\cdots&A_{1t}\\\vdots&&\vdots\\A_{s1}&\cdots&A_{st}\end{pmatrix},$$

k 为数,则

$$kA = \begin{pmatrix} kA_{11} & \cdots & kA_{1t} \\ \vdots & & \vdots \\ kA_{s1} & \cdots & kA_{st} \end{pmatrix}.$$

(3) 设 $\boldsymbol{A}$ 为 $m \times l$ 矩阵, $\boldsymbol{B}$ 为 $l \times n$ 矩阵,分块成

$$\boldsymbol{A} = \begin{pmatrix} \boldsymbol{A}_{11} & \cdots & \boldsymbol{A}_{1t} \\ \vdots & & \vdots \\ \boldsymbol{A}_{s1} & \cdots & \boldsymbol{A}_{st} \end{pmatrix},$$

$$\boldsymbol{B} = \begin{pmatrix} \boldsymbol{B}_{11} & \cdots & \boldsymbol{B}_{1r} \\ \vdots & & \vdots \\ \boldsymbol{B}_{t1} & \cdots & \boldsymbol{B}_{tr} \end{pmatrix},$$

其中 $\boldsymbol{A}_{p1}, \boldsymbol{A}_{p2}, \cdots, \boldsymbol{A}_{pt}$ 的列数分别等于 $\boldsymbol{B}_{1q}, \boldsymbol{B}_{2q}, \cdots, \boldsymbol{B}_{tq}$ 的行数,则

$$\boldsymbol{AB} = \begin{pmatrix} \boldsymbol{C}_{11} & \cdots & \boldsymbol{C}_{1r} \\ \vdots & & \vdots \\ \boldsymbol{C}_{s1} & \cdots & \boldsymbol{C}_{sr} \end{pmatrix},$$

其中

$$\boldsymbol{C}_{pq} = \sum_{k=1}^{t} \boldsymbol{A}_{pk}\boldsymbol{B}_{kq} \quad (p = 1, 2, \cdots, s;\ q = 1, 2, \cdots, r).$$

例 2.19 设矩阵

$$\boldsymbol{A} = \begin{pmatrix} 1 & 0 & 1 & 3 \\ 0 & 1 & 2 & 4 \\ 0 & 0 & -1 & 0 \\ 0 & 0 & 0 & -1 \end{pmatrix},$$

$$\boldsymbol{B} = \begin{pmatrix} 1 & 2 & 0 & 0 \\ 2 & 0 & 0 & 0 \\ 6 & 3 & 1 & 0 \\ 0 & -2 & 0 & 1 \end{pmatrix},$$

用分块矩阵计算 $k\boldsymbol{A}$, $\boldsymbol{A}+\boldsymbol{B}$.

解 将矩阵 $\boldsymbol{A}$, $\boldsymbol{B}$ 分块如下:

$$\boldsymbol{A}=\left(\begin{array}{cc:cc}1&0&1&3\\0&1&2&4\\ \hdashline 0&0&-1&0\\0&0&0&-1\end{array}\right)=\begin{pmatrix}\boldsymbol{E}&\boldsymbol{C}\\ \boldsymbol{O}&-\boldsymbol{E}\end{pmatrix},$$

$$\boldsymbol{B}=\left(\begin{array}{cc:cc}1&2&0&0\\2&0&0&0\\ \hdashline 6&3&1&0\\0&-2&0&1\end{array}\right)=\begin{pmatrix}\boldsymbol{D}&\boldsymbol{O}\\ \boldsymbol{F}&\boldsymbol{E}\end{pmatrix},$$

则

$$k\boldsymbol{A}=k\begin{pmatrix}\boldsymbol{E}&\boldsymbol{C}\\ \boldsymbol{O}&-\boldsymbol{E}\end{pmatrix}=\begin{pmatrix}k\boldsymbol{E}&k\boldsymbol{C}\\ \boldsymbol{O}&-k\boldsymbol{E}\end{pmatrix}$$

$$=\begin{pmatrix}k&0&k&3k\\0&k&2k&4k\\0&0&-k&0\\0&0&0&-k\end{pmatrix},$$

$$\boldsymbol{A}+\boldsymbol{B}=\begin{pmatrix}\boldsymbol{E}&\boldsymbol{C}\\ \boldsymbol{O}&-\boldsymbol{E}\end{pmatrix}+\begin{pmatrix}\boldsymbol{D}&\boldsymbol{O}\\ \boldsymbol{F}&\boldsymbol{E}\end{pmatrix}$$

$$=\begin{pmatrix}\boldsymbol{E}+\boldsymbol{D}&\boldsymbol{C}\\ \boldsymbol{F}&\boldsymbol{O}\end{pmatrix}$$

$$=\begin{pmatrix}2&2&1&3\\2&1&2&4\\6&3&0&0\\0&-2&0&0\end{pmatrix}.$$

例 2.20　设矩阵

$$\boldsymbol{A}=\begin{pmatrix}1&0&0&0\\0&1&0&0\\-1&2&1&0\\1&1&0&1\end{pmatrix},$$

$$B=\begin{pmatrix}1&0&1&0\\-1&2&0&1\\1&0&4&1\\-1&-1&2&0\end{pmatrix},$$

用分块矩阵计算 $\boldsymbol{AB}$.

解 将 $\boldsymbol{A}$，$\boldsymbol{B}$ 分块成

$$\boldsymbol{A}=\left(\begin{array}{cc:cc}1&0&0&0\\0&1&0&0\\\hdashline-1&2&1&0\\1&1&0&1\end{array}\right)=\begin{pmatrix}\boldsymbol{E}&\boldsymbol{O}\\\boldsymbol{A}_1&\boldsymbol{E}\end{pmatrix},$$

$$\boldsymbol{B}=\left(\begin{array}{cc:cc}1&0&1&0\\-1&2&0&1\\\hdashline1&0&4&1\\-1&-1&2&0\end{array}\right)=\begin{pmatrix}\boldsymbol{B}_{11}&\boldsymbol{E}\\\boldsymbol{B}_{21}&\boldsymbol{B}_{22}\end{pmatrix},$$

则

$$\boldsymbol{AB}=\begin{pmatrix}\boldsymbol{E}&\boldsymbol{O}\\\boldsymbol{A}_1&\boldsymbol{E}\end{pmatrix}\begin{pmatrix}\boldsymbol{B}_{11}&\boldsymbol{E}\\\boldsymbol{B}_{21}&\boldsymbol{B}_{22}\end{pmatrix}$$

$$=\begin{pmatrix}\boldsymbol{B}_{11}&\boldsymbol{E}\\\boldsymbol{A}_1\boldsymbol{B}_{11}+\boldsymbol{B}_{21}&\boldsymbol{A}_1+\boldsymbol{B}_{22}\end{pmatrix}.$$

而

$$\boldsymbol{A}_1\boldsymbol{B}_{11}+\boldsymbol{B}_{21}=\begin{pmatrix}-1&2\\1&1\end{pmatrix}\begin{pmatrix}1&0\\-1&2\end{pmatrix}+\begin{pmatrix}1&0\\-1&-1\end{pmatrix}$$

$$=\begin{pmatrix}-2&4\\-1&1\end{pmatrix},$$

$$\boldsymbol{A}_1+\boldsymbol{B}_{22}=\begin{pmatrix}-1&2\\1&1\end{pmatrix}+\begin{pmatrix}4&1\\2&0\end{pmatrix}=\begin{pmatrix}3&3\\3&1\end{pmatrix},$$

于是

$$\boldsymbol{AB}=\begin{pmatrix}1&0&1&0\\-1&2&0&1\\-2&4&3&3\\-1&1&3&1\end{pmatrix}.$$

(4) 设

$$\boldsymbol{A}=\begin{pmatrix}\boldsymbol{A}_{11}&\cdots&\boldsymbol{A}_{1r}\\\vdots&&\vdots\\\boldsymbol{A}_{s1}&\cdots&\boldsymbol{A}_{sr}\end{pmatrix},$$

则

$$\boldsymbol{A}^{\mathrm{T}}=\begin{pmatrix}\boldsymbol{A}_{11}^{\mathrm{T}}&\cdots&\boldsymbol{A}_{s1}^{\mathrm{T}}\\\vdots&&\vdots\\\boldsymbol{A}_{1r}^{\mathrm{T}}&\cdots&\boldsymbol{A}_{sr}^{\mathrm{T}}\end{pmatrix}.$$

(5) 设 $\boldsymbol{A}$ 为 n 阶矩阵，若 $\boldsymbol{A}$ 的分块矩阵只在对角线上有非零子块，其余子块都为零矩阵，且在对角线上的子块都是方阵，即

$$\boldsymbol{A}=\begin{pmatrix}\boldsymbol{A}_1&&&\\&\boldsymbol{A}_2&&\\&&\ddots&\\&&&\boldsymbol{A}_s\end{pmatrix},$$

其中 $\boldsymbol{A}_i\,(i=1,2,\cdots,s)$ 都是方阵，那么称 $\boldsymbol{A}$ 为**分块对角矩阵**.

分块对角矩阵具有以下性质：

(i) 若 $|\boldsymbol{A}_i|\neq 0\ (i=1,2,\cdots,s)$，则 $|\boldsymbol{A}|\neq 0$，且 $|\boldsymbol{A}|=|\boldsymbol{A}_1||\boldsymbol{A}_2|\cdots|\boldsymbol{A}_s|$；

(ii) 若 $|\boldsymbol{A}_i|\neq 0\ (i=1,2,\cdots,s)$，则

$$\boldsymbol{A}^{-1}=\begin{pmatrix}\boldsymbol{A}_1^{-1}&&&\\&\boldsymbol{A}_2^{-1}&&\\&&\ddots&\\&&&\boldsymbol{A}_s^{-1}\end{pmatrix};$$

(iii) 同结构的分块对角矩阵的和、差、积、数乘及逆仍是分块对角矩阵，且运算表现为对应子块的运算.

例 2.21　设

$$A = \begin{pmatrix} 5 & 0 & 0 \\ 0 & 3 & 1 \\ 0 & 2 & 1 \end{pmatrix},$$

求 A^{-1}.

解 将 A 分块如下：

$$A = \left(\begin{array}{c:cc} 5 & 0 & 0 \\ \hdashline 0 & 3 & 1 \\ 0 & 2 & 1 \end{array}\right) = \begin{pmatrix} A_1 & O \\ O & A_2 \end{pmatrix},$$

则

$$A_1 = (5), \quad A_1^{-1} = \left(\frac{1}{5}\right),$$

$$A_2 = \begin{pmatrix} 3 & 1 \\ 2 & 1 \end{pmatrix}, \quad A_2^{-1} = \frac{A_2^*}{|A_2|} = \begin{pmatrix} 1 & -1 \\ -2 & 3 \end{pmatrix}.$$

所以

$$A^{-1} = \begin{pmatrix} A_1^{-1} & O \\ O & A_2^{-1} \end{pmatrix} = \begin{pmatrix} \frac{1}{5} & 0 & 0 \\ 0 & 1 & -1 \\ 0 & -2 & 3 \end{pmatrix}.$$

对矩阵分块时，有两种分块法应予以特别重视，这就是按行分块和按列分块.

$m \times n$ 矩阵 A 有 m 行，称为矩阵 A 的 m 个行向量. 若第 i 行记作

$$\boldsymbol{\alpha}_i^{\mathrm{T}} = (a_{i1}, a_{i2}, \cdots, a_{in}),$$

则矩阵 A 可记为

$$A = \begin{pmatrix} \boldsymbol{\alpha}_1^{\mathrm{T}} \\ \boldsymbol{\alpha}_2^{\mathrm{T}} \\ \vdots \\ \boldsymbol{\alpha}_m^{\mathrm{T}} \end{pmatrix}.$$

$m \times n$ 矩阵 A 有 n 列，称为矩阵 A 的 n 个列向量. 若第 j 列记作

$$\boldsymbol{\beta}_j = \begin{pmatrix} a_{1j} \\ a_{2j} \\ \vdots \\ a_{mj} \end{pmatrix},$$

则矩阵 $\boldsymbol{A}$ 可记为

$$\boldsymbol{A} = (\boldsymbol{\beta}_1, \boldsymbol{\beta}_2, \cdots, \boldsymbol{\beta}_n).$$

对于矩阵 $\boldsymbol{A} = (a_{ij})_{m\times s}$ 与矩阵 $\boldsymbol{B} = (b_{ij})_{s\times n}$ 的乘积矩阵 $\boldsymbol{AB} = \boldsymbol{C} = (c_{ij})_{m\times n}$，若把 $\boldsymbol{A}$ 按行分成 m 块，把 $\boldsymbol{B}$ 按列分成 n 块，则

$$\begin{aligned} \boldsymbol{AB} &= \begin{pmatrix} \boldsymbol{\alpha}_1^{\mathrm{T}} \\ \boldsymbol{\alpha}_2^{\mathrm{T}} \\ \vdots \\ \boldsymbol{\alpha}_m^{\mathrm{T}} \end{pmatrix} (\boldsymbol{\beta}_1, \boldsymbol{\beta}_2, \cdots, \boldsymbol{\beta}_n) \\ &= \begin{pmatrix} \boldsymbol{\alpha}_1^{\mathrm{T}}\boldsymbol{\beta}_1 & \boldsymbol{\alpha}_1^{\mathrm{T}}\boldsymbol{\beta}_2 & \cdots & \boldsymbol{\alpha}_1^{\mathrm{T}}\boldsymbol{\beta}_n \\ \boldsymbol{\alpha}_2^{\mathrm{T}}\boldsymbol{\beta}_1 & \boldsymbol{\alpha}_2^{\mathrm{T}}\boldsymbol{\beta}_2 & \cdots & \boldsymbol{\alpha}_2^{\mathrm{T}}\boldsymbol{\beta}_n \\ \vdots & \vdots & & \vdots \\ \boldsymbol{\alpha}_m^{\mathrm{T}}\boldsymbol{\beta}_1 & \boldsymbol{\alpha}_m^{\mathrm{T}}\boldsymbol{\beta}_2 & \cdots & \boldsymbol{\alpha}_m^{\mathrm{T}}\boldsymbol{\beta}_n \end{pmatrix} \\ &= (c_{ij})_{m\times n}, \end{aligned}$$

其中

$$c_{ij} = \boldsymbol{\alpha}_i^{\mathrm{T}}\boldsymbol{\beta}_j = (a_{i1}, a_{i2}, \cdots, a_{is}) \begin{pmatrix} b_{1j} \\ b_{2j} \\ \vdots \\ b_{sj} \end{pmatrix} = \sum_{k=1}^{s} a_{ik}b_{kj}.$$

例 2.22　设 $\boldsymbol{A}^{\mathrm{T}}\boldsymbol{A} = \boldsymbol{O}$，证明 $\boldsymbol{A} = \boldsymbol{O}$.

解　设 $\boldsymbol{A} = (a_{ij})_{m\times n}$，把 $\boldsymbol{A}$ 用列向量表示为 $\boldsymbol{A} = (\boldsymbol{a}_1, \boldsymbol{a}_2, \cdots, \boldsymbol{a}_n)$，则

$$\boldsymbol{A}^{\mathrm{T}}\boldsymbol{A} = \begin{pmatrix} \boldsymbol{a}_1^{\mathrm{T}} \\ \boldsymbol{a}_2^{\mathrm{T}} \\ \vdots \\ \boldsymbol{a}_n^{\mathrm{T}} \end{pmatrix} (\boldsymbol{a}_1, \boldsymbol{a}_2, \cdots, \boldsymbol{a}_n)$$

$$
=\begin{pmatrix} \boldsymbol{a}_1{}^{\mathrm{T}}\boldsymbol{a}_1 & \boldsymbol{a}_1{}^{\mathrm{T}}\boldsymbol{a}_2 & \cdots & \boldsymbol{a}_1{}^{\mathrm{T}}\boldsymbol{a}_n \\ \boldsymbol{a}_2{}^{\mathrm{T}}\boldsymbol{a}_1 & \boldsymbol{a}_2{}^{\mathrm{T}}\boldsymbol{a}_2 & \cdots & \boldsymbol{a}_2{}^{\mathrm{T}}\boldsymbol{a}_n \\ \vdots & \vdots & & \vdots \\ \boldsymbol{a}_n{}^{\mathrm{T}}\boldsymbol{a}_1 & \boldsymbol{a}_n{}^{\mathrm{T}}\boldsymbol{a}_2 & \cdots & \boldsymbol{a}_n{}^{\mathrm{T}}\boldsymbol{a}_n \end{pmatrix}.
$$

因为 $\boldsymbol{A}^{\mathrm{T}}\boldsymbol{A}=\boldsymbol{O}$，即 $\boldsymbol{a}_i{}^{\mathrm{T}}\boldsymbol{a}_j=0\ (i,\ j=1,\ 2,\ \cdots,\ n)$，从而 $\boldsymbol{a}_j{}^{\mathrm{T}}\boldsymbol{a}_j=0\ (j=1,2,\cdots,n)$. 又

$$
\boldsymbol{a}_j{}^{\mathrm{T}}\boldsymbol{a}_j=(a_{1j},\ a_{2j},\ \cdots,\ a_{mj})\begin{pmatrix} a_{1j} \\ a_{2j} \\ \vdots \\ a_{mj} \end{pmatrix}
$$

$$
=a_{1j}{}^2+a_{2j}{}^2+\cdots+a_{mj}{}^2,
$$

由 $a_{1j}{}^2+a_{2j}{}^2+\cdots+a_{mj}{}^2=0$，得 $a_{ij}=0\ (i=1,\ 2,\ \cdots,\ m;\ j=1,\ 2,\ \cdots,\ n)$，即 $\boldsymbol{A}=\boldsymbol{O}$.

2.4.3 克莱姆法则的证明

将线性方程组

$$
\begin{cases} a_{11}x_1+a_{12}x_2+\cdots+a_{1n}x_n=b_1, \\ a_{21}x_1+a_{22}x_2+\cdots+a_{2n}x_n=b_2, \\ \cdots\cdots\cdots\cdots \\ a_{n1}x_1+a_{n2}x_2+\cdots+a_{nn}x_n=b_n \end{cases}
$$

记为 $\boldsymbol{Ax}=\boldsymbol{b}$，其中

$$
\boldsymbol{A}=(a_{ij})_{n\times n},\quad \boldsymbol{x}=\begin{pmatrix} x_1 \\ x_2 \\ \vdots \\ x_n \end{pmatrix},\quad \boldsymbol{b}=\begin{pmatrix} b_1 \\ b_2 \\ \vdots \\ b_n \end{pmatrix},
$$

则克莱姆法则可表述为：

若线性方程组 $\boldsymbol{Ax}=\boldsymbol{b}$ 的系数行列式 $D=|\boldsymbol{A}|\neq 0$，则它有唯一解

$$x_j = \frac{D_j}{D} \quad (j = 1, 2, \cdots, n).$$

证 因 $|\boldsymbol{A}| \neq 0$,故 $\boldsymbol{A}^{-1}$ 存在,从而 $\boldsymbol{X} = \boldsymbol{A}^{-1}\boldsymbol{b}$,且由逆矩阵的唯一性知,解唯一.

由逆矩阵公式 $\boldsymbol{A}^{-1} = \frac{1}{|\boldsymbol{A}|}\boldsymbol{A}^*$,得 $\boldsymbol{X} = \boldsymbol{A}^{-1}\boldsymbol{b} = \frac{1}{|\boldsymbol{A}|}\boldsymbol{A}^*\boldsymbol{b}$,即

$$\begin{pmatrix} x_1 \\ x_2 \\ \vdots \\ x_n \end{pmatrix} = \frac{1}{D}\begin{pmatrix} a_{11} & a_{21} & \cdots & a_{n1} \\ a_{12} & a_{22} & \cdots & a_{n2} \\ \vdots & \vdots & & \vdots \\ a_{1n} & a_{2n} & \cdots & a_{nn} \end{pmatrix}\begin{pmatrix} b_1 \\ b_2 \\ \vdots \\ b_n \end{pmatrix}$$

$$= \frac{1}{D}\begin{pmatrix} b_1 a_{11} + b_2 a_{21} + \cdots + b_n a_{n1} \\ b_1 a_{12} + b_2 a_{22} + \cdots + b_n a_{n2} \\ \cdots\cdots\cdots\cdots \\ b_1 a_{1n} + b_2 a_{2n} + \cdots + b_n a_{nn} \end{pmatrix},$$

亦即

$$x_j = \frac{1}{D}(b_1 a_{1j} + b_2 a_{2j} + \cdots + b_n a_{nj})$$

$$= \frac{D_j}{D} \quad (j = 1, 2, \cdots, n).$$

习 题 2.4

1. 用分块矩阵乘法计算:

$$\begin{pmatrix} 1 & 2 & 1 & 0 \\ 0 & 1 & 0 & 1 \\ 0 & 0 & 2 & 1 \\ 0 & 0 & 0 & 3 \end{pmatrix}\begin{pmatrix} 1 & 0 & 3 & 0 \\ 0 & 1 & 2 & -1 \\ 0 & 0 & -2 & 3 \\ 0 & 0 & 0 & -3 \end{pmatrix}.$$

2. 设 n 阶矩阵 $\boldsymbol{A}$ 及 s 阶矩阵 $\boldsymbol{B}$ 都可逆,求:

(1) $\begin{pmatrix} \boldsymbol{O} & \boldsymbol{A} \\ \boldsymbol{B} & \boldsymbol{O} \end{pmatrix}^{-1}$;　　(2) $\begin{pmatrix} \boldsymbol{A} & \boldsymbol{O} \\ \boldsymbol{C} & \boldsymbol{B} \end{pmatrix}^{-1}$;

(3) $\begin{pmatrix} \boldsymbol{A} & \boldsymbol{C} \\ \boldsymbol{O} & \boldsymbol{B} \end{pmatrix}^{-1}$.

3. 用矩阵的分块求下列矩阵的逆矩阵：

(1) $\begin{pmatrix} 5 & 2 & 0 & 0 \\ 2 & 1 & 0 & 0 \\ 0 & 0 & 8 & 3 \\ 0 & 0 & 5 & 2 \end{pmatrix}$；　　(2) $\begin{pmatrix} 0 & 0 & 0 & 1 & 3 \\ 0 & 0 & 0 & 2 & 8 \\ 1 & 0 & 1 & 0 & 0 \\ 2 & 3 & 2 & 0 & 0 \\ 3 & 1 & 1 & 0 & 0 \end{pmatrix}$.

4. 设 $\boldsymbol{A}$ 为 3×3 矩阵，$|\boldsymbol{A}| = -2$，把 $\boldsymbol{A}$ 按列分块为 $\boldsymbol{A} = (\boldsymbol{A}_1, \boldsymbol{A}_2, \boldsymbol{A}_3)$，其中 $\boldsymbol{A}_j (j = 1, 2, 3)$ 为 $\boldsymbol{A}$ 的第 j 列，求：

(1) $|\boldsymbol{A}_1, 2\boldsymbol{A}_2, \boldsymbol{A}_3|$；　　(2) $|\boldsymbol{A}_3 - 2\boldsymbol{A}_1, 3\boldsymbol{A}_2, \boldsymbol{A}_1|$.

5. 设 $\boldsymbol{A}$ 为 n 阶矩阵，$\boldsymbol{\beta}_1, \boldsymbol{\beta}_2, \cdots, \boldsymbol{\beta}_n$ 为 $\boldsymbol{A}$ 的列子块，试用 $\boldsymbol{\beta}_1, \boldsymbol{\beta}_2, \cdots, \boldsymbol{\beta}_n$ 表示 $\boldsymbol{A}^{\mathrm{T}}\boldsymbol{A}$.

2.5 矩阵的初等变换

2.5.1 矩阵的初等变换

在计算行列式时，我们经常利用交换两行(列)、以数 k 乘某行(列)、以数 k 乘某行(列)后加到另一行(列)这三种变换化简行列式. 将这三种变换移植到矩阵上，就是矩阵的初等变换.

定义 2.12 下列三种变换称为矩阵的**初等行变换**：

(1) 交换矩阵的两行(交换 i, j 两行，记作 $\mathrm{r}_i \leftrightarrow \mathrm{r}_j$)；

(2) 以一个非零数 k 乘矩阵的某一行(第 i 行乘数 k，记作 $\mathrm{r}_i \times k$)；

(3) 以数 k 乘某一行所有元素后加到另一行对应元素上(第 j 行乘数 k 加到第 i 行，记作 $\mathrm{r}_i + k\mathrm{r}_j$).

把定义中的"行"换成"列"，即得矩阵的**初等列变换**的定义(相应记号中的"r"换成"c").

初等行变换和初等列变换统称为**初等变换**.

显然，三种初等变换都可逆的，且其逆变换是同一类型的初等变换.变换 $r_i \leftrightarrow r_j$ 的逆变换就是其本身;变换 $r_i \times k$ 的逆变换是 $r_i \div k$;变换 $r_i + kr_j$ 的逆变换是 $r_i - kr_j$.

定义 2.13 若矩阵 $\boldsymbol{A}$ 经过有限次初等行(列)变换变成矩阵 $\boldsymbol{B}$,则称**矩阵 $\boldsymbol{A}$ 与 $\boldsymbol{B}$ 行(列)等价**,记为 $\boldsymbol{A} \xrightarrow{r} \boldsymbol{B}$ 或 $\boldsymbol{A} \overset{r}{\sim} \boldsymbol{B}$($\boldsymbol{A} \xrightarrow{c} \boldsymbol{B}$ 或 $\boldsymbol{A} \overset{c}{\sim} \boldsymbol{B}$);若矩阵 $\boldsymbol{A}$ 经过有限次初等变换变成矩阵 $\boldsymbol{B}$,则称**矩阵 $\boldsymbol{A}$ 与 $\boldsymbol{B}$ 等价**,记为 $\boldsymbol{A} \to \boldsymbol{B}$ 或 $\boldsymbol{A} \sim \boldsymbol{B}$.

矩阵之间的等价关系具有下列性质:

(1) **反身性**: $\boldsymbol{A} \to \boldsymbol{A}$;

(2) **对称性**: 若 $\boldsymbol{A} \to \boldsymbol{B}$,则 $\boldsymbol{B} \to \boldsymbol{A}$;

(3) **传递性**: 若 $\boldsymbol{A} \to \boldsymbol{B}$, $\boldsymbol{B} \to \boldsymbol{C}$,则 $\boldsymbol{A} \to \boldsymbol{C}$.

用初等变换可将矩阵简化成不同的形状,这些简化矩阵在求解方程组时起着非常重要的作用.例如,对矩阵

$$\boldsymbol{A} = \begin{pmatrix} 3 & 2 & 9 & 6 \\ -1 & -3 & 4 & -17 \\ 1 & 4 & -7 & 3 \\ -1 & -4 & 7 & -3 \end{pmatrix}$$

作如下初等行变换:

$$\boldsymbol{A} = \begin{pmatrix} 3 & 2 & 9 & 6 \\ -1 & -3 & 4 & -17 \\ 1 & 4 & -7 & 3 \\ -1 & -4 & 7 & -3 \end{pmatrix}$$

$$\xrightarrow{r_1 \leftrightarrow r_3} \begin{pmatrix} 1 & 4 & -7 & 3 \\ -1 & -3 & 4 & -17 \\ 3 & 2 & 9 & 6 \\ -1 & -4 & 7 & -3 \end{pmatrix}$$

$$\xrightarrow[\substack{r_2 + r_1 \\ r_3 - 3r_1 \\ r_4 + r_1}]{} \begin{pmatrix} 1 & 4 & -7 & 3 \\ 0 & 1 & -3 & -14 \\ 0 & -10 & 30 & -3 \\ 0 & 0 & 0 & 0 \end{pmatrix}$$

$$\xrightarrow{r_3+10r_2}\begin{pmatrix}1 & 4 & -7 & 3\\ 0 & 1 & -3 & -14\\ 0 & 0 & 0 & -143\\ 0 & 0 & 0 & 0\end{pmatrix}$$

$$=\boldsymbol{B}.$$

这里的矩阵 $\boldsymbol{B}$ 依其形状特征称为行阶梯形矩阵.

一般地,称满足下列条件的矩阵为**行阶梯形矩阵**:

(1) 零行(元素全为零的行)位于矩阵的下方;

(2) 各非零行的首非零元(从左至右第一个不为零的元素)的列标随着行标增大而严格增大.

对矩阵

$$\boldsymbol{B}=\begin{pmatrix}1 & 4 & -7 & 3\\ 0 & 1 & -3 & -14\\ 0 & 0 & 0 & -143\\ 0 & 0 & 0 & 0\end{pmatrix}$$

再作初等行变换:

$$\boldsymbol{B}\xrightarrow{r_3\times\left(-\frac{1}{143}\right)}\begin{pmatrix}1 & 4 & -7 & 3\\ 0 & 1 & -3 & -14\\ 0 & 0 & 0 & 1\\ 0 & 0 & 0 & 0\end{pmatrix}$$

$$\xrightarrow[r_1-3r_3]{r_2+14r_3}\begin{pmatrix}1 & 4 & -7 & 0\\ 0 & 1 & -3 & 0\\ 0 & 0 & 0 & 1\\ 0 & 0 & 0 & 0\end{pmatrix}$$

$$\xrightarrow{r_1-4r_2}\begin{pmatrix}1 & 0 & 5 & 0\\ 0 & 1 & -3 & 0\\ 0 & 0 & 0 & 1\\ 0 & 0 & 0 & 0\end{pmatrix}$$

$$=\boldsymbol{C},$$

称这种形状的阶梯形矩阵 $\boldsymbol{C}$ 为行最简形矩阵.

一般地,称满足下列条件的阶梯形矩阵为**行最简形矩阵**:

(1) 各非零行的首非零元都是1;

(2) 每个首非零元所在列的其余元素都是0.

如果对矩阵

$$C = \begin{pmatrix} 1 & 0 & 5 & 0 \\ 0 & 1 & -3 & 0 \\ 0 & 0 & 0 & 1 \\ 0 & 0 & 0 & 0 \end{pmatrix}$$

再作初等列变换:

$$C \xrightarrow[c_3 + 3c_2]{c_3 - 5c_1} \begin{pmatrix} 1 & 0 & 0 & 0 \\ 0 & 1 & 0 & 0 \\ 0 & 0 & 0 & 1 \\ 0 & 0 & 0 & 0 \end{pmatrix}$$

$$\xrightarrow{c_3 \leftrightarrow c_4} \begin{pmatrix} 1 & 0 & 0 & 0 \\ 0 & 1 & 0 & 0 \\ 0 & 0 & 1 & 0 \\ 0 & 0 & 0 & 0 \end{pmatrix}$$

$$= \boldsymbol{D}.$$

这里的矩阵 $\boldsymbol{D}$ 称为原矩阵 $\boldsymbol{A}$ 的标准形.一般地,矩阵 $\boldsymbol{A}$ 的**标准形** $\boldsymbol{D}$ 具有如下特点:$\boldsymbol{D}$ 的左上角是一个单位矩阵,其余元素全为0.

定理 2.4 任意一个矩阵 $\boldsymbol{A} = (a_{ij})_{m\times n}$ 经过有限次初等变换,都可以化为下列标准形矩阵:

$$\boldsymbol{D} = \begin{pmatrix} 1 & & & & & \\ & \ddots & & & & \\ & & 1 & & & \\ & & & 0 & & \\ & & & & \ddots & \\ & & & & & 0 \end{pmatrix}$$

$$= \begin{pmatrix} \boldsymbol{E}_r & \boldsymbol{O}_{r\times(n-r)} \\ \boldsymbol{O}_{(m-r)\times r} & \boldsymbol{O}_{(m-r)\times(n-r)} \end{pmatrix}.$$

证 如果所有的 a_{ij} 都等于0,则 $\boldsymbol{A}$ 已经是 $\boldsymbol{D}$ 的形式($r=0$);如果至少有一个元素不等于0,不妨设 $a_{11}\neq 0$(否则,总可以通过第一种初等变换,使左上角元素不等于0),以 $-\dfrac{a_{i1}}{a_{11}}$ 乘第一行加至第 i 行上($i=2,3,\cdots,m$),以 $-\dfrac{a_{j1}}{a_{11}}$ 乘所得矩阵第一列加至第 j 列上($j=2,3,\cdots,n$),然后乘以 $\dfrac{1}{a_{11}}$,于是矩阵 $\boldsymbol{A}$ 化为

$$\begin{pmatrix} \boldsymbol{E}_1 & \boldsymbol{O}_{1\times(n-1)} \\ \boldsymbol{O}_{(m-1)\times 1} & \boldsymbol{B}_1 \end{pmatrix}.$$

如果 $\boldsymbol{B}_1=\boldsymbol{O}$,则 $\boldsymbol{A}$ 已化为 $\boldsymbol{D}$ 的形式,否则按上述方法对矩阵 $\boldsymbol{B}_1$ 继续进行下去,即可证得结论.

定理2.4的证明过程实际上也给出了下列结论:

定理2.5 任意一个矩阵 $\boldsymbol{A}$ 总可以经过有限次初等行变换化为行阶梯形矩阵,并进而化为行最简形矩阵.

例2.23 设矩阵

$$\boldsymbol{A}=\begin{pmatrix} 0 & -2 & 1 \\ 3 & 0 & -2 \\ -2 & 3 & 0 \end{pmatrix},$$

把 $(\boldsymbol{A},\boldsymbol{E})$ 化为行最简形.

解
$$(\boldsymbol{A},\boldsymbol{E})=\begin{pmatrix} 0 & -2 & 1 & 1 & 0 & 0 \\ 3 & 0 & -2 & 0 & 1 & 0 \\ -2 & 3 & 0 & 0 & 0 & 1 \end{pmatrix}$$

$$\xrightarrow[\substack{r_3+2r_2 \\ r_1\leftrightarrow r_2}]{r_3\times 3}\begin{pmatrix} 3 & 0 & -2 & 0 & 1 & 0 \\ 0 & -2 & 1 & 1 & 0 & 0 \\ 0 & 9 & -4 & 0 & 2 & 3 \end{pmatrix}$$

$$\xrightarrow[r_3+9r_2]{r_3\times 2}\begin{pmatrix} 3 & 0 & -2 & 0 & 1 & 0 \\ 0 & -2 & 1 & 1 & 0 & 0 \\ 0 & 0 & 1 & 9 & 4 & 6 \end{pmatrix}$$

$$\xrightarrow[r_2 - r_3]{r_1 + 2r_3} \begin{pmatrix} 3 & 0 & 0 & 18 & 9 & 12 \\ 0 & -2 & 0 & -8 & -4 & -6 \\ 0 & 0 & 1 & 9 & 4 & 6 \end{pmatrix}$$

$$\xrightarrow[r_2 \div (-2)]{r_1 \div 3} \begin{pmatrix} 1 & 0 & 0 & 6 & 3 & 4 \\ 0 & 1 & 0 & 4 & 2 & 3 \\ 0 & 0 & 1 & 9 & 4 & 6 \end{pmatrix}.$$

上式最后一个矩阵即矩阵$(\boldsymbol{A}, \boldsymbol{E})$的行最简形.

若把$(\boldsymbol{A}, \boldsymbol{E})$的行最简形记作$(\boldsymbol{E}, \boldsymbol{X})$,则 $\boldsymbol{E}$ 应是$\boldsymbol{A}$ 的行最简形,即 $\boldsymbol{A} \overset{r}{\sim} \boldsymbol{E}$;并可验证 $\boldsymbol{AX} = \boldsymbol{E}$, 即 $\boldsymbol{X} = \boldsymbol{A}^{-1}$. 下节我们将证明,对任何方阵 $\boldsymbol{A}$, $\boldsymbol{A} \overset{r}{\sim} \boldsymbol{E}$ 的充要条件是$\boldsymbol{A}$ 可逆,且当 $\boldsymbol{A}$ 可逆时,$(\boldsymbol{A}, \boldsymbol{E}) \overset{r}{\sim} (\boldsymbol{E}, \boldsymbol{A}^{-1})$.

2.5.2 初等矩阵

矩阵的初等变换是矩阵的一种最基本的运算,有着广泛而重要的应用.为了将初等变换的过程和结果用矩阵乘积的等式表示出来,更进一步地研究矩阵的性质,需要引入初等矩阵的概念.

定义 2.14 由单位阵 $\boldsymbol{E}$ 经过一次初等变换得到的矩阵称为**初等矩阵**.

三种初等变换对应着三种初等矩阵.

(1) 对调单位阵 $\boldsymbol{E}$ 的第i, j 两行(列),得初等矩阵

$$\boldsymbol{E}(i, j) = \begin{pmatrix} 1 & & & & & & & & & \\ & \ddots & & & & & & & & \\ & & 1 & & & & & & & \\ & & & 0 & & \cdots & & 1 & & & \\ & & & & 1 & & & & & \\ & & & \vdots & & \ddots & & \vdots & & \\ & & & & & & 1 & & & \\ & & & 1 & & \cdots & & 0 & & \\ & & & & & & & & 1 & \\ & & & & & & & & & \ddots & \\ & & & & & & & & & & 1 \end{pmatrix}. \begin{matrix} \\ \\ \\ i\text{行} \\ \\ \\ \\ j\text{行} \\ \\ \\ \\ \end{matrix}$$

$$\qquad i\text{列} \qquad\qquad j\text{列}$$

可以验证：以 $\boldsymbol{E}(i,\ j)$左乘矩阵 $\boldsymbol{A}$，相当于对矩阵 $\boldsymbol{A}$ 施行第一种初等行变换：把 $\boldsymbol{A}$ 的第 i 行与第 j 行对调；以 $\boldsymbol{E}(i,\ j)$右乘矩阵 $\boldsymbol{A}$，相当于对矩阵 $\boldsymbol{A}$ 施行第一种初等列变换：把 $\boldsymbol{A}$ 的第 i 列与第 j 列对调.

(2) 以数 $k\ (k\neq 0)$ 乘单位阵 $\boldsymbol{E}$ 的第i 行(列)，得初等矩阵

$$
\boldsymbol{E}(i(k))=\begin{pmatrix}1 & & & & & & \\ & \ddots & & & & & \\ & & 1 & & & & \\ & & & k & & & \\ & & & & 1 & & \\ & & & & & \ddots & \\ & & & & & & 1\end{pmatrix}\begin{matrix} \\ \\ \\ i\text{ 行} \\ \\ \\ \\ \end{matrix}.
$$

$$i\text{ 列}$$

可以验证：以 $\boldsymbol{E}(i(k))$左乘矩阵 $\boldsymbol{A}$，其结果相当于以数 k 乘 $\boldsymbol{A}$ 的第 i 行；以 $\boldsymbol{E}(i(k))$右乘矩阵 $\boldsymbol{A}$，其结果相当于以数 k 乘 $\boldsymbol{A}$ 的第 i 列.

(3) 以数 k 乘单位阵$\boldsymbol{E}$ 的第j 行后加到第i 行，或以数 k 乘单位阵$\boldsymbol{E}$ 的第i 列后加到第j 列，得初等矩阵

$$
\boldsymbol{E}(ij(k))=\begin{pmatrix}1 & & & & & \\ & \ddots & & & & \\ & & 1 & \cdots & k & & \\ & & & \ddots & \vdots & & \\ & & & & 1 & & \\ & & & & & \ddots & \\ & & & & & & 1\end{pmatrix}\begin{matrix} \\ \\ i\text{ 行} \\ \\ j\text{ 行} \\ \\ \\ \end{matrix}.
$$

$$i\text{ 列}\qquad j\text{ 列}$$

可以验证：以 $\boldsymbol{E}(ij(k))$左乘矩阵 $\boldsymbol{A}$，其结果相当于以数 k 乘$\boldsymbol{A}$ 的第j 行后加到第i 行；以 $\boldsymbol{E}(ij(k))$右乘矩阵 $\boldsymbol{A}$，其结果相当于以数 k 乘$\boldsymbol{A}$ 的第i 列后加到第j 列.

综上所述，可得下述定理：

定理 2.6 设 $\boldsymbol{A}$ 是一个$m\times n$ 矩阵，对 $\boldsymbol{A}$ 施行一次初等行变换，

相当于在 $\boldsymbol{A}$ 的左边乘以相应的 m 阶初等矩阵；对 $\boldsymbol{A}$ 施行一次初等列变换，相当于在 $\boldsymbol{A}$ 的右边乘以相应的 n 阶初等矩阵.

例如，矩阵

$$\boldsymbol{A}=\begin{pmatrix}3 & 0 & 1\\ 1 & -1 & 2\\ 0 & 1 & 1\end{pmatrix},$$

而

$$\boldsymbol{E}(1,2)=\begin{pmatrix}0 & 1 & 0\\ 1 & 0 & 0\\ 0 & 0 & 1\end{pmatrix},$$

$$\boldsymbol{E}(31(2))=\begin{pmatrix}1 & 0 & 0\\ 0 & 1 & 0\\ 2 & 0 & 1\end{pmatrix},$$

则

$$\boldsymbol{E}(1,2)\boldsymbol{A}=\begin{pmatrix}0 & 1 & 0\\ 1 & 0 & 0\\ 0 & 0 & 1\end{pmatrix}\begin{pmatrix}3 & 0 & 1\\ 1 & -1 & 2\\ 0 & 1 & 1\end{pmatrix}=\begin{pmatrix}1 & -1 & 2\\ 3 & 0 & 1\\ 0 & 1 & 1\end{pmatrix},$$

即用 $\boldsymbol{E}(1,2)$ 左乘 $\boldsymbol{A}$，相当于交换矩阵 $\boldsymbol{A}$ 的第 1 行和第 2 行；又

$$\boldsymbol{AE}(31(2))=\begin{pmatrix}3 & 0 & 1\\ 1 & -1 & 2\\ 0 & 1 & 1\end{pmatrix}\begin{pmatrix}1 & 0 & 0\\ 0 & 1 & 0\\ 2 & 0 & 1\end{pmatrix}=\begin{pmatrix}5 & 0 & 1\\ 5 & -1 & 2\\ 2 & 1 & 1\end{pmatrix},$$

即用 $\boldsymbol{E}(31(2))$ 右乘 $\boldsymbol{A}$，相当于将矩阵 $\boldsymbol{A}$ 的第 3 列乘 2 后加到第 1 列.

定理 2.6 揭示了初等变换与初等矩阵的对应关系. 因此，在对矩阵

进行一系列初等变换时，可以用对应的初等矩阵建立起等价的等式关系，从而使得变换前后矩阵的关系更加清楚、明确.

由初等变换的可逆性不难推出初等矩阵的可逆性.

定理 2.7 初等矩阵均可逆，且

$$\boldsymbol{E}(i,j)^{-1}=\boldsymbol{E}(i,j),$$

$$\boldsymbol{E}(i(k))^{-1}=\boldsymbol{E}(i(k^{-1})),$$

$$\boldsymbol{E}(ij(k))^{-1}=\boldsymbol{E}(ij(-k)).$$

2.5.3 求逆矩阵的初等变换法

在 2.3 节中，给出矩阵 $\boldsymbol{A}$ 可逆的充要条件的同时，也给出了利用伴随矩阵求逆矩阵的一种方法，即

$$\boldsymbol{A}^{-1}=\frac{1}{|\boldsymbol{A}|}\boldsymbol{A}^{*},$$

这种方法称为伴随矩阵法.

对于较高阶的矩阵，用伴随矩阵法求逆矩阵计算量太大.下面介绍一种较为简便的方法——**初等变换法**.

首先给出几个比较重要的结论.

定理 2.8 n 阶方阵 $\boldsymbol{A}$ 可逆的充要条件是 $\boldsymbol{A}$ 可表示为若干初等矩阵的乘积.

证 因为初等矩阵是可逆的，故充分性是显然的.下证必要性.

设 n 阶方阵 $\boldsymbol{A}$ 可逆，且 $\boldsymbol{A}$ 的标准形矩阵为 $\boldsymbol{F}$.由于 $\boldsymbol{F}\sim\boldsymbol{A}$，知 $\boldsymbol{F}$ 经有限次初等变换可化为 $\boldsymbol{A}$，即有初等矩阵 $\boldsymbol{P}_1,\boldsymbol{P}_2,\cdots,\boldsymbol{P}_l$，使 $\boldsymbol{A}=\boldsymbol{P}_1\cdots\boldsymbol{P}_s\boldsymbol{F}\boldsymbol{P}_{s+1}\cdots\boldsymbol{P}_l$.

因为 $\boldsymbol{A}$ 可逆，$\boldsymbol{P}_1,\boldsymbol{P}_2,\cdots,\boldsymbol{P}_l$ 也都可逆，故标准形 $\boldsymbol{F}$ 可逆.假设

$$\boldsymbol{F}=\begin{pmatrix}\boldsymbol{E}_r & \boldsymbol{O}\\ \boldsymbol{O} & \boldsymbol{O}\end{pmatrix}$$

中的 $r<n$，则 $|\boldsymbol{F}|=0$，与 $\boldsymbol{F}$ 可逆矛盾.因此必有 $r=n$，即 $\boldsymbol{F}=\boldsymbol{E}$，从而

$$\boldsymbol{A}=\boldsymbol{P}_1\boldsymbol{P}_2\cdots\boldsymbol{P}_l.$$

上述证明过程显示：可逆矩阵的标准形矩阵是单位阵.其实，可逆

矩阵的行最简形矩阵也是单位阵,即有:

推论1　方阵 $\boldsymbol{A}$ 可逆的充要条件是 $\boldsymbol{A}\overset{r}{\sim}\boldsymbol{E}$.

证　因为 $\boldsymbol{A}$ 可逆的充要条件是 $\boldsymbol{A}$ 为有限个初等矩阵的乘积,即 $\boldsymbol{A}=\boldsymbol{P}_1\boldsymbol{P}_2\cdots\boldsymbol{P}_l$,亦即 $\boldsymbol{A}=\boldsymbol{P}_1\boldsymbol{P}_2\cdots\boldsymbol{P}_l\boldsymbol{E}$, 此式表示 $\boldsymbol{E}$ 经有限次初等行变换可变为 $\boldsymbol{A}$,即 $\boldsymbol{A}\overset{r}{\sim}\boldsymbol{E}$.

由于等价的矩阵有相同的标准形,根据定理 2.8 不难证明下述结论:

推论2　$m\times n$ 矩阵 $\boldsymbol{A}$ 与 $\boldsymbol{B}$ 等价的充要条件是存在 m 阶可逆矩阵 $\boldsymbol{P}$ 和 n 阶可逆矩阵 $\boldsymbol{Q}$,使 $\boldsymbol{PAQ}=\boldsymbol{B}$.

由定理2.8可知,若矩阵 $\boldsymbol{A}$ 可逆,则有初等矩阵 $\boldsymbol{P}_1, \boldsymbol{P}_2, \cdots, \boldsymbol{P}_l$, 使 $\boldsymbol{A}=\boldsymbol{P}_1\boldsymbol{P}_2\cdots\boldsymbol{P}_l$,故 $\boldsymbol{P}_l^{-1}\boldsymbol{P}_{l-1}^{-1}\cdots\boldsymbol{P}_1^{-1}\boldsymbol{A}=\boldsymbol{E}$, $\boldsymbol{P}_l^{-1}\boldsymbol{P}_{l-1}^{-1}\cdots\boldsymbol{P}_1^{-1}\boldsymbol{E}=\boldsymbol{A}^{-1}$,即 $\boldsymbol{P}_l^{-1}\boldsymbol{P}_{l-1}^{-1}\cdots\boldsymbol{P}_1^{-1}(\boldsymbol{A}, \boldsymbol{E})=(\boldsymbol{E}, \boldsymbol{A}^{-1})$. 也就是说,在对 $\boldsymbol{A}$ 进行一系列初等行变换将其化为单位阵 $\boldsymbol{E}$ 的同时,单位阵 $\boldsymbol{E}$ 恰好变成了 $\boldsymbol{A}^{-1}$.

因此,求矩阵 $\boldsymbol{A}$ 的逆矩阵 $\boldsymbol{A}^{-1}$ 时,可构造 $n\times 2n$ 矩阵 $(\boldsymbol{A}, \boldsymbol{E})$,然后对其施以初等行变换,将矩阵 $\boldsymbol{A}$ 化为单位矩阵 $\boldsymbol{E}$,则上述初等行变换同时也将其中的单位矩阵 $\boldsymbol{E}$ 化为 $\boldsymbol{A}^{-1}$. 这就是求逆矩阵的**初等变换法**.

例2.24　设矩阵

$$\boldsymbol{A}=\begin{pmatrix}1&2&3\\2&2&1\\3&4&3\end{pmatrix},$$

求 $\boldsymbol{A}^{-1}$.

解　$$(\boldsymbol{A}, \boldsymbol{E})=\begin{pmatrix}1&2&3&1&0&0\\2&2&1&0&1&0\\3&4&3&0&0&1\end{pmatrix}$$

$$\xrightarrow[r_3-3r_1]{r_2-2r_1}\begin{pmatrix}1&2&3&1&0&0\\0&-2&-5&-2&1&0\\0&-2&-6&-3&0&1\end{pmatrix}$$

$$\xrightarrow[r_3-r_2]{r_1+r_2}\begin{pmatrix}1&0&-2&-1&1&0\\0&-2&-5&-2&1&0\\0&0&-1&-1&-1&1\end{pmatrix}$$

$$\xrightarrow[r_2-5r_3]{r_1-2r_3}\begin{pmatrix}1&0&0&1&3&-2\\0&-2&0&3&6&-5\\0&0&1&1&1&-1\end{pmatrix}$$

$$\xrightarrow[r_3\div(-1)]{r_2\div(-2)}\begin{pmatrix}1&0&0&1&3&-2\\0&1&0&-\dfrac{3}{2}&-3&\dfrac{5}{2}\\0&0&1&1&1&-1\end{pmatrix},$$

所以

$$A^{-1}=\begin{pmatrix}1&3&-2\\-\dfrac{3}{2}&-3&\dfrac{5}{2}\\1&1&-1\end{pmatrix}.$$

例 2.25 已知矩阵

$$A=\begin{pmatrix}1&0&1\\2&1&0\\-3&2&-5\end{pmatrix},$$

求$(\boldsymbol{E}-\boldsymbol{A})^{-1}$.

解 $$(\boldsymbol{E}-\boldsymbol{A},\boldsymbol{E})=\begin{pmatrix}0&0&-1&1&0&0\\-2&0&0&0&1&0\\3&-2&6&0&0&1\end{pmatrix}$$

$$\xrightarrow{r_1\leftrightarrow r_2}\begin{pmatrix}-2&0&0&0&1&0\\0&0&-1&1&0&0\\3&-2&6&0&0&1\end{pmatrix}$$

$$\xrightarrow[r_2\leftrightarrow r_3]{r_1\div(-2)}\begin{pmatrix}1&0&0&0&-\dfrac{1}{2}&0\\3&-2&6&0&0&1\\0&0&-1&1&0&0\end{pmatrix}$$

$$\xrightarrow{r_2-3r_1}\begin{pmatrix}1 & 0 & 0 & 0 & -\frac{1}{2} & 0\\ 0 & -2 & 6 & 0 & \frac{3}{2} & 1\\ 0 & 0 & -1 & 1 & 0 & 0\end{pmatrix}$$

$$\xrightarrow[r_3\div(-1)]{r_2\div(-2)}\begin{pmatrix}1 & 0 & 0 & 0 & -\frac{1}{2} & 0\\ 0 & 1 & -3 & 0 & -\frac{3}{4} & -\frac{1}{2}\\ 0 & 0 & 1 & -1 & 0 & 0\end{pmatrix}$$

$$\xrightarrow{r_2+3r_3}\begin{pmatrix}1 & 0 & 0 & 0 & -\frac{1}{2} & 0\\ 0 & 1 & 0 & -3 & -\frac{3}{4} & -\frac{1}{2}\\ 0 & 0 & 1 & -1 & 0 & 0\end{pmatrix},$$

所以

$$(\boldsymbol{E}-\boldsymbol{A})^{-1}=\begin{pmatrix}0 & -\frac{1}{2} & 0\\ -3 & -\frac{3}{4} & -\frac{1}{2}\\ -1 & 0 & 0\end{pmatrix}.$$

2.5.4　用初等变换法求解矩阵方程

设矩阵 $\boldsymbol{A}$ 可逆,则求解矩阵方程 $\boldsymbol{AX}=\boldsymbol{B}$ 就等价于求矩阵 $\boldsymbol{X}=\boldsymbol{A}^{-1}\boldsymbol{B}$. 与求逆矩阵的初等变换法类似,也可以用初等变换直接求出 $\boldsymbol{A}^{-1}\boldsymbol{B}$.

因为 $\boldsymbol{A}$ 可逆,由定理 2.8,有初等矩阵 $\boldsymbol{P}_1, \boldsymbol{P}_2, \cdots, \boldsymbol{P}_l$,使 $\boldsymbol{A}=\boldsymbol{P}_1\boldsymbol{P}_2\cdots\boldsymbol{P}_l$, 从而 $\boldsymbol{P}_l^{-1}\boldsymbol{P}_{l-1}^{-1}\cdots\boldsymbol{P}_1^{-1}\boldsymbol{A}=\boldsymbol{E}$, $\boldsymbol{P}_l^{-1}\boldsymbol{P}_{l-1}^{-1}\cdots\boldsymbol{P}_1^{-1}\boldsymbol{B}=\boldsymbol{A}^{-1}\boldsymbol{B}$,即 $\boldsymbol{P}_l^{-1}\boldsymbol{P}_{l-1}^{-1}\cdots\boldsymbol{P}_1^{-1}(\boldsymbol{A}, \boldsymbol{B})=(\boldsymbol{E}, \boldsymbol{A}^{-1}\boldsymbol{B})$. 也就是说,在对 $\boldsymbol{A}$ 进行一系列初等行变换将其化为单位阵 $\boldsymbol{E}$ 的同时,矩阵 $\boldsymbol{B}$ 恰好变成了 $\boldsymbol{A}^{-1}\boldsymbol{B}$,即

$$(\boldsymbol{A}, \boldsymbol{B}) \xrightarrow{\text{初等行变换}} (\boldsymbol{E}, \boldsymbol{A}^{-1}\boldsymbol{B}),$$

这就是用初等行变换求解矩阵方程 $\boldsymbol{AX} = \boldsymbol{B}$ 的方法.

类似地,求解矩阵方程 $\boldsymbol{XA} = \boldsymbol{B}$,等价于求矩阵 $\boldsymbol{X} = \boldsymbol{BA}^{-1}$. 此时,可以利用初等列变换求 $\boldsymbol{BA}^{-1}$,即

$$\begin{pmatrix} \boldsymbol{A} \\ \boldsymbol{B} \end{pmatrix} \xrightarrow{\text{初等列变换}} \begin{pmatrix} \boldsymbol{E} \\ \boldsymbol{BA}^{-1} \end{pmatrix}.$$

当然,也可以将矩阵方程 $\boldsymbol{XA} = \boldsymbol{B}$ 转置后变为 $\boldsymbol{A}^{\mathrm{T}}\boldsymbol{X}^{\mathrm{T}} = \boldsymbol{B}^{\mathrm{T}}$,然后用初等行变换求解.

例 2.26 设矩阵

$$\boldsymbol{A} = \begin{pmatrix} 1 & 2 & 1 \\ 3 & 4 & 2 \\ 1 & 2 & 2 \end{pmatrix},$$

并且 $\boldsymbol{AB} = \boldsymbol{A} + \boldsymbol{B}$, 试求矩阵 $\boldsymbol{B}$.

解 由 $\boldsymbol{AB} = \boldsymbol{A} + \boldsymbol{B}$,得 $\boldsymbol{AB} - \boldsymbol{B} = \boldsymbol{A}$, $(\boldsymbol{A} - \boldsymbol{E})\boldsymbol{B} = \boldsymbol{A}$.

$$(\boldsymbol{A} - \boldsymbol{E}, \boldsymbol{A}) = \begin{pmatrix} 0 & 2 & 1 & 1 & 2 & 1 \\ 3 & 3 & 2 & 3 & 4 & 2 \\ 1 & 2 & 1 & 1 & 2 & 2 \end{pmatrix}$$

$$\to \begin{pmatrix} 1 & 2 & 1 & 1 & 2 & 2 \\ 0 & 2 & 1 & 1 & 2 & 1 \\ 0 & -3 & -1 & 0 & -2 & -4 \end{pmatrix}$$

$$\to \begin{pmatrix} 1 & 0 & 0 & 0 & 0 & 1 \\ 0 & 2 & 1 & 1 & 2 & 1 \\ 0 & 0 & \frac{1}{2} & \frac{3}{2} & 1 & -\frac{5}{2} \end{pmatrix}$$

$$\to \begin{pmatrix} 1 & 0 & 0 & 0 & 0 & 1 \\ 0 & 2 & 0 & -2 & 0 & 6 \\ 0 & 0 & \frac{1}{2} & \frac{3}{2} & 1 & -\frac{5}{2} \end{pmatrix}$$

$$\to\begin{pmatrix}1&0&0&0&0&1\\0&1&0&-1&0&3\\0&0&1&3&2&-5\end{pmatrix},$$

所以

$$\boldsymbol{B}=(\boldsymbol{A}-\boldsymbol{E})^{-1}\boldsymbol{A}=\begin{pmatrix}0&0&1\\-1&0&3\\3&2&-5\end{pmatrix}.$$

例 2.27 解矩阵方程

$$\boldsymbol{X}\begin{pmatrix}1&1&2\\0&1&1\\0&0&1\end{pmatrix}=\begin{pmatrix}1&0&0\\0&1&0\\0&0&1\\1&1&1\end{pmatrix}.$$

解 将方程记为 $\boldsymbol{XA}=\boldsymbol{B}$,则显然 $\boldsymbol{A}$ 可逆,且 $\boldsymbol{X}=\boldsymbol{BA}^{-1}$.

$$\begin{pmatrix}\boldsymbol{A}\\\boldsymbol{B}\end{pmatrix}=\begin{pmatrix}1&1&2\\0&1&1\\0&0&1\\1&0&0\\0&1&0\\0&0&1\\1&1&1\end{pmatrix}$$

$$\xrightarrow[c_3-2c_1]{c_2-c_1}\begin{pmatrix}1&0&0\\0&1&1\\0&0&1\\1&-1&-2\\0&1&0\\0&0&1\\1&0&-1\end{pmatrix}$$

$$\xrightarrow{c_3 - c_2} \begin{pmatrix} 1 & 0 & 0 \\ 0 & 1 & 0 \\ 0 & 0 & 1 \\ 1 & -1 & -1 \\ 0 & 1 & -1 \\ 0 & 0 & 1 \\ 1 & 0 & -1 \end{pmatrix}$$

$$= \begin{pmatrix} \boldsymbol{E} \\ \boldsymbol{BA}^{-1} \end{pmatrix},$$

故

$$\boldsymbol{X} = \boldsymbol{BA}^{-1} = \begin{pmatrix} 1 & -1 & -1 \\ 0 & 1 & -1 \\ 0 & 0 & 1 \\ 1 & 0 & -1 \end{pmatrix}.$$

习　题　2.5

1. 设

$$\begin{pmatrix} 0 & 1 & 0 \\ 1 & 0 & 0 \\ 0 & 0 & 1 \end{pmatrix} \boldsymbol{A} \begin{pmatrix} 1 & 0 & 1 \\ 0 & 1 & 0 \\ 0 & 0 & 1 \end{pmatrix} = \begin{pmatrix} 1 & 2 & 3 \\ 4 & 5 & 6 \\ 7 & 8 & 9 \end{pmatrix},$$

求 $\boldsymbol{A}$.

2. 把下列矩阵化为行最简形矩阵：

(1) $\begin{pmatrix} 1 & -1 & 2 \\ 3 & -3 & 1 \\ -2 & 2 & -4 \end{pmatrix}$；　　(2) $\begin{pmatrix} 1 & 0 & 2 & -1 \\ 2 & 0 & 3 & 1 \\ 3 & 0 & 4 & -3 \end{pmatrix}$；

(3) $\begin{pmatrix} 1 & -1 & 3 & -4 & 3 \\ 3 & -3 & 5 & -4 & 1 \\ 2 & -2 & 3 & -2 & 0 \\ 3 & -3 & 4 & -2 & -1 \end{pmatrix}$.

3. 用初等变换判断下列矩阵是否可逆;如可逆,求其逆矩阵.

(1) $\begin{pmatrix} 3 & 2 & 1 \\ 3 & 1 & 5 \\ 3 & 2 & 3 \end{pmatrix}$;　　(2) $\begin{pmatrix} 3 & -2 & 0 & -1 \\ 0 & 2 & 2 & 1 \\ 1 & -2 & -3 & -2 \\ 0 & 1 & 2 & 1 \end{pmatrix}$.

4. 设 $\boldsymbol{A}$ 为 n 阶可逆矩阵,$\boldsymbol{B}$ 为 $\boldsymbol{A}$ 交换第 i 行和第 j 行得到的矩阵.

(1) 证明:$\boldsymbol{B}$ 是可逆矩阵;

(2) 求 $\boldsymbol{AB}^{-1}$.

5. 解下列矩阵方程:

(1) 设

$$\boldsymbol{A} = \begin{pmatrix} 4 & 1 & -2 \\ 2 & 2 & 1 \\ 3 & 1 & -1 \end{pmatrix}, \quad \boldsymbol{B} = \begin{pmatrix} 1 & -3 \\ 2 & 2 \\ 3 & -1 \end{pmatrix},$$

求 $\boldsymbol{X}$,使 $\boldsymbol{AX} = \boldsymbol{B}$;

(2) 设

$$\boldsymbol{A} = \begin{pmatrix} 0 & 2 & 1 \\ 2 & -1 & 3 \\ -3 & 3 & -4 \end{pmatrix}, \quad \boldsymbol{B} = \begin{pmatrix} 1 & 2 & 3 \\ 2 & -3 & 1 \end{pmatrix},$$

求 $\boldsymbol{X}$,使 $\boldsymbol{XA} = \boldsymbol{B}$;

(3) 设

$$\boldsymbol{A} = \begin{pmatrix} 1 & -1 & 0 \\ 0 & 1 & -1 \\ -1 & 0 & 1 \end{pmatrix},$$

并且 $\boldsymbol{AX} = 2\boldsymbol{X} + \boldsymbol{A}$,求 $\boldsymbol{X}$;

(4) 设

$$\begin{pmatrix} 0 & 1 & 0 \\ 1 & 0 & 0 \\ 0 & 0 & 1 \end{pmatrix} \boldsymbol{X} \begin{pmatrix} 1 & 0 & 0 \\ -2 & 1 & 0 \\ 0 & 0 & 1 \end{pmatrix} = \begin{pmatrix} 1 & -4 & 3 \\ 2 & 0 & -1 \\ 0 & -2 & 1 \end{pmatrix},$$

求 $\boldsymbol{X}$.

6. 设矩阵

$$\boldsymbol{A}=\begin{pmatrix}1&0&0\\1&1&0\\1&1&1\end{pmatrix},\quad \boldsymbol{B}=\begin{pmatrix}0&1&1\\1&0&1\\1&1&0\end{pmatrix},$$

矩阵 $\boldsymbol{X}$ 满足

$$\boldsymbol{AXA}+\boldsymbol{BXB}=\boldsymbol{AXB}+\boldsymbol{BXA}+\boldsymbol{E},$$

其中 $\boldsymbol{E}$ 是三阶单位矩阵,试求矩阵 $\boldsymbol{X}$.

7. 设 $\boldsymbol{A}$, $\boldsymbol{B}$ 为 n 阶矩阵,$2\boldsymbol{A}-\boldsymbol{B}-\boldsymbol{AB}=\boldsymbol{E}$, $\boldsymbol{A}^2=\boldsymbol{A}$,其中 $\boldsymbol{E}$ 是 n 阶单位矩阵.

(1) 证明:$\boldsymbol{A}-\boldsymbol{B}$ 为可逆矩阵,并求$(\boldsymbol{A}-\boldsymbol{B})^{-1}$;

(2) 已知

$$\boldsymbol{A}=\begin{pmatrix}1&0&0\\0&3&-1\\0&6&-2\end{pmatrix},$$

试求矩阵 $\boldsymbol{B}$.

8. 设 $\boldsymbol{A}$, $\boldsymbol{B}$ 为 n 阶矩阵,且满足 $2\boldsymbol{B}^{-1}\boldsymbol{A}=\boldsymbol{A}-4\boldsymbol{E}$,其中 $\boldsymbol{E}$ 是 n 阶单位矩阵.

(1) 证明:$\boldsymbol{B}-2\boldsymbol{E}$ 为可逆矩阵,并求$(\boldsymbol{B}-2\boldsymbol{E})^{-1}$;

(2) 已知

$$\boldsymbol{A}=\begin{pmatrix}1&-2&0\\1&2&0\\0&0&2\end{pmatrix},$$

试求矩阵 $\boldsymbol{B}$.

2.6 矩阵的秩

2.6.1 矩阵的秩

矩阵的秩的概念是讨论向量组的线性相关性、线性方程组解的存在性等问题的重要工具.从上节已看到,矩阵可经初等行变换化为行阶梯形矩阵,且行阶梯形矩阵所含非零行的行数是唯一确定的,这个数实质上就是矩阵的“秩”.鉴于这个数的唯一性尚未证明,在本节中,我们首先利用行列式来定义矩阵的秩,然后给出利用初等变换求矩阵的秩的方法.

定义 2.15 在 $m \times n$ 矩阵 $\boldsymbol{A}$ 中,任取 k 行与 k 列 $(1 \leqslant k \leqslant m, 1 \leqslant k \leqslant n)$,位于这些行列交叉处的 k^2 个元素,按原有位置构成的 k 阶行列式称为矩阵 $\boldsymbol{A}$ 的 **$\boldsymbol{k}$ 阶子式**.

$m \times n$ 矩阵 $\boldsymbol{A}$ 的 k 阶子式共有 $C_m^k \cdot C_n^k$ 个.

例如,设矩阵

$$\boldsymbol{A} = \begin{pmatrix} 1 & 3 & 2 & 2 \\ -3 & 1 & 1 & 2 \\ -1 & 1 & -1 & 0 \end{pmatrix},$$

则由第一、二两行和第二、三两列构成的二阶子式为 $\begin{vmatrix} 3 & 2 \\ 1 & 1 \end{vmatrix}$.

设 $\boldsymbol{A}$ 为 $m \times n$ 矩阵,当 $A = \boldsymbol{O}$ 时,它的任何子式都为零.当 $\boldsymbol{A} \neq \boldsymbol{O}$ 时,它至少有一个元素不为零,即它至少有一个一阶子式不为零.再考察二阶子式,若 $\boldsymbol{A}$ 中有一个二阶子式不为零,则往下考察三阶子式.如此进行下去,最后 $\boldsymbol{A}$ 中有 r 阶子式不为零,而再没有比 r 更高阶的不为零的子式.这个不为零的子式的最高阶数 r 反映了矩阵 $\boldsymbol{A}$ 的内在的重要特征,在矩阵的理论和应用中都有重要意义.

定义 2.16 若在矩阵 $\boldsymbol{A}$ 中有一个不为零的 r 阶子式 D,而所有 $r+1$ 阶子式(如果存在的话)全为零,则 D 称为矩阵 $\boldsymbol{A}$ 的**最高阶非零子式**,数 r 称为**矩阵 $\boldsymbol{A}$ 的秩**,记为 $R(\boldsymbol{A})$.

规定零矩阵的秩等于零.

显然,矩阵的秩具有下列性质:

(1) 若矩阵 $\boldsymbol{A}$ 中有某个 s 阶子式不为零,则 $R(\boldsymbol{A}) \geqslant s$;

(2) 若矩阵 $\boldsymbol{A}$ 中所有 t 阶子式全为零,则 $R(\boldsymbol{A}) < t$;

(3) 若 $\boldsymbol{A}$ 为 $m \times n$ 矩阵,则 $0 \leqslant R(\boldsymbol{A}) \leqslant \min\{m, n\}$;

(4) $R(\boldsymbol{A}^{\mathrm{T}}) = R(\boldsymbol{A})$;

(5) $\max\{R(\boldsymbol{A}), R(\boldsymbol{B})\} \leqslant R(\boldsymbol{A}, \boldsymbol{B}) \leqslant R(\boldsymbol{A}) + R(\boldsymbol{B})$.

对于 n 阶方阵 $\boldsymbol{A}$,由于 $\boldsymbol{A}$ 的 n 阶子式只有一个 $|\boldsymbol{A}|$,故当 $|\boldsymbol{A}| \neq$

0时，$R(\boldsymbol{A})=n$；当$|\boldsymbol{A}|=0$时，$R(\boldsymbol{A})<n$. 可见，可逆矩阵的秩等于矩阵的阶数. 因此，可逆矩阵又称**满秩矩阵**，不可逆矩阵（奇异矩阵）又称**降秩矩阵**.

对于 $m\times n$ 矩阵$\boldsymbol{A}$，$R(\boldsymbol{A})=\min\{m,n\}$时，称 $\boldsymbol{A}$ 为满秩矩阵，否则称为降秩矩阵。

例 2.28 设

$$\boldsymbol{A}=\begin{pmatrix}1&2&3\\2&3&-5\\4&7&1\end{pmatrix},$$

$$\boldsymbol{B}=\begin{pmatrix}2&-1&0&3&-2\\0&3&1&-2&5\\0&0&0&4&-3\\0&0&0&0&0\end{pmatrix},$$

求矩阵 $\boldsymbol{A}$ 和$\boldsymbol{B}$ 的秩.

解 在 $\boldsymbol{A}$ 中，2 阶子式$\begin{vmatrix}1&2\\2&3\end{vmatrix}\neq0$. 又 $\boldsymbol{A}$ 的三阶子式只有一个$|\boldsymbol{A}|$，且

$$|\boldsymbol{A}|=\begin{vmatrix}1&2&3\\2&3&-5\\4&7&1\end{vmatrix}=\begin{vmatrix}1&2&3\\0&-1&-11\\0&-1&-11\end{vmatrix}=0,$$

故 $R(\boldsymbol{A})=2$.

$\boldsymbol{B}$ 是一个行阶梯形矩阵，其非零行只有三行，故知 $\boldsymbol{B}$ 的所有四阶子式全为零. 此外，显然存在一个三阶子式

$$\begin{vmatrix}2&-1&3\\0&3&-2\\0&0&4\end{vmatrix}=24\neq0,$$

故 $R(\boldsymbol{B})=3$.

2.6.2 用初等变换求矩阵的秩

从例 2.28 中可知，利用定义计算矩阵的秩，需要由高阶到低阶考

虑矩阵的子式.当矩阵的行数与列数较高时,按定义求秩是非常麻烦的.然而,行阶梯形矩阵的秩很容易判断,它的秩就等于非零行的行数.由于任意矩阵都可以经过有限次初等行变换化为行阶梯形矩阵,所以自然想到用初等变换把矩阵化为行阶梯形矩阵,然后再求矩阵的秩.但是简化后的行阶梯形矩阵的秩与原矩阵的秩相等吗?下面的定理对此问题做出了肯定的回答.

定理 2.9 若 $\boldsymbol{A}\to\boldsymbol{B}$,则 $R(\boldsymbol{A})=R(\boldsymbol{B})$,即有限次初等变换不改变矩阵的秩.

证 先证明:若 $\boldsymbol{A}$ 经一次初等行变换变为 $\boldsymbol{B}$,则 $R(\boldsymbol{A})\leqslant R(\boldsymbol{B})$.

设 $R(\boldsymbol{A})=s$,且 $\boldsymbol{A}$ 的某个 s 阶子式 $D\neq0$.

当 $\boldsymbol{A}\xrightarrow{\mathrm{r}_i\leftrightarrow \mathrm{r}_j}\boldsymbol{B}$ 或 $\boldsymbol{A}\xrightarrow{\mathrm{r}_i\times k}\boldsymbol{B}$ 时,在 $\boldsymbol{B}$ 中总能找到与 D 相对应的 s 阶子式 D_1.由于 $D_1=D$ 或 $D_1=-D$ 或 $D_1=kD$,所以 $D_1\neq0$,从而 $R(\boldsymbol{B})\geqslant s$.

当 $\boldsymbol{A}\xrightarrow{\mathrm{r}_i+k\mathrm{r}_j}\boldsymbol{B}$ 时,由于对变换 $\mathrm{r}_i\leftrightarrow\mathrm{r}_j$ 结论成立,故只需考虑 $\boldsymbol{A}\xrightarrow{\mathrm{r}_1+k\mathrm{r}_2}\boldsymbol{B}$ 这一特殊情形.

分两种情况讨论:

(1) $\boldsymbol{A}$ 的 s 阶非零子式 D 不包含 $\boldsymbol{A}$ 的第一行,这时 D 也是 $\boldsymbol{B}$ 的一个 s 阶非零子式,故 $R(\boldsymbol{B})\geqslant s$;

(2) D 包含 $\boldsymbol{A}$ 的第一行,这时把 $\boldsymbol{B}$ 中与 D 对应的 s 阶子式 D_1 记作

$$D_1=\begin{vmatrix}\mathrm{r}_1+k\mathrm{r}_2\\ \mathrm{r}_p\\ \vdots\\ \mathrm{r}_q\end{vmatrix}=\begin{vmatrix}\mathrm{r}_1\\ \mathrm{r}_p\\ \vdots\\ \mathrm{r}_q\end{vmatrix}+k\begin{vmatrix}\mathrm{r}_2\\ \mathrm{r}_p\\ \vdots\\ \mathrm{r}_q\end{vmatrix}=D+kD_2.$$

若 $p=2$,则 $D_1=D\neq0$;若 $p\neq2$,则 D_2 也是 $\boldsymbol{B}$ 的 s 阶子式,由 $D_1-kD_2=D\neq0$,知 D_1 与 D_2 不同时为零.总之,$\boldsymbol{B}$ 中存在 s 阶非零子式 D_1 与 D_2,故 $R(\boldsymbol{B})\geqslant s$.

以上证明了:若 $\boldsymbol{A}$ 经一次初等行变换变为 $\boldsymbol{B}$,则 $R(\boldsymbol{A})\leqslant R(\boldsymbol{B})$.由于 $\boldsymbol{B}$ 亦可经一次初等行变换化为 $\boldsymbol{A}$,故也有 $R(\boldsymbol{A})\geqslant R(\boldsymbol{B})$.因此,$R(\boldsymbol{A})=R(\boldsymbol{B})$.

由经一次初等行变换后矩阵的秩不变,即可知经有限次初等行变

换后矩阵的秩也不变.

设 $\boldsymbol{A}$ 经初等列变换变为 $\boldsymbol{B}$,则 $\boldsymbol{A}^{\mathrm{T}}$ 经初等行变换变为 $\boldsymbol{B}^{\mathrm{T}}$. 由于 $R(\boldsymbol{A}^{\mathrm{T}})=R(\boldsymbol{B}^{\mathrm{T}})$, $R(\boldsymbol{A})=R(\boldsymbol{A}^{\mathrm{T}})$, $R(\boldsymbol{B})=R(\boldsymbol{B}^{\mathrm{T}})$,所以 $R(\boldsymbol{A})=R(\boldsymbol{B})$.

总之,若 $\boldsymbol{A}$ 经有限次初等变换变为 $\boldsymbol{B}$(即 $\boldsymbol{A}\to\boldsymbol{B}$),则 $R(\boldsymbol{A})=R(\boldsymbol{B})$.

实际上,当 $\boldsymbol{A}$ 和 $\boldsymbol{B}$ 为同型矩阵时,定理 2.9 的逆定理也成立,即由 $R(\boldsymbol{A})=R(\boldsymbol{B})$ 也可推出矩阵 $\boldsymbol{A}$ 和 $\boldsymbol{B}$ 等价。

根据上述定理,可以得到利用初等变换求矩阵秩的方法:把矩阵用初等行变换变成行阶梯形矩阵,则行阶梯形矩阵中非零行的行数就是矩阵的秩.

例 2.29 求矩阵

$$\boldsymbol{A}=\begin{pmatrix}1 & 2 & 1 & 3\\ 4 & -1 & -5 & -6\\ 1 & -3 & -4 & -7\\ 2 & 1 & -1 & 0\end{pmatrix}$$

的秩.

解 $$\boldsymbol{A}=\begin{pmatrix}1 & 2 & 1 & 3\\ 4 & -1 & -5 & -6\\ 1 & -3 & -4 & -7\\ 2 & 1 & -1 & 0\end{pmatrix}$$

$$\xrightarrow[r_4-2r_1]{\substack{r_2-4r_1\\ r_3-r_1}}\begin{pmatrix}1 & 2 & 1 & 3\\ 0 & -9 & -9 & -18\\ 0 & -5 & -5 & -10\\ 0 & -3 & -3 & -6\end{pmatrix}$$

$$\xrightarrow[r_4-\frac{1}{3}r_2]{r_3-\frac{5}{9}r_2}\begin{pmatrix}1 & 2 & 1 & 3\\ 0 & -9 & -9 & -18\\ 0 & 0 & 0 & 0\\ 0 & 0 & 0 & 0\end{pmatrix},$$

最后的行阶梯形矩阵中有两个非零行,故 $R(\boldsymbol{A})=2$.

例 2.30 设

$$A=\begin{pmatrix}1&-1&1&2\\3&\lambda&-1&2\\5&3&\mu&6\end{pmatrix},$$

已知 $R(A)=2$,求 λ 和 μ 的值.

解 $A=\begin{pmatrix}1&-1&1&2\\3&\lambda&-1&2\\5&3&\mu&6\end{pmatrix}$

$$\xrightarrow[r_3-5r_1]{r_2-3r_1}\begin{pmatrix}1&-1&1&2\\0&\lambda+3&-4&-4\\0&8&\mu-5&-4\end{pmatrix},$$

因 $R(A)=2$,故 $\begin{cases}\lambda+3=8,\\\mu-5=-4,\end{cases}$ 即 $\lambda=5,\mu=1$.

例 2.31 设 A 为 m 阶可逆阵,B 为 $m\times n$ 矩阵,证明:$R(AB)=R(B)$.

证 因为 A 可逆,故可表示为若干初等矩阵之积,

$$A=P_1P_2\cdots P_s,$$

其中 $P_i(i=1,2,\cdots,s)$ 均为初等矩阵.

$$AB=P_1P_2\cdots P_sB,$$

即 AB 是由 B 经 s 次初等变换后得出的.

根据定理 2.9,$R(AB)=R(B)$.

2.6.3 矩阵的秩的有关结论

鉴于矩阵的秩在线性代数中的重要作用,下面再介绍矩阵的秩的几个重要性质,供学有余力的读者参考.

(1) $\max\{R(A),R(B)\}\leqslant R(A,B)\leqslant R(A)+R(B)$,特别地,当 $B=b$ 为向量时,有 $R(A)\leqslant R(A,b)\leqslant R(A)+1$.

证 因为 A 的最高阶非零子式总是 (A,B) 的非零子式,所以 $R(A)\leqslant R(A,B)$. 同理有 $R(B)\leqslant R(A,B)$,从而 $\max\{R(A),R(B)\}\leqslant R(A,B)$.

设 $R(\boldsymbol{A})=s, R(\boldsymbol{B})=t$，对 $\boldsymbol{A}$ 和 $\boldsymbol{B}$ 分别作列变换将其化为列阶梯形 $\widetilde{\boldsymbol{A}}$ 和 $\widetilde{\boldsymbol{B}}$，则 $\widetilde{\boldsymbol{A}}$ 和 $\widetilde{\boldsymbol{B}}$ 中分别含 s 个和 t 个非零列，故可设

$$\boldsymbol{A}\xrightarrow{C}\widetilde{\boldsymbol{A}}=\{\widetilde{\boldsymbol{a}}_1,\cdots,\widetilde{\boldsymbol{a}}_s,0,\cdots,0\},\boldsymbol{A}\xrightarrow{C}\widetilde{\boldsymbol{B}}=\{\widetilde{\boldsymbol{b}}_1,\cdots,\widetilde{\boldsymbol{b}}_t,0,\cdots,0\},$$

从而，$(\boldsymbol{A},\boldsymbol{B})\xrightarrow{C}(\widetilde{\boldsymbol{A}},\widetilde{\boldsymbol{B}})$.

由于 $(\widetilde{\boldsymbol{A}},\widetilde{\boldsymbol{B}})$ 中只含 $s+t$ 个非零列，故 $R(\widetilde{\boldsymbol{A}},\widetilde{\boldsymbol{B}})\leqslant s+t$，而 $R(\boldsymbol{A},\boldsymbol{B})=(\widetilde{\boldsymbol{A}},\widetilde{\boldsymbol{B}})$，从而 $R(\boldsymbol{A},\boldsymbol{B})\leqslant s+t$，即 $R(\boldsymbol{A},\boldsymbol{B})\leqslant R(\boldsymbol{A})+R(\boldsymbol{B})$.

(2) $R(\boldsymbol{A}+\boldsymbol{B})\leqslant R(\boldsymbol{A})+R(\boldsymbol{B})$.

证 不妨设 $\boldsymbol{A},\boldsymbol{B}$ 为 $m\times n$ 矩阵. 对矩阵 $(\boldsymbol{A}+\boldsymbol{B},\boldsymbol{B})$ 作列变换 $c_i-c_{n+i}(i=1,2,\cdots,n)$，则 $(\boldsymbol{A}+\boldsymbol{B},\boldsymbol{B})\xrightarrow{C}(\boldsymbol{A},\boldsymbol{B})$，得 $R(\boldsymbol{A}+\boldsymbol{B})\leqslant R(\boldsymbol{A}+\boldsymbol{B},\boldsymbol{B})=R(\boldsymbol{A},\boldsymbol{B})\leqslant R(\boldsymbol{A})+R(\boldsymbol{B})$.

(3) $R(\boldsymbol{AB})\leqslant\min\{R(\boldsymbol{A}),R(\boldsymbol{B})\}$.

(4) 若 $\boldsymbol{A}_{m\times n}\boldsymbol{B}_{n\times s}=\boldsymbol{0}$，则 $R(\boldsymbol{A})+R(\boldsymbol{B})\leqslant n$.

(3)和(4)的证明可分别见 3.3 中的例 3.14 和 3.5 中的例 3.27.

例 2.32 设 $\boldsymbol{A}$ 为 n 阶矩阵，证明：$R(\boldsymbol{A}+\boldsymbol{E})+R(\boldsymbol{A}-\boldsymbol{E})\geqslant n$.

证 因为 $(\boldsymbol{A}+\boldsymbol{E})+(\boldsymbol{E}-\boldsymbol{A})=2\boldsymbol{E}$，由性质(2)，$R(\boldsymbol{A}+\boldsymbol{E})+R(\boldsymbol{E}-\boldsymbol{A})\geqslant R(2\boldsymbol{E})$，而 $R(\boldsymbol{A}-\boldsymbol{E})=R(\boldsymbol{E}-\boldsymbol{A})$，所以 $R(\boldsymbol{A}+\boldsymbol{E})+R(\boldsymbol{A}-\boldsymbol{E})\geqslant n$.

习 题 2.6

1. 设 $\boldsymbol{A}$ 为 $m\times n$ 矩阵，$\boldsymbol{b}$ 为 $m\times 1$ 矩阵，试说明 $R(\boldsymbol{A})$ 与 $R(\boldsymbol{A},\ \boldsymbol{b})$ 的大小关系.

2. 在秩为 r 的矩阵中，有没有等于零的 $r-1$ 阶子式？有没有等于零的 r 阶子式？

3. 从矩阵 $\boldsymbol{A}$ 中划去一行得到矩阵 $\boldsymbol{B}$，问 $\boldsymbol{A}$，$\boldsymbol{B}$ 的秩的关系怎样？

4. 求作一个秩为 4 的方阵，它的两个行向量是 $(1,\ 0,\ 1,\ 0,\ 0)$，$(1,\ -1,\ 0,\ 0,\ 0)$.

5. 设 $\boldsymbol{A}$ 为 n 阶矩阵，证明：$R(\boldsymbol{A})=1$ 的充分必要条件是存在非零列向量 $\boldsymbol{a}$ 和 $\boldsymbol{b}$ 使 $\boldsymbol{A}=\boldsymbol{ab}^{\mathrm{T}}$.

6. 求下列矩阵的秩，并求一个最高阶非零子式：

(1) $\begin{pmatrix} 3 & 1 & 0 & 2 \\ 1 & -1 & 2 & -1 \\ 1 & 3 & -4 & 4 \end{pmatrix}$；　(2) $\begin{pmatrix} 3 & 2 & -1 & -3 & -2 \\ 2 & -1 & 3 & 1 & -3 \\ 7 & 0 & 5 & -1 & -8 \end{pmatrix}$；

(3) $\begin{pmatrix} 1 & -1 & 2 & 1 & 0 \\ 2 & -2 & 4 & 2 & 0 \\ 3 & 0 & 6 & -1 & 1 \\ 0 & 3 & 0 & 0 & 1 \end{pmatrix}$；　(4) $\begin{pmatrix} 2 & 1 & 8 & 3 & 7 \\ 2 & -3 & 0 & 7 & -5 \\ 3 & -2 & 5 & 8 & 0 \\ 1 & 0 & 3 & 2 & 0 \end{pmatrix}$.

7. 设矩阵

$$\boldsymbol{A} = \begin{pmatrix} 1 & \lambda & -1 & 2 \\ 2 & -1 & \lambda & 5 \\ 1 & 10 & -6 & 1 \end{pmatrix},$$

其中λ为参数，求矩阵$\boldsymbol{A}$的秩.

8. 设矩阵

$$\boldsymbol{A} = \begin{pmatrix} 3 & -2 & \lambda & -16 \\ 2 & -3 & 0 & 1 \\ 1 & -1 & 1 & -3 \\ 3 & \mu & 1 & -2 \end{pmatrix},$$

其中λ,μ为参数，求矩阵$\boldsymbol{A}$的秩的最大值和最小值.

9. 设n阶矩阵$\boldsymbol{A}$满足$\boldsymbol{A}^2=\boldsymbol{A}$，$\boldsymbol{E}$为$n$阶单位矩阵，证明：

$$R(\boldsymbol{A})+R(\boldsymbol{A}-\boldsymbol{E})=n.$$

10. 设$\boldsymbol{A}$为n $(n\geqslant 2)$阶方阵，证明：

$$R(\boldsymbol{A}^*)=\begin{cases} n & (R(\boldsymbol{A})=n) \\ 1 & (R(\boldsymbol{A})=n-1) \\ 0 & (R(\boldsymbol{A})<n-1) \end{cases}.$$

第3章 线性方程组

引 言

线性方程组的解法，早在中国古代的经典数学著作《九章算术》中已作了比较完整的论述. 其中所述方法实质上相当于现代的对方程组的增广矩阵施行初等行变换从而消去未知量的方法，即高斯消元法. 在西方，线性方程组的研究是在17世纪后期由德国数学家、微积分学奠基人之一莱布尼兹(G. W. Leibnitz, 1646 ～1716)开创的，他曾研究了含两个未知量的线性方程组. 英国数学家麦克劳林(C. Maclaurin, 1698～1746)在18世纪上半叶研究了含有二、三、四个未知量的线性方程组，得到了求解线性方程组的一个法则. 虽然瑞士数学家克莱姆(G. Cramer, 1704～1752)几年后才得出了这个法则，但是这个法则最终还是被称为克莱姆法则. 其实张冠李戴这种事情在数学史乃至科学史上是屡见不鲜的. 不过，麦克劳林还是得到了一些补偿. 众所周知，麦克劳林展开式只不过是泰勒展开式当 $x_0 = 0$ 时的特殊情形，而且这种情形已由泰勒明确指出，但历史还是开了个玩笑，人们将此作为一条独立的结果而归于麦克劳林.

德国大数学家高斯(C. F. Gauss, 1777～1855)大约在1800年提出了高斯消元法，并用它解决了天体计算和地球表面测量计算中的最小二乘法问题. 这种涉及测量、求取地球形状或当地精确位置的应用数学分支在当时被称为测地学. 在随后的几年里，高斯消去法一直被认为是测地学中的一部分，而不是数学. 因为高斯消元法最初出现在由测地学家 Wilhelm Jordan 撰写的测地学手册中，所以也称为高斯-约当消去法. 不过，后人多把著名的法国数学家约当(C. Jordan, 1838～1922)误认为是“高斯-约当消去法”中的约当. 这又是一次张冠李戴.

18世纪下半叶,法国数学家贝祖(E. Bezout, 1730~1783)对线性方程组理论进行了一系列研究,证明了 n 元齐次线性方程组有非零解的条件是系数行列式等于零.19世纪,英国数学家史密斯(H. Smith, 1827~1887)和道奇森(C-L. Dodgson, 1834~1896)继续研究线性方程组理论,前者引进了方程组的增广矩阵的概念,后者证明了 n 个未知数、m 个方程的方程组有解的充要条件是系数矩阵和增广矩阵的秩相同.这正是现代方程组理论中的重要结果之一.

大量的科学技术问题,最终往往归结为解线性方程组.因此,在线性方程组解的结构等理论性工作得到发展的同时,线性方程组的数值解法也取得了令人满意的进展.现在,线性方程组的数值解法在计算数学中占有重要地位.

本章首先通过高斯消元法给出线性方程组的解法以及解存在的条件,然后引入向量组的线性相关性和向量组的秩等工具对线性方程组做进一步的讨论,最后从向量空间的观点研究线性方程组的通解的结构.

3.1 线性方程组的解

在本章中,我们研究的是 m 个方程、n 个未知量的线性方程组

$$\begin{cases} a_{11}x_1 + a_{12}x_2 + \cdots + a_{1n}x_n = b_1, \\ a_{21}x_1 + a_{22}x_2 + \cdots + a_{2n}x_n = b_2, \\ \cdots\cdots\cdots\cdots \\ a_{m1}x_1 + a_{m2}x_2 + \cdots + a_{mn}x_n = b_m, \end{cases} \tag{3.1}$$

其矩阵形式为

$$\boldsymbol{A}\boldsymbol{x} = \boldsymbol{b}, \tag{3.2}$$

其中

$$\boldsymbol{A} = (a_{ij})_{m\times n}, \quad \boldsymbol{x} = \begin{pmatrix} x_1 \\ x_2 \\ \vdots \\ x_n \end{pmatrix}, \quad \boldsymbol{b} = \begin{pmatrix} b_1 \\ b_2 \\ \vdots \\ b_m \end{pmatrix}.$$

矩阵 $\boldsymbol{A}$ 称为线性方程组的**系数矩阵**，$\boldsymbol{x}$ 称为**解向量**，$\boldsymbol{b}$ 称为**右端向量**，矩阵 $\boldsymbol{B}=(\boldsymbol{A},\ \boldsymbol{b})$ 称为线性方程组的**增广矩阵**.

当 $\boldsymbol{b}=\boldsymbol{0}$ 时，方程(3.2)变为

$$\boldsymbol{A}\boldsymbol{x}=\boldsymbol{0} \tag{3.3}$$

称为**齐次线性方程组**，否则称为**非齐次线性方程组**.

将线性方程组写成矩阵形式，不仅书写方便，而且可以把线性方程组的理论与矩阵理论联系起来，这给线性方程组的研究带来很大的便利.

下面我们通过一个例子研究如何用消元法求解线性方程组.

引例　用高斯消元法解四元线性方程组

$$\begin{cases} 2x_1-x_2-x_3+x_4=2, \\ x_1+x_2-2x_3+x_4=4, \\ 4x_1-6x_2+2x_3-2x_4=4, \\ 3x_1+6x_2-9x_3+7x_4=9. \end{cases}$$

解　为了更清楚地观察消元过程，我们将消元过程中每个步骤的方程组及与其对应的增广矩阵一并列出：

$$\begin{cases} 2x_1-x_2-x_3+x_4=2, & (1) \\ x_1+x_2-2x_3+x_4=4, & (2) \\ 4x_1-6x_2+2x_3-2x_4=4, & (3) \\ 3x_1+6x_2-9x_3+7x_4=9, & (4) \end{cases}$$

$$\Leftrightarrow \quad \boldsymbol{B}=\begin{pmatrix} 2 & -1 & -1 & 1 & 2 \\ 1 & 1 & -2 & 1 & 4 \\ 4 & -6 & 2 & -2 & 4 \\ 3 & 6 & -9 & 7 & 9 \end{pmatrix}$$

$$\xrightarrow[(3)\div 2]{(1)\leftrightarrow(2)} \begin{cases} x_1+x_2-2x_3+x_4=4, & (1) \\ 2x_1-x_2-x_3+x_4=2, & (2) \\ 2x_1-3x_2+x_3-x_4=2, & (3) \\ 3x_1+6x_2-9x_3+7x_4=9, & (4) \end{cases}$$

$$\Leftrightarrow \quad \boldsymbol{B}_1 = \begin{pmatrix} 1 & 1 & -2 & 1 & 4 \\ 2 & -1 & -1 & 1 & 2 \\ 2 & -3 & 1 & -1 & 2 \\ 3 & 6 & -9 & 7 & 9 \end{pmatrix}$$

$$\xrightarrow[(4)-3(1)]{\substack{(2)-(3)\\(3)-2(1)}} \begin{cases} x_1 + x_2 - 2x_3 + x_4 = 4, & (1) \\ 2x_2 - 2x_3 + 2x_4 = 0, & (2) \\ -5x_2 + 5x_3 - 3x_4 = -6, & (3) \\ 3x_2 - 3x_3 + 4x_4 = -3, & (4) \end{cases}$$

$$\Leftrightarrow \quad \boldsymbol{B}_2 = \begin{pmatrix} 1 & 1 & -2 & 1 & 4 \\ 0 & 2 & -2 & 2 & 0 \\ 0 & -5 & 5 & -3 & -6 \\ 0 & 3 & -3 & 4 & -3 \end{pmatrix}$$

$$\xrightarrow[(4)-3(2)]{\substack{(2)\div 2\\(3)+5(2)}} \begin{cases} x_1 + x_2 - 2x_3 + x_4 = 4, & (1) \\ x_2 - x_3 + x_4 = 0, & (2) \\ 2x_4 = -6, & (3) \\ x_4 = -3, & (4) \end{cases}$$

$$\Leftrightarrow \quad \boldsymbol{B}_3 = \begin{pmatrix} 1 & 1 & -2 & 1 & 4 \\ 0 & 1 & -1 & 1 & 0 \\ 0 & 0 & 0 & 2 & -6 \\ 0 & 0 & 0 & 1 & -3 \end{pmatrix}$$

$$\xrightarrow[(4)-(3)]{(3)\div 2} \begin{cases} x_1 + x_2 - 2x_3 + x_4 = 4, & (1) \\ x_2 - x_3 + x_4 = 0, & (2) \\ x_4 = -3, & (3) \\ 0 = 0, & (4) \end{cases}$$

$$\Leftrightarrow \quad \boldsymbol{B}_4 = \begin{pmatrix} 1 & 1 & -2 & 1 & 4 \\ 0 & 1 & -1 & 1 & 0 \\ 0 & 0 & 0 & 1 & -3 \\ 0 & 0 & 0 & 0 & 0 \end{pmatrix}$$

$$\xrightarrow[(2)-(3)]{(1)-(2)}\begin{cases} x_1 - \quad x_3 \quad = \quad 4, & (1) \\ \quad x_2 - x_3 + \quad = \quad 3, & (2) \\ \quad\quad x_4 = -3, & (3) \\ \quad\quad 0 = \quad 0, & (4) \end{cases}$$

$$\Leftrightarrow \quad \boldsymbol{B}_5 = \begin{pmatrix} 1 & 0 & -1 & 0 & 4 \\ 0 & 1 & -1 & 0 & 3 \\ 0 & 0 & 0 & 1 & -3 \\ 0 & 0 & 0 & 0 & 0 \end{pmatrix},$$

原方程的同解方程组为

$$\begin{cases} x_1 = x_3 + 4, \\ x_2 = x_3 + 3, \\ x_4 = -3. \end{cases}$$

由于 x_3 为自由未知量,所以可令 $x_3 = c$, c 为任意实数.因此,方程组的解为

$$\boldsymbol{x} = \begin{pmatrix} x_1 \\ x_2 \\ x_3 \\ x_4 \end{pmatrix} = \begin{pmatrix} c+4 \\ c+3 \\ c \\ -3 \end{pmatrix} \quad (c \in \mathbb{R})$$

或

$$\boldsymbol{x} = c\begin{pmatrix} 1 \\ 1 \\ 1 \\ 0 \end{pmatrix} + \begin{pmatrix} 4 \\ 3 \\ 0 \\ -3 \end{pmatrix} \quad (c \in \mathbb{R}).$$

从引例中可以看出,用高斯消元法求解线性方程组就是对方程组反复实施以下三种变换,从而将方程组化为阶梯形方程组:

(1) 交换某两个方程的位置;

(2) 用一个非零数乘某一个方程的两边;

(3) 用一个数乘某一个方程后加到一个方程上.

高斯消元法可用矩阵语言描述如下:

对线性方程组的增广矩阵施行初等行变换,将其化为行阶梯形(如

引例中的 $\boldsymbol{B}_4$)，并进而再将其化为行最简形(如引例中的 $\boldsymbol{B}_5$)，则从行最简形矩阵对应的同解方程组中可直接"读"出该线性方程组的解.

根据高斯消元法的思想，利用矩阵的秩的概念，可以得出线性方程组理论中最基本的一个定理：

定理 3.1 设 $\boldsymbol{A}=(a_{ij})_{m\times n}$，$n$ 元非齐次线性方程组 $\boldsymbol{Ax}=\boldsymbol{b}$

(1) 无解的充要条件是 $R(\boldsymbol{A})<R(\boldsymbol{A},\boldsymbol{b})$，即 $R(\boldsymbol{A})=R(\boldsymbol{A},\boldsymbol{b})-1$；

(2) 有唯一解的充要条件是 $R(\boldsymbol{A})=R(\boldsymbol{A},\boldsymbol{b})=n$；

(3) 有无穷多解的充要条件是 $R(\boldsymbol{A})=R(\boldsymbol{A},\boldsymbol{b})<n$.

证 显然，只需证明条件的充分性，因为(1)，(2)，(3)中条件的必要性分别是(2)(3)，(1)(3)，(1)(2)中条件的充分性的逆否命题.

设 $R(\boldsymbol{A})=r$，$\boldsymbol{B}=(\boldsymbol{A},\boldsymbol{b})$ 的行最简形为

$$\widetilde{\boldsymbol{B}}=\begin{pmatrix}1&0&\cdots&0&b_{11}&\cdots&b_{1,n-r}&d_1\\0&1&\cdots&0&b_{21}&\cdots&b_{2,n-r}&d_2\\\vdots&\vdots&&\vdots&\vdots&&\vdots&\vdots\\0&0&\cdots&1&b_{r1}&\cdots&b_{r,n-r}&d_r\\0&0&\cdots&0&0&\cdots&0&d_{r+1}\\0&0&\cdots&0&0&\cdots&0&0\\\vdots&\vdots&&\vdots&\vdots&&\vdots&\vdots\\0&0&\cdots&0&0&\cdots&0&0\end{pmatrix}.$$

(1) 若 $R(\boldsymbol{A})<R(\boldsymbol{B})$，则 $\widetilde{\boldsymbol{B}}$ 中的 $d_{r+1}\neq 0$，$\widetilde{\boldsymbol{B}}$ 的第 $r+1$ 行对应矛盾方程，故方程组 $\boldsymbol{Ax}=\boldsymbol{b}$ 无解.

(2) 若 $R(\boldsymbol{A})=R(\boldsymbol{B})=r=n$，则 $\widetilde{\boldsymbol{B}}$ 中的 $d_{r+1}=0$，且 b_{ij} 都不出现，从而 $\widetilde{\boldsymbol{B}}$ 对应方程组

$$\begin{cases}x_1=d_1,\\x_2=d_2,\\\quad\cdots\cdots\\x_n=d_n,\end{cases}$$

故方程组 $\boldsymbol{Ax}=\boldsymbol{b}$ 有唯一解.

(3) 若 $R(\boldsymbol{A})=R(\boldsymbol{B})=r<n$，则 $\widetilde{\boldsymbol{B}}$ 中的 $d_{r+1}=0$，从而 $\widetilde{\boldsymbol{B}}$ 对应方程组

$$\begin{cases} x_1 = -b_{11}x_{r+1} - \cdots - b_{1,n-r}x_n + d_1, \\ x_2 = -b_{21}x_{r+1} - \cdots - b_{2,n-r}x_n + d_2, \\ \cdots\cdots\cdots\cdots \\ x_r = -b_{r1}x_{r+1} - \cdots - b_{r,n-r}x_n + d_r. \end{cases} \tag{3.4}$$

令自由未知数 $x_{r+1} = c_1, \cdots, x_n = c_{n-r}$,即得方程组 $\boldsymbol{Ax} = \boldsymbol{b}$ 的含 $n-r$个参数的解

$$\begin{pmatrix} x_1 \\ \vdots \\ x_r \\ x_{r+1} \\ \vdots \\ x_n \end{pmatrix} = \begin{pmatrix} -b_{11}x_{r+1} - \cdots - b_{1,n-r}x_n + d_1 \\ \vdots \\ -b_{r1}x_{r+1} - \cdots - b_{r,n-r}x_n + d_r \\ c_1 \\ \vdots \\ c_{n-r} \end{pmatrix},$$

即

$$\begin{pmatrix} x_1 \\ \vdots \\ x_r \\ x_{r+1} \\ \vdots \\ x_n \end{pmatrix} = c_1\begin{pmatrix} -b_{11} \\ \vdots \\ -b_{r1} \\ 1 \\ 0 \\ \vdots \\ 0 \end{pmatrix} + c_2\begin{pmatrix} -b_{12} \\ \vdots \\ -b_{r2} \\ 0 \\ 1 \\ \vdots \\ 0 \end{pmatrix} + \cdots + c_{n-r}\begin{pmatrix} -b_{1,n-r} \\ \vdots \\ -b_{r,n-r} \\ 0 \\ 0 \\ \vdots \\ 1 \end{pmatrix} + \begin{pmatrix} d_1 \\ \vdots \\ d_r \\ 0 \\ \vdots \\ 0 \end{pmatrix}. \tag{3.5}$$

由于参数 $c_1, c_2, \cdots, c_{n-r}$可任意取值,故方程组 $\boldsymbol{Ax} = \boldsymbol{b}$ 有无穷多个解.

当 $R(\boldsymbol{A}) = R(\boldsymbol{B}) = r < n$ 时,由于含 $n-r$ 个参数的解(3.5)可表示线性方程组(3.4)的任一解,从而也可表示线性方程组 $\boldsymbol{Ax} = \boldsymbol{b}$ 的任一解,因此解(3.5)称为线性方程组 $\boldsymbol{Ax} = \boldsymbol{b}$ 的**通解**.

若将线性方程组(3.1)中的每个方程视为平面,则定理 3.1 的几何解释是:若 $R(\boldsymbol{A}) = R(\boldsymbol{A}, \boldsymbol{b}) = n$,则所有 n 个平面相交于一点;若 $R(\boldsymbol{A}) = R(\boldsymbol{A}, \boldsymbol{b}) < n$,则所有 n 个平面相交于一条直线;若 $R(\boldsymbol{A}) < R(\boldsymbol{A}, \boldsymbol{b})$,则所有 n 个平面中至少有两个平行且不重合或任意两个平面都相交但无共同交点或交线.

将定理 3.1 应用于齐次线性方程组 $\boldsymbol{Ax} = \boldsymbol{0}$, 又可以得到另一个重

要定理：

定理 3.2　设 $\boldsymbol{A}=(a_{ij})_{m\times n}$，$n$ 元齐次线性方程组 $\boldsymbol{Ax}=\boldsymbol{0}$ 有非零解的充要条件是 $R(\boldsymbol{A})<n$，即 $\boldsymbol{Ax}=\boldsymbol{0}$ 仅有零解的充要条件是 $R(\boldsymbol{A})=n$.

显然，定理 3.2 就是定理 3.1 中(3)的特例.

定理 3.1 的证明过程实际上给出了求解线性方程组的步骤，这个步骤在引例中也已显示出来，现归纳如下：

(1) 对于非齐次线性方程组 $\boldsymbol{Ax}=\boldsymbol{b}$，将它的增广矩阵 $\boldsymbol{B}$ 化成行阶梯形，从 $\boldsymbol{B}$ 的行阶梯形可同时看出 $R(\boldsymbol{A})$ 和 $R(\boldsymbol{B})$. 若 $R(\boldsymbol{A})<R(\boldsymbol{B})$，则方程组无解.

(2) 若 $R(\boldsymbol{A})=R(\boldsymbol{B})$，则进一步将 $\boldsymbol{B}$ 化成行最简形. 而对于齐次线性方程组，则将其系数矩阵 $\boldsymbol{A}$ 化成行最简形.

(3) 设 $R(\boldsymbol{A})=R(\boldsymbol{B})=r$，将行最简形中 r 个非零行的非零首元所对应的未知数取作非自由未知数，其余 $n-r$ 个未知数取作自由未知数，并令自由未知数分别等于 $c_1, c_2, \cdots, c_{n-r}$，则由 $\boldsymbol{B}$(或 $\boldsymbol{A}$)的行最简形即可写出含 $n-r$ 个参数的通解.

下面对上述方法给予举例说明.

例 3.1　求解齐次线性方程组

$$\begin{cases} x_1+2x_2+2x_3+x_4=0, \\ 2x_1+x_2-2x_3-2x_4=0, \\ x_1-x_2-4x_3-3x_4=0. \end{cases}$$

解　对系数矩阵 $\boldsymbol{A}$ 施行初等行变换，变为行最简形矩阵：

$$\boldsymbol{A}=\begin{pmatrix} 1 & 2 & 2 & 1 \\ 2 & 1 & -2 & -2 \\ 1 & -1 & -4 & -3 \end{pmatrix}$$

$$\to\begin{pmatrix} 1 & 2 & 2 & 1 \\ 0 & -3 & -6 & -4 \\ 0 & -3 & -6 & -4 \end{pmatrix}$$

$$\to\begin{pmatrix} 1 & 2 & 2 & 1 \\ 0 & 1 & 2 & \dfrac{4}{3} \\ 0 & 0 & 0 & 0 \end{pmatrix}$$

$$\rightarrow\begin{pmatrix}1 & 0 & -2 & -\frac{5}{3}\\ 0 & 1 & 2 & \frac{4}{3}\\ 0 & 0 & 0 & 0\end{pmatrix},$$

即得与原方程组同解的方程组

$$\begin{cases}x_1 = 2x_3 + \frac{5}{3}x_4,\\ x_2 = -2x_3 - \frac{4}{3}x_4\end{cases}\quad (x_3, x_4 \text{ 可任意取值}).$$

令 $x_3 = c_1$，$x_4 = c_2$，将它写成通常的参数形式

$$\begin{cases}x_1 = 2c_1 + \frac{5}{3}c_2,\\ x_2 = -2c_1 - \frac{4}{3}c_2,\\ x_3 = c_1,\\ x_4 = c_2,\end{cases}$$

或写成向量形式

$$\begin{pmatrix}x_1\\ x_2\\ x_3\\ x_4\end{pmatrix} = \begin{pmatrix}2c_1 + \frac{5}{3}c_2\\ -2c_1 - \frac{4}{3}c_2\\ c_1\\ c_2\end{pmatrix} = c_1\begin{pmatrix}2\\ -2\\ 1\\ 0\end{pmatrix} + c_2\begin{pmatrix}\frac{5}{3}\\ -\frac{4}{3}\\ 0\\ 1\end{pmatrix},$$

其中 c_1，c_2 为任意实数.

例 3.2 求解非齐次线性方程组

$$\begin{cases}x_1 - 2x_2 + 3x_3 - x_4 = 1,\\ 3x_1 - x_2 + 5x_3 - 3x_4 = 2,\\ 2x_1 + x_2 + 2x_3 - 2x_4 = 3.\end{cases}$$

解 对增广矩阵 $\boldsymbol{B}$ 施行初等行变换：

$$B=\begin{pmatrix}1&-2&3&-1&1\\3&-1&5&-3&2\\2&1&2&-2&3\end{pmatrix}$$

$$\to\begin{pmatrix}1&-2&3&-1&1\\0&5&-4&0&-1\\0&5&-4&0&1\end{pmatrix}$$

$$\to\begin{pmatrix}1&-2&3&-1&1\\0&5&-4&0&-1\\0&0&0&0&2\end{pmatrix},$$

可见 $R(A)=2$，$R(B)=3$，故方程组无解.

例 3.3 求解非齐次线性方程组

$$\begin{cases}x_1+x_2-3x_3-x_4=1,\\3x_1-x_2-3x_3+4x_4=4,\\x_1+5x_2-9x_3-8x_4=0.\end{cases}$$

解 对增广矩阵 B 施行初等行变换：

$$B=\begin{pmatrix}1&1&-3&-1&1\\3&-1&-3&4&4\\1&5&-9&-8&0\end{pmatrix}$$

$$\to\begin{pmatrix}1&1&-3&-1&1\\0&-4&6&7&1\\0&4&-6&-7&-1\end{pmatrix}$$

$$\to\begin{pmatrix}1&1&-3&-1&1\\0&1&-\frac{3}{2}&-\frac{7}{4}&-\frac{1}{4}\\0&0&0&0&0\end{pmatrix}$$

$$\to\begin{pmatrix}1&0&-\frac{3}{2}&\frac{3}{4}&\frac{5}{4}\\0&1&-\frac{3}{2}&-\frac{7}{4}&-\frac{1}{4}\\0&0&0&0&0\end{pmatrix},$$

即得

$$\begin{cases} x_1 = \dfrac{3}{2}x_3 - \dfrac{3}{4}x_4 + \dfrac{5}{4}, \\ x_2 = \dfrac{3}{2}x_3 + \dfrac{7}{4}x_4 - \dfrac{1}{4}, \\ x_3 = x_3, \\ x_4 = x_4, \end{cases}$$

从而方程组的通解为

$$\begin{pmatrix} x_1 \\ x_2 \\ x_3 \\ x_4 \end{pmatrix} = c_1 \begin{pmatrix} \dfrac{3}{2} \\ \dfrac{3}{2} \\ 1 \\ 0 \end{pmatrix} + c_2 \begin{pmatrix} -\dfrac{3}{4} \\ \dfrac{7}{4} \\ 0 \\ 1 \end{pmatrix} + \begin{pmatrix} \dfrac{5}{4} \\ -\dfrac{1}{4} \\ 0 \\ 0 \end{pmatrix} \quad (c_1, c_2 \in \mathbb{R}).$$

例 3.4 设有线性方程组

$$\begin{cases} (1+\lambda)x_1 + x_2 + x_3 = 0, \\ x_1 + (1+\lambda)x_2 + x_3 = 3, \\ x_1 + x_2 + (1+\lambda)x_3 = \lambda, \end{cases}$$

问 λ 取何值时,此方程组(1) 有唯一解;(2) 无解;(3) 有无穷多个解?并在有无穷多个解时求其通解.

解 1 对增广矩阵 $\boldsymbol{B} = (\boldsymbol{A}, \boldsymbol{b})$ 作初等行变换,将其变为行阶梯形矩阵,有

$$\boldsymbol{B} = \begin{pmatrix} 1+\lambda & 1 & 1 & 0 \\ 1 & 1+\lambda & 1 & 3 \\ 1 & 1 & 1+\lambda & \lambda \end{pmatrix}$$

$$\to \begin{pmatrix} 1 & 1 & 1+\lambda & \lambda \\ 1 & 1+\lambda & 1 & 3 \\ 1+\lambda & 1 & 1 & 0 \end{pmatrix}$$

$$\to \begin{pmatrix} 1 & 1 & 1+\lambda & \lambda \\ 0 & \lambda & -\lambda & 3-\lambda \\ 0 & -\lambda & -\lambda(2+\lambda) & -\lambda(1+\lambda) \end{pmatrix}$$

$$
\rightarrow \begin{pmatrix} 1 & 1 & 1+\lambda & \lambda \\ 0 & \lambda & -\lambda & 3-\lambda \\ 0 & 0 & -\lambda(3+\lambda) & (1-\lambda)(3+\lambda) \end{pmatrix}.
$$

(1) 当$\lambda \neq 0$, $\lambda \neq -3$时,$R(\boldsymbol{A}) = R(\boldsymbol{B}) = 3 = n$,方程组有唯一解.

(2) 当$\lambda = 0$时,$R(\boldsymbol{A}) = 1$, $R(\boldsymbol{B}) = 2$,方程组无解.

(3) 当$\lambda = -3$时,$R(\boldsymbol{A}) = R(\boldsymbol{B}) = 2 < n$,方程组有无穷多个解.此时

$$
\boldsymbol{B} = \begin{pmatrix} 1 & 1 & -2 & -3 \\ 0 & -3 & 3 & 6 \\ 0 & 0 & 0 & 0 \end{pmatrix}
$$

$$
\rightarrow \begin{pmatrix} 1 & 0 & -1 & -1 \\ 0 & 1 & -1 & -2 \\ 0 & 0 & 0 & 0 \end{pmatrix},
$$

同解方程组为

$$
\begin{cases} x_1 = x_3 - 1, \\ x_2 = x_3 - 2 \end{cases} \quad (x_3\text{可任意取值}),
$$

从而通解为

$$
\begin{pmatrix} x_1 \\ x_2 \\ x_3 \end{pmatrix} = c \begin{pmatrix} 1 \\ 1 \\ 1 \end{pmatrix} + \begin{pmatrix} -1 \\ -2 \\ 0 \end{pmatrix} \quad (c \in \mathbb{R}).
$$

解2 因系数矩阵$\boldsymbol{A}$为方阵,故方程组有唯一解的充要条件是系数行列式$|\boldsymbol{A}| \neq 0$. 而

$$
|\boldsymbol{A}| = \begin{vmatrix} 1+\lambda & 1 & 1 \\ 1 & 1+\lambda & 1 \\ 1 & 1 & 1+\lambda \end{vmatrix}
$$

$$
= (3+\lambda) \begin{vmatrix} 1 & 1 & 1 \\ 1 & 1+\lambda & 1 \\ 1 & 1 & 1+\lambda \end{vmatrix}
$$

$$= (3+\lambda)\begin{vmatrix} 1 & 1 & 1 \\ 0 & \lambda & 0 \\ 0 & 0 & \lambda \end{vmatrix}$$

$$= \lambda^2(3+\lambda).$$

(1) 当$\lambda \neq 0, \lambda \neq -3$时，方程组有唯一解.

(2) 当$\lambda = 0$时

$$\boldsymbol{B} = \begin{pmatrix} 1 & 1 & 1 & 0 \\ 1 & 1 & 1 & 3 \\ 1 & 1 & 1 & 0 \end{pmatrix}$$

$$\to \begin{pmatrix} 1 & 1 & 1 & 0 \\ 0 & 0 & 0 & 1 \\ 0 & 0 & 0 & 0 \end{pmatrix},$$

显然，$R(\boldsymbol{A}) = 1$，$R(\boldsymbol{B}) = 2$，方程组无解.

(3) 当$\lambda = -3$时

$$\boldsymbol{B} = \begin{pmatrix} -2 & 1 & 1 & 0 \\ 1 & -2 & 1 & 3 \\ 1 & 1 & -2 & 0 \end{pmatrix}$$

$$\to \begin{pmatrix} 1 & 0 & -1 & -1 \\ 0 & 1 & -1 & -2 \\ 0 & 0 & 0 & 0 \end{pmatrix},$$

此时，$R(\boldsymbol{A}) = R(\boldsymbol{B}) = 2 < n$，方程组有无穷多个解，且通解为

$$\begin{pmatrix} x_1 \\ x_2 \\ x_3 \end{pmatrix} = c\begin{pmatrix} 1 \\ 1 \\ 1 \end{pmatrix} + \begin{pmatrix} -1 \\ -2 \\ 0 \end{pmatrix} \quad (c \in \mathbb{R}).$$

因为参数λ的值未知，所以对含参数的矩阵作初等变换不太方便.相比较而言，解法2较简单.但解法2只适用于系数矩阵为方阵的情形.

为了后续内容的需要，下面将定理3.1和定理3.2推广到矩阵方程.

定理3.3 矩阵方程$\boldsymbol{AX} = \boldsymbol{B}$有解的充要条件是$R(\boldsymbol{A}) = R(\boldsymbol{A}, \boldsymbol{B})$.

定理3.4 矩阵方程$\boldsymbol{A}_{m\times n}\boldsymbol{X}_{n\times s} = \boldsymbol{O}$只有零解的充要条件是

$R(\boldsymbol{A}) = n$.

定理3.4实际上阐明了矩阵乘法消去律成立的条件.

习　题　3.1

1. 用消元法解下列线性方程组:

(1) $\begin{cases} x_1 + 2x_2 - x_3 = 0, \\ 2x_1 + 4x_2 + 7x_3 = 0; \end{cases}$

(2) $\begin{cases} x_1 + 2x_2 + x_3 - x_4 = 0, \\ 3x_1 + 6x_2 - x_3 - 3x_4 = 0, \\ 5x_1 + 10x_2 + x_3 - 5x_4 = 0; \end{cases}$

(3) $\begin{cases} 4x_1 + 2x_2 - x_3 = 2, \\ 3x_1 - x_2 + 2x_3 = 10, \\ 11x_1 + 3x_2 = 8; \end{cases}$

(4) $\begin{cases} 2x + 3y + z = 4, \\ x - 2y + 4z = -5, \\ 3x + 8y - 2z = 13, \\ 4x - y + 9z = -6. \end{cases}$

2. 写出一个以

$$\boldsymbol{x} = c_1 \begin{pmatrix} 2 \\ -3 \\ 1 \\ 0 \end{pmatrix} + c_2 \begin{pmatrix} -2 \\ 4 \\ 0 \\ 1 \end{pmatrix} \quad (c_1,\ c_2 \in \mathbb{R})$$

为全部解的齐次线性方程组.

3. 确定 a, b 的值,使下列齐次线性方程组有非零解,并在有非零解时求其全部解:

(1) $\begin{cases} ax_1 + x_2 + x_3 = 0, \\ x_1 + ax_2 + x_3 = 0, \\ x_1 + x_2 + ax_3 = 0; \end{cases}$　　(2) $\begin{cases} ax_1 + x_2 + x_3 = 0, \\ x_1 + bx_2 + x_3 = 0, \\ x_1 + 2bx_2 + x_3 = 0. \end{cases}$

4. 确定 a, b 的值,使下列非齐次线性方程组有解,并求其解:

(1) $\begin{cases} ax_1 + bx_2 + 2x_3 = 1, \\ (b-1)x_2 + x_3 = 0, \\ ax_1 + bx_2 + (1-b)x_3 = 3-2b; \end{cases}$

(2) $\begin{cases} x_1 + x_2 - 2x_3 + 3x_4 = 0, \\ 2x_1 + x_2 - 6x_3 + 4x_4 = -1, \\ 3x_1 + 2x_2 + ax_3 + 7x_4 = -1, \\ x_1 - x_2 - 6x_3 - x_4 = b. \end{cases}$

5. λ 取何值时，下列非齐次线性方程组有唯一解、无解或有无穷多解？并在有无穷多解时求出其解.

(1) $\begin{cases} \lambda x_1 + x_2 + x_3 = 1, \\ x_1 + \lambda x_2 + x_3 = \lambda, \\ x_1 + x_2 + \lambda x_3 = \lambda^2; \end{cases}$ (2) $\begin{cases} -2x_1 + x_2 + x_3 = -2, \\ x_1 - 2x_2 + x_3 = \lambda, \\ x_1 + x_2 - 2x_3 = \lambda^2. \end{cases}$

6. 设 $\boldsymbol{A}$ 为 $m\times n$ 矩阵，证明：

(1) 方程 $\boldsymbol{AX}=\boldsymbol{E}_m$ 有解的充分必要条件为 $R(\boldsymbol{A}) = m$；

(2) 方程 $\boldsymbol{YA}=\boldsymbol{E}_n$ 有解的充分必要条件为 $R(\boldsymbol{A}) = n$.

7. 设 $\boldsymbol{A}$ 为 $m\times n$ 矩阵，证明：若 $\boldsymbol{AX} = \boldsymbol{AY}$，且 $R(\boldsymbol{A}) = n$，则 $\boldsymbol{X} = \boldsymbol{Y}$.

3.2 向量组的线性相关性

3.2.1 向量组的线性组合与向量组间的线性表示

对线性方程组(3.1)，令

$$\boldsymbol{\alpha}_j = \begin{pmatrix} a_{1j} \\ a_{2j} \\ \vdots \\ a_{mj} \end{pmatrix} \ (j = 1, 2, \cdots, n), \quad \boldsymbol{\beta} = \begin{pmatrix} b_1 \\ b_2 \\ \vdots \\ b_m \end{pmatrix},$$

则线性方程组(3.1)可表示为如下向量形式：

$$x_1\boldsymbol{\alpha}_1 + x_2\boldsymbol{\alpha}_2 + \cdots + x_n\boldsymbol{\alpha}_n = \boldsymbol{\beta}. \tag{3.6}$$

于是,线性方程组(3.6)是否有解,就等价于是否存在一组数 k_1, k_2, …, k_n,使得下列线性关系式成立:

$$\boldsymbol{\beta}=k_1\boldsymbol{\alpha}_1+k_2\boldsymbol{\alpha}_2+\cdots+k_n\boldsymbol{\alpha}_n.$$

在讨论这一问题之前,我们先介绍几个有关向量组的概念.

定义 3.1 对向量组 $\boldsymbol{\alpha}_1, \boldsymbol{\alpha}_2, \cdots, \boldsymbol{\alpha}_m$ 和向量 $\boldsymbol{\beta}$,若有一组数 $k_1, k_2, \cdots, k_m$,使 $\boldsymbol{\beta}=k_1\boldsymbol{\alpha}_1+k_2\boldsymbol{\alpha}_2+\cdots+k_m\boldsymbol{\alpha}_m$,则称向量 $\boldsymbol{\beta}$ 是向量组 $\boldsymbol{\alpha}_1, \boldsymbol{\alpha}_2, \cdots, \boldsymbol{\alpha}_m$ 的**线性组合**,或称向量 $\boldsymbol{\beta}$ 可由向量组 $\boldsymbol{\alpha}_1, \boldsymbol{\alpha}_2, \cdots, \boldsymbol{\alpha}_m$ **线性表示**.

例如,对 $\boldsymbol{\alpha}_1=(1, 2, -1)$, $\boldsymbol{\alpha}_2=(2, -3, 1)$, $\boldsymbol{\alpha}_3=(4, 1, -1)$,有 $\boldsymbol{\alpha}_3=2\boldsymbol{\alpha}_1+\boldsymbol{\alpha}_2$,即 $\boldsymbol{\alpha}_3$ 是 $\boldsymbol{\alpha}_1, \boldsymbol{\alpha}_2$ 的线性组合,或称 $\boldsymbol{\alpha}_3$ 可由 $\boldsymbol{\alpha}_1, \boldsymbol{\alpha}_2$ 线性表示.

显然,向量 $\boldsymbol{\beta}$ 可由向量组 $\boldsymbol{\alpha}_1, \boldsymbol{\alpha}_2, \cdots, \boldsymbol{\alpha}_m$ 唯一线性表示的充要条件是线性方程组 $k_1\boldsymbol{\alpha}_1+k_2\boldsymbol{\alpha}_2+\cdots+k_m\boldsymbol{\alpha}_m=\boldsymbol{\beta}$ 有唯一解;向量 $\boldsymbol{\beta}$ 可由向量组 $\boldsymbol{\alpha}_1, \boldsymbol{\alpha}_2, \cdots, \boldsymbol{\alpha}_m$ 线性表示且表示不唯一的充要条件是线性方程组 $k_1\boldsymbol{\alpha}_1+k_2\boldsymbol{\alpha}_2+\cdots+k_m\boldsymbol{\alpha}_m=\boldsymbol{\beta}$ 有无穷多组解;向量 $\boldsymbol{\beta}$ 不能由向量组 $\boldsymbol{\alpha}_1, \boldsymbol{\alpha}_2, \cdots, \boldsymbol{\alpha}_m$ 线性表示的充要条件是线性方程组 $k_1\boldsymbol{\alpha}_1+k_2\boldsymbol{\alpha}_2+\cdots+k_m\boldsymbol{\alpha}_m=\boldsymbol{\beta}$ 无解.

由定理 3.1 可得下述定理:

定理 3.5 向量 $\boldsymbol{\beta}$ 可由向量组 $\boldsymbol{\alpha}_1, \boldsymbol{\alpha}_2, \cdots, \boldsymbol{\alpha}_m$ 线性表示的充要条件是矩阵 $\boldsymbol{A}=(\boldsymbol{\alpha}_1, \boldsymbol{\alpha}_2, \cdots, \boldsymbol{\alpha}_m)$ 的秩等于矩阵 $\boldsymbol{B}=(\boldsymbol{\alpha}_1, \boldsymbol{\alpha}_2, \cdots, \boldsymbol{\alpha}_m, \boldsymbol{\beta})$ 的秩.

例 3.5 设有向量组

$$\boldsymbol{\alpha}_1=\begin{pmatrix}a\\2\\10\end{pmatrix},\quad \boldsymbol{\alpha}_2=\begin{pmatrix}-2\\1\\5\end{pmatrix},\quad \boldsymbol{\alpha}_3=\begin{pmatrix}-1\\1\\4\end{pmatrix},\quad \boldsymbol{\beta}=\begin{pmatrix}1\\b\\c\end{pmatrix},$$

试问当 a, b, c 满足什么条件时:

(1) $\boldsymbol{\beta}$ 可由 $\boldsymbol{\alpha}_1, \boldsymbol{\alpha}_2, \boldsymbol{\alpha}_3$ 线性表示,且表示方法唯一;

(2) $\boldsymbol{\beta}$ 不能由 $\boldsymbol{\alpha}_1, \boldsymbol{\alpha}_2, \boldsymbol{\alpha}_3$ 线性表示;

(3) $\boldsymbol{\beta}$ 可由 $\boldsymbol{\alpha}_1, \boldsymbol{\alpha}_2, \boldsymbol{\alpha}_3$ 线性表示,但表示方法不唯一,并写出一般表达式.

解 考虑方程组 $x_1\boldsymbol{\alpha}_1+x_2\boldsymbol{\alpha}_2+x_3\boldsymbol{\alpha}_3=\boldsymbol{\beta}$,即

$$\begin{pmatrix} a & -2 & -1 \\ 2 & 1 & 1 \\ 10 & 5 & 4 \end{pmatrix}\begin{pmatrix} x_1 \\ x_2 \\ x_3 \end{pmatrix} = \begin{pmatrix} 1 \\ b \\ c \end{pmatrix},$$

其系数行列式

$$\begin{vmatrix} a & -2 & -1 \\ 2 & 1 & 1 \\ 10 & 5 & 4 \end{vmatrix} = -a-4.$$

(1) 根据克莱姆法则，$a \neq -4$ 时，方程组有唯一解，即 $\boldsymbol{\beta}$ 可由 $\boldsymbol{\alpha}_1$，$\boldsymbol{\alpha}_2$，$\boldsymbol{\alpha}_3$ 线性表示，且表示方法唯一.

(2) 当 $a = -4$ 时

$$\boldsymbol{B} = \begin{pmatrix} -4 & -2 & -1 & 1 \\ 2 & 1 & 1 & b \\ 10 & 5 & 4 & c \end{pmatrix}$$

$$\rightarrow \begin{pmatrix} -4 & -2 & -1 & 1 \\ 0 & 0 & 1 & 1+2b \\ 0 & 0 & 0 & 1+c-3b \end{pmatrix},$$

若 $3b-c \neq 1$，则 $R(\boldsymbol{A}) \neq R(\boldsymbol{B})$，方程组无解，即 $\boldsymbol{\beta}$ 不能由 $\boldsymbol{\alpha}_1$，$\boldsymbol{\alpha}_2$，$\boldsymbol{\alpha}_3$ 线性表示.

(3) 当 $a=-4$，$3b-c=1$ 时，$R(\boldsymbol{A}) = R(\boldsymbol{B}) = 2 < 3$，方程组有无穷多组解，即 $\boldsymbol{\beta}$ 可由 $\boldsymbol{\alpha}_1$，$\boldsymbol{\alpha}_2$，$\boldsymbol{\alpha}_3$ 线性表示，但表示方法不唯一.

此时，同解方程组为

$$\begin{cases} 2x_1 + x_2 = -b-1, \\ x_3 = 2b+1, \end{cases}$$

令 $x_1 = k$，则

$$\begin{pmatrix} x_2 \\ x_3 \end{pmatrix} = \begin{pmatrix} -2k-2b-1 \\ 2b+1 \end{pmatrix},$$

所以表达式为 $\boldsymbol{\beta} = k\boldsymbol{\alpha}_1 - (2k+b+1)\boldsymbol{\alpha}_2 + (2b+1)\boldsymbol{\alpha}_3$，$k$ 为任意实数.

例 3.6　设

$$\boldsymbol{a}_1=\begin{pmatrix}1\\1\\2\\2\end{pmatrix},\quad \boldsymbol{a}_2=\begin{pmatrix}1\\2\\1\\3\end{pmatrix},\quad \boldsymbol{a}_3=\begin{pmatrix}1\\-1\\4\\0\end{pmatrix},\quad \boldsymbol{b}=\begin{pmatrix}1\\0\\3\\1\end{pmatrix},$$

证明向量 $\boldsymbol{b}$ 能由向量组 $\boldsymbol{a}_1, \boldsymbol{a}_2, \boldsymbol{a}_3$ 线性表示,并求出表示式.

证　根据定理 3.5,要证矩阵 $\boldsymbol{A}=(\boldsymbol{a}_1, \boldsymbol{a}_2, \boldsymbol{a}_3)$ 与 $\boldsymbol{B}=(\boldsymbol{A}, \boldsymbol{b})$ 的秩相等.为此,把 $\boldsymbol{B}$ 化成行最简形:

$$\boldsymbol{B}=\begin{pmatrix}1&1&1&1\\1&2&-1&0\\2&1&4&3\\2&3&0&1\end{pmatrix}$$

$$\rightarrow\begin{pmatrix}1&1&1&1\\0&1&-2&-1\\0&-1&2&1\\0&1&-2&-1\end{pmatrix}$$

$$\rightarrow\begin{pmatrix}1&0&3&2\\0&1&-2&-1\\0&0&0&0\\0&0&0&0\end{pmatrix},$$

可见,$R(\boldsymbol{A})=R(\boldsymbol{B})$. 因此,向量 $\boldsymbol{b}$ 能由向量组 $\boldsymbol{a}_1, \boldsymbol{a}_2, \boldsymbol{a}_3$ 线性表示.

由行最简形,可得方程 $(\boldsymbol{a}_1, \boldsymbol{a}_2, \boldsymbol{a}_3)\boldsymbol{x}=\boldsymbol{b}$ 的通解为

$$\boldsymbol{x}=c\begin{pmatrix}-3\\2\\1\end{pmatrix}+\begin{pmatrix}2\\-1\\0\end{pmatrix}=\begin{pmatrix}-3c+2\\2c-1\\c\end{pmatrix},$$

从而得表示式

$$\begin{aligned}\boldsymbol{b}&=(\boldsymbol{a}_1, \boldsymbol{a}_2, \boldsymbol{a}_3)\boldsymbol{x}\\&=(-3c+2)\boldsymbol{a}_1+(2c-1)\boldsymbol{a}_2+c\boldsymbol{a}_3\quad (c\in\mathbb{R}).\end{aligned}$$

定义 3.2　设有两个向量组 $\boldsymbol{A}$:$\boldsymbol{\alpha}_1, \boldsymbol{\alpha}_2, \cdots, \boldsymbol{\alpha}_r$ 及 $\boldsymbol{B}$:$\boldsymbol{\beta}_1, \boldsymbol{\beta}_2, \cdots,$

$\boldsymbol{\beta}_s$,若向量组 $\boldsymbol{B}$ 中的每一个向量均可由向量组 $\boldsymbol{A}$ 中的向量线性表示,则称**向量组 $\boldsymbol{B}$ 可由向量组 $\boldsymbol{A}$ 线性表示**.若向量组 $\boldsymbol{A}$ 与向量组 $\boldsymbol{B}$ 能相互线性表示,则称这两个**向量组等价**.

由上述定义,若向量组 $\boldsymbol{B}$ 可由向量组 $\boldsymbol{A}$ 线性表示,则存在矩阵 $\boldsymbol{K}_{r\times s}$,使得

$$(\boldsymbol{\beta}_1, \boldsymbol{\beta}_2, \cdots, \boldsymbol{\beta}_s) = (\boldsymbol{\alpha}_1, \boldsymbol{\alpha}_2, \cdots, \boldsymbol{\alpha}_r)\boldsymbol{K}_{r\times s},$$

也就是矩阵方程

$$(\boldsymbol{\alpha}_1, \boldsymbol{\alpha}_2, \cdots, \boldsymbol{\alpha}_r)\boldsymbol{X} = (\boldsymbol{\beta}_1, \boldsymbol{\beta}_2, \cdots, \boldsymbol{\beta}_s)$$

有解.

根据定理3.3,可以得出下列结论:

定理3.6 向量组 $\boldsymbol{B}$:$\boldsymbol{\beta}_1, \boldsymbol{\beta}_2, \cdots, \boldsymbol{\beta}_s$能由向量组$\boldsymbol{A}$:$\boldsymbol{\alpha}_1, \boldsymbol{\alpha}_2, \cdots, \boldsymbol{\alpha}_r$线性表示的充要条件是矩阵$\boldsymbol{A} = (\boldsymbol{\alpha}_1, \boldsymbol{\alpha}_2, \cdots, \boldsymbol{\alpha}_r)$的秩等于矩阵$(\boldsymbol{A}, \boldsymbol{B}) = (\boldsymbol{\alpha}_1, \boldsymbol{\alpha}_2, \cdots, \boldsymbol{\alpha}_r, \boldsymbol{\beta}_1, \boldsymbol{\beta}_2, \cdots, \boldsymbol{\beta}_s)$的秩,即 $R(\boldsymbol{A}) = R(\boldsymbol{A}, \boldsymbol{B})$.

由定理3.6很容易推出下列结论:

推论 向量组 $\boldsymbol{A}$:$\boldsymbol{\alpha}_1, \boldsymbol{\alpha}_2, \cdots, \boldsymbol{\alpha}_r$与向量组$\boldsymbol{B}$:$\boldsymbol{\beta}_1, \boldsymbol{\beta}_2, \cdots, \boldsymbol{\beta}_s$等价的充要条件是

$$R(\boldsymbol{A}) = R(\boldsymbol{B}) = R(\boldsymbol{A}, \boldsymbol{B}),$$

其中 $\boldsymbol{A}$ 和 $\boldsymbol{B}$ 分别是两个向量组构成的矩阵.

例3.7 设

$$\boldsymbol{a}_1 = \begin{pmatrix} 1 \\ -1 \\ 1 \\ -1 \end{pmatrix}, \quad \boldsymbol{a}_2 = \begin{pmatrix} 3 \\ 1 \\ 1 \\ 3 \end{pmatrix},$$

$$\boldsymbol{b}_1 = \begin{pmatrix} 2 \\ 0 \\ 1 \\ 1 \end{pmatrix}, \quad \boldsymbol{b}_2 = \begin{pmatrix} 1 \\ 1 \\ 0 \\ 2 \end{pmatrix}, \quad \boldsymbol{b}_3 = \begin{pmatrix} 3 \\ -1 \\ 2 \\ 0 \end{pmatrix},$$

证明向量组 $\boldsymbol{a}_1, \boldsymbol{a}_2$ 与向量组 $\boldsymbol{b}_1, \boldsymbol{b}_2, \boldsymbol{b}_3$ 等价.

证　记 $\boldsymbol{A}=(\boldsymbol{a}_1, \boldsymbol{a}_2)$，$\boldsymbol{B}=(\boldsymbol{b}_1, \boldsymbol{b}_2, \boldsymbol{b}_3)$，根据定理3.6的推论，只要证 $R(\boldsymbol{A})=R(\boldsymbol{B})=R(\boldsymbol{A}, \boldsymbol{B})$. 为此，把$(\boldsymbol{A}, \boldsymbol{B})$化成行阶梯形：

$$(\boldsymbol{A}, \boldsymbol{B})=\begin{pmatrix} 1 & 3 & 2 & 1 & 3 \\ -1 & 1 & 0 & 1 & -1 \\ 1 & 1 & 1 & 0 & 2 \\ -1 & 3 & 1 & 2 & 0 \end{pmatrix}$$

$$\rightarrow \begin{pmatrix} 1 & 3 & 2 & 1 & 3 \\ 0 & 4 & 2 & 2 & 2 \\ 0 & -2 & -1 & -1 & -1 \\ 0 & 6 & 3 & 3 & 3 \end{pmatrix}$$

$$\rightarrow \begin{pmatrix} 1 & 3 & 2 & 1 & 3 \\ 0 & 2 & 1 & 1 & 1 \\ 0 & 0 & 0 & 0 & 0 \\ 0 & 0 & 0 & 0 & 0 \end{pmatrix},$$

可见，$R(\boldsymbol{A})=R(\boldsymbol{B})=R(\boldsymbol{A}, \boldsymbol{B})=2$，故向量组 $\boldsymbol{a}_1, \boldsymbol{a}_2$ 与向量组 $\boldsymbol{b}_1, \boldsymbol{b}_2, \boldsymbol{b}_3$ 等价.

根据定理3.6，还可以推出下列常用结论：

定理3.7　设向量组 $\boldsymbol{B}$：$\boldsymbol{\beta}_1, \boldsymbol{\beta}_2, \cdots, \boldsymbol{\beta}_s$能由向量组 $\boldsymbol{A}$：$\boldsymbol{\alpha}_1, \boldsymbol{\alpha}_2, \cdots, \boldsymbol{\alpha}_r$线性表示，则

$$R(\boldsymbol{\beta}_1, \boldsymbol{\beta}_2, \cdots, \boldsymbol{\beta}_s) \leqslant R(\boldsymbol{\alpha}_1, \boldsymbol{\alpha}_2, \cdots, \boldsymbol{\alpha}_r).$$

证　记 $\boldsymbol{A}=(\boldsymbol{\alpha}_1, \boldsymbol{\alpha}_2, \cdots, \boldsymbol{\alpha}_r)$，$\boldsymbol{B}=(\boldsymbol{\beta}_1, \boldsymbol{\beta}_2, \cdots, \boldsymbol{\beta}_s)$，因为向量组 $\boldsymbol{B}$：$\boldsymbol{\beta}_1, \boldsymbol{\beta}_2, \cdots, \boldsymbol{\beta}_s$能由向量组$\boldsymbol{A}$：$\boldsymbol{\alpha}_1, \boldsymbol{\alpha}_2, \cdots, \boldsymbol{\alpha}_r$线性表示，根据定理3.6，有 $R(\boldsymbol{A})=R(\boldsymbol{A}, \boldsymbol{B})$，而 $R(\boldsymbol{B}) \leqslant R(\boldsymbol{A}, \boldsymbol{B})$，所以 $R(\boldsymbol{B}) \leqslant R(\boldsymbol{A})$.

3.2.2　向量组的线性相关性

对线性方程组(3.1)，若令行向量 $\boldsymbol{\alpha}_i=(a_{i1}, a_{i2}, \cdots, a_{in}, b_i)$ $(i=1, 2, \cdots, m)$，则方程组(3.1)中的第 i 个方程等价于$\boldsymbol{\alpha}_i$，方程组(3.1)等价于向量组 $\boldsymbol{\alpha}_1, \boldsymbol{\alpha}_2, \cdots, \boldsymbol{\alpha}_m$.

显然,解方程组(3.1)就相当于对由行向量组构成的矩阵做初等行变换.在3.1节的引例中,第(4)个方程中的所有系数和右端项全部被化成了零(相当于第(4)个方程是多余方程),即方程组对应的行向量组 $\boldsymbol{\alpha}_1, \boldsymbol{\alpha}_2, \boldsymbol{\alpha}_3, \boldsymbol{\alpha}_4$ 的某个线性组合为零向量.也就是说,线性方程组中是不是每个方程都是有用的,有没有多余的方程,完全取决于方程组所对应的向量组的线性组合能否为零向量.

下面我们对这一问题进行讨论.

定义 3.3 对于向量组 $\boldsymbol{\alpha}_1, \boldsymbol{\alpha}_2, \cdots, \boldsymbol{\alpha}_m$,若有一组不全为零的数 $k_1, k_2, \cdots, k_m$,使

$$k_1\boldsymbol{\alpha}_1 + k_2\boldsymbol{\alpha}_2 + \cdots + k_m\boldsymbol{\alpha}_m = \mathbf{0}, \tag{3.7}$$

则称向量组 $\boldsymbol{\alpha}_1, \boldsymbol{\alpha}_2, \cdots, \boldsymbol{\alpha}_m$ **线性相关**,否则称向量组 $\boldsymbol{\alpha}_1, \boldsymbol{\alpha}_2, \cdots, \boldsymbol{\alpha}_m$ **线性无关**.

需要提醒读者注意的是,线性无关的意思是,只有当 $k_1 = k_2 = \cdots = k_m = 0$ 时,$k_1\boldsymbol{\alpha}_1 + k_2\boldsymbol{\alpha}_2 + \cdots + k_m\boldsymbol{\alpha}_m = \mathbf{0}$ 才成立.

向量组的线性相关性有明显的几何意义.二维空间内向量组线性相关,意思是这些向量在同一条直线上;三维空间内向量组线性相关,意思是这些向量在同一平面上;n 维空间内向量组线性相关,意思则是这些向量同在某 $n-1$ 维空间里.

对于只含有一个向量 $\boldsymbol{\alpha}$ 的向量组,向量组线性相关的充要条件是 $\boldsymbol{\alpha}=\mathbf{0}$;对于含有两个向量的向量组,向量组线性相关的充要条件是这两个向量的对应分量成比例,其几何意义是两向量共线;对于含有三个向量的向量组,向量组线性相关的充要条件是这三个向量在同一个平面内.

例 3.8 向量组 $\boldsymbol{\alpha}_1, \boldsymbol{\alpha}_2, \boldsymbol{\alpha}_3$ 线性无关,$\boldsymbol{\beta}_1 = \boldsymbol{\alpha}_1 + \boldsymbol{\alpha}_2$, $\boldsymbol{\beta}_2 = \boldsymbol{\alpha}_2 + \boldsymbol{\alpha}_3$, $\boldsymbol{\beta}_3 = \boldsymbol{\alpha}_3 + \boldsymbol{\alpha}_1$,讨论向量组 $\boldsymbol{\beta}_1, \boldsymbol{\beta}_2, \boldsymbol{\beta}_3$ 的线性相关性.

解 设

$$k_1\boldsymbol{\beta}_1 + k_2\boldsymbol{\beta}_2 + k_3\boldsymbol{\beta}_3 = \mathbf{0},$$

即

$$k_1(\boldsymbol{\alpha}_1 + \boldsymbol{\alpha}_2) + k_2(\boldsymbol{\alpha}_2 + \boldsymbol{\alpha}_3) + k_3(\boldsymbol{\alpha}_3 + \boldsymbol{\alpha}_1) = \mathbf{0},$$

$$(k_3 + k_1)\boldsymbol{\alpha}_1 + (k_1 + k_2)\boldsymbol{\alpha}_2 + (k_2 + k_3)\boldsymbol{\alpha}_3 = \mathbf{0}.$$

由 $\boldsymbol{\alpha}_1, \boldsymbol{\alpha}_2, \boldsymbol{\alpha}_3$线性无关,得

$$\begin{cases} k_3 + k_1 = 0, \\ k_1 + k_2 = 0, \\ k_2 + k_3 = 0, \end{cases}$$

其系数行列式

$$D = \begin{vmatrix} 1 & 0 & 1 \\ 1 & 1 & 0 \\ 0 & 1 & 1 \end{vmatrix} = 2 \neq 0,$$

即齐次线性方程组仅有零解,亦即只有当 $k_1 = k_2 = k_3 = 0$ 时,$k_1\boldsymbol{\beta}_1 + k_2\boldsymbol{\beta}_2 + k_3\boldsymbol{\beta}_3 = \mathbf{0}$ 才成立,由定义知,$\boldsymbol{\beta}_1, \boldsymbol{\beta}_2, \boldsymbol{\beta}_3$线性无关.

若向量组线性相关,其对应的线性方程组至少有一个是多余的,即至少有一个方程可以写成其余方程的线性组合.因此,我们自然地有下面的定理:

定理 3.8 向量组 $\boldsymbol{\alpha}_1, \boldsymbol{\alpha}_2, \cdots, \boldsymbol{\alpha}_m$ $(m \geqslant 2)$ 线性相关的充要条件是其中至少有一个向量可由其余 $m-1$ 个向量线性表示.

证 充分性.不妨假定 $\boldsymbol{\alpha}_i$ 可由其余 $m-1$ 个向量线性表示,即

$$\boldsymbol{\alpha}_i = k_1\boldsymbol{\alpha}_1 + \cdots + k_{i-1}\boldsymbol{\alpha}_{i-1} + k_{i+1}\boldsymbol{\alpha}_{i+1} + \cdots + k_m\boldsymbol{\alpha}_m,$$

$$k_1\boldsymbol{\alpha}_1 + \cdots + k_{i-1}\boldsymbol{\alpha}_{i-1} + (-1)\boldsymbol{\alpha}_i + k_{i+1}\boldsymbol{\alpha}_{i+1} + \cdots + k_m\boldsymbol{\alpha}_m = \mathbf{0}.$$

若令 $k_i = -1$, 则 $k_1, k_2, \cdots, k_m$ 不全为零,由定义知 $\boldsymbol{\alpha}_1, \boldsymbol{\alpha}_2, \cdots, \boldsymbol{\alpha}_m$线性相关.

必要性.设有不全为零的 $k_1, k_2, \cdots, k_m$,使

$$k_1\boldsymbol{\alpha}_1 + k_2\boldsymbol{\alpha}_2 + \cdots + k_m\boldsymbol{\alpha}_m = \mathbf{0},$$

不妨令 $k_i \neq 0$, 则

$$\boldsymbol{\alpha}_i = -\frac{k_1}{k_i}\boldsymbol{\alpha}_1 - \cdots - \frac{k_{i-1}}{k_i}\boldsymbol{\alpha}_{i-1} - \frac{k_{i+1}}{k_i}\boldsymbol{\alpha}_{i+1} - \cdots - \frac{k_m}{k_i}\boldsymbol{\alpha}_m,$$

即 $\boldsymbol{\alpha}_i$ 可由其余 $m-1$ 个向量线性表示.

推论 向量组 $\boldsymbol{\alpha}_1, \boldsymbol{\alpha}_2, \cdots, \boldsymbol{\alpha}_m$线性无关的充要条件是其中任一向量均不可由其余向量线性表示.

推论显然就是定理 3.8 的逆否定理.

因为零向量可以由任何向量线性表示,所以根据定理3.8,含有零向量的任何向量组必线性相关.

其实,定理3.8及其推论中对线性相关、线性无关的描述更贴近线性相关、线性无关的本质,更容易被理解、接受.

向量组 $\boldsymbol{A}$: $\boldsymbol{\alpha}_1, \boldsymbol{\alpha}_2, \cdots, \boldsymbol{\alpha}_m$ 构成矩阵 $\boldsymbol{A} = (\boldsymbol{\alpha}_1, \boldsymbol{\alpha}_2, \cdots, \boldsymbol{\alpha}_m)$,向量组 $\boldsymbol{A}$ 线性相关,就是齐次线性方程组 $x_1\boldsymbol{\alpha}_1 + x_2\boldsymbol{\alpha}_2 + \cdots + x_m\boldsymbol{\alpha}_m = \mathbf{0}$,即 $\boldsymbol{Ax} = \mathbf{0}$ 有非零解.由定理3.2可得:

定理3.9 向量组 $\boldsymbol{\alpha}_1, \boldsymbol{\alpha}_2, \cdots, \boldsymbol{\alpha}_m$ 线性相关的充要条件是它所构成的矩阵 $\boldsymbol{A} = (\boldsymbol{\alpha}_1, \boldsymbol{\alpha}_2, \cdots, \boldsymbol{\alpha}_m)$ 的秩小于向量个数 m;向量组线性无关的充要条件是 $R(\boldsymbol{A}) = m$.

线性相关性是向量组的一个重要性质,下面再介绍与之相关的几个常用结论.这几个结论均可以用定理3.9证明.

定理3.10 (1) 若向量组 $\boldsymbol{\alpha}_1, \boldsymbol{\alpha}_2, \cdots, \boldsymbol{\alpha}_r$ 线性相关,则向量组 $\boldsymbol{\alpha}_1, \boldsymbol{\alpha}_2, \cdots, \boldsymbol{\alpha}_r, \boldsymbol{\alpha}_{r+1}, \cdots, \boldsymbol{\alpha}_m$ 也线性相关.反之,若向量组 $\boldsymbol{\alpha}_1, \boldsymbol{\alpha}_2, \cdots, \boldsymbol{\alpha}_r, \boldsymbol{\alpha}_{r+1}, \cdots, \boldsymbol{\alpha}_m$ 线性无关,则向量组 $\boldsymbol{\alpha}_1, \boldsymbol{\alpha}_2, \cdots, \boldsymbol{\alpha}_r$ 也线性无关.

(2) 对 m 个 n 维向量组成的向量组,当向量个数 m 大于向量维数 n 时,向量组必线性相关.

(3) 设向量组 $\boldsymbol{\alpha}_1, \boldsymbol{\alpha}_2, \cdots, \boldsymbol{\alpha}_m$ 线性无关,而向量组 $\boldsymbol{\alpha}_1, \boldsymbol{\alpha}_2, \cdots, \boldsymbol{\alpha}_m, \boldsymbol{\beta}$ 线性相关,则 $\boldsymbol{\beta}$ 可由 $\boldsymbol{\alpha}_1, \boldsymbol{\alpha}_2, \cdots, \boldsymbol{\alpha}_m$ 线性表示,且表示式唯一.

证 (1) 记 $\boldsymbol{A} = (\boldsymbol{\alpha}_1, \boldsymbol{\alpha}_2, \cdots, \boldsymbol{\alpha}_r)$, $\boldsymbol{B} = (\boldsymbol{\alpha}_1, \boldsymbol{\alpha}_2, \cdots, \boldsymbol{\alpha}_r, \boldsymbol{\alpha}_{r+1}, \cdots, \boldsymbol{\alpha}_m)$,则显然 $R(\boldsymbol{B}) \leqslant R(\boldsymbol{A}) + m - r$.因为 $\boldsymbol{\alpha}_1, \boldsymbol{\alpha}_2, \cdots, \boldsymbol{\alpha}_r$ 线性相关,由定理3.9, $R(\boldsymbol{A}) < r$,从而 $R(\boldsymbol{B}) < m$,再根据定理3.9, $\boldsymbol{\alpha}_1, \boldsymbol{\alpha}_2, \cdots, \boldsymbol{\alpha}_r, \boldsymbol{\alpha}_{r+1}, \cdots, \boldsymbol{\alpha}_m$ 线性相关.

(1)中的后一结论显然即为这一结论的逆否命题.

(1)中的两个结论可简记为“**部分相关,全体相关;全体无关,部分无关**”.

(2) m 个 n 维向量 $\boldsymbol{\alpha}_1, \boldsymbol{\alpha}_2, \cdots, \boldsymbol{\alpha}_m$ 构成矩阵 $\boldsymbol{A} = (\boldsymbol{\alpha}_1, \boldsymbol{\alpha}_2, \cdots, \boldsymbol{\alpha}_m)_{n\times m}$,显然 $R(\boldsymbol{A}) \leqslant n$.若 $n < m$,则 $R(\boldsymbol{A}) < m$,由定理3.9,向量组线性相关.

(3) 记 $\boldsymbol{A} = (\boldsymbol{\alpha}_1, \boldsymbol{\alpha}_2, \cdots, \boldsymbol{\alpha}_m)$, $\boldsymbol{B} = (\boldsymbol{\alpha}_1, \boldsymbol{\alpha}_2, \cdots, \boldsymbol{\alpha}_m, \boldsymbol{\beta})$,显然 $R(\boldsymbol{A}) \leqslant R(\boldsymbol{B})$.因为 $\boldsymbol{\alpha}_1, \boldsymbol{\alpha}_2, \cdots, \boldsymbol{\alpha}_m$ 线性无关, $\boldsymbol{\alpha}_1, \boldsymbol{\alpha}_2, \cdots, \boldsymbol{\alpha}_m, \boldsymbol{\beta}$ 线性相关,根据定理3.9, $R(\boldsymbol{A}) = m$, $R(\boldsymbol{B}) < m+1$,得 $m \leqslant R(\boldsymbol{B}) <$

$m+1$,即 $R(\boldsymbol{B})=m$.

由 $R(\boldsymbol{A})=R(\boldsymbol{B})=m$ 知,方程组$(\boldsymbol{\alpha}_1,\boldsymbol{\alpha}_2,\cdots,\boldsymbol{\alpha}_m)\boldsymbol{x}=\boldsymbol{\beta}$有唯一解,即$\boldsymbol{\beta}$可由$\boldsymbol{\alpha}_1,\boldsymbol{\alpha}_2,\cdots,\boldsymbol{\alpha}_m$唯一线性表示.

例 3.9 讨论下列向量组的线性相关性:

(1) $\boldsymbol{a}_1=\begin{pmatrix}1\\1\\1\end{pmatrix},\ \boldsymbol{a}_2=\begin{pmatrix}0\\3\\2\end{pmatrix},\ \boldsymbol{a}_3=\begin{pmatrix}-1\\2\\1\end{pmatrix}$;

(2) $\boldsymbol{a}_1=\begin{pmatrix}5\\2\\9\\1\end{pmatrix},\ \boldsymbol{a}_2=\begin{pmatrix}2\\1\\2\\3\end{pmatrix},\ \boldsymbol{a}_3=\begin{pmatrix}7\\13\\11\\4\end{pmatrix}$.

解 (1)
$$(\boldsymbol{a}_1,\boldsymbol{a}_2,\boldsymbol{a}_3)=\begin{pmatrix}1&0&-1\\1&3&2\\1&2&1\end{pmatrix}\rightarrow\begin{pmatrix}1&0&-1\\0&3&3\\0&2&2\end{pmatrix}\rightarrow\begin{pmatrix}1&0&-1\\0&1&1\\0&0&0\end{pmatrix},$$

显然 $R(\boldsymbol{a}_1,\boldsymbol{a}_2,\boldsymbol{a}_3)=2<m$,故 $\boldsymbol{a}_1,\boldsymbol{a}_2,\boldsymbol{a}_3$ 线性相关.

(2)
$$(\boldsymbol{a}_1,\boldsymbol{a}_2,\boldsymbol{a}_3)=\begin{pmatrix}5&2&7\\2&1&13\\9&2&11\\1&3&4\end{pmatrix}\rightarrow\begin{pmatrix}0&-13&-13\\0&-5&5\\0&-25&-25\\1&3&4\end{pmatrix}$$

$$\rightarrow\begin{pmatrix}0&0&0\\0&0&1\\0&1&1\\1&3&4\end{pmatrix},$$

得 $R(\boldsymbol{a}_1, \boldsymbol{a}_2, \boldsymbol{a}_3) = 3 = m$,故 $\boldsymbol{a}_1, \boldsymbol{a}_2, \boldsymbol{a}_3$ 线性无关.

例 3.10 设向量组 $\boldsymbol{a}_1, \boldsymbol{a}_2, \boldsymbol{a}_3$ 线性相关,向量组 $\boldsymbol{a}_2, \boldsymbol{a}_3, \boldsymbol{a}_4$ 线性无关,证明:

(1) $\boldsymbol{a}_1$ 能由 $\boldsymbol{a}_2, \boldsymbol{a}_3$ 线性表示;

(2) $\boldsymbol{a}_4$ 不能由 $\boldsymbol{a}_1, \boldsymbol{a}_2, \boldsymbol{a}_3$ 线性表示.

证 (1) 因为 $\boldsymbol{a}_2, \boldsymbol{a}_3, \boldsymbol{a}_4$ 线性无关,由定理3.10(1)知 $\boldsymbol{a}_2, \boldsymbol{a}_3$ 线性无关.又 $\boldsymbol{a}_1, \boldsymbol{a}_2, \boldsymbol{a}_3$ 线性相关,由定理3.10(3)知 $\boldsymbol{a}_1$ 能由 $\boldsymbol{a}_2, \boldsymbol{a}_3$ 线性表示.

(2) 用反证法.假设 $\boldsymbol{a}_4$ 能由 $\boldsymbol{a}_1, \boldsymbol{a}_2, \boldsymbol{a}_3$ 线性表示,又因为 $\boldsymbol{a}_1$ 能由 $\boldsymbol{a}_2, \boldsymbol{a}_3$ 线性表示,所以 $\boldsymbol{a}_4$ 能由 $\boldsymbol{a}_2, \boldsymbol{a}_3$ 线性表示,这与 $\boldsymbol{a}_2, \boldsymbol{a}_3, \boldsymbol{a}_4$ 线性无关矛盾,从而得证.

本节最后给出在3.5节中要用到的一个结论,有兴趣的读者可以用定理3.9自行证明.

定理 3.11 设

$$\boldsymbol{a}_j = \begin{pmatrix}a_{1j}\\ \vdots \\ a_{rj}\end{pmatrix},\quad \boldsymbol{b}_j = \begin{pmatrix}a_{1j}\\ \vdots \\ a_{rj}\\ a_{r+1,j}\\ \vdots \\ a_{nj}\end{pmatrix}\quad (j = 1, 2, \cdots, m),$$

即向量 $\boldsymbol{a}_j$ 添加若干分量后变为向量 $\boldsymbol{b}_j$.若向量组 $\boldsymbol{a}_1, \boldsymbol{a}_2, \cdots, \boldsymbol{a}_m$ 线性无关,则向量组 $\boldsymbol{b}_1, \boldsymbol{b}_2, \cdots, \boldsymbol{b}_m$ 也线性无关.反之,若向量组 $\boldsymbol{b}_1, \boldsymbol{b}_2, \cdots, \boldsymbol{b}_m$ 线性相关,则向量组 $\boldsymbol{a}_1, \boldsymbol{a}_2, \cdots, \boldsymbol{a}_m$ 也线性相关.

本定理可简记为“**低维无关,高维无关;高维相关,低维相关**”.

习 题 3.2

1. 试问下列向量 $\boldsymbol{\beta}$ 能否由其余向量线性表示?若能,写出其线性表示式：

(1) $\boldsymbol{\alpha}_1=(1,2)^{\mathrm{T}}$, $\boldsymbol{\alpha}_2=(-1,0)^{\mathrm{T}}$, $\boldsymbol{\beta}=(3,4)^{\mathrm{T}}$；

(2) $\boldsymbol{\alpha}_1=(1,0,2)^{\mathrm{T}}$, $\boldsymbol{\alpha}_2=(2,-8,0)^{\mathrm{T}}$, $\boldsymbol{\beta}=(1,2,-1)^{\mathrm{T}}$.

2. 已知向量组

$$\boldsymbol{A}:\boldsymbol{\alpha}_1=\begin{pmatrix}0\\1\\1\end{pmatrix},\quad \boldsymbol{\alpha}_2=\begin{pmatrix}1\\1\\0\end{pmatrix};$$

$$\boldsymbol{B}:\boldsymbol{\beta}_1=\begin{pmatrix}-1\\0\\1\end{pmatrix},\quad \boldsymbol{\beta}_2=\begin{pmatrix}1\\2\\1\end{pmatrix},\quad \boldsymbol{\beta}_3=\begin{pmatrix}3\\2\\-1\end{pmatrix},$$

证明向量组 $\boldsymbol{A}$ 与向量组 $\boldsymbol{B}$ 等价.

3. 已知 $R(\boldsymbol{\alpha}_1,\boldsymbol{\alpha}_2,\boldsymbol{\alpha}_3)=2$, $R(\boldsymbol{\alpha}_2,\boldsymbol{\alpha}_3,\boldsymbol{\alpha}_4)=3$, 证明：

(1) $\boldsymbol{\alpha}_1$能由$\boldsymbol{\alpha}_2$, $\boldsymbol{\alpha}_3$线性表示；

(2) $\boldsymbol{\alpha}_4$不能由$\boldsymbol{\alpha}_1$, $\boldsymbol{\alpha}_2$, $\boldsymbol{\alpha}_3$线性表示.

4. 设有向量

$$\boldsymbol{\alpha}_1=\begin{pmatrix}1+\lambda\\1\\1\end{pmatrix},\quad \boldsymbol{\alpha}_2=\begin{pmatrix}1\\1+\lambda\\1\end{pmatrix},\quad \boldsymbol{\alpha}_3=\begin{pmatrix}1\\1\\1+\lambda\end{pmatrix},\quad \boldsymbol{\beta}=\begin{pmatrix}0\\\lambda\\\lambda^2\end{pmatrix},$$

试问当λ取何值时：

(1) $\boldsymbol{\beta}$可由$\boldsymbol{\alpha}_1$, $\boldsymbol{\alpha}_2$, $\boldsymbol{\alpha}_3$线性表示,且表达式唯一？

(2) $\boldsymbol{\beta}$可由$\boldsymbol{\alpha}_1$, $\boldsymbol{\alpha}_2$, $\boldsymbol{\alpha}_3$线性表示,但表达式不唯一？

(3) $\boldsymbol{\beta}$不能由$\boldsymbol{\alpha}_1$, $\boldsymbol{\alpha}_2$, $\boldsymbol{\alpha}_3$线性表示？

5. 设有向量

$$\boldsymbol{\alpha}_1=\begin{pmatrix}1\\0\\2\\3\end{pmatrix},\quad \boldsymbol{\alpha}_2=\begin{pmatrix}1\\1\\3\\5\end{pmatrix},\quad \boldsymbol{\alpha}_3=\begin{pmatrix}1\\-1\\a+2\\1\end{pmatrix},$$

$$\boldsymbol{\alpha}_4=\begin{pmatrix}1\\2\\4\\a+8\end{pmatrix},\quad \boldsymbol{\beta}=\begin{pmatrix}1\\1\\b+3\\5\end{pmatrix},$$

试问当 a，b 取何值时：

(1) $\boldsymbol{\beta}$ 不能由 $\boldsymbol{\alpha}_1$，$\boldsymbol{\alpha}_2$，$\boldsymbol{\alpha}_3$，$\boldsymbol{\alpha}_4$ 线性表示？

(2) $\boldsymbol{\beta}$ 有 $\boldsymbol{\alpha}_1$，$\boldsymbol{\alpha}_2$，$\boldsymbol{\alpha}_3$，$\boldsymbol{\alpha}_4$ 的唯一的线性表达式？并写出该表达式.

6. 设有向量

$$\boldsymbol{\alpha}_1=\begin{pmatrix}1\\4\\0\\2\end{pmatrix},\quad \boldsymbol{\alpha}_2=\begin{pmatrix}2\\7\\1\\3\end{pmatrix},\quad \boldsymbol{\alpha}_3=\begin{pmatrix}0\\1\\-1\\a\end{pmatrix},\quad \boldsymbol{\beta}=\begin{pmatrix}3\\10\\b\\4\end{pmatrix},$$

试问当 a，b 取何值时：

(1) $\boldsymbol{\beta}$ 不能由 $\boldsymbol{\alpha}_1$，$\boldsymbol{\alpha}_2$，$\boldsymbol{\alpha}_3$ 线性表示？

(2) $\boldsymbol{\beta}$ 可由 $\boldsymbol{\alpha}_1$，$\boldsymbol{\alpha}_2$，$\boldsymbol{\alpha}_3$ 线性表示？并写出该表达式.

7. 设有向量

$$\boldsymbol{\alpha}_1=\begin{pmatrix}1\\1\\0\end{pmatrix},\quad \boldsymbol{\alpha}_2=\begin{pmatrix}5\\3\\2\end{pmatrix},\quad \boldsymbol{\alpha}_3=\begin{pmatrix}1\\3\\-1\end{pmatrix},\quad \boldsymbol{\alpha}_4=\begin{pmatrix}-2\\2\\-3\end{pmatrix},$$

$\boldsymbol{A}$ 是三阶矩阵，且有 $\boldsymbol{A}\boldsymbol{\alpha}_1=\boldsymbol{\alpha}_2$，$\boldsymbol{A}\boldsymbol{\alpha}_2=\boldsymbol{\alpha}_3$，$\boldsymbol{A}\boldsymbol{\alpha}_3=\boldsymbol{\alpha}_4$，试求 $\boldsymbol{A}\boldsymbol{\alpha}_4$.

8. 判断下列向量组线性相关还是线性无关：

(1) $\boldsymbol{\alpha}_1=(1,0,-1)^{\mathrm{T}}$，$\boldsymbol{\alpha}_2=(-2,2,0)^{\mathrm{T}}$，$\boldsymbol{\alpha}_3=(3,-5,2)^{\mathrm{T}}$；

(2) $\boldsymbol{\alpha}_1=(1,1,3,1)^{\mathrm{T}}$，$\boldsymbol{\alpha}_2=(3,-1,2,4)^{\mathrm{T}}$，$\boldsymbol{\alpha}_3=(2,2,7,-1)^{\mathrm{T}}$；

(3) $\boldsymbol{\alpha}_1=(1,0,0,2,5)^{\mathrm{T}}$，$\boldsymbol{\alpha}_2=(0,1,0,3,4)^{\mathrm{T}}$，$\boldsymbol{\alpha}_3=(0,0,1,4,7)^{\mathrm{T}}$，$\boldsymbol{\alpha}_4=(2,-3,4,11,12)^{\mathrm{T}}$.

9. 问 a 取什么值时下列向量组线性相关：

$$\boldsymbol{\alpha}_1=\begin{pmatrix}a\\1\\1\end{pmatrix},\quad \boldsymbol{\alpha}_2=\begin{pmatrix}1\\a\\-1\end{pmatrix},\quad \boldsymbol{\alpha}_3=\begin{pmatrix}1\\-1\\a\end{pmatrix}.$$

10. 设向量组 $\boldsymbol{\alpha}_1=(6,k+1,3)^{\mathrm{T}}$，$\boldsymbol{\alpha}_2=(k,2,-2)^{\mathrm{T}}$，$\boldsymbol{\alpha}_3=(k,1,0)^{\mathrm{T}}$.

(1) k 为何值时，$\boldsymbol{\alpha}_1$，$\boldsymbol{\alpha}_2$ 线性相关？线性无关？

(2) k 为何值时，$\boldsymbol{\alpha}_1$，$\boldsymbol{\alpha}_2$，$\boldsymbol{\alpha}_3$ 线性相关？线性无关？

(3) 当 $\boldsymbol{\alpha}_1$，$\boldsymbol{\alpha}_2$，$\boldsymbol{\alpha}_3$ 线性相关时，将 $\boldsymbol{\alpha}_3$ 由 $\boldsymbol{\alpha}_1$，$\boldsymbol{\alpha}_2$ 线性表示.

11. 设$\boldsymbol{\alpha}_1$，$\boldsymbol{\alpha}_2$线性无关，$\boldsymbol{\alpha}_1+\boldsymbol{\beta}$，$\boldsymbol{\alpha}_2+\boldsymbol{\beta}$线性相关，求向量$\boldsymbol{\beta}$用$\boldsymbol{\alpha}_1$，$\boldsymbol{\alpha}_2$线性表示的表示式.

12. 设$\boldsymbol{\alpha}_1$，$\boldsymbol{\alpha}_2$线性相关，$\boldsymbol{\beta}_1$，$\boldsymbol{\beta}_2$也线性相关，问$\boldsymbol{\alpha}_1+\boldsymbol{\beta}_1$，$\boldsymbol{\alpha}_2+\boldsymbol{\beta}_2$是否一定线性相关？试举例说明之.

13. 设$\boldsymbol{\beta}_1=\boldsymbol{\alpha}_1+\boldsymbol{\alpha}_2$，$\boldsymbol{\beta}_2=\boldsymbol{\alpha}_2+\boldsymbol{\alpha}_3$，$\boldsymbol{\beta}_3=\boldsymbol{\alpha}_3+\boldsymbol{\alpha}_4$，$\boldsymbol{\beta}_4=\boldsymbol{\alpha}_4+\boldsymbol{\alpha}_1$，证明向量组$\boldsymbol{\beta}_1$，$\boldsymbol{\beta}_2$，$\boldsymbol{\beta}_3$，$\boldsymbol{\beta}_4$线性相关.

14. 设$\boldsymbol{\beta}_1=\boldsymbol{\alpha}_1$，$\boldsymbol{\beta}_2=\boldsymbol{\alpha}_1+\boldsymbol{\alpha}_2$，…，$\boldsymbol{\beta}_r=\boldsymbol{\alpha}_1+\boldsymbol{\alpha}_2+\cdots+\boldsymbol{\alpha}_r$，且向量组$\boldsymbol{\alpha}_1$，$\boldsymbol{\alpha}_2$，…，$\boldsymbol{\alpha}_r$线性无关，证明向量组$\boldsymbol{\beta}_1$，$\boldsymbol{\beta}_2$，…，$\boldsymbol{\beta}_r$线性无关.

15. 设向量组$\boldsymbol{\alpha}_1$，$\boldsymbol{\alpha}_2$，$\boldsymbol{\alpha}_3$线性无关，已知

$$\boldsymbol{\beta}_1=k_1\boldsymbol{\alpha}_1+\boldsymbol{\alpha}_2+k_1\boldsymbol{\alpha}_3,$$

$$\boldsymbol{\beta}_2=\boldsymbol{\alpha}_1+k_2\boldsymbol{\alpha}_2+(k_2+1)\boldsymbol{\alpha}_3,$$

$$\boldsymbol{\beta}_3=\boldsymbol{\alpha}_1+\boldsymbol{\alpha}_2+\boldsymbol{\alpha}_3,$$

试问当k_1，k_2为何值时，$\boldsymbol{\beta}_1$，$\boldsymbol{\beta}_2$，$\boldsymbol{\beta}_3$线性相关？线性无关？

16. 设向量组$\boldsymbol{\alpha}_1$，$\boldsymbol{\alpha}_2$，…，$\boldsymbol{\alpha}_s$线性相关，且其中任意$s-1$个向量都线性无关，试证明：必然存在一组全都不为零的数k_1，k_2，…，k_s，使

$$k_1\boldsymbol{\alpha}_1+k_2\boldsymbol{\alpha}_2+\cdots+k_s\boldsymbol{\alpha}_s=\mathbf{0}.$$

17. 设三维列向量$\boldsymbol{\alpha}_1$，$\boldsymbol{\alpha}_2$，$\boldsymbol{\alpha}_3$线性无关，$\boldsymbol{A}$是三阶矩阵，且有

$$\boldsymbol{A}\boldsymbol{\alpha}_1=\boldsymbol{\alpha}_1+2\boldsymbol{\alpha}_2+3\boldsymbol{\alpha}_3,$$
$$\boldsymbol{A}\boldsymbol{\alpha}_2=2\boldsymbol{\alpha}_2+3\boldsymbol{\alpha}_3,$$
$$\boldsymbol{A}\boldsymbol{\alpha}_3=3\boldsymbol{\alpha}_2-4\boldsymbol{\alpha}_3,$$

试求$|\boldsymbol{A}|$.

18. 设向量组$\boldsymbol{A}$：$\boldsymbol{\alpha}_1=(1,2,1,3)^{\mathrm{T}}$，$\boldsymbol{\alpha}_2=(4,-1,-5,-6)^{\mathrm{T}}$；向量组$\boldsymbol{B}$：$\boldsymbol{\beta}_1=(-1,3,4,7)^{\mathrm{T}}$，$\boldsymbol{\beta}_2=(2,-1,-3,-4)^{\mathrm{T}}$，试证明：向量组$\boldsymbol{A}$与向量组$\boldsymbol{B}$等价.

19. 设

$$\begin{cases}\boldsymbol{\beta}_1=\boldsymbol{\alpha}_2+\boldsymbol{\alpha}_3+\cdots+\boldsymbol{\alpha}_n,\\ \boldsymbol{\beta}_2=\boldsymbol{\alpha}_1+\boldsymbol{\alpha}_3+\cdots+\boldsymbol{\alpha}_n,\\ \qquad\cdots\cdots\cdots\cdots\\ \boldsymbol{\beta}_n=\boldsymbol{\alpha}_1+\boldsymbol{\alpha}_2+\cdots+\boldsymbol{\alpha}_{n-1},\end{cases}$$

证明：向量组$\boldsymbol{A}$：$\boldsymbol{\alpha}_1$，$\boldsymbol{\alpha}_2$，…，$\boldsymbol{\alpha}_n$与向量组$\boldsymbol{B}$：$\boldsymbol{\beta}_1$，$\boldsymbol{\beta}_2$，…，$\boldsymbol{\beta}_n$等价.

20. 设有两个向量组

$$\boldsymbol{\alpha}_1=\begin{pmatrix}1\\2\\-1\\3\end{pmatrix},\quad \boldsymbol{\alpha}_2=\begin{pmatrix}2\\5\\a\\8\end{pmatrix},\quad \boldsymbol{\alpha}_3=\begin{pmatrix}-1\\0\\3\\1\end{pmatrix};$$

$$\boldsymbol{\beta}_1=\begin{pmatrix}1\\a\\a^2-5\\7\end{pmatrix},\quad \boldsymbol{\beta}_2=\begin{pmatrix}3\\3+a\\3\\11\end{pmatrix},\quad \boldsymbol{\beta}_3=\begin{pmatrix}0\\1\\6\\2\end{pmatrix},$$

如果$\boldsymbol{\beta}_1$可由$\boldsymbol{\alpha}_1, \boldsymbol{\alpha}_2, \boldsymbol{\alpha}_3$线性表示,试判断这两个向量组是否等价?并说明理由.

3.3 向量组的秩

用向量组的线性相关性能够判别一个线性方程组中有没有多余的方程,但不能判别方程组中有几个多余方程,哪几个方程是多余的.

为了解决上述问题,必须引入向量组的秩和最大无关组的概念.

定义 3.4 对向量组$\boldsymbol{A}$,若能在$\boldsymbol{A}$中选出r个向量$\boldsymbol{\alpha}_1, \boldsymbol{\alpha}_2, \cdots, \boldsymbol{\alpha}_r$,满足

(1) 向量组$\boldsymbol{A}_0: \boldsymbol{\alpha}_1, \boldsymbol{\alpha}_2, \cdots, \boldsymbol{\alpha}_r$线性无关;

(2) $\boldsymbol{A}$中任意$r+1$个向量(若有的话)都线性相关,

则称向量组$\boldsymbol{\alpha}_1, \boldsymbol{\alpha}_2, \cdots, \boldsymbol{\alpha}_r$为向量组$\boldsymbol{A}$的**最大线性无关向量组**,简称**最大无关组**,最大无关组所含向量个数r称为$\boldsymbol{A}$的**秩**,记为R_A.

只含有零向量的向量组没有最大无关组,规定它的秩为0.

向量组的最大无关组可能不止一个,但它们包含的向量个数是相同的.例如,对二维向量组$\boldsymbol{\alpha}_1=(0, 1)^{\mathrm{T}}$, $\boldsymbol{\alpha}_2=(1, 0)^{\mathrm{T}}$, $\boldsymbol{\alpha}_3=(1, 1)^{\mathrm{T}}$, $\boldsymbol{\alpha}_4=(0, 2)^{\mathrm{T}}$,因为任何三个二维向量的向量组必定线性相关,又$\boldsymbol{\alpha}_1, \boldsymbol{\alpha}_2$线性无关,故$\boldsymbol{\alpha}_1, \boldsymbol{\alpha}_2$是该向量组的一个最大无关组.同理,$\boldsymbol{\alpha}_2, \boldsymbol{\alpha}_3$也是向量组的最大无关组.

由定理3.10(3)易知,当定义3.4中的条件(1)成立时,条件(2)等价于"$\boldsymbol{A}$中任一向量均可由$\boldsymbol{\alpha}_1, \boldsymbol{\alpha}_2, \cdots, \boldsymbol{\alpha}_r$线性表示".

若线性方程组(3.1)对应的行向量组为$\boldsymbol{\alpha}_1, \boldsymbol{\alpha}_2, \cdots, \boldsymbol{\alpha}_m$,根据定义

3.4,向量组 $\boldsymbol{\alpha}_1, \boldsymbol{\alpha}_2, \cdots, \boldsymbol{\alpha}_m$ 的秩 r 就是方程组中线性无关的方程的个数,$\boldsymbol{\alpha}_1, \boldsymbol{\alpha}_2, \cdots, \boldsymbol{\alpha}_m$ 的最大无关组 $\boldsymbol{\alpha}_1, \boldsymbol{\alpha}_2, \cdots, \boldsymbol{\alpha}_r$ 就对应于方程组(3.1)中所有线性无关的方程组成的同解方程组,而其余 $m-r$ 个方程则是多余的.

根据最大无关组的定义及定理3.6的推论,自然地得出如下结论:

定理3.12 向量组 $\boldsymbol{A}$ 与自己的最大无关组 $\boldsymbol{A}_0$:$\boldsymbol{\alpha}_1, \boldsymbol{\alpha}_2, \cdots, \boldsymbol{\alpha}_r$ 等价.

显然,矩阵等价于一个行向量组或列向量组.对比矩阵秩的定义和向量组秩的定义,可以得出矩阵的秩等于它对应的向量组的秩这一结论.

定理3.13 矩阵的秩等于它的列(行)向量组的秩.

证 设 $\boldsymbol{A}=(\boldsymbol{a}_1, \boldsymbol{a}_2, \cdots, \boldsymbol{a}_m)$,$R(\boldsymbol{A})=r$,则由矩阵秩的定义知,存在 $\boldsymbol{A}$ 的 r 阶子式 $D_r \neq 0$.根据定理3.9,D_r 所在的 r 个列向量线性无关.又 $\boldsymbol{A}$ 中所有 $r+1$ 阶子式均为零,故 $\boldsymbol{A}$ 中的任意 $r+1$ 个列向量都线性相关.因此,D_r 所在的 r 列是 $\boldsymbol{A}$ 的列向量组的一个最大无关组,所以 $\boldsymbol{A}$ 的列向量组的秩等于 r.

同样可证,$\boldsymbol{A}$ 的行向量组的秩也等于 r.

由定理3.13显然可以得出下列结论:

推论 矩阵的行向量组的秩与列向量组的秩相等.

既然矩阵的秩等于它的列(行)向量组的秩,那么前面介绍的定理3.5、定理3.6及推论、定理3.7、定理3.9中出现的矩阵的秩都可以改为向量组的秩.

下面讨论向量组等价与向量组的秩之间的关系.

由向量组等价的定义和定理3.6的推论立即可得到:

定理3.14 等价的向量组的秩相等.

例3.11 设向量组 $\boldsymbol{B}$ 能由向量组 $\boldsymbol{A}$ 线性表示,且它们的秩相等,证明向量组 $\boldsymbol{A}$ 与向量组 $\boldsymbol{B}$ 等价.

证 设向量组 $\boldsymbol{A}$ 和 $\boldsymbol{B}$ 合并成向量组 $\boldsymbol{C}$,根据定理3.6,因 $\boldsymbol{B}$ 组能由 $\boldsymbol{A}$ 组线性表示,故 $R_{\boldsymbol{A}}=R_{\boldsymbol{C}}$.又已知 $R_{\boldsymbol{B}}=R_{\boldsymbol{A}}$,所以 $R_{\boldsymbol{A}}=R_{\boldsymbol{B}}=R_{\boldsymbol{C}}$.根据定理3.6的推论,$\boldsymbol{A}$ 组与 $\boldsymbol{B}$ 组等价.

例3.12 已知

$$(\boldsymbol{\alpha}_1, \boldsymbol{\alpha}_2)=\begin{pmatrix} 2 & 3 \\ 0 & -2 \\ -1 & 1 \\ 3 & -1 \end{pmatrix},$$

$$(\boldsymbol{\beta}_1, \boldsymbol{\beta}_2) = \begin{pmatrix} -5 & 4 \\ 6 & -4 \\ -5 & 3 \\ 9 & -5 \end{pmatrix},$$

证明向量组$(\boldsymbol{\alpha}_1, \boldsymbol{\alpha}_2)$与$(\boldsymbol{\beta}_1, \boldsymbol{\beta}_2)$等价.

证 显然, $R(\boldsymbol{\alpha}_1, \boldsymbol{\alpha}_2) = R(\boldsymbol{\beta}_1, \boldsymbol{\beta}_2) = 2$.

对合并后的向量组$(\boldsymbol{\alpha}_1, \boldsymbol{\alpha}_2, \boldsymbol{\beta}_1, \boldsymbol{\beta}_2)$施行初等行变换:

$$(\boldsymbol{\alpha}_1, \boldsymbol{\alpha}_2, \boldsymbol{\beta}_1, \boldsymbol{\beta}_2) = \begin{pmatrix} 2 & 3 & -5 & 4 \\ 0 & -2 & 6 & -4 \\ -1 & 1 & -5 & 3 \\ 3 & -1 & 9 & -5 \end{pmatrix}$$

$$\to \begin{pmatrix} -1 & 1 & -5 & 3 \\ 0 & -2 & 6 & -4 \\ 0 & 5 & -15 & 10 \\ 0 & 2 & -6 & 4 \end{pmatrix}$$

$$\to \begin{pmatrix} 1 & 0 & 2 & -1 \\ 0 & 1 & -3 & 2 \\ 0 & 0 & 0 & 0 \\ 0 & 0 & 0 & 0 \end{pmatrix},$$

得 $R(\boldsymbol{\alpha}_1, \boldsymbol{\alpha}_2, \boldsymbol{\beta}_1, \boldsymbol{\beta}_2) = 2$.

由定理 3.6 的推论知,向量组$(\boldsymbol{\alpha}_1, \boldsymbol{\alpha}_2)$与$(\boldsymbol{\beta}_1, \boldsymbol{\beta}_2)$等价.

可以证明:若对矩阵 $\boldsymbol{A}$ 仅施以初等行变换变为矩阵$\boldsymbol{B}$,则 $\boldsymbol{B}$ 的列向量组与$\boldsymbol{A}$ 的列向量组间有相同的线性关系,即初等行变换保持了列向量组的线性无关性和线性表示性.

上述结论实际上提供了求最大无关组的一种方法:

以向量组中的各向量为列向量组成矩阵 $\boldsymbol{A}$,用初等行变换将 $\boldsymbol{A}$ 化为行阶梯形矩阵$\boldsymbol{B}$.若矩阵的秩为 r,从 $\boldsymbol{B}$ 中选取一个不为零的r 阶子式,则这个 r 阶子式所包含的r 个列向量即为一个最大无关组.

下面举例说明.

例 3.13 求下列向量组的秩,并给出一个最大无关组:

$$\boldsymbol{a}_1=\begin{pmatrix}1\\0\\1\\-1\\1\end{pmatrix},\quad \boldsymbol{a}_2=\begin{pmatrix}-1\\1\\1\\0\\1\end{pmatrix},\quad \boldsymbol{a}_3=\begin{pmatrix}1\\0\\1\\0\\1\end{pmatrix},\quad \boldsymbol{a}_4=\begin{pmatrix}1\\1\\3\\-1\\3\end{pmatrix}.$$

解 将向量组按列排成一个矩阵,然后做初等行变换.

$$\begin{aligned}\boldsymbol{A}&=(\boldsymbol{a}_1,\boldsymbol{a}_2,\boldsymbol{a}_3,\boldsymbol{a}_4)\\&=\begin{pmatrix}1&-1&1&1\\0&1&0&1\\1&1&1&3\\-1&0&0&-1\\1&1&1&3\end{pmatrix}\\&\to\begin{pmatrix}1&-1&1&1\\0&1&0&1\\0&2&0&2\\0&-1&1&0\\0&2&0&2\end{pmatrix}\\&\to\begin{pmatrix}1&-1&1&1\\0&1&0&1\\0&0&0&0\\0&-1&1&0\\0&0&0&0\end{pmatrix}\\&\to\begin{pmatrix}1&-1&1&1\\0&1&0&1\\0&0&1&1\\0&0&0&0\\0&0&0&0\end{pmatrix}\\&=\boldsymbol{B},\end{aligned}$$

显然 $R(\boldsymbol{A})=3$,即向量组的秩为3.由于矩阵 $\boldsymbol{B}$ 的前三个列向量对应一个三阶子式不为零,故 $\boldsymbol{a}_1,\boldsymbol{a}_2,\boldsymbol{a}_3$ 是向量组的一个最大无关组.同

理,$\boldsymbol{a}_1, \boldsymbol{a}_2, \boldsymbol{a}_4$ 也是向量组的一个最大无关组.

例 3.14 求向量组

$$\boldsymbol{a}_1 = (1, 2, -1, 1)^{\mathrm{T}}, \quad \boldsymbol{a}_2 = (2, 0, t, 0)^{\mathrm{T}},$$

$$\boldsymbol{a}_3 = (0, -4, 5, -2)^{\mathrm{T}}, \quad \boldsymbol{a}_4 = (3, -2, t+4, -1)^{\mathrm{T}}$$

的秩和最大无关组.

解 对下列矩阵做初等行变换:

$$\begin{aligned}\boldsymbol{A} &= (\boldsymbol{a}_1, \boldsymbol{a}_2, \boldsymbol{a}_3, \boldsymbol{a}_4) \\ &= \begin{pmatrix} 1 & 2 & 0 & 3 \\ 2 & 0 & -4 & -2 \\ -1 & t & 5 & t+4 \\ 1 & 0 & -2 & -1 \end{pmatrix} \\ &\rightarrow \begin{pmatrix} 1 & 2 & 0 & 3 \\ 0 & -4 & -4 & -8 \\ 0 & t+2 & 5 & t+7 \\ 0 & -2 & -2 & -4 \end{pmatrix} \\ &\rightarrow \begin{pmatrix} 1 & 2 & 0 & 3 \\ 0 & 1 & 1 & 2 \\ 0 & 0 & 3-t & 3-t \\ 0 & 0 & 0 & 0 \end{pmatrix}.\end{aligned}$$

显然,$\boldsymbol{a}_1, \boldsymbol{a}_2$ 线性无关,且

(1) $t = 3$ 时,向量组的秩为 2,且 $\boldsymbol{a}_1, \boldsymbol{a}_2$ 是最大无关组;

(2) $t \neq 3$ 时,向量组的秩为 3,且 $\boldsymbol{a}_1, \boldsymbol{a}_2, \boldsymbol{a}_3$ 是最大无关组.

下面用最大无关组概念来证明 2.6.3 中的性质(3).

例 3.15 证明:$R(\boldsymbol{AB}) \leqslant \min\{R(\boldsymbol{A}), R(\boldsymbol{B})\}$.

证 设 $\boldsymbol{A} = (a_{ij})_{m\times n} = (\boldsymbol{\alpha}_1, \boldsymbol{\alpha}_2, \cdots, \boldsymbol{\alpha}_n)$,$\boldsymbol{B} = (b_{ij})_{n\times s}$,则

$$\boldsymbol{AB} = \boldsymbol{C} = (c_{ij})_{m\times s} = (\boldsymbol{\gamma}_1, \boldsymbol{\gamma}_2, \cdots, \boldsymbol{\gamma}_s),$$

即

$$(\boldsymbol{\gamma}_1, \boldsymbol{\gamma}_2, \cdots, \boldsymbol{\gamma}_s) = (\boldsymbol{\alpha}_1, \boldsymbol{\alpha}_2, \cdots, \boldsymbol{\alpha}_n) \begin{pmatrix} b_{11} & \cdots & b_{1j} & \cdots & b_{1s} \\ b_{21} & \cdots & b_{2j} & \cdots & b_{2s} \\ \vdots & & \vdots & & \vdots \\ b_{n1} & \cdots & b_{nj} & \cdots & b_{ns} \end{pmatrix}.$$

因此有

$$\gamma_j = b_{1j}\alpha_1 + b_{2j}\alpha_2 + \cdots + b_{nj}\alpha_n \quad (j = 1,2,\cdots,s),$$

即 AB 的列向量组 $\gamma_1, \gamma_2, \cdots, \gamma_s$ 可由 A 的列向量组 $\alpha_1, \alpha_2, \cdots, \alpha_n$ 线性表示，故 $\gamma_1, \gamma_2, \cdots, \gamma_s$ 的最大无关组可由 $\alpha_1, \alpha_2, \cdots, \alpha_n$ 的最大无关组线性表示。由定理3.7，$R(AB) \leqslant R(A)$.

类似可证：$R(AB) \leqslant R(B)$. 从而 $R(AB) \leqslant \min\{R(A), R(B)\}$.

习　题　3.3

1. 求下列向量组的秩和一个最大无关组，并将其余向量用此最大无关组线性表示：

(1) $\alpha_1 = (1, 1, 1)^T$, $\alpha_2 = (1, 1, 0)^T$, $\alpha_3 = (1, 0, 0)^T$, $\alpha_4 = (1, 2, -3)^T$;

(2) $\alpha_1 = (2, 1, 1, 1)^T$, $\alpha_2 = (-1, 1, 7, 10)^T$, $\alpha_3 = (3, 1, -1, -2)^T$, $\alpha_4 = (8, 5, 9, 11)^T$;

(3) $\alpha_1 = (1, 1, 3, 1)$, $\alpha_2 = (-1, 1, -1, 3)$, $\alpha_3 = (5, -2, 8, -9)$, $\alpha_4 = (-1, 3, 1, 7)$;

(4) $\alpha_1 = (1, -1, 0, 4)^T$, $\alpha_2 = (2, 1, 5, 6)^T$, $\alpha_3 = (1, -1, -2, 0)^T$, $\alpha_4 = (3, 0, 7, 14)^T$.

2. 设向量组

$$\alpha_1 = \begin{pmatrix} a \\ 3 \\ 1 \end{pmatrix}, \quad \alpha_2 = \begin{pmatrix} 2 \\ b \\ 3 \end{pmatrix}, \quad \alpha_3 = \begin{pmatrix} 1 \\ 2 \\ 1 \end{pmatrix}, \quad \alpha_4 = \begin{pmatrix} 2 \\ 3 \\ 1 \end{pmatrix}$$

的秩为2，求 a, b.

3. 设 $\alpha_1, \alpha_2, \cdots, \alpha_n$ 是一组 n 维向量，已知 n 维单位坐标向量 $e_1, e_2, \cdots, e_n$ 能由它们线性表示，证明 $\alpha_1, \alpha_2, \cdots, \alpha_n$ 线性无关.

4. 设 $\alpha_1, \alpha_2, \cdots, \alpha_n$ 是一组 n 维向量，证明它们线性无关的充要条件是：任一 n 维向量都可由它们线性表示.

5. 设向量组 $\alpha_1, \alpha_2, \cdots, \alpha_m$ 线性相关，且 $\alpha_1 \neq 0$，证明存在某个向量 α_k $(2 \leqslant k \leqslant m)$，使 α_k 能由 $\alpha_1, \alpha_2, \cdots, \alpha_{k-1}$ 线性表示.

6. 设向量组 A：$\alpha_1, \alpha_2, \cdots, \alpha_s$ 的秩为 r_1，向量组 B：$\beta_1, \beta_2, \cdots, \beta_t$ 的秩为 r_2，向量组 C：$\alpha_1, \alpha_2, \cdots, \alpha_s, \beta_1, \beta_2, \cdots, \beta_t$ 的秩为 r_3，证

明：$\max\{r_1, r_2\} \leqslant r_3 \leqslant r_1 + r_2$.

7. 设向量组 $\boldsymbol{B}$：$\boldsymbol{\beta}_1, \boldsymbol{\beta}_2, \cdots, \boldsymbol{\beta}_r$ 能由向量组 $\boldsymbol{A}$：$\boldsymbol{\alpha}_1, \boldsymbol{\alpha}_2, \cdots, \boldsymbol{\alpha}_s$ 线性表示为

$$(\boldsymbol{\beta}_1, \boldsymbol{\beta}_2, \cdots, \boldsymbol{\beta}_r) = (\boldsymbol{\alpha}_1, \boldsymbol{\alpha}_2, \cdots, \boldsymbol{\alpha}_s)\boldsymbol{K},$$

其中 $\boldsymbol{K}$ 为 $s \times r$ 矩阵，且 $\boldsymbol{A}$ 组线性无关. 证明 $\boldsymbol{B}$ 组线性无关的充要条件是矩阵 $\boldsymbol{K}$ 的秩 $R(\boldsymbol{K}) = r$.

8. 设向量组 $\boldsymbol{A}$：$\boldsymbol{\alpha}_1, \boldsymbol{\alpha}_2, \boldsymbol{\alpha}_3$；向量组 $\boldsymbol{B}$：$\boldsymbol{\alpha}_1, \boldsymbol{\alpha}_2, \boldsymbol{\alpha}_3, \boldsymbol{\alpha}_4$；向量组 $\boldsymbol{C}$：$\boldsymbol{\alpha}_1, \boldsymbol{\alpha}_2, \boldsymbol{\alpha}_3, \boldsymbol{\alpha}_5$；若

$$R(\boldsymbol{\alpha}_1, \boldsymbol{\alpha}_2, \boldsymbol{\alpha}_3) = R(\boldsymbol{\alpha}_1, \boldsymbol{\alpha}_2, \boldsymbol{\alpha}_3, \boldsymbol{\alpha}_4) = 3,$$

$$R(\boldsymbol{\alpha}_1, \boldsymbol{\alpha}_2, \boldsymbol{\alpha}_3, \boldsymbol{\alpha}_5) = 4,$$

试证明：向量组 $\boldsymbol{\alpha}_1, \boldsymbol{\alpha}_2, \boldsymbol{\alpha}_3, \boldsymbol{\alpha}_5 - \boldsymbol{\alpha}_4$ 的秩为 4.

9. 已知三阶矩阵 $\boldsymbol{A}$ 与三维列向量 $\boldsymbol{x}$ 满足 $\boldsymbol{A}^3\boldsymbol{x} = 3\boldsymbol{A}\boldsymbol{x} - \boldsymbol{A}^2\boldsymbol{x}$，且向量组 $\boldsymbol{x}, \boldsymbol{A}\boldsymbol{x}, \boldsymbol{A}^2\boldsymbol{x}$ 线性无关.

(1) 记 $\boldsymbol{P} = (\boldsymbol{x}, \boldsymbol{A}\boldsymbol{x}, \boldsymbol{A}^2\boldsymbol{x})$，求三阶矩阵 $\boldsymbol{B}$，使 $\boldsymbol{AP} = \boldsymbol{PB}$；

(2) 求 $|\boldsymbol{A}|$.

3.4 向量空间

为了进一步地研究线性方程组的解的结构，本节介绍向量空间的有关知识.

3.4.1 向量空间与子空间

定义 3.5 设 $\boldsymbol{V}$ 是 n 维向量的非空集合，若集合 $\boldsymbol{V}$ 对于 n 维向量的加法和数乘两种运算**封闭**，即

(1) 若 $\boldsymbol{\alpha}, \boldsymbol{\beta} \in \boldsymbol{V}$，则 $\boldsymbol{\alpha} + \boldsymbol{\beta} \in \boldsymbol{V}$；

(2) 若 $\boldsymbol{\alpha} \in \boldsymbol{V}$, $\lambda \in \mathbb{R}$，则 $\lambda\boldsymbol{\alpha} \in \boldsymbol{V}$，

则称集合 $\boldsymbol{V}$ 为**向量空间**.

记所有 n 维向量的集合为 $\mathbb{R}^n$，由 n 维向量的线性运算规律，容易验证集合 $\mathbb{R}^n$ 对于加法和数乘两种运算封闭. 因而集合 $\mathbb{R}^n$ 构成一向量空间，称 $\mathbb{R}^n$ 为 **n 维向量空间**.

当 $n=1$ 时,一维向量空间$\mathbb{R}^1$表示数轴;当 $n=2$ 时,二维向量空间$\mathbb{R}^2$表示平面;当 $n=3$ 时,三维向量空间$\mathbb{R}^3$表示实体空间;当 $n>3$ 时,$\mathbb{R}^n$没有直观的几何意义.

定义 3.6 设有向量空间 $\boldsymbol{V}_1$ 和 $\boldsymbol{V}_2$,若 $\boldsymbol{V}_1 \subset \boldsymbol{V}_2$,则称 $\boldsymbol{V}_1$ 是 $\boldsymbol{V}_2$ 的**子空间**.

例如,设 $\boldsymbol{V}$ 是 n 维向量所组成的向量空间,则显然有 $\boldsymbol{V} \in \mathbb{R}^n$,故向量空间 $\boldsymbol{V}$ 是$\mathbb{R}^n$的子空间.

例 3.16 判别向量集合

$$\boldsymbol{V} = \{\boldsymbol{x} \mid \boldsymbol{x} = (0, x_2, \cdots, x_n), x_i \in \mathbb{R}(i = 2, 3, \cdots, n)\}$$

是否构成向量空间.

解 因为对于集合 $\boldsymbol{V}$ 中任意两个元素

$$\boldsymbol{x} = (0, x_2, \cdots, x_n),$$

$$\boldsymbol{y} = (0, y_2, \cdots, y_n),$$

显然

$$\boldsymbol{x} + \boldsymbol{y} = (0, x_2 + y_2, \cdots, x_n + y_n) \in \boldsymbol{V},$$

$$k\boldsymbol{x} = (0, kx_2, \cdots, kx_n) \in \boldsymbol{V} \quad (k \in \mathbb{R}),$$

故 $\boldsymbol{V}$ 是向量空间.

例 3.17 判别向量集合

$$\boldsymbol{V} = \{\boldsymbol{x} \mid \boldsymbol{x} = (1, x_2, \cdots, x_n), x_i \in \mathbb{R}(i = 2, 3, \cdots, n)\}$$

是否构成向量空间.

解 因为对于集合 $\boldsymbol{V}$ 中任意两个元素

$$\boldsymbol{x} = (1, x_2, \cdots, x_n),$$

$$\boldsymbol{y} = (1, y_2, \cdots, y_n),$$

显然

$$\boldsymbol{x} + \boldsymbol{y} = (2, x_2 + y_2, \cdots, x_n + y_n) \notin \boldsymbol{V},$$

故 $\boldsymbol{V}$ 不是向量空间.

例 3.18 设 $\boldsymbol{\alpha}, \boldsymbol{\beta}$ 为两个已知的 n 维向量,判别向量集合

$$\boldsymbol{V} = \{\boldsymbol{\xi} = \lambda\boldsymbol{\alpha} + \mu\boldsymbol{\beta} \mid \lambda, \mu \in \mathbb{R}\}$$

是否构成向量空间.

解 因为对于集合 V 中任意两个元素

$$\boldsymbol{\xi}_1=\lambda_1\boldsymbol{\alpha}+\mu_1\boldsymbol{\beta},\quad \boldsymbol{\xi}_2=\lambda_2\boldsymbol{\alpha}+\mu_2\boldsymbol{\beta},$$

有

$$\boldsymbol{\xi}_1+\boldsymbol{\xi}_2=(\lambda_1+\lambda_2)\boldsymbol{\alpha}+(\mu_1+\mu_2)\boldsymbol{\beta}\in \boldsymbol{V},$$

$$k\boldsymbol{\xi}_1=(k\lambda_1)\boldsymbol{\alpha}+(k\mu_1)\boldsymbol{\beta}\in \boldsymbol{V}\quad (k\in\mathbb{R}),$$

所以 $\boldsymbol{V}$ 是向量空间.

这个向量空间称为由向量 $\boldsymbol{\alpha}$, $\boldsymbol{\beta}$ 所**生成的向量空间**.

一般地,由向量组 $\boldsymbol{\alpha}_1, \boldsymbol{\alpha}_2, \cdots, \boldsymbol{\alpha}_m$ 所生成的向量空间记为

$$\boldsymbol{V}=\{\boldsymbol{\xi}=\lambda_1\boldsymbol{\alpha}_1+\lambda_2\boldsymbol{\alpha}_2+\cdots+\lambda_m\boldsymbol{\alpha}_m \mid \lambda_1, \lambda_2, \cdots, \lambda_m\in\mathbb{R}\}.$$

例 3.19 设向量组 $\boldsymbol{\alpha}_1, \boldsymbol{\alpha}_2, \cdots, \boldsymbol{\alpha}_m$ 与向量组 $\boldsymbol{\beta}_1, \boldsymbol{\beta}_2, \cdots, \boldsymbol{\beta}_s$ 等价,记

$$\boldsymbol{V}_1=\{\boldsymbol{\xi}=\lambda_1\boldsymbol{\alpha}_1+\lambda_2\boldsymbol{\alpha}_2+\cdots+\lambda_m\boldsymbol{\alpha}_m \mid \lambda_1, \lambda_2, \cdots, \lambda_m\in\mathbb{R}\},$$

$$\boldsymbol{V}_2=\{\boldsymbol{\xi}=\mu_1\boldsymbol{\beta}_1+\mu_2\boldsymbol{\beta}_2+\cdots+\mu_s\boldsymbol{\beta}_s \mid \mu_1, \mu_2, \cdots, \mu_s\in\mathbb{R}\},$$

试证:$\boldsymbol{V}_1=\boldsymbol{V}_2$.

证 设 $\boldsymbol{x}\in\boldsymbol{V}_1$,则 $\boldsymbol{x}$ 可由 $\boldsymbol{\alpha}_1, \boldsymbol{\alpha}_2, \cdots, \boldsymbol{\alpha}_m$ 线性表示.

因 $\boldsymbol{\alpha}_1, \boldsymbol{\alpha}_2, \cdots, \boldsymbol{\alpha}_m$ 可由 $\boldsymbol{\beta}_1, \boldsymbol{\beta}_2, \cdots, \boldsymbol{\beta}_s$ 线性表示,故 $\boldsymbol{x}$ 也可由 $\boldsymbol{\beta}_1, \boldsymbol{\beta}_2, \cdots, \boldsymbol{\beta}_s$ 线性表示,即 $\boldsymbol{x}\in\boldsymbol{V}_2$,从而 $\boldsymbol{V}_1\subset\boldsymbol{V}_2$.

同理可证,$\boldsymbol{V}_1\supset\boldsymbol{V}_2$,所以 $\boldsymbol{V}_1=\boldsymbol{V}_2$.

本例表明:等价的向量组生成的向量空间相等.

3.4.2 向量空间的基与维数

定义 3.7 设 $\boldsymbol{V}$ 是向量空间,若有 r 个向量 $\boldsymbol{\alpha}_1, \boldsymbol{\alpha}_2, \cdots, \boldsymbol{\alpha}_r\in\boldsymbol{V}$,且满足

(1) $\boldsymbol{\alpha}_1, \boldsymbol{\alpha}_2, \cdots, \boldsymbol{\alpha}_r$ 线性无关;

(2) $\boldsymbol{V}$ 中任一向量都可由 $\boldsymbol{\alpha}_1, \boldsymbol{\alpha}_2, \cdots, \boldsymbol{\alpha}_r$ 线性表示,

则称向量组 $\boldsymbol{\alpha}_1, \boldsymbol{\alpha}_2, \cdots, \boldsymbol{\alpha}_r$ 为向量空间 $\boldsymbol{V}$ 的一个**基**,数 r 称为向量空间 $\boldsymbol{V}$ 的**维数**,记为 $\dim\boldsymbol{V}=r$,并称 $\boldsymbol{V}$ 为 **r 维向量空间**.

只含有零向量的向量空间称为**零维向量空间**,零维向量空间没

有基.

若把向量空间 V 看作向量组,则 V 的基就是向量组的最大无关组,V 的维数就是向量组的秩.

若向量组 $\boldsymbol{\alpha}_1, \boldsymbol{\alpha}_2, \cdots, \boldsymbol{\alpha}_r$ 为向量空间 V 的一个基,则 V 可表示为

$$V = \{\boldsymbol{x} \mid \boldsymbol{x} = \lambda_1\boldsymbol{\alpha}_1 + \lambda_2\boldsymbol{\alpha}_2 + \cdots + \lambda_r\boldsymbol{\alpha}_r, \lambda_1, \lambda_2, \cdots, \lambda_r \in \mathbb{R}\}, \tag{3.8}$$

所以 V 又称为**由基 $\boldsymbol{\alpha}_1, \boldsymbol{\alpha}_2, \cdots, \boldsymbol{\alpha}_r$ 所生成的向量空间**.

例 3.20　证明 n 维单位向量组

$$\boldsymbol{\varepsilon}_1 = (1, 0, \cdots, 0)^{\mathrm{T}}, \quad \boldsymbol{\varepsilon}_2 = (0, 1, \cdots, 0)^{\mathrm{T}}, \quad \cdots,$$

$$\boldsymbol{\varepsilon}_n = (0, 0, \cdots, 1)^{\mathrm{T}}$$

是 n 维向量空间 $\mathbb{R}^n$ 的一个基.

证　显然 $\boldsymbol{\varepsilon}_1, \boldsymbol{\varepsilon}_2, \cdots, \boldsymbol{\varepsilon}_n$ 线性无关.

对 n 维向量空间 $\mathbb{R}^n$ 中的任一向量 $\boldsymbol{\alpha} = (a_1, a_2, \cdots, a_n)^{\mathrm{T}}$,有

$$\boldsymbol{\alpha} = a_1\boldsymbol{\varepsilon}_1 + a_2\boldsymbol{\varepsilon}_2 + \cdots + a_n\boldsymbol{\varepsilon}_n,$$

即 $\mathbb{R}^n$ 中任一向量都可由 $\boldsymbol{\varepsilon}_1, \boldsymbol{\varepsilon}_2, \cdots, \boldsymbol{\varepsilon}_n$ 线性表示.

因此,$\boldsymbol{\varepsilon}_1, \boldsymbol{\varepsilon}_2, \cdots, \boldsymbol{\varepsilon}_n$ 是 n 维向量空间 $\mathbb{R}^n$ 的一个基.

例 3.21　给定向量组

$$\boldsymbol{\alpha}_1 = (-2, 4, 1)^{\mathrm{T}}, \quad \boldsymbol{\alpha}_2 = (-1, 3, 5)^{\mathrm{T}},$$

$$\boldsymbol{\alpha}_3 = (2, -3, 1)^{\mathrm{T}}, \quad \boldsymbol{\beta} = (1, 1, 3)^{\mathrm{T}},$$

试证明:向量组 $\boldsymbol{\alpha}_1, \boldsymbol{\alpha}_2, \boldsymbol{\alpha}_3$ 是三维向量空间 $\mathbb{R}^3$ 的一个基,并将向量 $\boldsymbol{\beta}$ 用这个基线性表示.

证　令 $\boldsymbol{A} = (\boldsymbol{\alpha}_1, \boldsymbol{\alpha}_2, \boldsymbol{\alpha}_3)$,要证明 $\boldsymbol{\alpha}_1, \boldsymbol{\alpha}_2, \boldsymbol{\alpha}_3$ 是 $\mathbb{R}^3$ 的一个基,只需证明 $\boldsymbol{A} \to \boldsymbol{E}$.

设 $\boldsymbol{\beta} = x_1\boldsymbol{\alpha}_1 + x_2\boldsymbol{\alpha}_2 + x_3\boldsymbol{\alpha}_3$,即 $\boldsymbol{Ax} = \boldsymbol{\beta}$,对 $(\boldsymbol{A}, \boldsymbol{\beta})$ 进行初等行变换,当将 $\boldsymbol{A}$ 化为单位矩阵 $\boldsymbol{E}$ 时,说明 $\boldsymbol{\alpha}_1, \boldsymbol{\alpha}_2, \boldsymbol{\alpha}_3$ 是 $\mathbb{R}^3$ 的一个基,并且同时将向量 $\boldsymbol{\beta}$ 化为 $\boldsymbol{x} = \boldsymbol{A}^{-1}\boldsymbol{\beta}$.

$$(\boldsymbol{A}, \boldsymbol{\beta}) = \begin{pmatrix} -2 & -1 & 2 & 1 \\ 4 & 3 & -3 & 1 \\ 1 & 5 & 1 & 3 \end{pmatrix}$$

$$\xrightarrow{\text{行变换}} \begin{pmatrix} 1 & 0 & 0 & 4 \\ 0 & 1 & 0 & -1 \\ 0 & 0 & 1 & 4 \end{pmatrix},$$

所以 $\boldsymbol{\alpha}_1, \boldsymbol{\alpha}_2, \boldsymbol{\alpha}_3$ 是 $\mathbb{R}^3$ 的一个基,且 $\boldsymbol{\beta} = 4\boldsymbol{\alpha}_1 - \boldsymbol{\alpha}_2 + 4\boldsymbol{\alpha}_3$.

如果在向量空间 V 中取定一个基 $\boldsymbol{\alpha}_1, \boldsymbol{\alpha}_2, \cdots, \boldsymbol{\alpha}_r$,那么 V 中任一向量 $\boldsymbol{x}$ 可唯一地表示为

$$\boldsymbol{x} = \lambda_1\boldsymbol{\alpha}_1 + \lambda_2\boldsymbol{\alpha}_2 + \cdots + \lambda_r\boldsymbol{\alpha}_r, \tag{3.9}$$

数组 $\lambda_1, \lambda_2, \cdots, \lambda_r$ 称为向量 $\boldsymbol{x}$ 在基 $\boldsymbol{\alpha}_1, \boldsymbol{\alpha}_2, \cdots, \boldsymbol{\alpha}_r$ 下的**坐标**.

特别地,在 n 维向量空间 $\mathbb{R}^n$ 中取单位坐标向量组 $\boldsymbol{\varepsilon}_1, \boldsymbol{\varepsilon}_2, \cdots, \boldsymbol{\varepsilon}_n$ 为基,则以 $x_1, x_2, \cdots, x_n$ 为分量的向量 $\boldsymbol{x}$ 可表示为

$$\boldsymbol{x} = x_1\boldsymbol{\varepsilon}_1 + x_2\boldsymbol{\varepsilon}_2 + \cdots + x_n\boldsymbol{\varepsilon}_n. \tag{3.10}$$

可见,向量在基 $\boldsymbol{\varepsilon}_1, \boldsymbol{\varepsilon}_2, \cdots, \boldsymbol{\varepsilon}_n$ 下的坐标就是该向量的分量.因此,$\boldsymbol{\varepsilon}_1, \boldsymbol{\varepsilon}_2, \cdots, \boldsymbol{\varepsilon}_n$ 称为 $\mathbb{R}^n$ 的**自然基**.

例 3.22 设

$$\boldsymbol{A} = (\boldsymbol{\alpha}_1, \boldsymbol{\alpha}_2, \boldsymbol{\alpha}_3) = \begin{pmatrix} 2 & 2 & -1 \\ 2 & -1 & 2 \\ -1 & 2 & 2 \end{pmatrix},$$

$$\boldsymbol{B} = (\boldsymbol{\beta}_1, \boldsymbol{\beta}_2) = \begin{pmatrix} 1 & 4 \\ 0 & 3 \\ -4 & 2 \end{pmatrix},$$

证明 $\boldsymbol{\alpha}_1, \boldsymbol{\alpha}_2, \boldsymbol{\alpha}_3$ 是 $\mathbb{R}^3$ 的一个基,并求 $\boldsymbol{\beta}_1, \boldsymbol{\beta}_2$ 在这个基下的坐标.

解 要证 $\boldsymbol{\alpha}_1, \boldsymbol{\alpha}_2, \boldsymbol{\alpha}_3$ 是 $\mathbb{R}^3$ 的一个基,只要证 $\boldsymbol{\alpha}_1, \boldsymbol{\alpha}_2, \boldsymbol{\alpha}_3$ 线性无关,即 $\boldsymbol{A} \to \boldsymbol{E}$.

设

$$\boldsymbol{\beta}_1 = x_{11}\boldsymbol{\alpha}_1 + x_{21}\boldsymbol{\alpha}_2 + x_{31}\boldsymbol{\alpha}_3,$$

$$\boldsymbol{\beta}_2 = x_{12}\boldsymbol{\alpha}_1 + x_{22}\boldsymbol{\alpha}_2 + x_{32}\boldsymbol{\alpha}_3,$$

即

$$(\boldsymbol{\beta}_1, \boldsymbol{\beta}_2) = (\boldsymbol{\alpha}_1, \boldsymbol{\alpha}_2, \boldsymbol{\alpha}_3)\begin{pmatrix} x_{11} & x_{12} \\ x_{21} & x_{22} \\ x_{31} & x_{32} \end{pmatrix},$$

记为 $\boldsymbol{B}=\boldsymbol{A}\boldsymbol{X}$.

对$(\boldsymbol{A},\boldsymbol{B})$进行初等行变换,若 $\boldsymbol{A}$ 能化为$\boldsymbol{E}$,则$\boldsymbol{\alpha}_1,\boldsymbol{\alpha}_2,\boldsymbol{\alpha}_3$是$\mathbb{R}^3$的一个基,且当 $\boldsymbol{A}$ 化为$\boldsymbol{E}$ 时,$\boldsymbol{B}$ 化为$\boldsymbol{X}=\boldsymbol{A}^{-1}\boldsymbol{B}$.

$$(\boldsymbol{A},\boldsymbol{B})=\begin{pmatrix}2&2&-1&1&4\\2&-1&2&0&3\\-1&2&2&-4&2\end{pmatrix}$$

$$\xrightarrow{\text{行变换}}\begin{pmatrix}1&0&0&\frac{2}{3}&\frac{4}{3}\\0&1&0&-\frac{2}{3}&1\\0&0&1&-1&\frac{2}{3}\end{pmatrix},$$

所以$\boldsymbol{\alpha}_1,\boldsymbol{\alpha}_2,\boldsymbol{\alpha}_3$是$\mathbb{R}^3$的一个基,且

$$(\boldsymbol{\beta}_1,\boldsymbol{\beta}_2)=(\boldsymbol{\alpha}_1,\boldsymbol{\alpha}_2,\boldsymbol{\alpha}_3)\begin{pmatrix}\frac{2}{3}&\frac{4}{3}\\-\frac{2}{3}&1\\-1&\frac{2}{3}\end{pmatrix},$$

即$\boldsymbol{\beta}_1,\boldsymbol{\beta}_2$在基$\boldsymbol{\alpha}_1,\boldsymbol{\alpha}_2,\boldsymbol{\alpha}_3$下的坐标分别为$\left(\frac{2}{3},-\frac{2}{3},-1\right),\left(\frac{4}{3},1,\frac{2}{3}\right)$.

3.4.3　$\mathbb{R}^3$中的坐标变换公式

在$\mathbb{R}^3$中取定两个基$\boldsymbol{\alpha}_1,\boldsymbol{\alpha}_2,\boldsymbol{\alpha}_3$及$\boldsymbol{\beta}_1,\boldsymbol{\beta}_2,\boldsymbol{\beta}_3$,记$\boldsymbol{A}=(\boldsymbol{\alpha}_1,\boldsymbol{\alpha}_2,\boldsymbol{\alpha}_3)$,$\boldsymbol{B}=(\boldsymbol{\beta}_1,\boldsymbol{\beta}_2,\boldsymbol{\beta}_3)$,则

$$(\boldsymbol{\alpha}_1,\boldsymbol{\alpha}_2,\boldsymbol{\alpha}_3)=(\boldsymbol{\varepsilon}_1,\boldsymbol{\varepsilon}_2,\boldsymbol{\varepsilon}_3)\boldsymbol{A},$$

$$(\boldsymbol{\varepsilon}_1,\boldsymbol{\varepsilon}_2,\boldsymbol{\varepsilon}_3)=(\boldsymbol{\alpha}_1,\boldsymbol{\alpha}_2,\boldsymbol{\alpha}_3)\boldsymbol{A}^{-1},$$

故

$$(\boldsymbol{\beta}_1,\boldsymbol{\beta}_2,\boldsymbol{\beta}_3)=(\boldsymbol{\varepsilon}_1,\boldsymbol{\varepsilon}_2,\boldsymbol{\varepsilon}_3)\boldsymbol{B}=(\boldsymbol{\alpha}_1,\boldsymbol{\alpha}_2,\boldsymbol{\alpha}_3)\boldsymbol{A}^{-1}\boldsymbol{B},$$

记为

$$(\boldsymbol{\beta}_1,\boldsymbol{\beta}_2,\boldsymbol{\beta}_3)=(\boldsymbol{\alpha}_1,\boldsymbol{\alpha}_2,\boldsymbol{\alpha}_3)\boldsymbol{P},\tag{3.11}$$

上式称为由$\boldsymbol{\alpha}_1$，$\boldsymbol{\alpha}_2$，$\boldsymbol{\alpha}_3$到$\boldsymbol{\beta}_1$，$\boldsymbol{\beta}_2$，$\boldsymbol{\beta}_3$的**基变换公式**，$\boldsymbol{P}=\boldsymbol{A}^{-1}\boldsymbol{B}$称为从基$\boldsymbol{\alpha}_1$，$\boldsymbol{\alpha}_2$，$\boldsymbol{\alpha}_3$到基$\boldsymbol{\beta}_1$，$\boldsymbol{\beta}_2$，$\boldsymbol{\beta}_3$的**过渡矩阵**.

设向量$\boldsymbol{x}$在基$\boldsymbol{\alpha}_1$，$\boldsymbol{\alpha}_2$，$\boldsymbol{\alpha}_3$及$\boldsymbol{\beta}_1$，$\boldsymbol{\beta}_2$，$\boldsymbol{\beta}_3$下的坐标分别为x_1，x_2，x_3和x_1'，x_2'，x_3'，即

$$\boldsymbol{x}=(\boldsymbol{\alpha}_1,\boldsymbol{\alpha}_2,\boldsymbol{\alpha}_3)\begin{pmatrix}x_1\\x_2\\x_3\end{pmatrix},$$

$$\boldsymbol{x}=(\boldsymbol{\beta}_1,\boldsymbol{\beta}_2,\boldsymbol{\beta}_3)\begin{pmatrix}x_1'\\x_2'\\x_3'\end{pmatrix},$$

故

$$\boldsymbol{A}\begin{pmatrix}x_1\\x_2\\x_3\end{pmatrix}=\boldsymbol{B}\begin{pmatrix}x_1'\\x_2'\\x_3'\end{pmatrix},$$

$$\begin{pmatrix}x_1'\\x_2'\\x_3'\end{pmatrix}=\boldsymbol{B}^{-1}\boldsymbol{A}\begin{pmatrix}x_1\\x_2\\x_3\end{pmatrix},$$

从而

$$\begin{pmatrix}x_1\\x_2\\x_3\end{pmatrix}=\boldsymbol{P}\begin{pmatrix}x_1'\\x_2'\\x_3'\end{pmatrix}\quad 或 \quad\begin{pmatrix}x_1'\\x_2'\\x_3'\end{pmatrix}=\boldsymbol{P}^{-1}\begin{pmatrix}x_1\\x_2\\x_3\end{pmatrix},\tag{3.12}$$

上式称为两个基下坐标的**坐标变换公式**.

例 3.23 设$\mathbb{R}^3$中的两个基分别为

$$\boldsymbol{\alpha}_1=\begin{pmatrix}1\\1\\0\end{pmatrix},\quad\boldsymbol{\alpha}_2=\begin{pmatrix}0\\-1\\1\end{pmatrix},\quad\boldsymbol{\alpha}_3=\begin{pmatrix}1\\0\\2\end{pmatrix};$$

$$\boldsymbol{\beta}_1=\begin{pmatrix}3\\1\\0\end{pmatrix},\quad\boldsymbol{\beta}_2=\begin{pmatrix}0\\1\\1\end{pmatrix},\quad\boldsymbol{\beta}_3=\begin{pmatrix}1\\0\\4\end{pmatrix},$$

(1) 求从基$\boldsymbol{\alpha}_1$，$\boldsymbol{\alpha}_2$，$\boldsymbol{\alpha}_3$到基$\boldsymbol{\beta}_1$，$\boldsymbol{\beta}_2$，$\boldsymbol{\beta}_3$的过渡矩阵；

(2) 求坐标变换公式；

(3) 设$\boldsymbol{\alpha} = \begin{pmatrix} 2 \\ 1 \\ 2 \end{pmatrix}$，求$\boldsymbol{\alpha}$在这两组基下的坐标.

解 (1) 设

$$(\boldsymbol{\beta}_1, \boldsymbol{\beta}_2, \boldsymbol{\beta}_3) = (\boldsymbol{\alpha}_1, \boldsymbol{\alpha}_2, \boldsymbol{\alpha}_3)\boldsymbol{P},$$

$$\boldsymbol{A} = (\boldsymbol{\alpha}_1, \boldsymbol{\alpha}_2, \boldsymbol{\alpha}_3) = \begin{pmatrix} 1 & 0 & 1 \\ 1 & -1 & 0 \\ 0 & 1 & 2 \end{pmatrix},$$

$$\boldsymbol{B} = (\boldsymbol{\beta}_1, \boldsymbol{\beta}_2, \boldsymbol{\beta}_3) = \begin{pmatrix} 3 & 0 & 1 \\ 1 & 1 & 0 \\ 0 & 1 & 4 \end{pmatrix},$$

则$\boldsymbol{P} = \boldsymbol{A}^{-1}\boldsymbol{B}$.

$$(\boldsymbol{A}, \boldsymbol{B}) = \begin{pmatrix} 1 & 0 & 1 & 3 & 0 & 1 \\ 1 & -1 & 0 & 1 & 1 & 0 \\ 0 & 1 & 2 & 0 & 1 & 4 \end{pmatrix}$$

$$\rightarrow \begin{pmatrix} 1 & 0 & 0 & 5 & -2 & -2 \\ 0 & 1 & 0 & 4 & -3 & -2 \\ 0 & 0 & 1 & -2 & 2 & 3 \end{pmatrix},$$

故从基$\boldsymbol{\alpha}_1$，$\boldsymbol{\alpha}_2$，$\boldsymbol{\alpha}_3$到基$\boldsymbol{\beta}_1$，$\boldsymbol{\beta}_2$，$\boldsymbol{\beta}_3$的过渡矩阵为

$$\boldsymbol{P} = \boldsymbol{A}^{-1}\boldsymbol{B} = \begin{pmatrix} 5 & -2 & -2 \\ 4 & -3 & -2 \\ -2 & 2 & 3 \end{pmatrix}.$$

(2) 坐标变换公式为：

$$\begin{pmatrix} x_1 \\ x_2 \\ x_3 \end{pmatrix} = \begin{pmatrix} 5 & -2 & -2 \\ 4 & -3 & -2 \\ -2 & 2 & 3 \end{pmatrix} \begin{pmatrix} x_1' \\ x_2' \\ x_3' \end{pmatrix}.$$

(3) 先求$\boldsymbol{\alpha}$在基$\boldsymbol{\beta}_1$，$\boldsymbol{\beta}_2$，$\boldsymbol{\beta}_3$下的坐标. 设

$$\begin{aligned}\boldsymbol{\alpha} &= x_1{}'\boldsymbol{\beta}_1 + x_2{}'\boldsymbol{\beta}_2 + x_3{}'\boldsymbol{\beta}_3 \\ &= (\boldsymbol{\beta}_1, \boldsymbol{\beta}_2, \boldsymbol{\beta}_3)\begin{pmatrix} x_1{}' \\ x_2{}' \\ x_3{}' \end{pmatrix} \\ &= \boldsymbol{B}\begin{pmatrix} x_1{}' \\ x_2{}' \\ x_3{}' \end{pmatrix},\end{aligned}$$

即

$$\begin{pmatrix} x_1{}' \\ x_2{}' \\ x_3{}' \end{pmatrix} = \boldsymbol{B}^{-1}\boldsymbol{\alpha}.$$

由

$$(\boldsymbol{B}, \boldsymbol{\alpha}) = \begin{pmatrix} 3 & 0 & 1 & 2 \\ 1 & 1 & 0 & 1 \\ 0 & 1 & 4 & 2 \end{pmatrix} \rightarrow \begin{pmatrix} 1 & 0 & 0 & \frac{7}{13} \\ 0 & 1 & 0 & \frac{6}{13} \\ 0 & 0 & 1 & \frac{5}{13} \end{pmatrix},$$

即 $\boldsymbol{\alpha}$ 在基 $\boldsymbol{\beta}_1, \boldsymbol{\beta}_2, \boldsymbol{\beta}_3$ 下的坐标为

$$\begin{pmatrix} x_1{}' \\ x_2{}' \\ x_3{}' \end{pmatrix} = \begin{pmatrix} \frac{7}{13} \\ \frac{6}{13} \\ \frac{5}{13} \end{pmatrix}.$$

从而 $\boldsymbol{\alpha}$ 在基 $\boldsymbol{\alpha}_1, \boldsymbol{\alpha}_2, \boldsymbol{\alpha}_3$ 下的坐标为

$$\begin{pmatrix} x_1 \\ x_2 \\ x_3 \end{pmatrix} = \boldsymbol{P}\begin{pmatrix} x_1{}' \\ x_2{}' \\ x_3{}' \end{pmatrix} = \begin{pmatrix} 5 & -2 & -2 \\ 4 & -3 & -2 \\ -2 & 2 & 3 \end{pmatrix}\begin{pmatrix} \frac{7}{13} \\ \frac{6}{13} \\ \frac{5}{13} \end{pmatrix} = \begin{pmatrix} 1 \\ 0 \\ 1 \end{pmatrix}.$$

例 3.24 设 $\boldsymbol{\alpha}_1, \boldsymbol{\alpha}_2, \boldsymbol{\alpha}_3$ 为三维向量空间 $\mathbb{R}^3$ 的一个基，而 $\boldsymbol{\beta}_1, \boldsymbol{\beta}_2, \boldsymbol{\beta}_3$ 与 $\boldsymbol{\gamma}_1, \boldsymbol{\gamma}_2, \boldsymbol{\gamma}_3$ 为 $\mathbb{R}^3$ 中的两个向量组，且

$$\begin{cases} \boldsymbol{\beta}_1 = \boldsymbol{\alpha}_1 + \boldsymbol{\alpha}_2 + \boldsymbol{\alpha}_3, \\ \boldsymbol{\beta}_2 = \boldsymbol{\alpha}_1 \qquad - \boldsymbol{\alpha}_3, \\ \boldsymbol{\beta}_3 = \boldsymbol{\alpha}_1 \qquad + \boldsymbol{\alpha}_3, \end{cases}$$

$$\begin{cases} \boldsymbol{\gamma}_1 = \boldsymbol{\alpha}_1 + 2\boldsymbol{\alpha}_2 + \boldsymbol{\alpha}_3, \\ \boldsymbol{\gamma}_2 = 2\boldsymbol{\alpha}_1 + 3\boldsymbol{\alpha}_2 + 4\boldsymbol{\alpha}_3, \\ \boldsymbol{\gamma}_3 = 3\boldsymbol{\alpha}_1 + 4\boldsymbol{\alpha}_2 + 3\boldsymbol{\alpha}_3, \end{cases}$$

(1) 验证 $\boldsymbol{\beta}_1, \boldsymbol{\beta}_2, \boldsymbol{\beta}_3$ 与 $\boldsymbol{\gamma}_1, \boldsymbol{\gamma}_2, \boldsymbol{\gamma}_3$ 都是 $\mathbb{R}^3$ 的基；

(2) 求由 $\boldsymbol{\beta}_1, \boldsymbol{\beta}_2, \boldsymbol{\beta}_3$ 到 $\boldsymbol{\gamma}_1, \boldsymbol{\gamma}_2, \boldsymbol{\gamma}_3$ 的过渡矩阵；

(3) 求坐标变换公式.

解 (1) 设

$$(\boldsymbol{\beta}_1, \boldsymbol{\beta}_2, \boldsymbol{\beta}_3) = (\boldsymbol{\alpha}_1, \boldsymbol{\alpha}_2, \boldsymbol{\alpha}_3)\begin{pmatrix} 1 & 1 & 1 \\ 1 & 0 & 0 \\ 1 & -1 & 1 \end{pmatrix}$$

$$= (\boldsymbol{\alpha}_1, \boldsymbol{\alpha}_2, \boldsymbol{\alpha}_3)\boldsymbol{B},$$

$$(\boldsymbol{\gamma}_1, \boldsymbol{\gamma}_2, \boldsymbol{\gamma}_3) = (\boldsymbol{\alpha}_1, \boldsymbol{\alpha}_2, \boldsymbol{\alpha}_3)\begin{pmatrix} 1 & 2 & 3 \\ 2 & 3 & 4 \\ 1 & 4 & 3 \end{pmatrix}$$

$$= (\boldsymbol{\alpha}_1, \boldsymbol{\alpha}_2, \boldsymbol{\alpha}_3)\boldsymbol{C}.$$

由于 $|\boldsymbol{B}| \neq 0$，故 $\boldsymbol{B}$ 为可逆矩阵，而 $\boldsymbol{\alpha}_1, \boldsymbol{\alpha}_2, \boldsymbol{\alpha}_3$ 为 $\mathbb{R}^3$ 的基，故 $\boldsymbol{\beta}_1, \boldsymbol{\beta}_2, \boldsymbol{\beta}_3$ 是 $\mathbb{R}^3$ 的基.类似可证，$\boldsymbol{\gamma}_1, \boldsymbol{\gamma}_2, \boldsymbol{\gamma}_3$ 也是 $\mathbb{R}^3$ 的基.

(2) 由(1)知

$$(\boldsymbol{\beta}_1, \boldsymbol{\beta}_2, \boldsymbol{\beta}_3) = (\boldsymbol{\alpha}_1, \boldsymbol{\alpha}_2, \boldsymbol{\alpha}_3)\boldsymbol{B},$$

$$(\boldsymbol{\alpha}_1, \boldsymbol{\alpha}_2, \boldsymbol{\alpha}_3) = (\boldsymbol{\beta}_1, \boldsymbol{\beta}_2, \boldsymbol{\beta}_3)\boldsymbol{B}^{-1},$$

从而

$$(\boldsymbol{\gamma}_1, \boldsymbol{\gamma}_2, \boldsymbol{\gamma}_3) = (\boldsymbol{\alpha}_1, \boldsymbol{\alpha}_2, \boldsymbol{\alpha}_3)\boldsymbol{C} = (\boldsymbol{\beta}_1, \boldsymbol{\beta}_2, \boldsymbol{\beta}_3)\boldsymbol{B}^{-1}\boldsymbol{C},$$

所以由 $\boldsymbol{\beta}_1, \boldsymbol{\beta}_2, \boldsymbol{\beta}_3$ 到 $\boldsymbol{\gamma}_1, \boldsymbol{\gamma}_2, \boldsymbol{\gamma}_3$ 的过渡矩阵为

$$\boldsymbol{B}^{-1}\boldsymbol{C} = \begin{pmatrix} 1 & 1 & 1 \\ 1 & 0 & 0 \\ 1 & -1 & 1 \end{pmatrix}^{-1} \begin{pmatrix} 1 & 2 & 3 \\ 2 & 3 & 4 \\ 1 & 4 & 3 \end{pmatrix}$$

$$= \begin{pmatrix} 2 & 3 & 4 \\ 0 & -1 & 0 \\ -1 & 0 & -1 \end{pmatrix}.$$

(3) 坐标变换公式为

$$\begin{pmatrix} x_1 \\ x_2 \\ x_3 \end{pmatrix} = \begin{pmatrix} 2 & 3 & 4 \\ 0 & -1 & 0 \\ -1 & 0 & -1 \end{pmatrix} \begin{pmatrix} x_1' \\ x_2' \\ x_3' \end{pmatrix}.$$

习 题 3.4

1. 设

$$\boldsymbol{V}_1 = \{\boldsymbol{x} = (x_1, x_2, \cdots, x_n)^{\mathrm{T}} \mid x_1, x_2, \cdots, x_n \in \mathbb{R}, \text{满足} x_1 + x_2 + \cdots + x_n = 0\},$$

$$\boldsymbol{V}_2 = \{\boldsymbol{x} = (x_1, x_2, \cdots, x_n)^{\mathrm{T}} \mid x_1, x_2, \cdots, x_n \in \mathbb{R}, \text{满足} x_1 + x_2 + \cdots + x_n = 1\},$$

问 $\boldsymbol{V}_1$，$\boldsymbol{V}_2$ 是不是$\mathbb{R}^n$的子空间？为什么？

2. 试证：由$\boldsymbol{\alpha}_1 = (0, 1, 1)^{\mathrm{T}}$，$\boldsymbol{\alpha}_2 = (1, 0, 1)^{\mathrm{T}}$，$\boldsymbol{\alpha}_3 = (1, 1, 0)^{\mathrm{T}}$所生成的向量空间就是$\mathbb{R}^3$.

3. 判断$\mathbb{R}^3$中与向量$(0, 0, 1)$不平行的全体向量所组成的集合是否构成向量空间.

4. 由$\boldsymbol{\alpha}_1 = (1, 1, 0, 0)^{\mathrm{T}}$，$\boldsymbol{\alpha}_2 = (1, 0, 1, 1)^{\mathrm{T}}$所生成的向量空间记作$\boldsymbol{V}_1$，由$\boldsymbol{\beta}_1 = (2, -1, 3, 3)^{\mathrm{T}}$，$\boldsymbol{\beta}_2 = (0, 1, -1, -1)^{\mathrm{T}}$所生成的向量空间记作$\boldsymbol{V}_2$，试证：$\boldsymbol{V}_1 = \boldsymbol{V}_2$.

5. 验证$\boldsymbol{\alpha}_1 = (1, -1, 0)^{\mathrm{T}}$，$\boldsymbol{\alpha}_2 = (2, 1, 3)^{\mathrm{T}}$，$\boldsymbol{\alpha}_3 = (3, 1, 2)^{\mathrm{T}}$为$\mathbb{R}^3$的一个基，并把$\boldsymbol{v}_1 = (5, 0, 7)^{\mathrm{T}}$，$\boldsymbol{v}_2 = (-9, -8, -13)^{\mathrm{T}}$用这个基线性表示.

6. 设$\boldsymbol{\xi}_1$，$\boldsymbol{\xi}_2$，$\boldsymbol{\xi}_3$为$\mathbb{R}^3$的一个基，已知$\boldsymbol{\alpha}_1 = \boldsymbol{\xi}_1 + \boldsymbol{\xi}_2 - 2\boldsymbol{\xi}_3$，$\boldsymbol{\alpha}_2 =$

$\boldsymbol{\xi}_1-\boldsymbol{\xi}_2-\boldsymbol{\xi}_3$，$\boldsymbol{\alpha}_3=\boldsymbol{\xi}_1+\boldsymbol{\xi}_3$，证明$\boldsymbol{\alpha}_1$，$\boldsymbol{\alpha}_2$，$\boldsymbol{\alpha}_3$为$\mathbb{R}^3$的一个基，并求出向量$\boldsymbol{\beta}=6\boldsymbol{\xi}_1-\boldsymbol{\xi}_2-\boldsymbol{\xi}_3$关于基$\boldsymbol{\alpha}_1$，$\boldsymbol{\alpha}_2$，$\boldsymbol{\alpha}_3$的坐标.

7. 设$\mathbb{R}^4$中的两组基为

$$\boldsymbol{\xi}_1=(1,-1,0,0)^{\mathrm{T}},\quad \boldsymbol{\xi}_2=(0,1,-1,0)^{\mathrm{T}},$$

$$\boldsymbol{\xi}_3=(0,0,1,-1)^{\mathrm{T}},\quad \boldsymbol{\xi}_4=(0,0,0,1)^{\mathrm{T}};$$

$$\boldsymbol{\eta}_1=(1,0,0,0)^{\mathrm{T}},\quad \boldsymbol{\eta}_2=(1,2,0,0)^{\mathrm{T}},$$

$$\boldsymbol{\eta}_3=(1,2,3,0)^{\mathrm{T}},\quad \boldsymbol{\eta}_4=(1,2,3,4)^{\mathrm{T}}.$$

已知向量$\boldsymbol{\alpha}$在基$\boldsymbol{\xi}_1$，$\boldsymbol{\xi}_2$，$\boldsymbol{\xi}_3$，$\boldsymbol{\xi}_4$下的坐标是$(1,2,3,4)$，求向量$\boldsymbol{\alpha}$在基$\boldsymbol{\eta}_1$，$\boldsymbol{\eta}_2$，$\boldsymbol{\eta}_3$，$\boldsymbol{\eta}_4$下的坐标.

8. 设$\mathbb{R}^3$中的两组基为

$$\boldsymbol{\xi}_1=(1,0,0)^{\mathrm{T}},\quad \boldsymbol{\xi}_2=(-1,1,0)^{\mathrm{T}},\quad \boldsymbol{\xi}_3=(1,-2,1)^{\mathrm{T}};$$

$$\boldsymbol{\eta}_1=(2,0,0)^{\mathrm{T}},\quad \boldsymbol{\eta}_2=(-2,1,0)^{\mathrm{T}},\quad \boldsymbol{\eta}_3=(4,-4,1)^{\mathrm{T}}.$$

(1) 求$\boldsymbol{\xi}_1$，$\boldsymbol{\xi}_2$，$\boldsymbol{\xi}_3$到$\boldsymbol{\eta}_1$，$\boldsymbol{\eta}_2$，$\boldsymbol{\eta}_3$的过渡矩阵；

(2) 已知向量$\boldsymbol{\alpha}=(2,3,-1)^{\mathrm{T}}$，求向量$\boldsymbol{\alpha}$分别在基$\boldsymbol{\xi}_1$，$\boldsymbol{\xi}_2$，$\boldsymbol{\xi}_3$和$\boldsymbol{\eta}_1$，$\boldsymbol{\eta}_2$，$\boldsymbol{\eta}_3$下的坐标；

(3) 求在这两组基下有相同坐标的非零向量.

9. 在$\mathbb{R}^4$中求出由向量

$$\boldsymbol{\alpha}_1=(2,1,3,1)^{\mathrm{T}},\quad \boldsymbol{\alpha}_2=(1,2,0,1)^{\mathrm{T}},$$

$$\boldsymbol{\alpha}_3=(-1,1,-3,0)^{\mathrm{T}},\quad \boldsymbol{\alpha}_4=(1,1,1,1)^{\mathrm{T}}$$

生成的向量空间的维数和一组基.

10. 求线性方程组$\boldsymbol{A}\boldsymbol{x}=\boldsymbol{0}$，其解空间由向量组

$$\boldsymbol{\alpha}_1=(1,-1,1,0)^{\mathrm{T}},$$

$$\boldsymbol{\alpha}_2=(1,1,0,1)^{\mathrm{T}},$$

$$\boldsymbol{\alpha}_3=(2,0,1,1)^{\mathrm{T}}$$

所生成.

3.5 线性方程组解的结构

3.5.1 齐次线性方程组解的结构

下面从向量空间的角度对齐次线性方程组 $\boldsymbol{Ax}=\boldsymbol{0}$ 的解的结构进行研究.

定理 3.15 齐次线性方程组 $\boldsymbol{Ax}=\boldsymbol{0}$ 的全体解向量的集合 $\boldsymbol{S}$ 是一个向量空间.

证 设 $\boldsymbol{\xi}_1,\boldsymbol{\xi}_2\in\boldsymbol{S}$,即 $\boldsymbol{A\xi}_1=\boldsymbol{0}$, $\boldsymbol{A\xi}_2=\boldsymbol{0}$, k 为实数,则

$$\boldsymbol{A}(\boldsymbol{\xi}_1+\boldsymbol{\xi}_2)=\boldsymbol{A\xi}_1+\boldsymbol{A\xi}_2=\boldsymbol{0},$$

$$\boldsymbol{A}(k\boldsymbol{\xi}_1)=k\boldsymbol{A\xi}_1=\boldsymbol{0},$$

从而 $\boldsymbol{\xi}_1+\boldsymbol{\xi}_2\in\boldsymbol{S}$, $k\boldsymbol{\xi}_1\in\boldsymbol{S}$, 即 $\boldsymbol{S}$ 对向量的加法和数乘封闭,因此 $\boldsymbol{S}$ 是一个向量空间.

$\boldsymbol{S}$ 称为齐次线性方程组 $\boldsymbol{Ax}=\boldsymbol{0}$ 的**解空间**.

定义 3.8 若齐次线性方程组 $\boldsymbol{Ax}=\boldsymbol{0}$ 的有限个解 $\boldsymbol{\xi}_1,\boldsymbol{\xi}_2,\cdots,\boldsymbol{\xi}_t$ 满足

(1) $\boldsymbol{\xi}_1,\boldsymbol{\xi}_2,\cdots,\boldsymbol{\xi}_t$ 线性无关;

(2) $\boldsymbol{Ax}=\boldsymbol{0}$ 的任意一个解均可由 $\boldsymbol{\xi}_1,\boldsymbol{\xi}_2,\cdots,\boldsymbol{\xi}_t$ 线性表示,

则称 $\boldsymbol{\xi}_1,\boldsymbol{\xi}_2,\cdots,\boldsymbol{\xi}_t$ 是齐次线性方程组 $\boldsymbol{Ax}=\boldsymbol{0}$ 的一个**基础解系**.

显然,齐次线性方程组 $\boldsymbol{Ax}=\boldsymbol{0}$ 的基础解系即为其解空间的基.若 $\boldsymbol{\xi}_1,\boldsymbol{\xi}_2,\cdots,\boldsymbol{\xi}_t$ 是 $\boldsymbol{Ax}=\boldsymbol{0}$ 的一个基础解系,则 $\boldsymbol{Ax}=\boldsymbol{0}$ 的通解可表示为

$$\boldsymbol{x}=k_1\boldsymbol{\xi}_1+k_2\boldsymbol{\xi}_2+\cdots+k_t\boldsymbol{\xi}_t, \tag{3.13}$$

其中 $k_1,k_2,\cdots,k_t$ 为任意常数.

当齐次线性方程组只有零解时,该方程组没有基础解系;而当齐次线性方程组有非零解时,是否一定有基础解系呢?如果有的话,怎样去求它的基础解系呢?下面的定理回答了这两个问题.

定理 3.16 对齐次线性方程组 $\boldsymbol{Ax}=\boldsymbol{0}$,若 $R(\boldsymbol{A})=r<n$, 则该方程组的基础解系一定存在,且每个基础解系中所含解向量的个数均为 $n-r$,即 $\boldsymbol{Ax}=\boldsymbol{0}$ 的解空间的维数为 $n-r$,其中 n 是方程组所含未

知量的个数.

证 因为 $R(\boldsymbol{A}) = r < n$，故对矩阵 $\boldsymbol{A}$ 施以初等行变换，可化为如下形式：

$$\boldsymbol{A} = \begin{pmatrix} a_{11} & a_{12} & \cdots & a_{1n} \\ a_{21} & a_{22} & \cdots & a_{2n} \\ \vdots & \vdots & & \vdots \\ a_{m1} & a_{m2} & \cdots & a_{mn} \end{pmatrix}$$

$$\to \begin{pmatrix} 1 & & & & b_{11} & \cdots & b_{1,n-r} \\ & 1 & & & b_{21} & \cdots & b_{2,n-r} \\ & & \ddots & & \vdots & & \vdots \\ & & & 1 & b_{r1} & \cdots & b_{r,n-r} \\ 0 & 0 & \cdots & 0 & 0 & \cdots & 0 \\ \vdots & \vdots & & \vdots & \vdots & & \vdots \\ 0 & 0 & \cdots & 0 & 0 & \cdots & 0 \end{pmatrix}$$

$$= \begin{pmatrix} \boldsymbol{E}_r & \boldsymbol{B} \\ \boldsymbol{O} & \boldsymbol{O} \end{pmatrix},$$

即齐次线性方程组 $\boldsymbol{Ax} = \boldsymbol{0}$ 与下面的方程组同解：

$$\begin{cases} x_1 = -b_{11}x_{r+1} - b_{12}x_{r+2} - \cdots - b_{1,n-r}x_n, \\ x_2 = -b_{21}x_{r+1} - b_{22}x_{r+2} - \cdots - b_{2,n-r}x_n, \\ \cdots\cdots\cdots\cdots \\ x_r = -b_{r1}x_{r+1} - b_{r2}x_{r+2} - \cdots - b_{r,n-r}x_n, \end{cases} \tag{3.14}$$

其中$(x_{r+1}, x_{r+2}, \cdots, x_n)$是自由向量. 分别取

$$\begin{pmatrix} x_{r+1} \\ x_{r+2} \\ \vdots \\ x_n \end{pmatrix} = \begin{pmatrix} 1 \\ 0 \\ \vdots \\ 0 \end{pmatrix}, \quad \begin{pmatrix} 0 \\ 1 \\ \vdots \\ 0 \end{pmatrix}, \quad \cdots, \quad \begin{pmatrix} 0 \\ 0 \\ \vdots \\ 1 \end{pmatrix},$$

代入(3.14)式，即可得到方程组 $\boldsymbol{Ax} = \boldsymbol{0}$ 的 $n - r$ 个解：

$$\boldsymbol{\xi}_1=\begin{pmatrix}-b_{11}\\ \vdots\\ -b_{r1}\\ 1\\ 0\\ \vdots\\ 0\end{pmatrix},\quad \boldsymbol{\xi}_2=\begin{pmatrix}-b_{12}\\ \vdots\\ -b_{r2}\\ 0\\ 1\\ \vdots\\ 0\end{pmatrix},\quad \cdots,\quad \boldsymbol{\xi}_{n-r}=\begin{pmatrix}-b_{1,n-r}\\ \vdots\\ -b_{r,n-r}\\ 0\\ 0\\ \vdots\\ 1\end{pmatrix}.$$

下证$\boldsymbol{\xi}_1,\boldsymbol{\xi}_2,\cdots,\boldsymbol{\xi}_{n-r}$就是$\boldsymbol{Ax}=\boldsymbol{0}$的一个基础解系.

(1) 证明$\boldsymbol{\xi}_1,\boldsymbol{\xi}_2,\cdots,\boldsymbol{\xi}_{n-r}$线性无关.因为$n-r$个$n-r$维向量

$$\begin{pmatrix}1\\ 0\\ \vdots\\ 0\end{pmatrix},\ \begin{pmatrix}0\\ 1\\ \vdots\\ 0\end{pmatrix},\ \cdots,\ \begin{pmatrix}0\\ 0\\ \vdots\\ 1\end{pmatrix}$$

线性无关,根据定理3.11,“低维无关,高维无关”,$n-r$个n维向量$\boldsymbol{\xi}_1,\boldsymbol{\xi}_2,\cdots,\boldsymbol{\xi}_{n-r}$也线性无关.

(2) 证明$\boldsymbol{Ax}=\boldsymbol{0}$的任意一个解均可由$\boldsymbol{\xi}_1,\boldsymbol{\xi}_2,\cdots,\boldsymbol{\xi}_{n-r}$线性表示.因为

$$\begin{cases}x_1=-b_{11}x_{r+1}-b_{12}x_{r+2}-\cdots-b_{1,n-r}x_n,\\ x_2=-b_{21}x_{r+1}-b_{22}x_{r+2}-\cdots-b_{2,n-r}x_n,\\ \cdots\cdots\cdots\cdots\\ x_r=-b_{r1}x_{r+1}-b_{r2}x_{r+2}-\cdots-b_{r,n-r}x_n,\end{cases}$$

所以

$$\boldsymbol{x}=\begin{pmatrix}x_1\\ \vdots\\ x_r\\ x_{r+1}\\ \vdots\\ x_n\end{pmatrix}=\begin{pmatrix}-b_{11}x_{r+1}-b_{12}x_{r+2}-\cdots-b_{1,n-r}x_n\\ \vdots\\ -b_{r1}x_{r+1}-b_{r2}x_{r+2}-\cdots-b_{r,n-r}x_n\\ x_{r+1}\\ \vdots\\ x_n\end{pmatrix}$$

$$= x_{r+1}\begin{pmatrix}-b_{11}\\ \vdots\\ -b_{r1}\\ 1\\ 0\\ \vdots\\ 0\end{pmatrix} + x_{r+2}\begin{pmatrix}-b_{12}\\ \vdots\\ -b_{r2}\\ 0\\ 1\\ \vdots\\ 0\end{pmatrix} + \cdots + x_n\begin{pmatrix}-b_{1,n-r}\\ \vdots\\ -b_{r,n-r}\\ 0\\ 0\\ \vdots\\ 1\end{pmatrix}$$

$$= x_{r+1}\boldsymbol{\xi}_1 + x_{r+2}\boldsymbol{\xi}_2 + \cdots + x_n\boldsymbol{\xi}_{n-r},$$

即任一解均可表示为$\boldsymbol{\xi}_1, \boldsymbol{\xi}_2, \cdots, \boldsymbol{\xi}_{n-r}$的线性组合.

由(1)和(2)知,$\boldsymbol{\xi}_1, \boldsymbol{\xi}_2, \cdots, \boldsymbol{\xi}_{n-r}$是$\boldsymbol{Ax} = \boldsymbol{0}$的一个基础解系.

定理的证明过程实际上已给出了求齐次线性方程组的基础解系的方法.

例 3.25 求齐次线性方程组

$$\begin{cases} x_1 + x_2 - x_3 - x_4 = 0, \\ 2x_1 - 5x_2 + 3x_3 + 2x_4 = 0, \\ 7x_1 - 7x_2 + 3x_3 + x_4 = 0 \end{cases}$$

的基础解系与通解.

解 对系数矩阵 $\boldsymbol{A}$ 作初等行变换,将其化为行最简形矩阵:

$$\boldsymbol{A} = \begin{pmatrix}1 & 1 & -1 & -1\\ 2 & -5 & 3 & 2\\ 7 & -7 & 3 & 1\end{pmatrix}$$

$$\xrightarrow[r_3 - 7r_1]{r_2 - 2r_1} \begin{pmatrix}1 & 1 & -1 & -1\\ 0 & -7 & 5 & 4\\ 0 & -14 & 10 & 8\end{pmatrix}$$

$$\xrightarrow{r_3 - 2r_2} \begin{pmatrix}1 & 1 & -1 & -1\\ 0 & -7 & 5 & 4\\ 0 & 0 & 0 & 0\end{pmatrix}$$

$$\xrightarrow[r_1 - r_2]{r_2 \div 7} \begin{pmatrix}1 & 0 & -\frac{2}{7} & -\frac{3}{7}\\ 0 & 1 & -\frac{5}{7} & -\frac{4}{7}\\ 0 & 0 & 0 & 0\end{pmatrix},$$

得同解方程组

$$\begin{cases} x_1 = \dfrac{2}{7}x_3 + \dfrac{3}{7}x_4, \\ x_2 = \dfrac{5}{7}x_3 + \dfrac{4}{7}x_4. \end{cases}$$

分别令

$$\begin{pmatrix} x_3 \\ x_4 \end{pmatrix} = \begin{pmatrix} 1 \\ 0 \end{pmatrix}, \quad \begin{pmatrix} 0 \\ 1 \end{pmatrix},$$

代入得

$$\begin{pmatrix} x_1 \\ x_2 \end{pmatrix} = \begin{pmatrix} \dfrac{2}{7} \\ \dfrac{5}{7} \end{pmatrix}, \quad \begin{pmatrix} \dfrac{3}{7} \\ \dfrac{4}{7} \end{pmatrix},$$

即得基础解系

$$\boldsymbol{\xi}_1 = \begin{pmatrix} \dfrac{2}{7} \\ \dfrac{5}{7} \\ 1 \\ 0 \end{pmatrix}, \quad \boldsymbol{\xi}_2 = \begin{pmatrix} \dfrac{3}{7} \\ \dfrac{4}{7} \\ 0 \\ 1 \end{pmatrix},$$

从而方程组的通解为

$$\begin{pmatrix} x_1 \\ x_2 \\ x_3 \\ x_4 \end{pmatrix} = k_1\boldsymbol{\xi}_1 + k_2\boldsymbol{\xi}_2 = k_1\begin{pmatrix} \dfrac{2}{7} \\ \dfrac{5}{7} \\ 1 \\ 0 \end{pmatrix} + k_2\begin{pmatrix} \dfrac{3}{7} \\ \dfrac{4}{7} \\ 0 \\ 1 \end{pmatrix} \quad (k_1, k_2 \in \mathbb{R}).$$

在 3.1 节中,线性方程组的解法是根据行最简形矩阵对应的同解方程组直接写出方程组的通解,而现在是先求基础解系,再写出通解.因为从第一种方法所得通解中很容易得出基础解系,所以这两种解法其实并无本质区别.

例 3.26 用基础解系表示如下齐次线性方程组的通解:

$$\begin{cases} x_1 + x_2 + x_3 + 4x_4 - 3x_5 = 0, \\ x_1 - x_2 + 3x_3 - 2x_4 - x_5 = 0, \\ 2x_1 + x_2 + 3x_3 + 5x_4 - 5x_5 = 0, \\ 3x_1 + x_2 + 5x_3 + 6x_4 - 7x_5 = 0. \end{cases}$$

解　对系数矩阵 $\boldsymbol{A}$ 作初等行变换,将其化为行最简形矩阵:

$$\boldsymbol{A} = \begin{pmatrix} 1 & 1 & 1 & 4 & -3 \\ 1 & -1 & 3 & -2 & -1 \\ 2 & 1 & 3 & 5 & -5 \\ 3 & 1 & 5 & 6 & -7 \end{pmatrix}$$

$$\rightarrow \begin{pmatrix} 1 & 1 & 1 & 4 & -3 \\ 0 & -2 & 2 & -6 & 2 \\ 0 & -1 & 1 & -3 & 1 \\ 0 & -2 & 2 & -6 & 2 \end{pmatrix}$$

$$\rightarrow \begin{pmatrix} 1 & 0 & 2 & 1 & -2 \\ 0 & 1 & -1 & 3 & -1 \\ 0 & 0 & 0 & 0 & 0 \\ 0 & 0 & 0 & 0 & 0 \end{pmatrix},$$

得同解方程组为

$$\begin{cases} x_1 = -2x_3 - x_4 + 2x_5, \\ x_2 = x_3 - 3x_4 + x_5. \end{cases}$$

分别令

$$\begin{pmatrix} x_3 \\ x_4 \\ x_5 \end{pmatrix} = \begin{pmatrix} 1 \\ 0 \\ 0 \end{pmatrix}, \quad \begin{pmatrix} 0 \\ 1 \\ 0 \end{pmatrix}, \quad \begin{pmatrix} 0 \\ 0 \\ 1 \end{pmatrix},$$

得基础解系

$$\boldsymbol{\xi}_1 = \begin{pmatrix} -2 \\ 1 \\ 1 \\ 0 \\ 0 \end{pmatrix}, \quad \boldsymbol{\xi}_2 = \begin{pmatrix} -1 \\ -3 \\ 0 \\ 1 \\ 0 \end{pmatrix}, \quad \boldsymbol{\xi}_3 = \begin{pmatrix} 2 \\ 1 \\ 0 \\ 0 \\ 1 \end{pmatrix},$$

从而方程组的通解为

$$\begin{pmatrix} x_1 \\ x_2 \\ x_3 \\ x_4 \\ x_5 \end{pmatrix} = k_1\boldsymbol{\xi}_1 + k_2\boldsymbol{\xi}_2 + k_3\boldsymbol{\xi}_3$$

$$= k_1\begin{pmatrix} -2 \\ 1 \\ 1 \\ 0 \\ 0 \end{pmatrix} + k_2\begin{pmatrix} -1 \\ -3 \\ 0 \\ 1 \\ 0 \end{pmatrix} + k_3\begin{pmatrix} 2 \\ 1 \\ 0 \\ 0 \\ 1 \end{pmatrix}$$

$$(k_1, k_2, k_3 \in \mathbb{R}).$$

例 3.27　求齐次线性方程组，使它的基础解系由下列向量组成：

$$\boldsymbol{\xi}_1 = \begin{pmatrix} 1 \\ 2 \\ 3 \\ 4 \end{pmatrix}, \quad \boldsymbol{\xi}_2 = \begin{pmatrix} 4 \\ 3 \\ 2 \\ 1 \end{pmatrix}.$$

解　设所求方程组为 $\boldsymbol{Ax} = \boldsymbol{0}$，矩阵 $\boldsymbol{A}$ 的行向量形如 $\boldsymbol{\alpha}^{\mathrm{T}} = (a_1, a_2, a_3, a_4)$.

根据题意，有 $\boldsymbol{\alpha}^{\mathrm{T}}\boldsymbol{\xi}_1 = 0$，$\boldsymbol{\alpha}^{\mathrm{T}}\boldsymbol{\xi}_2 = 0$，即

$$\begin{cases} a_1 + 2a_2 + 3a_3 + 4a_4 = 0, \\ 4a_1 + 3a_2 + 2a_3 + a_4 = 0. \end{cases}$$

对这个方程组的系数矩阵 $\boldsymbol{B}$ 进行初等行变换，得

$$\boldsymbol{B} = \begin{pmatrix} 1 & 2 & 3 & 4 \\ 4 & 3 & 2 & 1 \end{pmatrix} \to \begin{pmatrix} 1 & 0 & -1 & -2 \\ 0 & 1 & 2 & 3 \end{pmatrix},$$

得同解方程组为

$$\begin{cases} a_1 - a_3 - 2a_4 = 0, \\ a_2 + 2a_3 + 3a_4 = 0, \end{cases}$$

其基础解系为

$$\begin{pmatrix}1\\-2\\1\\0\end{pmatrix},\quad\begin{pmatrix}2\\-3\\0\\1\end{pmatrix}.$$

因此,可取矩阵 $\boldsymbol{A}$ 的行向量分别为 $\boldsymbol{\alpha}_1^{\mathrm{T}}=(1,-2,1,0)$,$\boldsymbol{\alpha}_2^{\mathrm{T}}=(2,-3,0,1)$,所求齐次线性方程组的系数矩阵

$$\boldsymbol{A}=\begin{pmatrix}1&-2&1&0\\2&-3&0&1\end{pmatrix},$$

故所求齐次线性方程组为

$$\begin{cases}x_1-2x_2+x_3\qquad=0,\\2x_1-3x_2\qquad+x_4=0.\end{cases}$$

下面用齐次线性方程组解的结构定理证明2.6.3中的性质(4).

例3.28 若 $\boldsymbol{A}_{m\times n}\boldsymbol{B}_{n\times s}=0$,则 $R(\boldsymbol{A})+R(\boldsymbol{B})\leqslant n$.

证 记 $\boldsymbol{B}=(\boldsymbol{b}_1,\boldsymbol{b}_2,\cdots,\boldsymbol{b}_s)$,则 $\boldsymbol{A}(\boldsymbol{b}_1,\boldsymbol{b}_2,\cdots,\boldsymbol{b}_s)=(\boldsymbol{0},\boldsymbol{0},\cdots,\boldsymbol{0})$,即

$$\boldsymbol{A}\boldsymbol{b}_i=\boldsymbol{0}\quad(i=1,2,\cdots,s).$$

上式表明,矩阵 $\boldsymbol{B}$ 的 s 个列向量都是齐次方程 $\boldsymbol{Ax}=\boldsymbol{0}$ 的解.

设方程 $\boldsymbol{Ax}=\boldsymbol{0}$ 的解集为 S,由 $\boldsymbol{b}_i\in S$,知有 $R(\boldsymbol{b}_1,\boldsymbol{b}_2,\cdots,\boldsymbol{b}_s)\leqslant R_S$,即 $R(\boldsymbol{B})\leqslant R_S$.再由定理3.16,$R_S=n-R(\boldsymbol{A})$,所以 $R(\boldsymbol{A})+R(\boldsymbol{B})\leqslant n$.

3.5.2 非齐次线性方程组解的结构

对于非齐次线性方程组 $\boldsymbol{Ax}=\boldsymbol{b}$,我们首先给出其解的两个性质.

定理3.17 (1) 若 $\boldsymbol{x}=\boldsymbol{\eta}_1$,$\boldsymbol{x}=\boldsymbol{\eta}_2$ 为 $\boldsymbol{Ax}=\boldsymbol{b}$ 的解,则 $\boldsymbol{x}=\boldsymbol{\eta}_1-\boldsymbol{\eta}_2$ 为 $\boldsymbol{Ax}=\boldsymbol{0}$ 的解;

(2) 若 $\boldsymbol{x}=\boldsymbol{\eta}$ 为 $\boldsymbol{Ax}=\boldsymbol{b}$ 的解,$\boldsymbol{x}=\boldsymbol{\xi}$ 为 $\boldsymbol{Ax}=\boldsymbol{0}$ 的解,则 $\boldsymbol{x}=\boldsymbol{\xi}+\boldsymbol{\eta}$ 为 $\boldsymbol{Ax}=\boldsymbol{b}$ 的解.

证 (1) $\boldsymbol{A}(\boldsymbol{\eta}_1-\boldsymbol{\eta}_2)=\boldsymbol{A}\boldsymbol{\eta}_1-\boldsymbol{A}\boldsymbol{\eta}_2=\boldsymbol{b}-\boldsymbol{b}=\boldsymbol{0}$;

(2) $\boldsymbol{A}(\boldsymbol{\xi}+\boldsymbol{\eta})=\boldsymbol{A}\boldsymbol{\xi}+\boldsymbol{A}\boldsymbol{\eta}=\boldsymbol{0}+\boldsymbol{b}=\boldsymbol{b}$.

根据上述结论不难得出非齐次线性方程组 $\boldsymbol{Ax}=\boldsymbol{b}$ 的通解形式.

定理3.18 若 $\boldsymbol{\eta}^*$ 为非齐次线性方程组 $\boldsymbol{Ax}=\boldsymbol{b}$ 的一个特解,$\boldsymbol{\xi}$ 为

对应的齐次线性方程组 $\boldsymbol{Ax}=\boldsymbol{0}$ 的通解，则非齐次线性方程组 $\boldsymbol{Ax}=\boldsymbol{b}$ 的通解为 $\boldsymbol{x}=\boldsymbol{\xi}+\boldsymbol{\eta}^*$.

证 因为 $\boldsymbol{\xi}$ 为 $\boldsymbol{Ax}=\boldsymbol{0}$ 的通解，$\boldsymbol{\eta}^*$ 为 $\boldsymbol{Ax}=\boldsymbol{b}$ 的一个特解，由定理3.17知，$\boldsymbol{Ax}=\boldsymbol{b}$ 的任一解总可表示为 $\boldsymbol{x}=\boldsymbol{\xi}+\boldsymbol{\eta}^*$.

可见，若 $\boldsymbol{\xi}_1,\boldsymbol{\xi}_2,\cdots,\boldsymbol{\xi}_{n-r}$ 是 $\boldsymbol{Ax}=\boldsymbol{0}$ 的基础解系，$\boldsymbol{\eta}^*$ 为 $\boldsymbol{Ax}=\boldsymbol{b}$ 的一个解，则 $\boldsymbol{Ax}=\boldsymbol{b}$ 的通解为

$$\boldsymbol{x}=k_1\boldsymbol{\xi}_1+k_2\boldsymbol{\xi}_2+\cdots+k_{n-r}\boldsymbol{\xi}_{n-r}+\boldsymbol{\eta}^*, \tag{3.15}$$

其中 $k_1,k_2,\cdots,k_{n-r}$ 为任意实数.

例 3.29 求下列方程组的通解：

$$\begin{cases} x_1-x_2-x_3+x_4=0, \\ x_1-x_2+x_3-3x_4=1, \\ x_1-x_2-2x_3+3x_4=-\dfrac{1}{2}. \end{cases}$$

解 对增广矩阵 $\boldsymbol{B}$ 作初等行变换，将其化为行最简形矩阵：

$$\boldsymbol{B}=\begin{pmatrix} 1 & -1 & -1 & 1 & 0 \\ 1 & -1 & 1 & -3 & 1 \\ 1 & -1 & -2 & 3 & -\dfrac{1}{2} \end{pmatrix}$$

$$\to\begin{pmatrix} 1 & -1 & -1 & 1 & 0 \\ 0 & 0 & 2 & -4 & 1 \\ 0 & 0 & -1 & 2 & -\dfrac{1}{2} \end{pmatrix}$$

$$\to\begin{pmatrix} 1 & -1 & -1 & 1 & 0 \\ 0 & 0 & 1 & -2 & \dfrac{1}{2} \\ 0 & 0 & 0 & 0 & 0 \end{pmatrix}$$

$$\to\begin{pmatrix} 1 & -1 & 0 & -1 & \dfrac{1}{2} \\ 0 & 0 & 1 & -2 & \dfrac{1}{2} \\ 0 & 0 & 0 & 0 & 0 \end{pmatrix},$$

得同解方程组

$$\begin{cases} x_1 = x_2 + x_4 + \dfrac{1}{2}, \\ x_3 = \qquad 2x_4 + \dfrac{1}{2}. \end{cases}$$

令

$$\begin{pmatrix} x_2 \\ x_4 \end{pmatrix} = \begin{pmatrix} 0 \\ 0 \end{pmatrix},$$

得

$$\begin{pmatrix} x_1 \\ x_3 \end{pmatrix} = \begin{pmatrix} \dfrac{1}{2} \\ \dfrac{1}{2} \end{pmatrix},$$

从而

$$\boldsymbol{\eta}^* = \begin{pmatrix} \dfrac{1}{2} \\ 0 \\ \dfrac{1}{2} \\ 0 \end{pmatrix}.$$

再在对应的齐次线性方程组

$$\begin{cases} x_1 = x_2 + x_4 \\ x_3 = \qquad 2x_4 \end{cases}$$

中,分别令

$$\begin{pmatrix} x_2 \\ x_4 \end{pmatrix} = \begin{pmatrix} 1 \\ 0 \end{pmatrix}, \quad \begin{pmatrix} 0 \\ 1 \end{pmatrix},$$

得

$$\begin{pmatrix} x_1 \\ x_3 \end{pmatrix} = \begin{pmatrix} 1 \\ 0 \end{pmatrix}, \quad \begin{pmatrix} 1 \\ 2 \end{pmatrix},$$

从而得基础解系

$$\boldsymbol{\xi}_1 = \begin{pmatrix} 1 \\ 1 \\ 0 \\ 0 \end{pmatrix}, \quad \boldsymbol{\xi}_2 = \begin{pmatrix} 1 \\ 0 \\ 2 \\ 1 \end{pmatrix}.$$

故所求通解为

$$\begin{pmatrix} x_1 \\ x_2 \\ x_3 \\ x_4 \end{pmatrix} = c_1 \begin{pmatrix} 1 \\ 1 \\ 0 \\ 0 \end{pmatrix} + c_2 \begin{pmatrix} 1 \\ 0 \\ 2 \\ 1 \end{pmatrix} + \begin{pmatrix} \frac{1}{2} \\ 0 \\ \frac{1}{2} \\ 0 \end{pmatrix},$$

其中 c_1，c_2 为任意常数.

例 3.30　解方程组

$$\begin{cases} x_1 - 2x_2 + 3x_3 - 4x_4 = 4, \\ x_2 - x_3 + x_4 = -3, \\ x_1 + 3x_2 - 3x_4 = 1, \\ -7x_2 + 3x_3 + x_4 = -3. \end{cases}$$

解　对增广矩阵 $\boldsymbol{B}$ 作初等行变换,将其化为行最简形矩阵:

$$\boldsymbol{B} = \begin{pmatrix} 1 & -2 & 3 & -4 & 4 \\ 0 & 1 & -1 & 1 & -3 \\ 1 & 3 & 0 & -3 & 1 \\ 0 & -7 & 3 & 1 & -3 \end{pmatrix}$$

$$\to \begin{pmatrix} 1 & 0 & 0 & 0 & -8 \\ 0 & 1 & 0 & -1 & 3 \\ 0 & 0 & 1 & -2 & 6 \\ 0 & 0 & 0 & 0 & 0 \end{pmatrix},$$

得同解方程组

$$\begin{cases} x_1 = -8, \\ x_2 = x_4 + 3, \\ x_3 = 2x_4 + 6. \end{cases}$$

令 $x_4 = 0$，得

$$\begin{pmatrix} x_1 \\ x_2 \\ x_3 \end{pmatrix} = \begin{pmatrix} -8 \\ 3 \\ 6 \end{pmatrix},$$

从而

$$\boldsymbol{\eta}^* = \begin{pmatrix} -8 \\ 3 \\ 6 \\ 0 \end{pmatrix}.$$

再在对应的齐次线性方程组

$$\begin{cases} x_1 = 0, \\ x_2 = x_4, \\ x_3 = 2x_4 \end{cases}$$

中，令 $x_4 = 1$，得

$$\begin{pmatrix} x_1 \\ x_2 \\ x_3 \end{pmatrix} = \begin{pmatrix} 0 \\ 1 \\ 2 \end{pmatrix},$$

从而得基础解系

$$\boldsymbol{\xi} = \begin{pmatrix} 0 \\ 1 \\ 2 \\ 1 \end{pmatrix}.$$

从而方程组的通解为

$$\boldsymbol{x} = k\begin{pmatrix} 0 \\ 1 \\ 2 \\ 1 \end{pmatrix} + \begin{pmatrix} -8 \\ 3 \\ 6 \\ 0 \end{pmatrix},$$

其中 k 为任意常数.

例 3.31 已知线性方程组

$$\begin{cases} x_1 + x_2 + x_3 + x_4 + x_5 = a, \\ 3x_1 + 2x_2 + x_3 + x_4 - 3x_5 = 0, \\ x_2 + 2x_3 + 2x_4 + 6x_5 = b, \\ 5x_1 + 4x_2 + 3x_3 + 3x_4 - x_5 = 2, \end{cases}$$

(1) 确定 a, b 的值,使该方程组有解;

(2) 当方程组有解时,求出方程组的通解.

解 (1) 对增广矩阵 $\boldsymbol{B}$ 作初等行变换,将其化为行最简形矩阵:

$$\boldsymbol{B} = \begin{pmatrix} 1 & 1 & 1 & 1 & 1 & a \\ 3 & 2 & 1 & 1 & -3 & 0 \\ 0 & 1 & 2 & 2 & 6 & b \\ 5 & 4 & 3 & 3 & -1 & 2 \end{pmatrix}$$

$$\to \begin{pmatrix} 1 & 0 & -1 & -1 & -5 & -2a \\ 0 & 1 & 2 & 2 & 6 & 3a \\ 0 & 0 & 0 & 0 & 0 & b-3a \\ 0 & 0 & 0 & 0 & 0 & 2-2a \end{pmatrix},$$

显然,当 $a = 1$, $b = 3$ 时,$R(\boldsymbol{A}) = R(\boldsymbol{B}) = 2$,方程组有解.

(2) 同解方程组为

$$\begin{cases} x_1 = x_3 + x_4 + 5x_5 - 2, \\ x_2 = -2x_3 - 2x_4 - 6x_5 + 3. \end{cases}$$

故方程组的通解为

$$\boldsymbol{x} = k_1 \begin{pmatrix} 1 \\ -2 \\ 1 \\ 0 \\ 0 \end{pmatrix} + k_2 \begin{pmatrix} 1 \\ -2 \\ 0 \\ 1 \\ 0 \end{pmatrix} + k_3 \begin{pmatrix} 5 \\ -6 \\ 0 \\ 0 \\ 1 \end{pmatrix} + \begin{pmatrix} -2 \\ 3 \\ 0 \\ 0 \\ 0 \end{pmatrix}$$

$$(k_1, k_2, k_3 \in \mathbb{R}).$$

例 3.32 已知 $\boldsymbol{\eta}_1$,$\boldsymbol{\eta}_2$ 是非齐次线性方程组 $\boldsymbol{Ax} = \boldsymbol{b}$ 的解向量,$\boldsymbol{\xi}_1$,$\boldsymbol{\xi}_2$ 是对应的齐次线性方程组 $\boldsymbol{Ax} = \boldsymbol{0}$ 的基础解系,试证明:(1) $\boldsymbol{\xi}_1 + \boldsymbol{\xi}_2$,$\boldsymbol{\xi}_1 - \boldsymbol{\xi}_2$ 线性无关;(2) $\boldsymbol{Z} = k_1(\boldsymbol{\xi}_1 + \boldsymbol{\xi}_2) + k_2(\boldsymbol{\xi}_1 - \boldsymbol{\xi}_2) + (\boldsymbol{\eta}_1 + \boldsymbol{\eta}_2)/2$

(k_1, k_2 为任意实数)是非齐次线性方程组 $\boldsymbol{Ax}=\boldsymbol{b}$ 的通解.

证　(1) 令 $k_1(\boldsymbol{\xi}_1+\boldsymbol{\xi}_2)+k_2(\boldsymbol{\xi}_1-\boldsymbol{\xi}_2)=0$,即 $(k_1+k_2)\boldsymbol{\xi}_1+(k_1-k_2)\boldsymbol{\xi}_2=0$.

因为 $\boldsymbol{\xi}_1,\boldsymbol{\xi}_2$ 线性无关,故 $k_1+k_2=k_1-k_2=0$,即 $k_1=k_2=0$,从而 $\boldsymbol{\xi}_1+\boldsymbol{\xi}_2,\boldsymbol{\xi}_1-\boldsymbol{\xi}_2$ 线性无关.

(2) 显然,$\boldsymbol{\xi}_1+\boldsymbol{\xi}_2,\boldsymbol{\xi}_1-\boldsymbol{\xi}_2$ 均为 $\boldsymbol{Ax}=\boldsymbol{0}$ 的解.由(1)知,$\boldsymbol{\xi}_1+\boldsymbol{\xi}_2,\boldsymbol{\xi}_1-\boldsymbol{\xi}_2$ 线性无关,所以 $\boldsymbol{\xi}_1+\boldsymbol{\xi}_2,\boldsymbol{\xi}_1-\boldsymbol{\xi}_2$ 也为 $\boldsymbol{Ax}=\boldsymbol{0}$ 的基础解系.

又 $\boldsymbol{\eta}^*=(\boldsymbol{\eta}_1+\boldsymbol{\eta}_2)/2$ 显然为 $\boldsymbol{Ax}=\boldsymbol{b}$ 的解,根据非齐次线性方程组通解结构定理,$\boldsymbol{Z}=k_1(\boldsymbol{\xi}_1+\boldsymbol{\xi}_2)+k_2(\boldsymbol{\xi}_1-\boldsymbol{\xi}_2)+(\boldsymbol{\eta}_1+\boldsymbol{\eta}_2)/2$ 为非齐次线性方程组 $\boldsymbol{Ax}=\boldsymbol{b}$ 的通解.

习　题　3.5

1. 求下列非齐次线性方程组的用基础解系表示的通解:

(1) $\begin{cases} x_1+x_2=5,\\ 2x_1+x_2+x_3+2x_4=1,\\ 5x_1+3x_2+2x_3+2x_4=3;\end{cases}$

(2) $\begin{cases} x_1-5x_2+2x_3-3x_4=11,\\ 5x_1+3x_2+6x_3-x_4=-1,\\ 2x_1+4x_2+2x_3+x_4=-6.\end{cases}$

2. 设四元非齐次线性方程组的系数矩阵的秩为3,已知 $\boldsymbol{\eta}_1,\boldsymbol{\eta}_2,\boldsymbol{\eta}_3$ 是它的三个解向量,且

$$\boldsymbol{\eta}_1=\begin{pmatrix}2\\3\\4\\5\end{pmatrix},\quad \boldsymbol{\eta}_2+\boldsymbol{\eta}_3=\begin{pmatrix}1\\2\\3\\4\end{pmatrix},$$

求该方程组的通解.

3. 设四元非齐次线性方程组 $\boldsymbol{Ax}=\boldsymbol{b}$ 的系数矩阵 $\boldsymbol{A}$ 的秩为2,已知它的三个解向量为 $\boldsymbol{\eta}_1,\boldsymbol{\eta}_2,\boldsymbol{\eta}_3$,其中

$$\boldsymbol{\eta}_1=\begin{pmatrix}4\\3\\2\\1\end{pmatrix},\quad \boldsymbol{\eta}_2=\begin{pmatrix}1\\3\\5\\1\end{pmatrix},\quad \boldsymbol{\eta}_3=\begin{pmatrix}-2\\6\\3\\2\end{pmatrix},$$

求该方程组的通解.

4. 设有向量组

$$\boldsymbol{A}:\boldsymbol{\alpha}_1=\begin{pmatrix}a\\2\\10\end{pmatrix},\quad \boldsymbol{\alpha}_2=\begin{pmatrix}-2\\1\\5\end{pmatrix},\quad \boldsymbol{\alpha}_3=\begin{pmatrix}-1\\1\\4\end{pmatrix},$$

及向量

$$\boldsymbol{\beta}=\begin{pmatrix}1\\b\\-1\end{pmatrix},$$

问 a, b 为何值时

(1) 向量 $\boldsymbol{\beta}$ 不能由向量组 $\boldsymbol{A}$ 线性表示?

(2) 向量 $\boldsymbol{\beta}$ 能由向量组 $\boldsymbol{A}$ 线性表示,且表达式唯一?

(3) 向量 $\boldsymbol{\beta}$ 能由向量组 $\boldsymbol{A}$ 线性表示,且表达式不唯一? 并求一般表达式.

5. 设

$$\boldsymbol{\alpha}=\begin{pmatrix}a_1\\a_2\\a_3\end{pmatrix},\quad \boldsymbol{\beta}=\begin{pmatrix}b_1\\b_2\\b_3\end{pmatrix},\quad \boldsymbol{\gamma}=\begin{pmatrix}c_1\\c_2\\c_3\end{pmatrix},$$

其中 $a_i^2+b_i^2\neq 0\ (i=1,2,3)$. 证明三直线

$$\begin{cases}l_1:\ a_1x+b_1y+c_1=0,\\ l_2:\ a_2x+b_2y+c_2=0,\\ l_3:\ a_3x+b_3y+c_3=0\end{cases}$$

相交于一点的充分必要条件为:向量组 $\boldsymbol{\alpha}$, $\boldsymbol{\beta}$, $\boldsymbol{\gamma}$ 线性相关,而向量组 $\boldsymbol{\alpha}$, $\boldsymbol{\beta}$ 线性无关.

6. 设矩阵 $\boldsymbol{A}=(\boldsymbol{\alpha}_1,\boldsymbol{\alpha}_2,\boldsymbol{\alpha}_3,\boldsymbol{\alpha}_4)$,其中 $\boldsymbol{\alpha}_2$, $\boldsymbol{\alpha}_3$, $\boldsymbol{\alpha}_4$ 线性无关, $\boldsymbol{\alpha}_1=2\boldsymbol{\alpha}_2-\boldsymbol{\alpha}_3$,向量 $\boldsymbol{\beta}=\boldsymbol{\alpha}_1+\boldsymbol{\alpha}_2+\boldsymbol{\alpha}_3+\boldsymbol{\alpha}_4$,求方程组 $\boldsymbol{Ax}=\boldsymbol{\beta}$ 的通解.

7. 设矩阵

$$\boldsymbol{A}=\begin{pmatrix}1&2&1&2\\0&1&t&t\\1&t&0&1\end{pmatrix},$$

齐次线性方程组 $\boldsymbol{Ax}=\boldsymbol{0}$ 的基础解系含有2个线性无关的解向量，试求方程组 $\boldsymbol{Ax}=\boldsymbol{0}$ 的全部解.

8. 设

$$\boldsymbol{A}=\begin{pmatrix}2&1&1&2\\0&1&3&1\\1&\lambda&\mu&1\end{pmatrix},\quad \boldsymbol{b}=\begin{pmatrix}0\\1\\0\end{pmatrix},\quad \boldsymbol{\eta}=\begin{pmatrix}1\\-1\\1\\-1\end{pmatrix},$$

如果 $\boldsymbol{\eta}$ 是方程组 $\boldsymbol{Ax}=\boldsymbol{b}$ 的一个解，试求方程组 $\boldsymbol{Ax}=\boldsymbol{b}$ 的全部解.

9. 求一个非齐次线性方程组，使它的全部解为

$$\begin{pmatrix}x_1\\x_2\\x_3\end{pmatrix}=\begin{pmatrix}1\\-1\\3\end{pmatrix}+c_1\begin{pmatrix}-1\\3\\2\end{pmatrix}+c_2\begin{pmatrix}2\\-3\\1\end{pmatrix}\quad (c_1,\ c_2\ \text{为任意常数}).$$

10. 设 $\boldsymbol{\eta}^*$ 是非齐次线性方程组 $\boldsymbol{Ax}=\boldsymbol{b}$ 的一个解，$\boldsymbol{\xi}_1,\ \boldsymbol{\xi}_2,\ \cdots,\ \boldsymbol{\xi}_{n-r}$ 是对应的齐次线性方程组的一个基础解系，证明：

(1) $\boldsymbol{\eta}^*,\ \boldsymbol{\xi}_1,\ \boldsymbol{\xi}_2,\ \cdots,\ \boldsymbol{\xi}_{n-r}$ 线性无关；

(2) $\boldsymbol{\eta}^*,\ \boldsymbol{\eta}^*+\boldsymbol{\xi}_1,\ \boldsymbol{\eta}^*+\boldsymbol{\xi}_2,\ \cdots,\ \boldsymbol{\eta}^*+\boldsymbol{\xi}_{n-r}$ 线性无关.

11. 设 $\boldsymbol{\eta}_1,\ \boldsymbol{\eta}_2,\ \cdots,\ \boldsymbol{\eta}_s$ 是非齐次线性方程组 $\boldsymbol{Ax}=\boldsymbol{b}$ 的 s 个解，$k_1,\ k_2,\ \cdots,\ k_s$ 为实数，满足 $k_1+k_2+\cdots+k_s=1$，证明 $\boldsymbol{x}=k_1\boldsymbol{\eta}_1+k_2\boldsymbol{\eta}_2+\cdots+k_s\boldsymbol{\eta}_s$ 也是它的解.

12. 设非齐次线性方程组 $\boldsymbol{Ax}=\boldsymbol{b}$ 的系数矩阵的秩为 r，$\boldsymbol{\eta}_1,\ \boldsymbol{\eta}_2,\ \cdots,\ \boldsymbol{\eta}_{n-r+1}$ 是它的 $n-r+1$ 个线性无关的解. 试证它的任一解可表示为

$$\boldsymbol{x}=k_1\boldsymbol{\eta}_1+k_2\boldsymbol{\eta}_2+\cdots+k_{n-r+1}\boldsymbol{\eta}_{n-r+1},$$

其中 $k_1,\ k_2,\ \cdots,\ k_{n-r+1}$ 为实数，且 $k_1+k_2+\cdots+k_{n-r+1}=1$.

第4章　相似矩阵与矩阵对角化

引　言

对于一个矩阵，如何寻找一个适当的变换，在将其化为简单矩阵的同时，保留原矩阵的一些重要特征，这是矩阵论中一个非常重要的问题.

在这一问题的研究中，矩阵的特征值和特征向量的概念起着非常重要的作用.法国数学家拉普拉斯(P. S. Laplace，1749～1827)在19世纪初提出了矩阵的特征值的概念. 1854年，法国数学家约当(C. Jordan，1838～1922)研究了矩阵化为标准型的问题. 1855年，法国数学家埃米特(C. Hermite，1822～1901)证明了一些特殊矩阵类的特征根的性质，后人称之为埃米特矩阵的特征根性质.英国数学家凯莱(A. Cayley，1821～1895)1858年发表了一篇论文《矩阵论的研究报告》，文中研究了方阵的特征方程和特征值的一些基本结果.德国数学家克莱伯施(A. Clebsch，1831～1872)、布克海姆(A. Buchheim，1835～1874)等证明了对称矩阵的特征根性质.

在这一问题的研究史上，值得重点介绍的是下面两位数学家：

第一位是法国数学家柯西(A. L. Cauchy，1789～1857)，他首先给出了特征方程的术语，并证明了阶数超过3的矩阵有特征值及任意阶实对称矩阵都有实特征值；给出了相似矩阵的概念，并证明了相似矩阵有相同的特征值.

第二位是德国数学家弗罗伯纽斯(F. G. Frobenius，1849～1917)，正是他引入了矩阵的相似变换、合同矩阵、正交矩阵等重要概念，并讨论了正交矩阵与合同矩阵的一些重要性质.

本章首先介绍矩阵的特征值和特征向量、相似矩阵与矩阵对角化问题，然后讨论正交变换以及实对称矩阵的对角化问题.

4.1　矩阵的特征值与特征向量

4.1.1　特征值与特征向量

矩阵的特征值也称本征值，最早是一个物理概念，是法国数学家拉普拉斯在 19 世纪为研究天体力学、地球力学而引进的. 矩阵特征值的概念不仅在理论上极为重要，而且在工程技术领域内，它的应用也是多种多样的. 例如，在振动问题(机械振动、弹性体振动、电磁波振荡)、天体运动问题以及现代控制理论中都涉及矩阵特征值问题.

下面从一个数学问题引入矩阵特征值和特征向量的概念.

引例　求二次齐次函数 $\sum\limits_{i,\,j=1}^{n} a_{ij}x_i x_j$ 在“超球面” $\sum\limits_{i=1}^{n} x_i^{\,2} = 1$ 上的条件极值，其中 $a_{ij} = a_{ji}(i,\ j = 1,\ 2,\ \cdots,\ n)$.

解　用拉格朗日乘数法. 考虑多元函数

$$F(x_1,\ x_2,\ \cdots,\ x_n,\ \lambda) = \sum_{i,j=1}^{n} a_{ij}x_i x_j + \lambda\left(1 - \sum_{i=1}^{n} x_i^{\,2}\right),$$

令

$$\frac{\partial F}{\partial x_i} = 0 \quad (i = 1,\ 2,\ \cdots,\ n),$$

$$\frac{\partial F}{\partial \lambda} = 0,$$

即

$$\sum_{j=1}^{n} a_{ij}x_j - \lambda x_i = 0 \quad (i = 1,\ 2,\ \cdots,\ n),$$

$$\sum_{i=1}^{n} x_i^{\,2} = 1.$$

若记 $\boldsymbol{A} = (a_{ij})_{n\times n}$，$\boldsymbol{x} = (x_1,\ x_2,\ \cdots,\ x_n)^{\mathrm{T}}$，则上述结果可写为 $\boldsymbol{Ax} = \lambda\boldsymbol{x}$，$\boldsymbol{x}^{\mathrm{T}}\boldsymbol{x} = 1$.

这样，引例中求条件极值问题就转化为求满足方程 $\boldsymbol{Ax} = \lambda\boldsymbol{x}$ 的单位向量 $\boldsymbol{x}$ 的问题. 方程 $\boldsymbol{Ax} = \lambda\boldsymbol{x}$ 中的 λ，$\boldsymbol{x}$ 就是矩阵 $\boldsymbol{A}$ 的特征值和特征向量.

定义 4.1 设 $\boldsymbol{A}$ 是 n 阶矩阵,如果数 λ 和 n 维非零列向量 $\boldsymbol{x}$ 满足

$$\boldsymbol{A}\boldsymbol{x} = \lambda\boldsymbol{x}, \tag{4.1}$$

则数 λ 称为方阵 $\boldsymbol{A}$ 的**特征值**,非零列向量 $\boldsymbol{x}$ 称为方阵 $\boldsymbol{A}$ 的对应于特征值 λ 的**特征向量**.

矩阵的特征值和特征向量有明确的几何意义.由于方阵 $\boldsymbol{A}$ 对应于一个线性变换,$\boldsymbol{A}\boldsymbol{x}$ 即为对向量 $\boldsymbol{x}$ 经线性变换 $\boldsymbol{A}$ 作用后所得向量,所以特征值和特征向量的几何解释是:若某向量 $\boldsymbol{x}$ 经线性变换 $\boldsymbol{A}$ 作用后所得向量 $\boldsymbol{A}\boldsymbol{x}$ 与 $\boldsymbol{x}$ 平行,则 $\boldsymbol{x}$ 就是 $\boldsymbol{A}$ 的特征向量,而特征值则反映了向量 $\boldsymbol{A}\boldsymbol{x}$ 与 $\boldsymbol{x}$ 的方向关系和长度比.

正是因为矩阵的特征向量具有上述几何特性,使得许多理论计算与工程技术问题最终都可归结为矩阵的特征值和特征向量问题.

下面首先讨论矩阵的特征值和特征向量的计算.

(4.1)式也可写为

$$(\boldsymbol{A} - \lambda\boldsymbol{E})\boldsymbol{x} = \boldsymbol{0}, \tag{4.2}$$

这是 n 个未知数 n 个方程的齐次线性方程组,它有非零解(特征向量)的充要条件是系数行列式

$$|\boldsymbol{A} - \lambda\boldsymbol{E}| = 0, \tag{4.3}$$

即

$$\begin{vmatrix} a_{11}-\lambda & a_{12} & \cdots & a_{1n} \\ a_{21} & a_{22}-\lambda & \cdots & a_{2n} \\ \vdots & \vdots & & \vdots \\ a_{n1} & a_{n2} & \cdots & a_{nn}-\lambda \end{vmatrix} = 0. \tag{4.4}$$

上式是以 λ 为未知数的一元 n 次代数方程,称为方阵 $\boldsymbol{A}$ 的**特征方程**.特征方程的左端 $|\boldsymbol{A}-\lambda\boldsymbol{E}|$ 是 λ 的 n 次多项式,记为 $f(\lambda)$,称为方阵 $\boldsymbol{A}$ 的**特征多项式**.显然,$\boldsymbol{A}$ 的特征值就是特征方程的解.

根据代数基本定理,n 次代数方程在复数域中一定有 n 个解.因此,n 阶矩阵 $\boldsymbol{A}$ 在复数范围内一定有 n 个特征值.

设 $\lambda = \lambda_i$ 为方阵 $\boldsymbol{A}$ 的某一特征值,则由方程

$$(\boldsymbol{A} - \lambda_i\boldsymbol{E})\boldsymbol{x} = \boldsymbol{0} \tag{4.5}$$

可求得非零解 $\boldsymbol{x} = \boldsymbol{p}_i$, $\boldsymbol{p}_i$ 即为 $\boldsymbol{A}$ 对应于特征值 λ_i 的特征向量,且 $\boldsymbol{A}$ 的对应于特征值 λ_i 的特征向量的全体就是方程组(4.5)的全体非零

解.即设 $\boldsymbol{p}_1, \boldsymbol{p}_2, \cdots, \boldsymbol{p}_s$ 为方程组(4.5)的基础解系,则 $\boldsymbol{A}$ 的对应于特征值 λ_i 的全部特征向量为

$$k_1\boldsymbol{p}_1 + k_2\boldsymbol{p}_2 + \cdots + k_s\boldsymbol{p}_s \quad (k_1, k_2, \cdots, k_s \text{不同时为零}). \tag{4.6}$$

例 4.1　求方阵

$$\boldsymbol{A} = \begin{pmatrix} 1 & 2 \\ 2 & 4 \end{pmatrix}$$

的特征值和特征向量.

解　$\boldsymbol{A}$ 的特征多项式为

$$|\boldsymbol{A} - \lambda\boldsymbol{E}| = \begin{vmatrix} 1-\lambda & 2 \\ 2 & 4-\lambda \end{vmatrix} = \lambda(\lambda - 5),$$

所以矩阵 $\boldsymbol{A}$ 的特征值为 $\lambda_1 = 0, \lambda_2 = 5$.

当 $\lambda_1 = 0$ 时

$$\boldsymbol{A} - \lambda_1\boldsymbol{E} = \begin{pmatrix} 1 & 2 \\ 2 & 4 \end{pmatrix} \to \begin{pmatrix} 1 & 2 \\ 0 & 0 \end{pmatrix},$$

即 $x_1 = -2x_2$,所以 $(\boldsymbol{A} - \lambda_1\boldsymbol{E})\boldsymbol{x} = \boldsymbol{0}$ 的基础解系为

$$\boldsymbol{p}_1 = \begin{pmatrix} -2 \\ 1 \end{pmatrix},$$

故 $\boldsymbol{A}$ 的对应于特征值 0 的所有特征向量是 $k_1\boldsymbol{p}_1$($k_1 \neq 0$,为任意常数).

当 $\lambda_2 = 5$ 时

$$\boldsymbol{A} - \lambda_2\boldsymbol{E} = \begin{pmatrix} -4 & 2 \\ 2 & -1 \end{pmatrix} \to \begin{pmatrix} 2 & -1 \\ 0 & 0 \end{pmatrix},$$

即 $2x_1 = x_2$,所以 $(\boldsymbol{A} - \lambda_2\boldsymbol{E})\boldsymbol{x} = \boldsymbol{0}$ 的基础解系为

$$\boldsymbol{p}_2 = \begin{pmatrix} 1 \\ 2 \end{pmatrix},$$

故 $\boldsymbol{A}$ 的对应于特征值 5 的所有特征向量是 $k_2\boldsymbol{p}_2$($k_2 \neq 0$,为任意常数).

例 4.2　求方阵

$$\boldsymbol{A}=\begin{pmatrix}0&1&1\\1&0&1\\1&1&0\end{pmatrix}$$

的特征值和特征向量.

解 $\boldsymbol{A}$ 的特征多项式为

$$|\boldsymbol{A}-\lambda\boldsymbol{E}|=\begin{vmatrix}-\lambda&1&1\\1&-\lambda&1\\1&1&-\lambda\end{vmatrix}$$

$$=(2-\lambda)\begin{vmatrix}1&1&1\\1&-\lambda&1\\1&1&-\lambda\end{vmatrix}$$

$$=(\lambda+1)^2(2-\lambda),$$

所以矩阵 $\boldsymbol{A}$ 的特征值为$\lambda_1=\lambda_2=-1,\lambda_3=2$.

当$\lambda_1=\lambda_2=-1$时

$$\boldsymbol{A}-\lambda_1\boldsymbol{E}=\begin{pmatrix}1&1&1\\1&1&1\\1&1&1\end{pmatrix}\to\begin{pmatrix}1&1&1\\0&0&0\\0&0&0\end{pmatrix},$$

即 $x_1=-x_2-x_3$，所以$(\boldsymbol{A}-\lambda_1\boldsymbol{E})\boldsymbol{x}=\boldsymbol{0}$的基础解系为

$$\boldsymbol{p}_1=\begin{pmatrix}-1\\1\\0\end{pmatrix},\quad \boldsymbol{p}_2=\begin{pmatrix}-1\\0\\1\end{pmatrix},$$

故 $\boldsymbol{A}$ 的对应于特征值$\lambda_1=\lambda_2=-1$的所有特征向量为 $k_1\boldsymbol{p}_1+k_2\boldsymbol{p}_2$，其中 k_1，k_2 为不全为零的实数.

当$\lambda_3=2$时

$$\boldsymbol{A}-\lambda_3\boldsymbol{E}=\begin{pmatrix}-2&1&1\\1&-2&1\\1&1&-2\end{pmatrix}\to\begin{pmatrix}1&0&-1\\0&1&-1\\0&0&0\end{pmatrix},$$

即

$$\begin{cases}x_1=x_3,\\x_1=x_2,\end{cases}$$

所以 $(\boldsymbol{A}-\lambda_3\boldsymbol{E})\boldsymbol{x}=\boldsymbol{0}$ 的基础解系为

$$\boldsymbol{p}_3=\begin{pmatrix}1\\1\\1\end{pmatrix},$$

故 $\boldsymbol{A}$ 的对应于特征值 $\lambda_3=2$ 的所有特征向量是 $k_3\boldsymbol{p}_3$（$k_3\neq 0$，为任意实数）.

4.1.2 特征值与特征向量的性质

定理 4.1 矩阵 $\boldsymbol{A}$ 与它的转置矩阵 $\boldsymbol{A}^{\mathrm{T}}$ 有相同的特征值.

证 因为

$$|\boldsymbol{A}^{\mathrm{T}}-\lambda\boldsymbol{E}|=|(\boldsymbol{A}-\lambda\boldsymbol{E})^{\mathrm{T}}|=|\boldsymbol{A}-\lambda\boldsymbol{E}|,$$

即 $\boldsymbol{A}^{\mathrm{T}}$ 与 $\boldsymbol{A}$ 有相同的特征多项式，所以它们有相同的特征值.

定理 4.2 设矩阵 $\boldsymbol{A}=(a_{ij})_{n\times n}$ 的特征值为 $\lambda_1,\lambda_2,\cdots,\lambda_n$，则

(1) $\lambda_1+\lambda_2+\cdots+\lambda_n=a_{11}+a_{22}+\cdots+a_{nn}$；

(2) $\lambda_1\lambda_2\cdots\lambda_n=|\boldsymbol{A}|$.

证 $\boldsymbol{A}$ 的特征多项式

$$f(\lambda)=\begin{vmatrix}a_{11}-\lambda & a_{12} & \cdots & a_{1n}\\ a_{21} & a_{22}-\lambda & \cdots & a_{2n}\\ \vdots & \vdots & & \vdots\\ a_{n1} & a_{n2} & \cdots & a_{nn}-\lambda\end{vmatrix}$$

$$=(-1)^n\Big[\lambda^n-\big(\sum_{i=1}^{n}a_{ii}\big)\lambda^{n-1}+\cdots+(-1)^kS_k\lambda^{n-k}+\cdots+(-1)^n|\boldsymbol{A}|\Big],$$

其中 S_k 是 A 的全体 k 阶主子式(定义见5.3节)之和.

根据 n 次代数方程根与系数的关系，即韦达定理，n 个根的和等于 $(-1)^1\times$ 次高项系数/首项系数，n 个根的积等于 $(-1)^n\times$ 常数项/首项系数，从而可得结论.

矩阵 $\boldsymbol{A}=(a_{ij})_{n\times n}$ 的主对角线元素之和称为**矩阵 $\boldsymbol{A}$ 的迹**，记为 $\mathrm{tr}(\boldsymbol{A})$. 显然，$\lambda_1+\lambda_2+\cdots+\lambda_n=\mathrm{tr}(\boldsymbol{A})$.

由定理 4.2 不难推出下列结论：

推论 可逆矩阵的特征值均不为零；不可逆矩阵必有一个特征值

为零.

例 4.3 设 λ 为方阵 $\boldsymbol{A}$ 的特征值,证明:

(1) λ^2 为方阵 $\boldsymbol{A}^2$ 的特征值;

(2) 当 $\boldsymbol{A}$ 可逆时,$\dfrac{1}{\lambda}$为方阵$\boldsymbol{A}^{-1}$的特征值.

证 设 $\boldsymbol{x}$ 为方阵$\boldsymbol{A}$ 的对应于特征值λ 的特征向量,即 $\boldsymbol{Ax}=\lambda\boldsymbol{x}$.

(1) $\boldsymbol{A}^2\boldsymbol{x}=\boldsymbol{A}(\boldsymbol{Ax})=\boldsymbol{A}(\lambda\boldsymbol{x})=\lambda(\boldsymbol{Ax})=\lambda\cdot\lambda\boldsymbol{x}=\lambda^2\boldsymbol{x}$, 即$\lambda^2$ 为方阵 $\boldsymbol{A}^2$ 的特征值.

(2) 因为 $\boldsymbol{A}$ 可逆,所以 $\lambda\neq0$. 由 $\boldsymbol{Ax}=\lambda\boldsymbol{x}$, 得 $\boldsymbol{A}^{-1}(\boldsymbol{Ax})=\boldsymbol{A}^{-1}(\lambda\boldsymbol{x})$, $\boldsymbol{x}=\lambda\boldsymbol{A}^{-1}\boldsymbol{x}$,$\boldsymbol{A}^{-1}\boldsymbol{x}=\lambda^{-1}\boldsymbol{x}$, 即 $\dfrac{1}{\lambda}$ 为方阵$\boldsymbol{A}^{-1}$的特征值.

可以进一步证明:若λ为$\boldsymbol{A}$ 的特征值,则λ^k 为方阵$\boldsymbol{A}^k$ 的特征值,$\varphi(\lambda)$是 $\varphi(\boldsymbol{A})$的特征值,其中 $\varphi(x)=a_mx^m+a_{m-1}x^{m-1}+\cdots+a_1x+a_0$.

例 4.4 设三阶矩阵 $\boldsymbol{A}$ 的特征值分别为 1, -1, 2,求 $|\boldsymbol{A}^*+3\boldsymbol{A}-2\boldsymbol{E}|$.

证 因 $\boldsymbol{A}$ 的特征值全不为零,故 $\boldsymbol{A}$ 可逆,从而 $\boldsymbol{A}^*=|\boldsymbol{A}|\boldsymbol{A}^{-1}$. 又 $|\boldsymbol{A}|=\lambda_1\lambda_2\lambda_3=-2$, 得 $\boldsymbol{A}^*+3\boldsymbol{A}-2\boldsymbol{E}=-2\boldsymbol{A}^{-1}+3\boldsymbol{A}-2\boldsymbol{E}$.

将上式记为 $\varphi(\boldsymbol{A})$, 即 $\varphi(\lambda)=-\dfrac{2}{\lambda}+3\lambda-2$, 故 $\varphi(\boldsymbol{A})$的特征值为 $\varphi(1)=-1$,$\varphi(-1)=-3$,$\varphi(2)=3$, 从而

$$|\boldsymbol{A}^*+3\boldsymbol{A}-2\boldsymbol{E}|=(-1)\cdot(-3)\cdot3=9.$$

下面给出特征值和特征向量的一个重要性质.

定理 4.3 设 λ_1, λ_2, $\cdots$, λ_m 为方阵 $\boldsymbol{A}$ 的 m 个特征值,$\boldsymbol{p}_1$, $\boldsymbol{p}_2$, $\cdots$, $\boldsymbol{p}_m$ 依次是与之对应的特征向量,若λ_1, λ_2, $\cdots$, λ_m 各不相等,则 $\boldsymbol{p}_1$, $\boldsymbol{p}_2$, $\cdots$, $\boldsymbol{p}_m$ 线性无关.

证 设有常数 x_1, x_2, $\cdots$, x_m 使

$$x_1\boldsymbol{p}_1+x_2\boldsymbol{p}_2+\cdots+x_m\boldsymbol{p}_m=\boldsymbol{0},$$

则

$$\boldsymbol{A}(x_1\boldsymbol{p}_1+x_2\boldsymbol{p}_2+\cdots+x_m\boldsymbol{p}_m)=\boldsymbol{0},$$

即

$$\lambda_1 x_1 \boldsymbol{p}_1 + \lambda_2 x_2 \boldsymbol{p}_2 + \cdots + \lambda_m x_m \boldsymbol{p}_m = \boldsymbol{0}.$$

类推之,有

$$\lambda_1^k x_1 \boldsymbol{p}_1 + \lambda_2^k x_2 \boldsymbol{p}_2 + \cdots + \lambda_m^k x_m \boldsymbol{p}_m = \boldsymbol{0}$$
$$(k = 1, 2, \cdots, m-1).$$

将上述各式合并写成矩阵形式,得

$$(x_1 \boldsymbol{p}_1, x_2 \boldsymbol{p}_2, \cdots, x_m \boldsymbol{p}_m)\begin{pmatrix} 1 & \lambda_1 & \cdots & \lambda_1^{m-1} \\ 1 & \lambda_2 & \cdots & \lambda_2^{m-1} \\ \vdots & \vdots & & \vdots \\ 1 & \lambda_m & \cdots & \lambda_m^{m-1} \end{pmatrix} = (\boldsymbol{0}, \boldsymbol{0}, \cdots, \boldsymbol{0}).$$

上式等号左端第二个矩阵的行列式为范德蒙行列式,当 $\lambda_1, \lambda_2, \cdots, \lambda_m$ 各不相等时该行列式不等于零,从而该矩阵可逆.于是有

$$(x_1 \boldsymbol{p}_1, x_2 \boldsymbol{p}_2, \cdots, x_m \boldsymbol{p}_m) = (\boldsymbol{0}, \boldsymbol{0}, \cdots, \boldsymbol{0}),$$

即 $x_j \boldsymbol{p}_j = \boldsymbol{0}\ (j = 1, 2, \cdots, m)$. 又 $\boldsymbol{p}_j \neq \boldsymbol{0}$, 故 $x_j = 0\ (j = 1, 2, \cdots, m)$, 即 $\boldsymbol{p}_1, \boldsymbol{p}_2, \cdots, \boldsymbol{p}_m$ 线性无关.

例4.5　设 λ_1, λ_2 和 $\boldsymbol{x}_1, \boldsymbol{x}_2$ 分别是 $\boldsymbol{A}$ 的特征值和特征向量,且 $\lambda_1 \neq \lambda_2$, 证明: $\boldsymbol{x}_1 + \boldsymbol{x}_2$ 不是 $\boldsymbol{A}$ 的特征向量.

证　由题意知, $\boldsymbol{A}\boldsymbol{x}_1 = \lambda_1 \boldsymbol{x}_1$, $\boldsymbol{A}\boldsymbol{x}_2 = \lambda_2 \boldsymbol{x}_2$.

假设 $\boldsymbol{x}_1 + \boldsymbol{x}_2$ 是 $\boldsymbol{A}$ 的特征向量,对应的特征值为 λ, 即 $\boldsymbol{A}(\boldsymbol{x}_1 + \boldsymbol{x}_2) = \lambda(\boldsymbol{x}_1 + \boldsymbol{x}_2)$. 于是

$$\boldsymbol{A}\boldsymbol{x}_1 + \boldsymbol{A}\boldsymbol{x}_2 = \lambda \boldsymbol{x}_1 + \lambda \boldsymbol{x}_2,$$
$$\lambda_1 \boldsymbol{x}_1 + \lambda_2 \boldsymbol{x}_2 = \lambda \boldsymbol{x}_1 + \lambda \boldsymbol{x}_2,$$
$$(\lambda_1 - \lambda)\boldsymbol{x}_1 + (\lambda_2 - \lambda)\boldsymbol{x}_2 = \boldsymbol{0}.$$

因为 $\lambda_1 \neq \lambda_2$, 故 $\boldsymbol{x}_1, \boldsymbol{x}_2$ 线性无关,从而由上式得 $\lambda_1 - \lambda = 0$, $\lambda_2 - \lambda = 0$, 即 $\lambda_1 = \lambda_2 = \lambda$, 与题设矛盾.故 $\boldsymbol{x}_1 + \boldsymbol{x}_2$ 不是 $\boldsymbol{A}$ 的特征向量.

习　题　4.1

1. 求下列矩阵的特征值及特征向量:

(1) $\begin{pmatrix} 1 & 2 & 3 \\ 2 & 1 & 3 \\ 3 & 3 & 6 \end{pmatrix}$;　　(2) $\begin{pmatrix} 1 & 1 & 1 & 1 \\ 1 & 1 & -1 & -1 \\ 1 & -1 & 1 & -1 \\ 1 & -1 & -1 & 1 \end{pmatrix}$.

2. 已知三阶矩阵 $\boldsymbol{A}$ 的特征值为 1, −2, 3,求:

(1) $2\boldsymbol{A}$ 的特征值;

(2) $\boldsymbol{A}^{-1}$的特征值.

3. 设 n 阶矩阵 $\boldsymbol{A}$, $\boldsymbol{B}$ 满足 $R(\boldsymbol{A})+R(\boldsymbol{B})<n$,证明:$\boldsymbol{A}$ 与 $\boldsymbol{B}$ 有公共的特征值和公共的特征向量.

4. 设 $\boldsymbol{A}^2-3\boldsymbol{A}+2\boldsymbol{E}=\boldsymbol{O}$,证明:$\boldsymbol{A}$ 的特征值只能取 1 或 2.

5. 求证:$\lambda=0$ 是矩阵 $\boldsymbol{A}$ 的特征值的充要条件是 $\boldsymbol{A}$ 是一个奇异矩阵.

6. 已知 $\lambda=0$ 是矩阵

$$\boldsymbol{A}=\begin{pmatrix}1&0&1\\0&2&0\\1&0&a\end{pmatrix}$$

的特征值,求 $\boldsymbol{A}$ 的特征值和特征向量.

7. 设 $\boldsymbol{\alpha}$ 是 $\boldsymbol{A}$ 的对应于特征值 λ_0 的特征向量,证明:

(1) $\boldsymbol{\alpha}$ 是 $\boldsymbol{A}^m(m=1,2,\cdots)$ 的对应于特征值 ${\lambda_0}^m$ 的特征向量;

(2) 对多项式 $f(x)$,$\boldsymbol{\alpha}$ 是 $f(\boldsymbol{A})$的对应于特征值 $f(\lambda_0)$的特征向量.

8. 设 $\lambda\neq0$ 是 m 阶矩阵 $\boldsymbol{A}_{m\times n}\boldsymbol{B}_{n\times m}$ 的特征值,证明:λ 也是 n 阶矩阵 $\boldsymbol{BA}$ 的特征值.

9. 设 $\boldsymbol{A}$ 为 n 阶方阵,$|\boldsymbol{A}|=3$, $2\boldsymbol{A}+\boldsymbol{E}$ 不可逆,求伴随矩阵 $\boldsymbol{A}^*$ 的一个特征值.

10. 已知三阶矩阵 $\boldsymbol{A}$ 的特征值为 1, 2, 3, 求 $|\boldsymbol{A}^3-5\boldsymbol{A}^2+7\boldsymbol{A}|$.

11. 已知三阶矩阵 $\boldsymbol{A}$ 的特征值分别为 1, 2, −3, 求 $|\boldsymbol{A}^*-3\boldsymbol{A}+2\boldsymbol{E}|$.

4.2 相似矩阵与矩阵的对角化

4.2.1 相似矩阵的概念与性质

定义 4.2 设 $\boldsymbol{A}$, $\boldsymbol{B}$ 均为 n 阶方阵,若有可逆矩阵 $\boldsymbol{P}$,使

$$\boldsymbol{P}^{-1}\boldsymbol{AP}=\boldsymbol{B}, \tag{4.7}$$

则称 $\boldsymbol{B}$ 是 $\boldsymbol{A}$ 的**相似矩阵**,或称 $\boldsymbol{A}$ 与 $\boldsymbol{B}$ 相似,$\boldsymbol{P}^{-1}\boldsymbol{AP}$ 称为对 $\boldsymbol{A}$ 进行相

似变换，P 称为将 A 变为 B 的**相似变换矩阵**.

矩阵的相似实际上就是一种等价关系，满足：

(1) **反身性**：A 与 A 自身相似；

(2) **对称性**：若 A 与 B 相似，则 B 与 A 相似；

(3) **传递性**：若 A 与 B 相似，B 与 C 相似，则 A 与 C 相似.

例 4.6　设 A，B 为 n 阶方阵，且 $|A|\neq 0$，证明：AB 与 BA 相似.

证　因 $|A|\neq 0$，即 A 可逆，又显然 $A^{-1}(AB)A=BA$，故 AB 与 BA 相似.

相似矩阵有许多共同的性质.

定理 4.4　相似矩阵有相等的行列式.

证　设 A 与 B 相似，即有可逆矩阵 P，使 $P^{-1}AP=B$，从而

$$|B|=|P^{-1}AP|=|P^{-1}||A||P|=|A|.$$

定理 4.5　相似矩阵有相等的秩.

证　由定理 2.8 的推论 2 知，相似矩阵一定等价，再由定理 2.9 知，等价的矩阵有相等的秩，从而得证.

定理 4.6　相似矩阵有相同的特征多项式、特征值.

证　设 A 与 B 相似，即有可逆矩阵 P，使 $P^{-1}AP=B$，从而

$$\begin{aligned}|B-\lambda E|&=|P^{-1}AP-P^{-1}(\lambda E)P|\\&=|P^{-1}(A-\lambda E)P|\\&=|P^{-1}||(A-\lambda E)||P|\\&=|A-\lambda E|,\end{aligned}$$

即 A 与 B 相同的特征多项式，从而有相同的特征值.

推论　若 n 阶方阵 A 与对角阵

$$\Lambda=\begin{pmatrix}\lambda_1&&&\\&\lambda_2&&\\&&\ddots&\\&&&\lambda_n\end{pmatrix}$$

相似，则 $\lambda_1,\lambda_2,\cdots,\lambda_n$ 即为 A 的 n 个特征值.

证　由定理 4.6，相似矩阵有相同的特征值. 又因为对角阵 Λ 的特

征值即为 $\lambda_1, \lambda_2, \cdots, \lambda_n$，所以 $\lambda_1, \lambda_2, \cdots, \lambda_n$ 也为 $\boldsymbol{A}$ 的特征值.

例 4.7 设方阵

$$\boldsymbol{A} = \begin{pmatrix} 1 & -2 & -4 \\ -2 & x & -2 \\ -4 & -2 & 1 \end{pmatrix}$$

与

$$\boldsymbol{\Lambda} = \begin{pmatrix} 5 & & \\ & y & \\ & & -4 \end{pmatrix}$$

相似,求 x, y.

解 因为 $\boldsymbol{A}$ 与 $\boldsymbol{\Lambda}$ 相似,故 $\boldsymbol{A}$ 与 $\boldsymbol{\Lambda}$ 有相同的行列式、特征值,即 $|\boldsymbol{A}| = |\boldsymbol{\Lambda}|$，$\boldsymbol{A}$ 的特征值为 5, y, -4,故有

$$\begin{vmatrix} 1 & -2 & -4 \\ -2 & x & -2 \\ -4 & -2 & 1 \end{vmatrix} = \begin{vmatrix} 5 & & \\ & y & \\ & & -4 \end{vmatrix},$$

$$\begin{vmatrix} 1 & -2 & -4 \\ 0 & x-4 & -10 \\ 0 & -10 & -15 \end{vmatrix} = -20y,$$

即

$$3x - 4y + 8 = 0.$$

再根据 $\lambda_1 + \lambda_2 + \cdots + \lambda_n = a_{11} + a_{22} + \cdots + a_{nn}$,得

$$5 + y + (-4) = 1 + x + 1,$$

即

$$x - y + 1 = 0.$$

故可解得 $x = 4$, $y = 5$.

4.2.2 矩阵可对角化的条件

我们知道,任何一个 n 阶方阵 $\boldsymbol{A}$ 都可通过初等变换化为对角阵. 但这种变换除了保持原矩阵的秩不变外,矩阵的其他特性却失去了. 因此,需要寻找另外一种变换方法,既能使 $\boldsymbol{A}$ 对角化,又能保留 $\boldsymbol{A}$ 的一

些重要特性.

由于相似矩阵有相同的行列式、秩、特征值,也就是说,矩阵经相似变换后仍然保留了许多重要特性,所以矩阵能否用相似变换化为对角阵、如何用相似变换将矩阵化为对角阵就成了一个非常重要的问题.

下面对这一问题进行讨论、研究.

定义4.3　对方阵$\boldsymbol{A}$,若有可逆矩阵$\boldsymbol{P}$,使$\boldsymbol{P}^{-1}\boldsymbol{A}\boldsymbol{P}=\boldsymbol{\Lambda}$为对角阵,则称$\boldsymbol{A}$**可对角化**.

显然,矩阵可对角化即为矩阵与一个对角阵相似.

定理4.7　n阶方阵$\boldsymbol{A}$可对角化的充要条件是$\boldsymbol{A}$有n个线性无关的特征向量.

证　必要性.设$\boldsymbol{A}$与对角阵

$$\boldsymbol{\Lambda}=\begin{pmatrix}\lambda_1 & & & \\ & \lambda_2 & & \\ & & \ddots & \\ & & & \lambda_n\end{pmatrix}$$

相似,即有可逆矩阵$\boldsymbol{P}$,使$\boldsymbol{P}^{-1}\boldsymbol{A}\boldsymbol{P}=\boldsymbol{\Lambda}$.令$\boldsymbol{P}=(\boldsymbol{p}_1,\ \boldsymbol{p}_2,\ \cdots,\ \boldsymbol{p}_n)$,由$\boldsymbol{A}\boldsymbol{P}=\boldsymbol{P}\boldsymbol{\Lambda}$,得

$$\boldsymbol{A}(\boldsymbol{p}_1,\ \boldsymbol{p}_2,\ \cdots,\ \boldsymbol{p}_n)=(\boldsymbol{p}_1,\ \boldsymbol{p}_2,\ \cdots,\ \boldsymbol{p}_n)\begin{pmatrix}\lambda_1 & & & \\ & \lambda_2 & & \\ & & \ddots & \\ & & & \lambda_n\end{pmatrix},$$

即

$$(\boldsymbol{A}\boldsymbol{p}_1,\ \boldsymbol{A}\boldsymbol{p}_2,\ \cdots,\ \boldsymbol{A}\boldsymbol{p}_n)=(\lambda_1\boldsymbol{p}_1,\ \lambda_2\boldsymbol{p}_2,\ \cdots,\ \lambda_n\boldsymbol{p}_n),$$

故

$$\boldsymbol{A}\boldsymbol{p}_i=\lambda_i\boldsymbol{p}_i\quad(i=1,\ 2,\ \cdots,\ n).$$

由$\boldsymbol{P}$可逆知,$\boldsymbol{p}_1,\ \boldsymbol{p}_2,\ \cdots,\ \boldsymbol{p}_n$均为非零向量且线性无关,从而$\boldsymbol{A}$有$n$个线性无关的特征向量.

充分性.设$\boldsymbol{p}_1,\ \boldsymbol{p}_2,\ \cdots,\ \boldsymbol{p}_n$为$\boldsymbol{A}$的$n$个线性无关的特征向量,它们对应的特征值为$\lambda_1,\ \lambda_2,\ \cdots,\ \lambda_n$,即

$$\boldsymbol{A}\boldsymbol{p}_i=\lambda_i\boldsymbol{p}_i\quad(i=1,\ 2,\ \cdots,\ n).$$

令 $\boldsymbol{P}=(\boldsymbol{p}_1, \boldsymbol{p}_2, \cdots, \boldsymbol{p}_n)$，易知 $\boldsymbol{P}$ 可逆，且

$$\begin{aligned}\boldsymbol{AP} &= \boldsymbol{A}(\boldsymbol{p}_1, \boldsymbol{p}_2, \cdots, \boldsymbol{p}_n)\\ &= (\boldsymbol{Ap}_1, \boldsymbol{Ap}_2, \cdots, \boldsymbol{Ap}_n)\\ &= (\lambda_1\boldsymbol{p}_1, \lambda_2\boldsymbol{p}_2, \cdots, \lambda_n\boldsymbol{p}_n)\\ &= (\boldsymbol{p}_1, \boldsymbol{p}_2, \cdots, \boldsymbol{p}_n)\begin{pmatrix}\lambda_1 & & & \\ & \lambda_2 & & \\ & & \ddots & \\ & & & \lambda_n\end{pmatrix}\\ &= \boldsymbol{P\Lambda},\end{aligned}$$

用 $\boldsymbol{P}^{-1}$ 左乘上式两端，得 $\boldsymbol{P}^{-1}\boldsymbol{AP}=\boldsymbol{\Lambda}$，即 $\boldsymbol{A}$ 与 $\boldsymbol{\Lambda}$ 相似.

推论 n 阶方阵 $\boldsymbol{A}$ 可对角化的充分条件是 $\boldsymbol{A}$ 有 n 个互不相等的特征值.

证 由定理 4.3 和定理 4.7 即可得此结论.

当矩阵 $\boldsymbol{A}$ 有重特征值时，由上述推论知，$\boldsymbol{A}$ 不一定能对角化. 那么有重特征值的矩阵在什么条件下可以对角化呢？下面我们不加证明地给出一个定理.

定理 4.8 n 阶方阵 $\boldsymbol{A}$ 可对角化的充要条件是对应于 $\boldsymbol{A}$ 的每个特征值的线性无关的特征向量的个数恰好等于该特征值的重数.

因为 $\boldsymbol{A}$ 的与特征值 λ_i 对应的线性无关的特征向量就是方程组 $(\boldsymbol{A}-\lambda_i\boldsymbol{E})\boldsymbol{x}=\boldsymbol{0}$ 的基础解系，而基础解系包含的解的个数（即线性无关的特征向量的个数）为 $n-R(\boldsymbol{A}-\lambda_i\boldsymbol{E})$，所以此定理也可描述为：

若 λ_i 为 n 阶方阵 $\boldsymbol{A}$ 的 n_i 重特征值，则 $\boldsymbol{A}$ 可对角化的充要条件是

$$R(\boldsymbol{A}-\lambda_i\boldsymbol{E}) = n - n_i.$$

例 4.8 设

$$\boldsymbol{A} = \begin{pmatrix}2 & 0 & 0\\ 0 & 3 & 0\\ 0 & 1 & -1\end{pmatrix}, \quad \boldsymbol{B} = \begin{pmatrix}2 & 0 & 0\\ 0 & 0 & 3\\ 0 & 1 & 2\end{pmatrix},$$

证明：矩阵 $\boldsymbol{A}$ 与 $\boldsymbol{B}$ 相似.

证明 矩阵 $\boldsymbol{A}$ 的特征值显然为 2, 3, −1.

因为矩阵 $\boldsymbol{B}$ 的特征多项式为

$$|\boldsymbol{B}-\lambda\boldsymbol{E}| = \begin{vmatrix} 2-\lambda & 0 & 0 \\ 0 & -\lambda & 3 \\ 0 & 1 & 2-\lambda \end{vmatrix} = -(\lambda+1)(\lambda-2)(\lambda-3),$$

所以 $\boldsymbol{B}$ 的特征值也为 2, 3, −1.

由相似的充分条件知, $\boldsymbol{A}$ 与 $\boldsymbol{B}$ 均与对角阵

$$\boldsymbol{\Lambda} = \begin{pmatrix} 2 & & \\ & 3 & \\ & & -1 \end{pmatrix}$$

相似,从而 $\boldsymbol{A}$ 与 $\boldsymbol{B}$ 也相似.

例 4.9 设矩阵

$$\boldsymbol{A} = \begin{pmatrix} 2 & 0 & 1 \\ 3 & 1 & x \\ 4 & 0 & 5 \end{pmatrix}$$

可相似对角化,求 x.

解 $\boldsymbol{A}$ 的特征多项式为

$$|\boldsymbol{A}-\lambda\boldsymbol{E}| = \begin{vmatrix} 2-\lambda & 0 & 1 \\ 3 & 1-\lambda & x \\ 4 & 0 & 5-\lambda \end{vmatrix} = -(\lambda-1)^2(\lambda-6),$$

故 $\boldsymbol{A}$ 的特征值为 $\lambda_1 = \lambda_2 = 1, \lambda_3 = 6$.

由于 $\boldsymbol{A}$ 可对角化,从而根据定理 4.8, $\boldsymbol{A}-\lambda_1\boldsymbol{E}$ 的秩为 $n - n_1 = 3-2 = 1$. 又

$$\boldsymbol{A}-\lambda_1\boldsymbol{E} = \begin{pmatrix} 1 & 0 & 1 \\ 3 & 0 & x \\ 4 & 0 & 4 \end{pmatrix} \to \begin{pmatrix} 1 & 0 & 1 \\ 0 & 0 & x-3 \\ 0 & 0 & 0 \end{pmatrix},$$

所以 $x=3$.

4.2.3 矩阵对角化的步骤与应用

定理 4.7 的证明过程实际上已经给出了将矩阵对角化的方法

与步骤.

若矩阵可对角化,则可按下列步骤进行矩阵对角化:

(1) 求出 $\boldsymbol{A}$ 的全部特征值 $\lambda_1, \lambda_2, \cdots, \lambda_s$;

(2) 对每一个特征值 λ_i,设其重数为 n_i,则对应的齐次线性方程组

$$(\boldsymbol{A} - \lambda_i \boldsymbol{E})\boldsymbol{x} = \boldsymbol{0}$$

的基础解系由 n_i 个向量 $\boldsymbol{\xi}_{i1}, \boldsymbol{\xi}_{i2}, \cdots, \boldsymbol{\xi}_{in_i}$ 构成,即 $\boldsymbol{\xi}_{i1}, \boldsymbol{\xi}_{i2}, \cdots, \boldsymbol{\xi}_{in_i}$ 为与 λ_i 对应的线性无关的特征向量;

(3) 上面求出的特征向量

$$\boldsymbol{\xi}_{11}, \boldsymbol{\xi}_{12}, \cdots, \boldsymbol{\xi}_{1n_1}, \boldsymbol{\xi}_{21}, \boldsymbol{\xi}_{22}, \cdots, \boldsymbol{\xi}_{2n_2}, \cdots, \boldsymbol{\xi}_{s1}, \boldsymbol{\xi}_{s2}, \cdots, \boldsymbol{\xi}_{sn_s}$$

恰好为矩阵 $\boldsymbol{A}$ 的 n 个线性无关的特征向量;

(4) 令

$$\boldsymbol{P} = (\boldsymbol{\xi}_{11}, \boldsymbol{\xi}_{12}, \cdots, \boldsymbol{\xi}_{1n_1}, \boldsymbol{\xi}_{21}, \boldsymbol{\xi}_{22}, \cdots, \boldsymbol{\xi}_{2n_2}, \cdots, \boldsymbol{\xi}_{s1}, \boldsymbol{\xi}_{s2}, \cdots, \boldsymbol{\xi}_{sn_s}),$$

则

$$\boldsymbol{P}^{-1}\boldsymbol{A}\boldsymbol{P} = \boldsymbol{\Lambda} = \begin{pmatrix} \lambda_1 & & & & & & & & \\ & \ddots & & & & & & & \\ & & \lambda_1 & & & & & & \\ & & & \lambda_2 & & & & & \\ & & & & \ddots & & & & \\ & & & & & \lambda_2 & & & \\ & & & & & & \ddots & & \\ & & & & & & & \lambda_s & \\ & & & & & & & & \ddots \\ & & & & & & & & & \lambda_s \end{pmatrix}.$$

可见,矩阵对角化的主要工作是求矩阵的特征值与特征向量.

例 4.10 设三阶矩阵 $\boldsymbol{A}$ 的特征值为 $\lambda_1 = 2, \lambda_2 = -2, \lambda_3 = 1$,对应的特征向量为

$$\boldsymbol{p}_1 = \begin{pmatrix} 0 \\ 1 \\ 1 \end{pmatrix}, \quad \boldsymbol{p}_2 = \begin{pmatrix} 1 \\ 1 \\ 1 \end{pmatrix}, \quad \boldsymbol{p}_3 = \begin{pmatrix} 1 \\ 1 \\ 0 \end{pmatrix},$$

求 $\boldsymbol{A}$.

解　因为 $\boldsymbol{A}$ 的特征值各不相等，所以 $\boldsymbol{A}$ 可对角化.

令

$$\boldsymbol{P}=(\boldsymbol{p}_1,\ \boldsymbol{p}_2,\ \boldsymbol{p}_3)=\begin{pmatrix}0&1&1\\1&1&1\\1&1&0\end{pmatrix},$$

$$\boldsymbol{\Lambda}=\begin{pmatrix}2&&\\&-2&\\&&1\end{pmatrix},$$

则 $\boldsymbol{P}$ 可逆，且 $\boldsymbol{P}^{-1}\boldsymbol{A}\boldsymbol{P}=\boldsymbol{\Lambda}$，从而 $\boldsymbol{A}=\boldsymbol{P}\boldsymbol{\Lambda}\boldsymbol{P}^{-1}$.

用初等变换法求得

$$\boldsymbol{P}^{-1}=\begin{pmatrix}-1&1&0\\1&-1&1\\0&1&-1\end{pmatrix},$$

所以

$$\boldsymbol{A}=\begin{pmatrix}0&1&1\\1&1&1\\1&1&0\end{pmatrix}\begin{pmatrix}2&&\\&-2&\\&&1\end{pmatrix}\begin{pmatrix}-1&1&0\\1&-1&1\\0&1&-1\end{pmatrix}$$

$$=\begin{pmatrix}-2&3&-3\\-4&5&-3\\-4&4&-2\end{pmatrix}.$$

矩阵对角化有着广泛的应用. 下面给出两个利用矩阵对角化计算矩阵的高次幂以及求解线性微分方程组的例子.

例 4.11　已知矩阵

$$\boldsymbol{A}=\begin{pmatrix}4&6&0\\-3&-5&0\\-3&-6&1\end{pmatrix},$$

将 $\boldsymbol{A}$ 对角化，并以此计算 $\boldsymbol{A}^{100}$.

解　$\boldsymbol{A}$ 的特征多项式

$$|\boldsymbol{A}-\lambda\boldsymbol{E}|=\begin{vmatrix}4-\lambda & 6 & 0\\ -3 & -5-\lambda & 0\\ -3 & -6 & 1-\lambda\end{vmatrix}$$

$$=-(1-\lambda)^2(\lambda-2),$$

故 $\boldsymbol{A}$ 的特征值为$\lambda_1=\lambda_2=1$, $\lambda_3=-2$.

当$\lambda_1=\lambda_2=1$时

$$\boldsymbol{A}-\lambda_1\boldsymbol{E}=\begin{pmatrix}3 & 6 & 0\\ -3 & -6 & 0\\ -3 & -6 & 0\end{pmatrix}\to\begin{pmatrix}1 & 2 & 0\\ 0 & 0 & 0\\ 0 & 0 & 0\end{pmatrix},$$

即 $x_1=-2x_2$,所以可求得两个线性无关的特征向量

$$\boldsymbol{p}_1=\begin{pmatrix}-2\\ 1\\ 0\end{pmatrix},\quad \boldsymbol{p}_2=\begin{pmatrix}0\\ 0\\ 1\end{pmatrix}.$$

当$\lambda_3=2$时

$$\boldsymbol{A}-\lambda_3\boldsymbol{E}=\begin{pmatrix}6 & 6 & 0\\ -3 & -3 & 0\\ -3 & -6 & 3\end{pmatrix}\to\begin{pmatrix}1 & 0 & 1\\ 0 & 1 & -1\\ 0 & 0 & 0\end{pmatrix},$$

即

$$\begin{cases}x_1=-x_3,\\ x_2=x_3,\end{cases}$$

可求得线性无关的特征向量

$$\boldsymbol{p}_3=\begin{pmatrix}1\\ -1\\ -1\end{pmatrix}.$$

令

$$\boldsymbol{P}=(\boldsymbol{p}_1,\boldsymbol{p}_2,\boldsymbol{p}_3)=\begin{pmatrix}-2 & 0 & 1\\ 1 & 0 & -1\\ 0 & 1 & -1\end{pmatrix},$$

则

$$\boldsymbol{P}^{-1}\boldsymbol{AP}=\begin{pmatrix}1&&\\&1&\\&&-2\end{pmatrix}=\boldsymbol{\Lambda},$$

$$\boldsymbol{A}=\boldsymbol{P\Lambda P}^{-1}=\boldsymbol{P}\begin{pmatrix}1&&\\&1&\\&&-2\end{pmatrix}\boldsymbol{P}^{-1}.$$

从而

$$\begin{aligned}\boldsymbol{A}^{100}&=\boldsymbol{A}\cdot\boldsymbol{A}\cdot\cdots\cdot\boldsymbol{A}\\&=(\boldsymbol{P\Lambda P}^{-1})(\boldsymbol{P\Lambda P}^{-1})\cdots(\boldsymbol{P\Lambda P}^{-1})\\&=\boldsymbol{P\Lambda}^{100}\boldsymbol{P}^{-1},\end{aligned}$$

故

$$\begin{aligned}\boldsymbol{A}^{100}&=\begin{pmatrix}-2&0&1\\1&0&-1\\0&1&-1\end{pmatrix}\begin{pmatrix}1&0&0\\0&1&0\\0&0&-2\end{pmatrix}^{100}\begin{pmatrix}-2&0&1\\1&0&-1\\0&1&-1\end{pmatrix}^{-1}\\&=\begin{pmatrix}-2&0&1\\1&0&-1\\0&1&-1\end{pmatrix}\begin{pmatrix}1&0&0\\0&1&0\\0&0&2^{100}\end{pmatrix}\begin{pmatrix}-1&-1&0\\-1&-2&1\\-1&-2&0\end{pmatrix}\\&=\begin{pmatrix}-2^{100}+2&-2^{101}+2&0\\2^{100}-1&2^{101}-1&0\\2^{100}-1&2^{101}-2&1\end{pmatrix}.\end{aligned}$$

例 4.12　利用矩阵对角化求解线性微分方程组

$$\begin{cases}\dfrac{\mathrm{d}x_1}{\mathrm{d}t}=2x_1-2x_2,\\\dfrac{\mathrm{d}x_2}{\mathrm{d}t}=-2x_1+x_2-2x_3,\\\dfrac{\mathrm{d}x_3}{\mathrm{d}t}=-2x_2.\end{cases}$$

解　令

$$\boldsymbol{x}=\begin{pmatrix}x_1\\x_2\\x_3\end{pmatrix},\quad \boldsymbol{x}'=\begin{pmatrix}\dfrac{\mathrm{d}x_1}{\mathrm{d}t}\\\dfrac{\mathrm{d}x_2}{\mathrm{d}t}\\\dfrac{\mathrm{d}x_3}{\mathrm{d}t}\end{pmatrix}=\begin{pmatrix}x_1{}'\\x_2{}'\\x_3{}'\end{pmatrix},$$

则方程组可化为

$$\begin{pmatrix}x_1{}'\\x_2{}'\\x_3{}'\end{pmatrix}=\begin{pmatrix}2&-2&0\\-2&1&-2\\0&-2&0\end{pmatrix}\begin{pmatrix}x_1\\x_2\\x_3\end{pmatrix},$$

即 $\boldsymbol{x}'=\boldsymbol{A}\boldsymbol{x}$,其中

$$\boldsymbol{A}=\begin{pmatrix}2&-2&0\\-2&1&-2\\0&-2&0\end{pmatrix}.$$

矩阵 $\boldsymbol{A}$ 的特征值为$\lambda_1=-2$, $\lambda_2=1$, $\lambda_3=4$ ($\boldsymbol{A}$ 可对角化),对应的特征向量为

$$\boldsymbol{p}_1=\begin{pmatrix}1\\2\\2\end{pmatrix},\quad \boldsymbol{p}_2=\begin{pmatrix}2\\1\\-2\end{pmatrix},\quad \boldsymbol{p}_3=\begin{pmatrix}2\\-2\\1\end{pmatrix}.$$

令 $\boldsymbol{x}=\boldsymbol{P}\boldsymbol{y}$,其中

$$\boldsymbol{P}=(\boldsymbol{p}_1,\ \boldsymbol{p}_2,\ \boldsymbol{p}_3)=\begin{pmatrix}1&2&2\\2&1&-2\\2&-2&1\end{pmatrix},$$

$$\boldsymbol{y}=\begin{pmatrix}y_1\\y_2\\y_3\end{pmatrix},$$

则

$$\boldsymbol{P}^{-1}\boldsymbol{A}\boldsymbol{P}=\begin{pmatrix}-2&&\\&1&\\&&4\end{pmatrix}.$$

代入 $\boldsymbol{x}' = \boldsymbol{A}\boldsymbol{x}$，得 $(\boldsymbol{P}\boldsymbol{y})' = \boldsymbol{A}\boldsymbol{P}\boldsymbol{y}$，$\boldsymbol{P}\boldsymbol{y}' = \boldsymbol{A}\boldsymbol{P}\boldsymbol{y}$，从而 $\boldsymbol{y}' = \boldsymbol{P}^{-1}\boldsymbol{A}\boldsymbol{P}\boldsymbol{y}$，即

$$\begin{pmatrix} y_1' \\ y_2' \\ y_3' \end{pmatrix} = \begin{pmatrix} -2 & & \\ & 1 & \\ & & 4 \end{pmatrix} \begin{pmatrix} y_1 \\ y_2 \\ y_3 \end{pmatrix},$$

亦即

$$\begin{cases} y_1' = -2y_1, \\ y_2' = y_2, \\ y_3' = 4y_3, \end{cases}$$

易解得

$$\begin{cases} y_1 = c_1 \mathrm{e}^{-2t}, \\ y_2 = c_2 \mathrm{e}^{t}, \\ y_3 = c_3 \mathrm{e}^{4t}. \end{cases}$$

从而

$$\boldsymbol{x} = \boldsymbol{P}\boldsymbol{y} = \begin{pmatrix} 1 & 2 & 2 \\ 2 & 1 & -2 \\ 2 & -2 & 1 \end{pmatrix} \begin{pmatrix} c_1 \mathrm{e}^{-2t} \\ c_2 \mathrm{e}^{t} \\ c_3 \mathrm{e}^{4t} \end{pmatrix},$$

即

$$\begin{cases} x_1 = c_1 \mathrm{e}^{-2t} + 2c_2 \mathrm{e}^{t} + 2c_3 \mathrm{e}^{4t}, \\ x_2 = 2c_1 \mathrm{e}^{-2t} + c_2 \mathrm{e}^{t} - 2c_3 \mathrm{e}^{4t}, \\ x_3 = 2c_1 \mathrm{e}^{-2t} - 2c_2 \mathrm{e}^{t} + c_3 \mathrm{e}^{4t} \end{cases}$$

为方程组的解，其中 $c_i\,(i = 1, 2, 3)$ 为任意常数.

习　题　4.2

1. 设 $\boldsymbol{A}$ 与 $\boldsymbol{B}$ 相似，$\boldsymbol{C}$ 与 $\boldsymbol{D}$ 相似，证明 $\begin{pmatrix} \boldsymbol{A} & \boldsymbol{O} \\ \boldsymbol{O} & \boldsymbol{C} \end{pmatrix}$ 与 $\begin{pmatrix} \boldsymbol{B} & \boldsymbol{O} \\ \boldsymbol{O} & \boldsymbol{D} \end{pmatrix}$ 相似.

2. 设矩阵

$$\boldsymbol{A} = \begin{pmatrix} 2 & 0 & 1 \\ 3 & 1 & x \\ 4 & 0 & 5 \end{pmatrix}$$

可相似对角化，求 x.

3. 设

$$\boldsymbol{A}=\begin{pmatrix}1 & & \\ & 2 & \\ & & 3\end{pmatrix},\quad \boldsymbol{B}=\begin{pmatrix}1 & & \\ & 3 & \\ & & 2\end{pmatrix},$$

验证 $\boldsymbol{A}$ 与 $\boldsymbol{B}$ 相似.

4. 已知向量 $\boldsymbol{p}=(1,1,-1)^{\mathrm{T}}$ 是矩阵

$$\boldsymbol{A}=\begin{pmatrix}2 & -1 & 2\\ 5 & a & 3\\ -1 & b & -2\end{pmatrix}$$

的一个特征向量.

(1) 确定参数 a，b 及 $\boldsymbol{p}$ 所对应的特征值；

(2) $\boldsymbol{A}$ 能否相似对角化？请说明理由.

5. 下列矩阵中哪个可对角化？

(1) $\boldsymbol{A}=\begin{pmatrix}-3 & 1 & -1\\ -7 & 5 & -1\\ -6 & 6 & -2\end{pmatrix}$；　　(2) $\boldsymbol{A}=\begin{pmatrix}1 & 1 & -2\\ 4 & 0 & 4\\ 1 & -1 & 4\end{pmatrix}$.

6. 设三阶矩阵 $\boldsymbol{A}$ 的特征值为 $\lambda_1=2$，$\lambda_2=-2$，$\lambda_3=1$，对应的特征向量依次为

$$\boldsymbol{p}_1=\begin{pmatrix}0\\1\\1\end{pmatrix},\quad \boldsymbol{p}_2=\begin{pmatrix}1\\1\\1\end{pmatrix},\quad \boldsymbol{p}_3=\begin{pmatrix}1\\1\\0\end{pmatrix},$$

求 $\boldsymbol{A}$.

7. 设

$$\boldsymbol{A}=\begin{pmatrix}-1 & 1 & 0\\ -2 & 2 & 0\\ 4 & -2 & 1\end{pmatrix},$$

求 $\boldsymbol{A}^{100}$.

8. (1) 设

$$\boldsymbol{A}=\begin{pmatrix}3 & -2\\ -2 & 3\end{pmatrix},$$

求 $\varphi(\boldsymbol{A}) = \boldsymbol{A}^{10} - 5\boldsymbol{A}^{9}$;

(2) 设

$$\boldsymbol{A} = \begin{pmatrix} 2 & 1 & 2 \\ 1 & 2 & 2 \\ 2 & 2 & 1 \end{pmatrix},$$

求 $\varphi(\boldsymbol{A}) = \boldsymbol{A}^{10} - 6\boldsymbol{A}^{9} + 5\boldsymbol{A}^{8}$.

9. 设 $\boldsymbol{A}$ 是五阶方阵,$\boldsymbol{A}$ 有五个线性无关的特征向量,证明:$\boldsymbol{A}^{\mathrm{T}}$ 也有五个线性无关的特征向量.

10. 三阶方阵 $\boldsymbol{A}$ 有三个特征值 1, 0, -1,对应的特征向量分别为

$$\begin{pmatrix} 1 \\ 1 \\ 0 \end{pmatrix}, \quad \begin{pmatrix} 1 \\ 0 \\ 1 \end{pmatrix}, \quad \begin{pmatrix} 0 \\ 1 \\ 1 \end{pmatrix}.$$

又知三阶方阵 $\boldsymbol{B}$ 满足 $\boldsymbol{B} = \boldsymbol{PAP}^{-1}$,其中

$$\boldsymbol{P} = \begin{pmatrix} 3 & 0 & 1 \\ 0 & 1 & -2 \\ 1 & 4 & 0 \end{pmatrix},$$

求 $\boldsymbol{B}$ 的特征值和对应的特征向量.

4.3 正交矩阵与正交变换

在几何研究中,有时要求所作线性变换保持几何体的形状不变,即线性变换具有保形性.本节我们要介绍一种特殊的相似变换——正交变换,正交变换除了具有不改变矩阵的行列式、秩、特征值等相似变换的优点外,最大的特点就是在几何上具有保形性.

下面介绍正交向量、正交矩阵和正交变换的相关内容.

4.3.1 向量的内积与正交向量组

定义 4.4 对 n 维向量

$$\boldsymbol{x} = \begin{pmatrix} x_1 \\ x_2 \\ \vdots \\ x_n \end{pmatrix}, \quad \boldsymbol{y} = \begin{pmatrix} y_1 \\ y_2 \\ \vdots \\ y_n \end{pmatrix},$$

称 $x_1y_1 + x_2y_2 + \cdots + x_ny_n$ 为 $\boldsymbol{x}$ 与 $\boldsymbol{y}$ 的**内积**,记为$[\boldsymbol{x}, \boldsymbol{y}]$,即

$$\begin{aligned}[\boldsymbol{x}, \boldsymbol{y}] &= \boldsymbol{x}^{\mathrm{T}}\boldsymbol{y} = (x_1, x_2, \cdots, x_n)\begin{pmatrix} y_1 \\ y_2 \\ \vdots \\ y_n \end{pmatrix} \\ &= x_1y_1 + x_2y_2 + \cdots + x_ny_n.\end{aligned}$$

内积运算满足:

(1) $[\boldsymbol{x}, \boldsymbol{y}] = [\boldsymbol{y}, \boldsymbol{x}]$;

(2) $[\lambda\boldsymbol{x}, \boldsymbol{y}] = \lambda[\boldsymbol{x}, \boldsymbol{y}]$;

(3) $[\boldsymbol{x} + \boldsymbol{y}, \boldsymbol{z}] = [\boldsymbol{x}, \boldsymbol{z}] + [\boldsymbol{y}, \boldsymbol{z}]$;

(4) $[\boldsymbol{x}, \boldsymbol{x}] \geqslant 0$,且当且仅当 $\boldsymbol{x} = \boldsymbol{0}$ 时,$[\boldsymbol{x}, \boldsymbol{x}] = 0$.

定义 4.5 对 n 维向量 $\boldsymbol{x} = (x_1, x_2, \cdots, x_n)^{\mathrm{T}}$,称

$$\| \boldsymbol{x} \| = \sqrt{[\boldsymbol{x}, \boldsymbol{x}]} = \sqrt{x_1^2 + x_2^2 + \cdots + x_n^2}$$

为向量 $\boldsymbol{x}$ 的**长度**.当 $\| \boldsymbol{x} \| = 1$ 时,$\boldsymbol{x}$ 称为**单位向量**.

向量的长度具有下列性质:

(1) **非负性**:$\| \boldsymbol{x} \| \geqslant 0$,且当且仅当 $\boldsymbol{x} = \boldsymbol{0}$ 时,$\| \boldsymbol{x} \| = 0$;

(2) **齐次性**:对 $\lambda \in \mathbb{R}$,有 $\| \lambda x \| = | \lambda | \, \| \boldsymbol{x} \|$;

(3) **三角不等式**:对 $\boldsymbol{x}, \boldsymbol{y} \in \mathbb{R}^n$,有 $\| \boldsymbol{x} + \boldsymbol{y} \| \leqslant \| \boldsymbol{x} \| + \| \boldsymbol{y} \|$;

(4) **柯西不等式**:$[\boldsymbol{x}, \boldsymbol{y}] \leqslant \| \boldsymbol{x} \| \| \boldsymbol{y} \|$.

定义 4.6 若两向量 $\boldsymbol{x}$ 与 $\boldsymbol{y}$ 的内积等于零,即$[\boldsymbol{x}, \boldsymbol{y}] = 0$,则称 $\boldsymbol{x}$ 与 $\boldsymbol{y}$ **正交**.

例如,n 维向量

$$\boldsymbol{\varepsilon}_1 = \begin{pmatrix} 1 \\ 0 \\ \vdots \\ 0 \end{pmatrix}, \quad \boldsymbol{\varepsilon}_2 = \begin{pmatrix} 0 \\ 1 \\ \vdots \\ 0 \end{pmatrix}, \quad \cdots, \quad \boldsymbol{\varepsilon}_n = \begin{pmatrix} 0 \\ 0 \\ \vdots \\ 1 \end{pmatrix}$$

两两正交.

定义 4.7　若非零向量组 $\boldsymbol{\alpha}_1, \boldsymbol{\alpha}_2, \cdots, \boldsymbol{\alpha}_r$ 中的向量两两正交,即 $[\boldsymbol{\alpha}_i, \boldsymbol{\alpha}_j]=0\ (i\neq j)$,则称 $\boldsymbol{\alpha}_1, \boldsymbol{\alpha}_2, \cdots, \boldsymbol{\alpha}_r$ 为**正交向量组**.

例如,$\boldsymbol{\varepsilon}_1, \boldsymbol{\varepsilon}_2, \cdots, \boldsymbol{\varepsilon}_n$ 为正交向量组.

定理 4.9　若 n 维向量组 $\boldsymbol{\alpha}_1, \boldsymbol{\alpha}_2, \cdots, \boldsymbol{\alpha}_r$ 是正交向量组,则 $\boldsymbol{\alpha}_1, \boldsymbol{\alpha}_2, \cdots, \boldsymbol{\alpha}_r$ 线性无关.

证　设有 $k_1, k_2, \cdots, k_r$,使

$$k_1\boldsymbol{\alpha}_1 + k_2\boldsymbol{\alpha}_2 + \cdots + k_r\boldsymbol{\alpha}_r = \mathbf{0},$$

用 $\boldsymbol{\alpha}_i^{\mathrm{T}}(i=1, 2, \cdots, r)$左乘上式,得

$$\begin{aligned}&k_1\boldsymbol{\alpha}_i^{\mathrm{T}}\boldsymbol{\alpha}_1 + \cdots + k_{i-1}\boldsymbol{\alpha}_i^{\mathrm{T}}\boldsymbol{\alpha}_{i-1} + k_i\boldsymbol{\alpha}_i^{\mathrm{T}}\boldsymbol{\alpha}_i\\ &+ k_{i+1}\boldsymbol{\alpha}_i^{\mathrm{T}}\boldsymbol{\alpha}_{i+1} + \cdots + k_r\boldsymbol{\alpha}_i^{\mathrm{T}}\boldsymbol{\alpha}_r = \mathbf{0}.\end{aligned}$$

由 $\boldsymbol{\alpha}_1, \boldsymbol{\alpha}_2, \cdots, \boldsymbol{\alpha}_r$ 的正交性,得 $k_i\boldsymbol{\alpha}_i^{\mathrm{T}}\boldsymbol{\alpha}_i = 0$,又 $\boldsymbol{\alpha}_i \neq \mathbf{0}$,即 $\boldsymbol{\alpha}_i^{\mathrm{T}}\boldsymbol{\alpha}_i = \|\boldsymbol{\alpha}_i\|^2 \neq 0$,故 $k_i = 0\ (i = 1, 2, \cdots, r)$,从而 $\boldsymbol{\alpha}_1, \boldsymbol{\alpha}_2, \cdots, \boldsymbol{\alpha}_r$ 线性无关.

4.3.2　规范正交基与基的规范正交化

定义 4.8　设 n 维向量 $\boldsymbol{\alpha}_1, \boldsymbol{\alpha}_2, \cdots, \boldsymbol{\alpha}_r$ 是 r 维向量空间 $\boldsymbol{V}\subset\mathbb{R}^n$ 的基,若 $\boldsymbol{\alpha}_1, \boldsymbol{\alpha}_2, \cdots, \boldsymbol{\alpha}_r$ 为正交向量组,则称之为**正交基**.

若 $\boldsymbol{e}_1, \boldsymbol{e}_2, \cdots, \boldsymbol{e}_r$ 为正交向量组,且 $\boldsymbol{e}_1, \boldsymbol{e}_2, \cdots, \boldsymbol{e}_r$ 均为单位向量,则称之为**规范正交基**.

例如,$\boldsymbol{\varepsilon}_1, \boldsymbol{\varepsilon}_2, \cdots, \boldsymbol{\varepsilon}_n$ 为 n 维向量空间 $\mathbb{R}^n$ 的规范正交基. 向量组

$$\boldsymbol{e}_1 = \begin{pmatrix}\frac{1}{\sqrt{2}}\\ \frac{1}{\sqrt{2}}\\ 0\\ 0\end{pmatrix},\quad \boldsymbol{e}_2 = \begin{pmatrix}\frac{1}{\sqrt{2}}\\ -\frac{1}{\sqrt{2}}\\ 0\\ 0\end{pmatrix},\quad \boldsymbol{e}_3 = \begin{pmatrix}0\\ 0\\ \frac{1}{\sqrt{2}}\\ \frac{1}{\sqrt{2}}\end{pmatrix},\quad \boldsymbol{e}_4 = \begin{pmatrix}0\\ 0\\ \frac{1}{\sqrt{2}}\\ -\frac{1}{\sqrt{2}}\end{pmatrix}$$

为$\mathbb{R}^4$的一个规范正交基.

若 $\boldsymbol{e}_1, \boldsymbol{e}_2, \cdots, \boldsymbol{e}_r$ 是向量空间 $\boldsymbol{V}$ 的一个规范正交基,则 $\boldsymbol{V}$ 中任一

向量 $\boldsymbol{\alpha}$ 能由 $\boldsymbol{e}_1, \boldsymbol{e}_2, \cdots, \boldsymbol{e}_r$ 线性表示.设表达式为

$$\boldsymbol{\alpha} = \lambda_1 \boldsymbol{e}_1 + \lambda_2 \boldsymbol{e}_2 + \cdots + \lambda_r \boldsymbol{e}_r,$$

用 $\boldsymbol{e}_i^{\mathrm{T}}$ 左乘上式,得

$$\boldsymbol{e}_i^{\mathrm{T}} \boldsymbol{\alpha} = \lambda_i \boldsymbol{e}_i^{\mathrm{T}} \boldsymbol{e}_i = \lambda_i,$$

这就是向量在规范正交基下的坐标计算公式.利用这个公式可以方便地求得向量 $\boldsymbol{\alpha}$ 在规范正交基 $\boldsymbol{e}_1, \boldsymbol{e}_2, \cdots, \boldsymbol{e}_r$ 下的坐标 $(\lambda_1, \lambda_2, \cdots, \lambda_r)$.因此,我们在给出向量空间的基时常常取规范正交基.

设 $\boldsymbol{\alpha}_1, \boldsymbol{\alpha}_2, \cdots, \boldsymbol{\alpha}_r$ 是向量空间 $\boldsymbol{V}$ 的一个基,要求 $\boldsymbol{V}$ 的一个规范正交基,也就是要求一组两两正交的单位向量 $\boldsymbol{e}_1, \boldsymbol{e}_2, \cdots, \boldsymbol{e}_r$,使 $\boldsymbol{e}_1, \boldsymbol{e}_2, \cdots, \boldsymbol{e}_r$ 与 $\boldsymbol{\alpha}_1, \boldsymbol{\alpha}_2, \cdots, \boldsymbol{\alpha}_r$ 等价.这一过程称为基 $\boldsymbol{\alpha}_1, \boldsymbol{\alpha}_2, \cdots, \boldsymbol{\alpha}_r$ 的**规范正交化**.

可按下列步骤将 $\boldsymbol{\alpha}_1, \boldsymbol{\alpha}_2, \cdots, \boldsymbol{\alpha}_r$ 规范正交化:

(1) 正交化.令

$$\boldsymbol{\beta}_1 = \boldsymbol{\alpha}_1;$$

$$\boldsymbol{\beta}_2 = \boldsymbol{\alpha}_2 - \frac{[\boldsymbol{\beta}_1, \boldsymbol{\alpha}_2]}{[\boldsymbol{\beta}_1, \boldsymbol{\beta}_1]}\boldsymbol{\beta}_1;$$

$$\boldsymbol{\beta}_3 = \boldsymbol{\alpha}_3 - \frac{[\boldsymbol{\beta}_1, \boldsymbol{\alpha}_3]}{[\boldsymbol{\beta}_1, \boldsymbol{\beta}_1]}\boldsymbol{\beta}_1 - \frac{[\boldsymbol{\beta}_2, \boldsymbol{\alpha}_3]}{[\boldsymbol{\beta}_2, \boldsymbol{\beta}_2]}\boldsymbol{\beta}_2;$$

…………

$$\boldsymbol{\beta}_r = \boldsymbol{\alpha}_r - \frac{[\boldsymbol{\beta}_1, \boldsymbol{\alpha}_r]}{[\boldsymbol{\beta}_1, \boldsymbol{\beta}_1]}\boldsymbol{\beta}_1 - \frac{[\boldsymbol{\beta}_2, \boldsymbol{\alpha}_r]}{[\boldsymbol{\beta}_2, \boldsymbol{\beta}_2]}\boldsymbol{\beta}_2 - \cdots - \frac{[\boldsymbol{\beta}_{r-1}, \boldsymbol{\alpha}_r]}{[\boldsymbol{\beta}_{r-1}, \boldsymbol{\beta}_{r-1}]}\boldsymbol{\beta}_{r-1}.$$

易验证 $\boldsymbol{\beta}_1, \boldsymbol{\beta}_2, \cdots, \boldsymbol{\beta}_r$ 两两正交,且 $\boldsymbol{\beta}_1, \boldsymbol{\beta}_2, \cdots, \boldsymbol{\beta}_r$ 与 $\boldsymbol{\alpha}_1, \boldsymbol{\alpha}_2, \cdots, \boldsymbol{\alpha}_r$ 等价.

(2) 单位化.令

$$\boldsymbol{e}_1 = \frac{\boldsymbol{\beta}_1}{\|\boldsymbol{\beta}_1\|}, \quad \boldsymbol{e}_2 = \frac{\boldsymbol{\beta}_2}{\|\boldsymbol{\beta}_2\|}, \quad \cdots, \quad \boldsymbol{e}_r = \frac{\boldsymbol{\beta}_r}{\|\boldsymbol{\beta}_r\|},$$

则 $\boldsymbol{e}_1, \boldsymbol{e}_2, \cdots, \boldsymbol{e}_r$ 即为 $\boldsymbol{V}$ 的一个规范正交基.

上述过程称为**格拉姆-施密特(Gram-Schmidt)正交化**.施密特正

交化不仅满足 $\boldsymbol{\beta}_1,\boldsymbol{\beta}_2,\cdots,\boldsymbol{\beta}_r$ 与 $\boldsymbol{\alpha}_1,\boldsymbol{\alpha}_2,\cdots,\boldsymbol{\alpha}_r$ 等价，还满足：对任何 $k(1\leqslant k\leqslant r)$，向量组 $\boldsymbol{\beta}_1,\boldsymbol{\beta}_2,\cdots,\boldsymbol{\beta}_k$ 与 $\boldsymbol{\alpha}_1,\boldsymbol{\alpha}_2,\cdots,\boldsymbol{\alpha}_k$ 等价.

需要指出的是，在**数值计算**中，Gram-Schmidt 正交化是**数值不稳定**的，即计算中累积的舍入误差会使最终结果的正交性变得很差. 因此，在实际应用中通常使用 Householder 变换或 Givens 变换进行正交化.

例 4.13　设有线性无关向量组

$$\boldsymbol{\alpha}_1=\begin{pmatrix}1\\1\\0\end{pmatrix},\quad \boldsymbol{\alpha}_2=\begin{pmatrix}0\\1\\1\end{pmatrix},\quad \boldsymbol{\alpha}_3=\begin{pmatrix}3\\4\\0\end{pmatrix},$$

试用施密特正交化方法将向量组正交规范化.

解　首先取

$$\boldsymbol{\beta}_1=\boldsymbol{\alpha}_1=\begin{pmatrix}1\\1\\0\end{pmatrix},$$

$$\boldsymbol{\beta}_2=\boldsymbol{\alpha}_2-\frac{[\boldsymbol{\beta}_1,\boldsymbol{\alpha}_2]}{[\boldsymbol{\beta}_1,\boldsymbol{\beta}_1]}\boldsymbol{\beta}_1=\begin{pmatrix}0\\1\\1\end{pmatrix}-\frac{1}{2}\begin{pmatrix}1\\1\\0\end{pmatrix}=\frac{1}{2}\begin{pmatrix}-1\\1\\2\end{pmatrix},$$

$$\begin{aligned}\boldsymbol{\beta}_3&=\boldsymbol{\alpha}_3-\frac{[\boldsymbol{\beta}_1,\boldsymbol{\alpha}_3]}{[\boldsymbol{\beta}_1,\boldsymbol{\beta}_1]}\boldsymbol{\beta}_1-\frac{[\boldsymbol{\beta}_2,\boldsymbol{\alpha}_3]}{[\boldsymbol{\beta}_2,\boldsymbol{\beta}_2]}\boldsymbol{\beta}_2\\&=\begin{pmatrix}3\\4\\0\end{pmatrix}-\frac{7}{2}\begin{pmatrix}1\\1\\0\end{pmatrix}-\frac{\frac{1}{2}}{\frac{3}{2}}\cdot\frac{1}{2}\begin{pmatrix}-1\\1\\2\end{pmatrix}\\&=\frac{1}{3}\begin{pmatrix}-1\\1\\-1\end{pmatrix}.\end{aligned}$$

再将 $\boldsymbol{\beta}_1,\boldsymbol{\beta}_2,\boldsymbol{\beta}_3$ 单位化，即

$$e_1=\frac{\boldsymbol{\beta}_1}{\|\boldsymbol{\beta}_1\|}=\begin{pmatrix}\frac{1}{\sqrt{2}}\\ \frac{1}{\sqrt{2}}\\ 0\end{pmatrix},$$

$$e_2=\frac{\boldsymbol{\beta}_2}{\|\boldsymbol{\beta}_2\|}=\begin{pmatrix}-\frac{1}{\sqrt{6}}\\ \frac{1}{\sqrt{6}}\\ \frac{2}{\sqrt{6}}\end{pmatrix},$$

$$e_3=\frac{\boldsymbol{\beta}_3}{\|\boldsymbol{\beta}_3\|}=\begin{pmatrix}-\frac{1}{\sqrt{3}}\\ \frac{1}{\sqrt{3}}\\ -\frac{1}{\sqrt{3}}\end{pmatrix},$$

则 e_1, e_2, e_3 即为所求的正交规范向量组.

4.3.3 正交矩阵与正交变换

定义 4.9 若 n 阶方阵 A 满足 $A^{\mathrm{T}}A=E$,则称 A 为**正交矩阵**.

不难证明,正交矩阵有下述性质:

(1) 若 A 为正交矩阵,则 $A^{\mathrm{T}}=A^{-1}$,且 A^{T} 也为正交矩阵;

(2) 若 A, B 为正交矩阵,则 AB 也为正交矩阵;

(3) 若 A 为正交矩阵,则 $|A|=1$ 或 $|A|=-1$.

定理 4.10 n 阶方阵 A 为正交矩阵的充要条件是 A 的行(列)向量两两正交且为单位向量,即 A 的行(列)向量组为正交规范基.

证 设 $A=(\boldsymbol{\alpha}_1,\boldsymbol{\alpha}_2,\cdots,\boldsymbol{\alpha}_n)$, $\boldsymbol{\alpha}_i(i=1,2,\cdots,n)$ 为列向量,则

$$\boldsymbol{A}^{\mathrm{T}}\boldsymbol{A}=\begin{pmatrix}\boldsymbol{\alpha}_1{}^{\mathrm{T}}\\ \boldsymbol{\alpha}_2{}^{\mathrm{T}}\\ \vdots\\ \boldsymbol{\alpha}_n{}^{\mathrm{T}}\end{pmatrix}(\boldsymbol{\alpha}_1,\boldsymbol{\alpha}_2,\cdots,\boldsymbol{\alpha}_n)$$

$$=\begin{pmatrix}\boldsymbol{\alpha}_1{}^{\mathrm{T}}\boldsymbol{\alpha}_1 & \boldsymbol{\alpha}_1{}^{\mathrm{T}}\boldsymbol{\alpha}_2 & \cdots & \boldsymbol{\alpha}_1{}^{\mathrm{T}}\boldsymbol{\alpha}_n\\ \boldsymbol{\alpha}_2{}^{\mathrm{T}}\boldsymbol{\alpha}_1 & \boldsymbol{\alpha}_2{}^{\mathrm{T}}\boldsymbol{\alpha}_2 & \cdots & \boldsymbol{\alpha}_2{}^{\mathrm{T}}\boldsymbol{\alpha}_n\\ \vdots & \vdots & & \vdots\\ \boldsymbol{\alpha}_n{}^{\mathrm{T}}\boldsymbol{\alpha}_1 & \boldsymbol{\alpha}_n{}^{\mathrm{T}}\boldsymbol{\alpha}_2 & \cdots & \boldsymbol{\alpha}_n{}^{\mathrm{T}}\boldsymbol{\alpha}_n\end{pmatrix}.$$

显然，$\boldsymbol{A}$ 为正交矩阵即 $\boldsymbol{A}^{\mathrm{T}}\boldsymbol{A}=\boldsymbol{E}$ 的充要条件是 $\boldsymbol{\alpha}_i{}^{\mathrm{T}}\boldsymbol{\alpha}_j=0\ (i\neq j)$，$\boldsymbol{\alpha}_i{}^{\mathrm{T}}\boldsymbol{\alpha}_i=1$，即 $\boldsymbol{\alpha}_1,\boldsymbol{\alpha}_2,\cdots,\boldsymbol{\alpha}_n$ 为单位正交向量组.

考虑到矩阵行与列的等价性，上述结论对矩阵的行向量组同样成立.

例如，方阵

$$\boldsymbol{A}=\begin{pmatrix}0 & 1 & 0\\ -\frac{1}{\sqrt{2}} & 0 & \frac{1}{\sqrt{2}}\\ \frac{1}{\sqrt{2}} & 0 & \frac{1}{\sqrt{2}}\end{pmatrix}$$

的列向量为两两正交的单位向量，故 $\boldsymbol{A}$ 为正交阵.

定义 4.10　若 $\boldsymbol{P}$ 为正交矩阵，则线性变换 $\boldsymbol{y}=\boldsymbol{P}\boldsymbol{x}$ 称为**正交变换**.

定理 4.11　正交变换不改变向量的长度及向量间的夹角.

证　设 $\boldsymbol{y}=\boldsymbol{P}\boldsymbol{x}$，$\boldsymbol{P}$ 为正交矩阵，则

$$\begin{aligned}\|\boldsymbol{y}\|&=\sqrt{\boldsymbol{y}^{\mathrm{T}}\boldsymbol{y}}=\sqrt{(\boldsymbol{P}\boldsymbol{x})^{\mathrm{T}}(\boldsymbol{P}\boldsymbol{x})}\\&=\sqrt{\boldsymbol{x}^{\mathrm{T}}\boldsymbol{P}^{\mathrm{T}}\boldsymbol{P}\boldsymbol{x}}=\sqrt{\boldsymbol{x}^{\mathrm{T}}\boldsymbol{E}\boldsymbol{x}}\\&=\sqrt{\boldsymbol{x}^{\mathrm{T}}\boldsymbol{x}}=\|\boldsymbol{x}\|.\end{aligned}$$

设 $\boldsymbol{y}_1=\boldsymbol{P}\boldsymbol{x}_1$，$\boldsymbol{y}_2=\boldsymbol{P}\boldsymbol{x}_2$，$\boldsymbol{P}$ 为正交矩阵，则 $\|\boldsymbol{y}_1\|=\|\boldsymbol{x}_1\|$，$\|\boldsymbol{y}_2\|=\|\boldsymbol{x}_2\|$，且

$$[\boldsymbol{y}_1, \boldsymbol{y}_2] = (\boldsymbol{P}\boldsymbol{x}_1)^{\mathrm{T}}(\boldsymbol{P}\boldsymbol{x}_2) = \boldsymbol{x}_1^{\mathrm{T}}\boldsymbol{P}^{\mathrm{T}}\boldsymbol{P}\boldsymbol{x}_2 = \boldsymbol{x}_1^{\mathrm{T}}\boldsymbol{x}_2 = [\boldsymbol{x}_1, \boldsymbol{x}_2],$$

从而

$$\cos(\boldsymbol{y}_1, \boldsymbol{y}_2) = \frac{[\boldsymbol{y}_1, \boldsymbol{y}_2]}{\|\boldsymbol{y}_1\|\|\boldsymbol{y}_2\|} = \frac{[\boldsymbol{x}_1, \boldsymbol{x}_2]}{\|\boldsymbol{x}_1\|\|\boldsymbol{x}_2\|} = \cos(\boldsymbol{x}_1, \boldsymbol{x}_2).$$

上述结论表明正交变换保持向量的几何特征不变,即正交变换具有保形性,这正是正交变换的优良特性.

习 题 4.3

1. 设 $\boldsymbol{\alpha}_1, \boldsymbol{\alpha}_2, \boldsymbol{\alpha}_3$ 是一个规范正交组,求 $\|4\boldsymbol{\alpha}_1 - 7\boldsymbol{\alpha}_2 + 4\boldsymbol{\alpha}_3\|$.

2. 求与向量 $\boldsymbol{\alpha}_1 = (1, 1, -1, 1)^{\mathrm{T}}$, $\boldsymbol{\alpha}_2 = (1, -1, 1, 1)^{\mathrm{T}}$, $\boldsymbol{\alpha}_3 = (1, 1, 1, 1)^{\mathrm{T}}$ 都正交的单位向量.

3. 将下列各组向量正交规范化:

(1) $\boldsymbol{\alpha}_1 = \begin{pmatrix}1\\1\\1\end{pmatrix}, \boldsymbol{\alpha}_2 = \begin{pmatrix}0\\1\\1\end{pmatrix}, \boldsymbol{\alpha}_3 = \begin{pmatrix}0\\0\\1\end{pmatrix}$;

(2) $\boldsymbol{\alpha}_1 = \begin{pmatrix}1\\1\\0\\0\end{pmatrix}, \boldsymbol{\alpha}_2 = \begin{pmatrix}0\\1\\1\\0\end{pmatrix}, \boldsymbol{\alpha}_3 = \begin{pmatrix}1\\0\\1\\1\end{pmatrix}$.

4. 求齐次线性方程组

$$\begin{pmatrix}2 & 1 & -1 & 1 & -3\\1 & 1 & 1 & 0 & 1\\3 & 2 & -1 & 1 & -2\end{pmatrix}\begin{pmatrix}x_1\\x_2\\x_3\\x_4\\x_5\end{pmatrix} = \boldsymbol{0}$$

解空间的一个标准正交基.

5. 设 $\boldsymbol{\alpha}_1, \boldsymbol{\alpha}_2, \cdots, \boldsymbol{\alpha}_n$ 为向量空间 $\mathbb{R}^n$ 的一个基,证明:

(1) 若 $\boldsymbol{\gamma} \in \mathbb{R}^n$,且 $[\boldsymbol{\gamma}, \boldsymbol{\alpha}_i] = 0\ (i = 1, 2, \cdots, n)$,则 $\boldsymbol{\gamma} = \boldsymbol{0}$;

(2) 若 $\boldsymbol{\gamma}_1, \boldsymbol{\gamma}_2 \in \mathbb{R}^n$，且对任一 $\boldsymbol{\alpha} \in \mathbb{R}^n$，有 $[\boldsymbol{\gamma}_1, \boldsymbol{\alpha}] = [\boldsymbol{\gamma}_2, \boldsymbol{\alpha}]$，则 $\boldsymbol{\gamma}_1 = \boldsymbol{\gamma}_2$.

6. 下列矩阵是否为正交矩阵：

(1) $\begin{pmatrix} 1 & -\frac{1}{2} & \frac{1}{3} \\ -\frac{1}{2} & 1 & \frac{1}{2} \\ \frac{1}{3} & \frac{1}{2} & 1 \end{pmatrix}$；　(2) $\begin{pmatrix} \frac{1}{9} & -\frac{8}{9} & -\frac{4}{9} \\ -\frac{8}{9} & \frac{1}{9} & -\frac{4}{9} \\ -\frac{4}{9} & -\frac{4}{9} & \frac{7}{9} \end{pmatrix}$.

7. 设 $\boldsymbol{x}$ 为 n 维列向量，$\boldsymbol{x}^{\mathrm{T}}\boldsymbol{x} = 1$，令 $\boldsymbol{H} = \boldsymbol{E} - 2\boldsymbol{x}\boldsymbol{x}^{\mathrm{T}}$，证明：$\boldsymbol{H}$ 是对称正交阵.

8. 设 $\boldsymbol{\alpha}_1, \boldsymbol{\alpha}_2$ 为 n 维列向量，$\boldsymbol{A}$ 为 n 阶正交矩阵，证明：

(1) $[\boldsymbol{A}\boldsymbol{\alpha}_1, \boldsymbol{A}\boldsymbol{\alpha}_2] = [\boldsymbol{\alpha}_1, \boldsymbol{\alpha}_2]$；

(2) $\| \boldsymbol{A}\boldsymbol{\alpha}_1 \| = \| \boldsymbol{\alpha}_1 \|$.

9. 设 $\boldsymbol{A}, \boldsymbol{B}$ 都是 n 阶正交矩阵，证明：$\boldsymbol{AB}$ 也是正交矩阵.

10. 证明下列命题：

(1) 正交矩阵 $\boldsymbol{A}$ 的特征值的绝对值等于 1；

(2) 若正交矩阵 $\boldsymbol{A}$ 的行列式 $|\boldsymbol{A}| = -1$，则 $\lambda = -1$ 是 $\boldsymbol{A}$ 的特征值.

11. 设 $\boldsymbol{\alpha}_1, \boldsymbol{\alpha}_2, \cdots, \boldsymbol{\alpha}_n$ 为向量空间 $\mathbb{R}^n$ 的一组规范正交基，$\boldsymbol{A}$ 为 n 阶正交矩阵，证明：$\boldsymbol{A}\boldsymbol{\alpha}_1, \boldsymbol{A}\boldsymbol{\alpha}_2, \cdots, \boldsymbol{A}\boldsymbol{\alpha}_n$ 也是 $\mathbb{R}^n$ 的一组规范正交基.

4.4　实对称矩阵的对角化

从上节中可知，n 阶方阵 $\boldsymbol{A}$ 可对角化的充要条件是 $\boldsymbol{A}$ 有 n 个线性无关的特征向量. 然而，判断 n 阶方阵 $\boldsymbol{A}$ 是否有 n 个线性无关的特征向量通常不是一件容易的事. 那么，究竟具有什么特征的矩阵必定能够对角化呢?

本节给出一个较为简单的结论：实对称矩阵一定可用正交变换将其对角化.

定理 4.12　实对称阵的特征值为实数.

证 设复数λ、复向量$\boldsymbol{x}$为实对称阵$\boldsymbol{A}$的特征值、特征向量，即$\boldsymbol{Ax}=\lambda\boldsymbol{x}$.

用$\bar{\lambda}$表示λ的共轭复数，$\bar{\boldsymbol{x}}$表示x的共轭复向量，则

$$\boldsymbol{A}\bar{\boldsymbol{x}}=\bar{\boldsymbol{A}}\,\bar{\boldsymbol{x}}=\overline{\boldsymbol{Ax}}=\overline{\lambda\boldsymbol{x}}=\bar{\lambda}\,\bar{\boldsymbol{x}}.$$

于是有

$$\bar{\boldsymbol{x}}^{\mathrm{T}}\boldsymbol{Ax}=\bar{\boldsymbol{x}}^{\mathrm{T}}(\boldsymbol{Ax})=\bar{\boldsymbol{x}}^{\mathrm{T}}\lambda\boldsymbol{x}=\lambda\,\bar{\boldsymbol{x}}^{\mathrm{T}}\boldsymbol{x},$$

$$\bar{\boldsymbol{x}}^{\mathrm{T}}\boldsymbol{Ax}=(\bar{\boldsymbol{x}}^{\mathrm{T}}\boldsymbol{A})\boldsymbol{x}=(\boldsymbol{A}\bar{\boldsymbol{x}})^{\mathrm{T}}\boldsymbol{x}=(\bar{\lambda}\,\bar{\boldsymbol{x}})^{\mathrm{T}}\boldsymbol{x}=\bar{\lambda}\,\bar{\boldsymbol{x}}^{\mathrm{T}}\boldsymbol{x}.$$

以上两式相减，得

$$(\lambda-\bar{\lambda})\,\bar{\boldsymbol{x}}^{\mathrm{T}}\boldsymbol{x}=0,$$

又$\boldsymbol{x}\neq\boldsymbol{0}$，故$\bar{\boldsymbol{x}}^{\mathrm{T}}\boldsymbol{x}=\sum\limits_{i=1}^{n}\bar{x}_i x_i=\sum\limits_{i=1}^{n}|x_i|^2\neq 0$，从而$\lambda-\bar{\lambda}=0$，即$\lambda=\bar{\lambda}$，亦即$\lambda$为实数.

定理 4.13 设λ_1，λ_2为实对称阵$\boldsymbol{A}$的特征值，$\boldsymbol{p}_1$，$\boldsymbol{p}_2$是对应的特征向量，若$\lambda_1\neq\lambda_2$，则$\boldsymbol{p}_1$与$\boldsymbol{p}_2$正交.

证 设$\boldsymbol{Ap}_1=\lambda_1\boldsymbol{p}_1$，$\boldsymbol{Ap}_2=\lambda_2\boldsymbol{p}_2$，因为$\boldsymbol{A}$对称，所以有

$$\lambda_1\boldsymbol{p}_1{}^{\mathrm{T}}=(\lambda_1\boldsymbol{p}_1)^{\mathrm{T}}=(\boldsymbol{Ap}_1)^{\mathrm{T}}=\boldsymbol{p}_1^{\mathrm{T}}\boldsymbol{A}^{\mathrm{T}}=\boldsymbol{p}_1{}^{\mathrm{T}}\boldsymbol{A},$$

从而

$$\lambda_1\boldsymbol{p}_1{}^{\mathrm{T}}\boldsymbol{p}_2=\boldsymbol{p}_1{}^{\mathrm{T}}\boldsymbol{Ap}_2=\boldsymbol{p}_1^{\mathrm{T}}(\lambda_2\boldsymbol{p}_2)=\lambda_2\boldsymbol{p}_1{}^{\mathrm{T}}\boldsymbol{p}_2,$$

得$(\lambda_1-\lambda_2)\boldsymbol{p}_1{}^{\mathrm{T}}\boldsymbol{p}_2=0$，又$\lambda_1\neq\lambda_2$，故$\boldsymbol{p}_1{}^{\mathrm{T}}\boldsymbol{p}_2=0$，即$\boldsymbol{p}_1$与$\boldsymbol{p}_2$正交.

定理 4.14 设$\boldsymbol{A}$为n阶实对称阵，λ为$\boldsymbol{A}$的r重特征值，则矩阵$\boldsymbol{A}-\lambda\boldsymbol{E}$的秩为$n-r$，即方程组$(\boldsymbol{A}-\lambda\boldsymbol{E})\boldsymbol{x}=0$的基础解系含有$r$个线性无关的解向量，从而对应于特征值$\lambda$恰有$r$个线性无关的特征向量.

定理 4.15 设$\boldsymbol{A}$为n阶实对称阵，即必有正交阵$\boldsymbol{P}$，使

$$\boldsymbol{P}^{-1}\boldsymbol{AP}=\boldsymbol{P}^{\mathrm{T}}\boldsymbol{AP}=\boldsymbol{\Lambda},$$

其中$\boldsymbol{\Lambda}$是以$\boldsymbol{A}$的n个特征值为对角元的对角阵.

证 设$\boldsymbol{A}$的互不相等的特征值为λ_1，λ_2，…，λ_s，它们的重数依次为r_1，r_2，…，r_s，其中$r_1+r_2+\cdots+r_s=n$.

根据定理4.14，对应于特征值λ_i恰有$r_i(i=1,2,\cdots,n)$个线性无关的特征向量，对它们进行施密特正交规范化，可得r_i个正交规范

的特征向量.

由于属于不同特征值的特征向量相互正交,且 $r_1 + r_2 + \cdots + r_s = n$,故存在 n 个正交规范的特征向量,以它们为列向量构成正交矩阵 $\boldsymbol{P}$,满足

$$\boldsymbol{P}^{-1}\boldsymbol{AP} = \boldsymbol{P}^{\mathrm{T}}\boldsymbol{AP} = \boldsymbol{\Lambda}.$$

此定理表明:实对称阵一定可用正交相似变换将其对角化.

显然,将实对称阵对角化的步骤为:

(1) 求出 $\boldsymbol{A}$ 的 s 个互不相等的特征值 $\lambda_1, \lambda_2, \cdots, \lambda_s$,它们的重数依次为 $r_1, r_2, \cdots, r_s$,则 $r_1 + r_2 + \cdots + r_s = n$.

(2) 对每个 r_i 重特征值 λ_i,解方程组 $(\boldsymbol{A} - \lambda_i\boldsymbol{E})\boldsymbol{x} = \boldsymbol{0}$,可得 r_i 个线性无关的特征向量.再把它们正交、单位化,得 r_i 个两两正交的单位特征向量.因 $r_1 + r_2 + \cdots + r_s = n$,故总共可得 n 个两两正交的单位特征向量.

(3) 以这些正交单位向量作为列向量构成一个正交矩阵 $\boldsymbol{P}$,以 $\lambda_1, \lambda_2, \cdots, \lambda_s$ 作为对角元构成对角阵 $\boldsymbol{\Lambda}$,则 $\boldsymbol{P}^{-1}\boldsymbol{AP} = \boldsymbol{P}^{\mathrm{T}}\boldsymbol{AP} = \boldsymbol{\Lambda}$.

例 4.14　设

$$\boldsymbol{A} = \begin{pmatrix} 2 & 2 & -2 \\ 2 & 5 & -4 \\ -2 & -4 & 5 \end{pmatrix},$$

求一正交矩阵 $\boldsymbol{P}$,使 $\boldsymbol{P}^{-1}\boldsymbol{AP} = \boldsymbol{\Lambda}$ 为对角阵.

解　$\boldsymbol{A}$ 的特征多项式为

$$|\boldsymbol{A} - \lambda\boldsymbol{E}| = \begin{vmatrix} 2-\lambda & 2 & -2 \\ 2 & 5-\lambda & -4 \\ -2 & -4 & 5-\lambda \end{vmatrix} = (10-\lambda)(1-\lambda)^2,$$

从而 $\boldsymbol{A}$ 的特征值为 $\lambda_1 = \lambda_2 = 1, \lambda_3 = 10$.

当 $\lambda_1 = \lambda_2 = 1$ 时

$$\boldsymbol{A} - \lambda_1\boldsymbol{E} = \begin{pmatrix} 1 & 2 & -2 \\ 2 & 4 & -4 \\ -2 & -4 & 4 \end{pmatrix} \to \begin{pmatrix} 1 & 2 & -2 \\ 0 & 0 & 0 \\ 0 & 0 & 0 \end{pmatrix},$$

即 $x_1=-2x_2+2x_3$，所以 $(\boldsymbol{A}-\lambda_1\boldsymbol{E})\boldsymbol{x}=\boldsymbol{0}$ 的基础解系为

$$\boldsymbol{a}_1=\begin{pmatrix}-2\\1\\0\end{pmatrix},\quad \boldsymbol{a}_2=\begin{pmatrix}2\\0\\1\end{pmatrix}.$$

显然 $\boldsymbol{a}_1,\ \boldsymbol{a}_2$ 线性无关，但不正交，先将 $\boldsymbol{a}_1,\ \boldsymbol{a}_2$ 正交化，得

$$\boldsymbol{b}_1=\boldsymbol{a}_1=\begin{pmatrix}-2\\1\\0\end{pmatrix},$$

$$\begin{aligned}\boldsymbol{b}_2&=\boldsymbol{a}_2-\frac{[\boldsymbol{b}_1,\ \boldsymbol{a}_2]}{[\boldsymbol{b}_1,\ \boldsymbol{b}_1]}\boldsymbol{b}_1\\&=\begin{pmatrix}2\\0\\1\end{pmatrix}-\frac{-4}{5}\begin{pmatrix}-2\\1\\0\end{pmatrix}\\&=\frac{1}{5}\begin{pmatrix}2\\4\\5\end{pmatrix},\end{aligned}$$

再将 $\boldsymbol{b}_1,\ \boldsymbol{b}_2$ 单位化，得

$$\boldsymbol{p}_1=\begin{pmatrix}-\dfrac{2}{\sqrt{5}}\\\dfrac{1}{\sqrt{5}}\\0\end{pmatrix},\quad \boldsymbol{p}_2=\begin{pmatrix}\dfrac{2}{3\sqrt{5}}\\\dfrac{4}{3\sqrt{5}}\\\dfrac{5}{3\sqrt{5}}\end{pmatrix}.$$

当 $\lambda_3=10$ 时

$$\boldsymbol{A}-\lambda_3\boldsymbol{E}=\begin{pmatrix}-8&2&-2\\2&-5&-4\\-2&-4&-5\end{pmatrix}\to\begin{pmatrix}2&0&1\\0&1&1\\0&0&0\end{pmatrix},$$

即

$$\begin{cases}2x_1=-x_3,\\x_2=-x_3,\end{cases}$$

所以 $(\boldsymbol{A}-\lambda_3\boldsymbol{E})\boldsymbol{x}=\boldsymbol{0}$ 的基础解系为

$$\boldsymbol{a}_3=\begin{pmatrix}1\\2\\-2\end{pmatrix}.$$

将 $\boldsymbol{a}_3$ 单位化,得

$$\boldsymbol{p}_3=\begin{pmatrix}\frac{1}{3}\\\frac{2}{3}\\-\frac{2}{3}\end{pmatrix}.$$

$\boldsymbol{p}_1,\boldsymbol{p}_2,\boldsymbol{p}_3$ 是两两正交的单位向量,故所求的正交矩阵为

$$\boldsymbol{P}=(\boldsymbol{p}_1,\boldsymbol{p}_2,\boldsymbol{p}_3)=\begin{pmatrix}-\frac{2}{\sqrt{5}} & \frac{2}{3\sqrt{5}} & \frac{1}{3}\\\frac{1}{\sqrt{5}} & \frac{4}{3\sqrt{5}} & \frac{2}{3}\\0 & \frac{5}{3\sqrt{5}} & -\frac{2}{3}\end{pmatrix},$$

可使

$$\boldsymbol{P}^{-1}\boldsymbol{A}\boldsymbol{P}=\begin{pmatrix}1&0&0\\0&1&0\\0&0&10\end{pmatrix}.$$

例 4.15　设三阶实对称矩阵 $\boldsymbol{A}$ 的特征值为 $\lambda_1=-1,\lambda_2=\lambda_3=1$,对应于 λ_1 的特征向量为

$$\boldsymbol{p}_1=\begin{pmatrix}0\\1\\1\end{pmatrix},$$

求矩阵 $\boldsymbol{A}$.

解　设特征值 1 对应的特征向量为 $\boldsymbol{p}=(x_1,x_2,x_3)^{\mathrm{T}}$,则 $\boldsymbol{p}$ 与 $\boldsymbol{p}_1$ 正交,即 $x_2+x_3=0$,可求得两个正交特征向量

$$p_2 = \begin{pmatrix} 1 \\ 1 \\ -1 \end{pmatrix}, \quad p_3 = \begin{pmatrix} -2 \\ 1 \\ -1 \end{pmatrix}.$$

将 p_1，p_2，p_3 单位化,并令

$$P = \begin{pmatrix} 0 & \frac{1}{\sqrt{3}} & -\frac{2}{\sqrt{6}} \\ \frac{1}{\sqrt{2}} & \frac{1}{\sqrt{3}} & \frac{1}{\sqrt{6}} \\ \frac{1}{\sqrt{2}} & -\frac{1}{\sqrt{3}} & -\frac{1}{\sqrt{6}} \end{pmatrix},$$

则

$$P^{\mathrm{T}}AP = \begin{pmatrix} -1 & & \\ & 1 & \\ & & 1 \end{pmatrix} = \Lambda,$$

从而

$$A = P\Lambda P^{\mathrm{T}} = \begin{pmatrix} 1 & 0 & 0 \\ 0 & 0 & -1 \\ 0 & -1 & 0 \end{pmatrix}.$$

习 题 4.4

1. 将矩阵

$$A = \begin{pmatrix} -1 & 0 & 2 \\ 0 & 1 & 2 \\ 2 & 2 & 0 \end{pmatrix}$$

用下列两种方法对角化：

(1) 求可逆阵 P,使 $P^{-1}AP = \Lambda$；

(2) 求正交阵 Q,使 $Q^{-1}AQ = \Lambda$.

2. 试求一个正交相似变换矩阵,将下列对称矩阵化为对角矩阵：

(1) $\begin{pmatrix} 2 & -2 & 0 \\ -2 & 1 & -2 \\ 0 & -2 & 0 \end{pmatrix}$；　　(2) $\begin{pmatrix} 2 & 2 & -2 \\ 2 & 5 & -4 \\ -2 & -4 & 5 \end{pmatrix}$.

3. 已知

$$\boldsymbol{A} = \begin{pmatrix} 1 & 1 & a \\ 1 & a & 1 \\ a & 1 & 1 \end{pmatrix}, \quad \boldsymbol{\beta} = \begin{pmatrix} 1 \\ 1 \\ -2 \end{pmatrix},$$

且方程组 $\boldsymbol{Ax} = \boldsymbol{\beta}$ 有解但不唯一，试求：

(1) a 的值；

(2) 正交矩阵 $\boldsymbol{Q}$，使 $\boldsymbol{Q}^{\mathrm{T}}\boldsymbol{AQ}$ 为对角形.

4. 设三阶对称矩阵 $\boldsymbol{A}$ 的特征值为 $\lambda_1 = 1, \lambda_2 = -1, \lambda_3 = 0$，对应于 λ_1, λ_2 的特征向量依次为

$$\boldsymbol{p}_1 = \begin{pmatrix} 1 \\ 2 \\ 2 \end{pmatrix}, \quad \boldsymbol{p}_2 = \begin{pmatrix} 2 \\ 1 \\ -2 \end{pmatrix},$$

求 $\boldsymbol{A}$.

5. 设 $\boldsymbol{A}$ 为三阶实对称矩阵，特征值为 $\lambda_1 = 1, \lambda_2 = -1, \lambda_3 = 0$，对应于 λ_1, λ_2 的特征向量依次为

$$\boldsymbol{p}_1 = \begin{pmatrix} a \\ 2a-1 \\ 1 \end{pmatrix}, \quad \boldsymbol{p}_2 = \begin{pmatrix} a \\ 1 \\ 1-3a \end{pmatrix},$$

求 $\boldsymbol{A}$.

6. 设三阶对称矩阵 $\boldsymbol{A}$ 的特征值为 6, 3, 3，特征值 6 对应的特征向量为 $\boldsymbol{p}_1 = (1, 1, 1)^{\mathrm{T}}$，求 $\boldsymbol{A}$.

7. 设 $\boldsymbol{\alpha} = (a_1, a_2, \cdots, a_n)^{\mathrm{T}}$, $a_1 \neq 0$, $\boldsymbol{A} = \boldsymbol{\alpha\alpha}^{\mathrm{T}}$.

(1) 证明：$\lambda = 0$ 是 $\boldsymbol{A}$ 的 $n-1$ 重特征值；

(2) 求 $\boldsymbol{A}$ 的非零特征值及 n 个线性无关的特征向量.

第5章 二 次 型

引 言

数域 P 上的 n 元二次齐次多项式称为数域 P 上的 n 元二次型. 二次型的系统研究是从 18 世纪开始的,它起源于对二次曲线和二次曲面的分类问题的讨论. 那时讨论的主要问题是: 如何将二次曲线和二次曲面的方程变形,选有主轴方向的轴作为坐标轴,以简化方程的形状? 法国数学家柯西(A. L. Cauchy,1789～1857)在其著作中给出结论: 当方程是标准型时,二次曲面用二次项的符号来进行分类. 然而,那时并不太清楚,在化简成标准型时,为何总是得到同样数目的正项和负项. 英国数学家西尔维斯特(J. Sylvester,1814～1897)回答了这个问题,他给出了 n 个变量的二次型的惯性定律,但没有证明. 这个定律后被德国数学家雅可比(J. Jacobi,1804～1851)重新发现和证明. 1801 年,德国数学家高斯(C. F. Gauss,1777～1855)在《算术研究》中引进了二次型的正定、负定、半正定和半负定等术语.

二次型化简的进一步研究涉及二次型或矩阵的特征方程的概念. 特征方程的概念隐含地出现在瑞士数学家欧拉(L. Euler,1707～1783)的著作中,法国数学家拉格朗日(J. L. Lagrange,1736～1813)在其关于线性微分方程组的著作中首先明确地给出了这个概念. 三个变量的二次型的特征值的实性则是由法国数学家阿歇特(J－N. P. Hachette,1769～1834)、蒙日(G. Monge,1746～1818)和泊松(S. D. Poisson, 1781～1840) 建立的.

柯西在别人著作的基础上,着手研究二次型的化简问题,并证明了特征方程在直角坐标系任何变换下的不变性. 后来,他又证明了 n 个变量的两个二次型能用同一个线性变换同时化成平方和.

1851年,西尔维斯特在研究二次曲线和二次曲面的切触和相交时需要考虑这种二次曲线和二次曲面束的分类.在他的分类方法中,他引进了初等因子和不变因子的概念,但他没有证明“不变因子组成两个二次型的不变量的完全集”这一结论.

1858年,德国数学家魏尔斯特拉斯(W. Weierstrass,1815～1897)对同时化两个二次型成平方和给出了一个一般的方法,并证明:如果二次型之一是正定的,那么即使某些特征根相等,这个化简也是可能的.魏尔斯特拉斯比较系统地完成了二次型的理论,并将其推广到双线性型.

本章主要介绍二次型及其标准形、如何化二次型为标准形、正定二次型及其判定等问题.

5.1　二次型及其标准形

5.1.1　二次型及其矩阵

定义 5.1　含有 n 个变量 $x_1, x_2, \cdots, x_n$ 的二次齐次函数

$$\begin{aligned} f(x_1, x_2, \cdots, x_n) = & a_{11}x_1^2 + a_{22}x_2^2 + \cdots + a_{nn}x_n^2 \\ & + 2a_{12}x_1x_2 + 2a_{13}x_1x_3 + \cdots \\ & + 2a_{n-1,n}x_{n-1}x_n \end{aligned} \tag{5.1}$$

称为**二次型**.

例如,$f(x_1, x_2, x_3, x_4) = x_1^2 + x_2^2 - x_4^2 - 2x_2x_3 + x_2x_4$ 即为一个4元二次型.

当 a_{ij} 为复数时,f 称为**复二次型**;当 a_{ij} 为实数时,f 称为**实二次型**.这里,我们仅讨论实二次型.

取 $a_{ji} = a_{ij}$,则 $2a_{ij}x_ix_j = a_{ij}x_ix_j + a_{ji}x_ix_j$,于是(5.1)式可改写为

$$\begin{aligned} f = & a_{11}x_1^2 + a_{12}x_1x_2 + \cdots + a_{1n}x_1x_n \\ & + a_{21}x_2x_1 + a_{22}x_2^2 + \cdots + a_{2n}x_2x_n \\ & + \cdots \\ & + a_{n1}x_nx_1 + a_{n2}x_nx_2 + \cdots + a_{nn}x_n^2 \\ = & \sum_{i,j=1}^{n} a_{ij}x_ix_j \end{aligned}$$

$$
\begin{aligned}
&= x_1(a_{11}x_1 + a_{12}x_2 + \cdots + a_{1n}x_n) \\
&\quad + x_2(a_{21}x_1 + a_{22}x_2 + \cdots + a_{2n}x_n) \\
&\quad + \cdots \\
&\quad + x_n(a_{n1}x_1 + a_{n2}x_2 + \cdots + a_{nn}x_n)
\end{aligned}
$$

$$
= (x_1, x_2, \cdots, x_n)\begin{pmatrix} a_{11}x_1 + a_{12}x_2 + \cdots + a_{1n}x_n \\ a_{21}x_1 + a_{22}x_2 + \cdots + a_{2n}x_n \\ \vdots \\ a_{n1}x_1 + a_{n2}x_2 + \cdots + a_{nn}x_n \end{pmatrix}
$$

$$
= (x_1, x_2, \cdots, x_n)\begin{pmatrix} a_{11} & a_{12} & \cdots & a_{1n} \\ a_{21} & a_{22} & \cdots & a_{2n} \\ \vdots & \vdots & & \vdots \\ a_{n1} & a_{n2} & \cdots & a_{nn} \end{pmatrix}\begin{pmatrix} x_1 \\ x_2 \\ \vdots \\ x_n \end{pmatrix}.
$$

记

$$
\boldsymbol{A} = \begin{pmatrix} a_{11} & a_{12} & \cdots & a_{1n} \\ a_{21} & a_{22} & \cdots & a_{2n} \\ \vdots & \vdots & & \vdots \\ a_{n1} & a_{n2} & \cdots & a_{nn} \end{pmatrix}, \quad \boldsymbol{x} = \begin{pmatrix} x_1 \\ x_2 \\ \vdots \\ x_n \end{pmatrix},
$$

则二次型可记为

$$
f = \boldsymbol{x}^{\mathrm{T}}\boldsymbol{A}\boldsymbol{x}. \tag{5.2}
$$

(5.2)式称为二次型的**矩阵形式**,对称阵 $\boldsymbol{A}$ 称为**二次型 f 的矩阵**. 对称阵 $\boldsymbol{A}$ 的秩称为**二次型 f 的秩**.

显然,二次型 f 与一个对称矩阵 $\boldsymbol{A}$ 一一对应.

例如,二次型 $f = x_1{}^2 + x_2{}^2 - x_4{}^2 - 2x_2x_3 + x_2x_4$ 的矩阵为

$$
\boldsymbol{A} = \begin{pmatrix} 1 & 0 & 0 & 0 \\ 0 & 1 & -1 & \frac{1}{2} \\ 0 & -1 & 0 & 0 \\ 0 & \frac{1}{2} & 0 & -1 \end{pmatrix};
$$

反之,上述对称矩阵 $\boldsymbol{A}$ 所对应的二次型为

$$f=\boldsymbol{x}^{\mathrm{T}}\boldsymbol{A}\boldsymbol{x}=(x_1,x_2,x_3,x_4)\begin{pmatrix}1&0&0&0\\0&1&-1&\frac{1}{2}\\0&-1&0&0\\0&\frac{1}{2}&0&-1\end{pmatrix}\begin{pmatrix}x_1\\x_2\\x_3\\x_4\end{pmatrix}$$

$$=x_1^2+x_2^2-x_4^2-2x_2x_3+x_2x_4.$$

5.1.2 二次型的标准形

定义 5.2 只含平方项的二次型

$$f=k_1y_1^2+k_2y_2^2+\cdots+k_ny_n^2 \tag{5.3}$$

称为二次型的**标准形**.

由于只含平方项的二次型几何形状容易判定,几何性质容易研究,所以对于二次型,我们讨论的主要问题是:寻求可逆的线性变换

$$\begin{cases}x_1=c_{11}y_1+c_{12}y_2+\cdots+c_{1n}y_n,\\x_2=c_{21}y_1+c_{22}y_2+\cdots+c_{2n}y_n,\\\cdots\cdots\cdots\cdots\\x_n=c_{n1}y_1+c_{n2}y_2+\cdots+c_{nn}y_n,\end{cases} \tag{5.4}$$

使得变换后的二次型为只含平方项的标准形.

当然,我们通常要求,经线性变换后,二次型的基本特征如秩、几何形状等,最好不要发生改变.

若记 $\boldsymbol{C}=(c_{ij})_{n\times n}$, $\boldsymbol{x}=(x_1,x_2,\cdots,x_n)^{\mathrm{T}}$, $\boldsymbol{y}=(y_1,y_2,\cdots,y_n)^{\mathrm{T}}$,则(5.4)可简记为

$$\boldsymbol{x}=\boldsymbol{C}\boldsymbol{y}. \tag{5.5}$$

对一般二次型 $f=\boldsymbol{x}^{\mathrm{T}}\boldsymbol{A}\boldsymbol{x}$,经可逆线性变换 $\boldsymbol{x}=\boldsymbol{C}\boldsymbol{y}$,可将其化为

$$f=\boldsymbol{x}^{\mathrm{T}}\boldsymbol{A}\boldsymbol{x}=(\boldsymbol{C}\boldsymbol{y})^{\mathrm{T}}\boldsymbol{A}(\boldsymbol{C}\boldsymbol{y})=\boldsymbol{y}^{\mathrm{T}}(\boldsymbol{C}^{\mathrm{T}}\boldsymbol{A}\boldsymbol{C})\boldsymbol{y},$$

其中 $\boldsymbol{y}^{\mathrm{T}}(\boldsymbol{C}^{\mathrm{T}}\boldsymbol{A}\boldsymbol{C})\boldsymbol{y}$ 为关于 $y_1,y_2,\cdots,y_n$ 的二次型,对应的矩阵为 $\boldsymbol{C}^{\mathrm{T}}\boldsymbol{A}\boldsymbol{C}$.

关于 $\boldsymbol{A}$ 与 $\boldsymbol{C}^{\mathrm{T}}\boldsymbol{A}\boldsymbol{C}$ 的关系,我们给出下列定义:

定义 5.3 设 $\boldsymbol{A}$, $\boldsymbol{B}$ 为两个 n 阶方阵,若存在 n 阶可逆矩阵 $\boldsymbol{C}$,使得

$$\boldsymbol{C}^{\mathrm{T}}\boldsymbol{A}\boldsymbol{C} = \boldsymbol{B}, \tag{5.6}$$

则称矩阵 $\boldsymbol{A}$ 与 $\boldsymbol{B}$ 合同.

显然,若 $\boldsymbol{A}$ 为对称阵,则 $\boldsymbol{B} = \boldsymbol{C}^{\mathrm{T}}\boldsymbol{A}\boldsymbol{C}$ 也为对称阵,且 $R(\boldsymbol{B}) = R(\boldsymbol{A})$. 事实上,有

$$\boldsymbol{B}^{\mathrm{T}} = (\boldsymbol{C}^{\mathrm{T}}\boldsymbol{A}\boldsymbol{C})^{\mathrm{T}} = \boldsymbol{C}^{\mathrm{T}}\boldsymbol{A}^{\mathrm{T}}\boldsymbol{C} = \boldsymbol{C}^{\mathrm{T}}\boldsymbol{A}\boldsymbol{C} = \boldsymbol{B},$$

即 $\boldsymbol{B}$ 为对称阵. 又因 $\boldsymbol{B} = \boldsymbol{C}^{\mathrm{T}}\boldsymbol{A}\boldsymbol{C}$, 而 $\boldsymbol{C}$ 可逆,从而 $\boldsymbol{C}^{\mathrm{T}}$ 也可逆,由矩阵秩的性质即知 $R(\boldsymbol{B}) = R(\boldsymbol{A})$.

由此可见,经可逆变换 $\boldsymbol{x} = \boldsymbol{C}\boldsymbol{y}$ 后,二次型 f 的矩阵由 $\boldsymbol{A}$ 变为与 $\boldsymbol{A}$ 合同的矩阵 $\boldsymbol{C}^{\mathrm{T}}\boldsymbol{A}\boldsymbol{C}$,且二次型的秩不变。

习题 5.1

1. 用矩阵记号表示下列二次型:

(1) $f = x^2 + 4y^2 + z^2 + 4xy + 2xz + 4yz$;

(2) $f = {x_1}^2 + {x_2}^2 + {x_3}^2 + {x_4}^2 - 2x_1x_2 + 4x_1x_3 - 2x_1x_4 + 6x_2x_3 - 4x_2x_4$.

2. 写出对称矩阵

$$\boldsymbol{A} = \begin{pmatrix} 1 & -1 & -3 & 1 \\ -1 & 0 & -2 & \frac{1}{2} \\ -3 & -2 & \frac{1}{3} & -\frac{3}{2} \\ 1 & \frac{1}{2} & -\frac{3}{2} & 0 \end{pmatrix}$$

所对应的二次型.

3. 写出二次型

$$f(\boldsymbol{x}) = \boldsymbol{x}^{\mathrm{T}} \begin{pmatrix} 1 & 2 & 3 \\ 4 & 5 & 6 \\ 7 & 8 & 9 \end{pmatrix} \boldsymbol{x}$$

的矩阵.

4. 对于下列对称矩阵 $\boldsymbol{A}$ 与 $\boldsymbol{B}$,求出非奇异矩阵 $\boldsymbol{C}$,使 $\boldsymbol{C}^{\mathrm{T}}\boldsymbol{A}\boldsymbol{C}=\boldsymbol{B}$:

$$\boldsymbol{A}=\begin{pmatrix}0&1&1\\1&2&1\\1&1&0\end{pmatrix},\quad \boldsymbol{B}=\begin{pmatrix}2&1&1\\1&0&1\\1&1&0\end{pmatrix}.$$

5. 求二次型

$$f(x_1,x_2,x_3)=\boldsymbol{x}^{\mathrm{T}}\begin{pmatrix}1&2&1\\0&1&0\\1&2&1\end{pmatrix}\boldsymbol{x}$$

的秩.

6. 设二次型 $f=2x_1{}^2+x_2{}^2-4x_1x_2-4x_2x_3$,分别作下列可逆变换,求出新的二次型:

$$(1)\ \boldsymbol{x}=\begin{pmatrix}1&1&-2\\0&1&-2\\0&0&1\end{pmatrix}\boldsymbol{y};\qquad (2)\ \boldsymbol{x}=\begin{pmatrix}\frac{1}{\sqrt{2}}&1&-1\\0&1&-1\\0&0&\frac{1}{2}\end{pmatrix}\boldsymbol{y}.$$

7. 二次型 $f(x_1,x_2,x_3)=x_1{}^2+x_2{}^2+ax_3{}^2+4x_1x_2+6x_2x_3$ 的秩为 2, 求 a 的值.

5.2　化二次型为标准形

5.2.1　用正交变换化二次型为标准形

可将二次型化为标准形的可逆线性变换有多种,其中最重要的就是正交变换,因为正交变换可保持二次型的几何形状不变.

标准形(5.3)的矩阵显然为对角阵.因此,二次型的主要问题可用矩阵语言描述如下:对于对称阵 $\boldsymbol{A}$,寻求可逆阵 $\boldsymbol{C}$,使 $\boldsymbol{C}^{\mathrm{T}}\boldsymbol{A}\boldsymbol{C}$ 为对角阵.

将第4章4.4节中的定理4.15"若 $\boldsymbol{A}$ 对称,则必有正交阵 $\boldsymbol{P}$,使 $\boldsymbol{P}^{-1}\boldsymbol{A}\boldsymbol{P}$(即 $\boldsymbol{P}^{\mathrm{T}}\boldsymbol{A}\boldsymbol{P}$)为对角阵"应用于二次型,则有如下定理:

定理 5.1 对于二次型 $f=\boldsymbol{x}^{\mathrm{T}}\boldsymbol{A}\boldsymbol{x}$，总有正交变换 $\boldsymbol{x}=\boldsymbol{P}\boldsymbol{y}$，将 f 化为标准形 $f=\lambda_1 y_1{}^2+\lambda_2 y_2{}^2+\cdots+\lambda_n y_n{}^2$，其中 $\lambda_i(i=1,2,\cdots,n)$ 为 $\boldsymbol{A}$ 的特征值.

用正交变换化二次型为标准形的基本步骤为：

(1) 给出二次型所对应的矩阵 $\boldsymbol{A}$；

(2) 求出矩阵 $\boldsymbol{A}$ 的所有特征值 $\lambda_1,\lambda_2,\cdots,\lambda_n$；

(3) 求出对应于各特征值的线性无关的特征向量 $\boldsymbol{\xi}_1,\boldsymbol{\xi}_2,\cdots,\boldsymbol{\xi}_n$；

(4) 将特征向量 $\boldsymbol{\xi}_1,\boldsymbol{\xi}_2,\cdots,\boldsymbol{\xi}_n$ 正交化、单位化，得 $\boldsymbol{p}_1,\boldsymbol{p}_2,\cdots,\boldsymbol{p}_n$；

(5) 记 $\boldsymbol{P}=(\boldsymbol{p}_1,\boldsymbol{p}_2,\cdots,\boldsymbol{p}_n)$，则在正交变换 $\boldsymbol{x}=\boldsymbol{P}\boldsymbol{y}$ 下，二次型化为标准形

$$f=\lambda_1 y_1{}^2+\lambda_2 y_2{}^2+\cdots+\lambda_n y_n{}^2.$$

例 5.1 求正交变换 $\boldsymbol{x}=\boldsymbol{P}\boldsymbol{y}$，将二次型

$$f(x_1,x_2,x_3)=2x_1{}^2+3x_2{}^2+3x_3{}^2+4x_2x_3$$

化为标准形，并指出 $f(x_1,x_2,x_3)=1$ 表示何种曲面.

解 二次型 f 的矩阵为

$$\boldsymbol{A}=\begin{pmatrix}2&0&0\\0&3&2\\0&2&3\end{pmatrix},$$

$\boldsymbol{A}$ 的特征多项式为

$$|\boldsymbol{A}-\lambda\boldsymbol{E}|=\begin{vmatrix}2-\lambda&0&0\\0&3-\lambda&2\\0&2&3-\lambda\end{vmatrix}=(2-\lambda)(5-\lambda)(1-\lambda),$$

得 $\lambda_1=2,\lambda_2=5,\lambda_3=1$.

当 $\lambda_1=2$ 时，解方程组 $(\boldsymbol{A}-2\boldsymbol{E})\boldsymbol{x}=\boldsymbol{0}$，由

$$\boldsymbol{A}-2\boldsymbol{E}=\begin{pmatrix}0&0&0\\0&1&2\\0&2&1\end{pmatrix}\to\begin{pmatrix}0&1&0\\0&0&1\\0&0&0\end{pmatrix},$$

得基础解系及相应的单位特征向量分别为

$$\boldsymbol{\xi}_1=\begin{pmatrix}1\\0\\0\end{pmatrix},\quad \boldsymbol{p}_1=\begin{pmatrix}1\\0\\0\end{pmatrix}.$$

当 $\lambda_2=5$ 时,解方程组 $(\boldsymbol{A}-5\boldsymbol{E})\boldsymbol{x}=\boldsymbol{0}$, 由

$$\boldsymbol{A}-5\boldsymbol{E}=\begin{pmatrix}-3&0&0\\0&-2&2\\0&2&-2\end{pmatrix}\to\begin{pmatrix}1&0&0\\0&1&-1\\0&0&0\end{pmatrix},$$

得基础解系及相应的单位特征向量分别为

$$\boldsymbol{\xi}_2=\begin{pmatrix}0\\1\\1\end{pmatrix},\quad \boldsymbol{p}_2=\begin{pmatrix}0\\\frac{1}{\sqrt{2}}\\\frac{1}{\sqrt{2}}\end{pmatrix}.$$

当 $\lambda_3=1$ 时,解方程组 $(\boldsymbol{A}-\boldsymbol{E})\boldsymbol{x}=\boldsymbol{0}$, 由

$$\boldsymbol{A}-\boldsymbol{E}=\begin{pmatrix}1&0&0\\0&2&2\\0&2&2\end{pmatrix}\to\begin{pmatrix}1&0&0\\0&1&1\\0&0&0\end{pmatrix},$$

得基础解系及相应的单位特征向量分别为

$$\boldsymbol{\xi}_3=\begin{pmatrix}0\\-1\\1\end{pmatrix},\quad \boldsymbol{p}_3=\begin{pmatrix}0\\-\frac{1}{\sqrt{2}}\\\frac{1}{\sqrt{2}}\end{pmatrix}.$$

从而,所求正交变换为

$$\begin{pmatrix}x_1\\x_2\\x_3\end{pmatrix}=\begin{pmatrix}1&0&0\\0&\frac{1}{\sqrt{2}}&-\frac{1}{\sqrt{2}}\\0&\frac{1}{\sqrt{2}}&\frac{1}{\sqrt{2}}\end{pmatrix}\begin{pmatrix}y_1\\y_2\\y_3\end{pmatrix},$$

标准形为

$$f = 2{y_1}^2 + 5{y_2}^2 + {y_3}^2.$$

由于方程 $2{y_1}^2 + 5{y_2}^2 + {y_3}^2 = 1$ 在三维空间中表示椭球面,而正交变换不会改变几何特征,故 $f(x_1, x_2, x_3) = 1$ 也表示椭球面.

例 5.2 求正交变换 $\boldsymbol{x} = \boldsymbol{P}\boldsymbol{y}$, 将二次型

$$f(x_1, x_2, x_3) = {x_1}^2 - 2{x_2}^2 - 2{x_3}^2 - 4x_1x_2 + 4x_1x_3 + 8x_2x_3$$

化为标准形.

解 二次型 f 的矩阵为

$$\boldsymbol{A} = \begin{pmatrix} 1 & -2 & 2 \\ -2 & -2 & 4 \\ 2 & 4 & -2 \end{pmatrix},$$

$\boldsymbol{A}$ 的特征多项式为

$$|\boldsymbol{A} - \lambda\boldsymbol{E}| = \begin{vmatrix} 1-\lambda & -2 & 2 \\ -2 & -2-\lambda & 4 \\ 2 & 4 & -2-\lambda \end{vmatrix} = -(\lambda - 2)^2(\lambda + 7),$$

得 $\lambda_1 = \lambda_2 = 2, \lambda_3 = -7$.

当 $\lambda_1 = \lambda_2 = 2$ 时,解方程组 $(\boldsymbol{A} - 2\boldsymbol{E})\boldsymbol{x} = \boldsymbol{0}$, 由

$$\boldsymbol{A} - 2\boldsymbol{E} = \begin{pmatrix} -1 & -2 & 2 \\ -2 & -4 & 4 \\ 2 & 4 & -4 \end{pmatrix} \to \begin{pmatrix} 1 & 2 & -2 \\ 0 & 0 & 0 \\ 0 & 0 & 0 \end{pmatrix},$$

得基础解系为

$$\boldsymbol{\xi}_1 = \begin{pmatrix} -2 \\ 1 \\ 0 \end{pmatrix}, \quad \boldsymbol{\xi}_2 = \begin{pmatrix} 2 \\ 0 \\ 1 \end{pmatrix}.$$

将 $\boldsymbol{\xi}_1, \boldsymbol{\xi}_2$ 正交化,得

$$\boldsymbol{b}_1 = \boldsymbol{\xi}_1 = \begin{pmatrix} -2 \\ 1 \\ 0 \end{pmatrix},$$

$$\boldsymbol{b}_2 = \boldsymbol{\xi}_2 - \frac{[\boldsymbol{\xi}_2, \boldsymbol{b}_1]}{[\boldsymbol{b}_1, \boldsymbol{b}_1]}\boldsymbol{b}_1 = \frac{1}{5}\begin{pmatrix} 2 \\ 4 \\ 5 \end{pmatrix},$$

再单位化,得

$$\boldsymbol{p}_1 = \frac{\boldsymbol{b}_1}{\|\boldsymbol{b}_1\|} = \begin{pmatrix} -\frac{2}{\sqrt{5}} \\ \frac{1}{\sqrt{5}} \\ 0 \end{pmatrix},$$

$$\boldsymbol{p}_2 = \frac{\boldsymbol{b}_2}{\|\boldsymbol{b}_2\|} = \begin{pmatrix} \frac{2}{3\sqrt{5}} \\ \frac{4}{3\sqrt{5}} \\ \frac{5}{3\sqrt{5}} \end{pmatrix}.$$

当 $\lambda_3 = -7$ 时,解方程组 $(\boldsymbol{A}+7\boldsymbol{E})\boldsymbol{x}=\boldsymbol{0}$,由

$$\boldsymbol{A} + 7\boldsymbol{E} = \begin{pmatrix} 8 & -2 & 2 \\ -2 & 5 & 4 \\ 2 & 4 & 5 \end{pmatrix} \to \begin{pmatrix} 2 & 0 & 1 \\ 0 & 1 & 1 \\ 0 & 0 & 0 \end{pmatrix},$$

得基础解系及相应的单位特征向量分别为

$$\boldsymbol{\xi}_3 = \begin{pmatrix} 1 \\ 2 \\ -2 \end{pmatrix}, \quad \boldsymbol{p}_3 = \begin{pmatrix} \frac{1}{3} \\ \frac{2}{3} \\ -\frac{2}{3} \end{pmatrix}.$$

令

$$\boldsymbol{P} = (\boldsymbol{p}_1, \boldsymbol{p}_2, \boldsymbol{p}_3) = \begin{pmatrix} -\frac{2}{\sqrt{5}} & \frac{2}{3\sqrt{5}} & \frac{1}{3} \\ \frac{1}{\sqrt{5}} & \frac{4}{3\sqrt{5}} & \frac{2}{3} \\ 0 & \frac{5}{3\sqrt{5}} & -\frac{2}{3} \end{pmatrix},$$

作正交变换 $x = Py$，则二次型可化为标准形

$$f = 2y_1^2 + 2y_2^2 - 7y_3^2.$$

例 5.3 已知二次型

$$f(x_1, x_2, x_3) = x_1^2 + x_2^2 + x_3^2 + 2\alpha x_1 x_2 + 2x_1 x_3 + 2\beta x_2 x_3$$

经正交变换 $x = Py$ 化成标准形 $f = y_2^2 + 2y_3^2$，试求常数 α，β.

解 二次型 f 的矩阵为

$$A = \begin{pmatrix} 1 & \alpha & 1 \\ \alpha & 1 & \beta \\ 1 & \beta & 1 \end{pmatrix},$$

且 A 的特征值为 0，1，2.

因为 $|A| = \lambda_1\lambda_2\lambda_3 = 0$，即

$$\begin{vmatrix} 1 & \alpha & 1 \\ \alpha & 1 & \beta \\ 1 & \beta & 1 \end{vmatrix} = -(\alpha - \beta)^2 = 0,$$

得 $\alpha = \beta$. 由

$$A - 2E = \begin{pmatrix} -1 & \alpha & 1 \\ \alpha & -1 & \alpha \\ 1 & \alpha & -1 \end{pmatrix} \to \begin{pmatrix} -1 & \alpha & 1 \\ 0 & \alpha^2 - 1 & 2\alpha \\ 0 & 2\alpha & 0 \end{pmatrix},$$

因为 $(A - 2E)x = 0$ 有一个线性无关的解，故 $R(A - 2E) = n - 1 = 2$，从而 $\alpha = \beta = 0$.

5.2.2 用配方法化二次型为标准形

用正交变换化二次型为标准形，具有保持二次型几何形状不变的优点，且标准形中的系数恰好是二次型的矩阵的所有特征值. 但这种方法要计算矩阵的特征值和特征向量，计算过程较为复杂. 若不要求保持二次型几何形状不变，那么还可以有多种方法把二次型化为标准形. 这里仅介绍**拉格朗日配方法**.

对于二次型 $f = x^{\mathrm{T}}Ax$，利用拉格朗日配方法可证得下列结论：

定理 5.2 任何二次型都可以通过可逆线性变换化为标准形.

拉格朗日配方法的步骤为:

(1) 若二次型中含有 x_i 的平方项,则先把含有 x_i 的乘积项集中,然后配方,再对其余变量进行同样过程,直到所有变量都配成平方项为止.最终,二次型即化为标准形.

(2) 若二次型中不含有平方项,但是 $a_{ij} \neq 0\ (i \neq j)$,则可作可逆变换

$$\begin{cases} x_i = y_i - y_j, \\ x_j = y_i + y_j, \\ x_k = y_k \quad (k = 1, 2, \cdots, n, \text{且 } k \neq i, j), \end{cases}$$

化二次型为含有平方项的二次型,然后再按(1)中方法配方.

例 5.4 用配方法化二次型

$$f(x_1, x_2, x_3) = x_1^2 + 4x_2^2 + 4x_3^2 - 2x_1x_2 + 2x_1x_3 - 8x_2x_3$$

为标准形,并写出所作的变换矩阵.

解 由于 f 含 x_1 的平方项,将含 x_1 的项归并进行配方,得

$$\begin{aligned} f(x_1, x_2, x_3) &= x_1^2 - 2x_1x_2 + 2x_1x_3 + 4x_2^2 + 4x_3^2 - 8x_2x_3 \\ &= x_1^2 - 2x_1(x_2 - x_3) + 4x_2^2 + 4x_3^2 - 8x_2x_3 \\ &= (x_1 - x_2 + x_3)^2 - (x_2 - x_3)^2 + 4x_2^2 \\ &\quad + 4x_3^2 - 8x_2x_3 \\ &= (x_1 - x_2 + x_3)^2 + 3(x_2 - x_3)^2. \end{aligned}$$

令

$$\begin{cases} y_1 = x_1 - x_2 + x_3, \\ y_2 = x_2 - x_3, \\ y_3 = x_3, \end{cases}$$

即

$$\begin{cases} x_1 = y_1 + y_2, \\ x_2 = y_2 + y_3, \\ x_3 = y_3, \end{cases}$$

则二次型化为 $f = y_1^2 + 3y_2^2$. 所用变换矩阵为

$$P=\begin{pmatrix}1&1&0\\0&1&1\\0&0&1\end{pmatrix}.$$

例 5.5 用配方法化二次型

$$f=-4x_1x_2+2x_1x_3+2x_2x_3$$

为标准形,并写出所作的线性变换.

解 由于 f 中不含 x_1 的平方项,含 x_1x_2 的乘积项,先令

$$\begin{cases}x_1=y_1+y_2,\\x_2=y_1-y_2,\\x_3=y_3,\end{cases}$$

代入原二次型,可得

$$f=-4y_1^2+4y_2^2+4y_1y_3,$$

再进行配方,得

$$f=-4\left(y_1-\frac{1}{2}y_3\right)^2+4y_2^2+y_3^2.$$

令

$$\begin{cases}z_1=y_1-\dfrac{1}{2}y_3,\\z_2=y_2,\\z_3=y_3,\end{cases}$$

即

$$\begin{cases}y_1=z_1+\dfrac{1}{2}z_3,\\y_2=z_2,\\y_3=z_3,\end{cases}$$

则二次型化为

$$f=-4z_1^2+4z_2^2+z_3^2,$$

所作的线性变换为

$$\begin{cases}x_1=z_1+z_2+\dfrac{1}{2}z_3,\\x_2=z_1-z_2+\dfrac{1}{2}z_3,\\x_3=z_3,\end{cases}$$

变换矩阵为

$$P=\begin{pmatrix}1 & 1 & \frac{1}{2}\\ 1 & -1 & \frac{1}{2}\\ 0 & 0 & 1\end{pmatrix}.$$

从上述两例中可以看出，配方法中的变换矩阵不一定为正交矩阵，所得标准形中的系数也不一定是二次型矩阵的特征值.

因为二次型 f 与它的对称矩阵 $\boldsymbol{A}$ 一一对应，所以由定理 5.2 即得：

定理 5.3 对任一实对称矩阵 $\boldsymbol{A}$，存在可逆矩阵 $\boldsymbol{C}$，使 $\boldsymbol{B}=\boldsymbol{C}^{\mathrm{T}}\boldsymbol{AC}$ 为对角矩阵，即任一实对称矩阵都与一个对角矩阵合同.

5.2.3 二次型的规范形

将二次型化为平方项的代数和形式后，如有必要可重新安排变量的次序（相当于作一次可逆线性变换），使这个标准形为

$$d_1x_1^2+\cdots+d_px_p^2-d_{p+1}x_{p+1}^2-\cdots-d_rx_r^2, \tag{5.7}$$

其中 $d_i>0\ (i=1,2,\cdots,r)$.

我们常常只对标准形中各项的符号感兴趣.因此，可以通过可逆线性变换

$$\begin{cases}x_i=\dfrac{y_i}{\sqrt{d_i}} & (i=1,2,\cdots,r),\\ x_j=y_j & (j=r+1,r+2,\cdots,n),\end{cases} \tag{5.8}$$

进一步将(5.7)化为

$$y_1^2+\cdots+y_p^2-y_{p+1}^2-\cdots-y_r^2. \tag{5.9}$$

定义 5.4 形如(5.9)的二次型称为二次型的**规范形**，规范形中的正(负)系数的个数称为二次型的**正(负)惯性指数**.

因为规范形(5.9)对应的对角矩阵与原二次型的矩阵 $\boldsymbol{A}$ 合同，而合同矩阵具有相同的秩，所以(5.9)中的 r 即为 $\boldsymbol{A}$ 的秩.

综上所述，可得如下定理：

定理 5.4　任何二次型都可通过可逆线性变换化为规范形，且规范形中的正(负)惯性指数由二次型本身所唯一确定，与所作的可逆线性变换无关.

该定理称为**惯性定理**.

例 5.6　将二次型

$$f(x_1, x_2, x_3) = x_1^2 + 2x_2^2 + 2x_1x_2 - 2x_1x_3$$

化为规范形，并指出其正惯性指数及秩.

解　二次型 f 的矩阵为

$$\boldsymbol{A} = \begin{pmatrix} 1 & 1 & -1 \\ 1 & 2 & 0 \\ -1 & 0 & 0 \end{pmatrix},$$

$\boldsymbol{A}$ 的特征多项式为

$$|\boldsymbol{A} - \lambda\boldsymbol{E}| = \begin{vmatrix} 1-\lambda & 1 & -1 \\ 1 & 2-\lambda & 0 \\ -1 & 0 & -\lambda \end{vmatrix}$$

$$= -(\lambda - 1)(\lambda - 1 - \sqrt{3})(\lambda - 1 + \sqrt{3}),$$

所以 $\boldsymbol{A}$ 的特征值为 $\lambda_1 = 1$, $\lambda_2 = 1 + \sqrt{3}$, $\lambda_3 = 1 - \sqrt{3}$.

从而，二次型的规范形为

$$f = y_1^2 + y_2^2 - y_3^2,$$

正惯性指数为 2，秩为 3.

下面不加证明地给出判定两个矩阵是否合同的两个定理.

定理 5.5　两个复对称矩阵合同的充要条件是它们的秩相同.

定理 5.6　两个实对称矩阵合同的充要条件是它们有相同的秩和正惯性指数，即它们有相同的正、负惯性指数.

考虑到绝大多数学生搞不清矩阵等价、相似、合同等概念的关系与区别，最后给出一个相关示例.

例 5.7　设矩阵 $\boldsymbol{A} = \begin{pmatrix} 2 & -1 & -1 \\ -1 & 2 & -1 \\ -1 & -1 & 2 \end{pmatrix}$，$\boldsymbol{B} = \begin{pmatrix} 1 & 0 & 0 \\ 0 & 1 & 0 \\ 0 & 0 & 0 \end{pmatrix}$，问 $\boldsymbol{A}$ 与 $\boldsymbol{B}$ 是否等价、相似、合同?

解　因为同型矩阵 $\boldsymbol{A}$ 与 $\boldsymbol{B}$ 等价的充要条件是 $R(\boldsymbol{A})=R(\boldsymbol{B})$，经计算 $R(\boldsymbol{A})=2$，而 $\boldsymbol{B}$ 的秩显然为 2，故 $\boldsymbol{A}$ 与 $\boldsymbol{B}$ 等价.

由于相似矩阵有相同的特征值，经计算，$\boldsymbol{A}$ 的特征值为 3,3,0，而 $\boldsymbol{B}$ 的特征值显然为 1,1,0，故 $\boldsymbol{A}$ 与 $\boldsymbol{B}$ 不相似.

又 $\boldsymbol{A}$ 与 $\boldsymbol{B}$ 对应的二次型的秩都为 2，且正惯性指数也均为 2，根据定理 5.6，$\boldsymbol{A}$ 与 $\boldsymbol{B}$ 合同.

习　题　5.2

1. 求一个正交变换，将下列二次型化为标准形：

(1) $f(x_1, x_2, x_3) = 5x_1^2 + 5x_2^2 + 3x_3^2 - 2x_1x_2 + 6x_1x_3 - 6x_2x_3$，并指出 $f(x_1, x_2, x_3) = 1$ 表示何种曲面；

(2) $f = x_1^2 + x_2^2 + x_3^2 + x_4^2 + 2x_1x_2 - 2x_1x_4 - 2x_2x_3 + 2x_3x_4$.

2. $\boldsymbol{A}$ 为三阶实对称矩阵，且满足 $\boldsymbol{A}^3 - \boldsymbol{A}^2 - \boldsymbol{A} = 2\boldsymbol{E}$，二次型 $\boldsymbol{x}^{\mathrm{T}}\boldsymbol{A}\boldsymbol{x}$ 经正交变换可化为标准形，求此标准形的表达式.

3. 求一个正交变换，把二次曲面的方程 $x_1^2 + 2x_2^2 + x_3^2 - 2x_1x_3 = 1$ 化成标准方程.

4. 证明：二次型 $f = \boldsymbol{x}^{\mathrm{T}}\boldsymbol{A}\boldsymbol{x}$ 在 $\|\boldsymbol{x}\| = 1$ 时的最大值为矩阵 $\boldsymbol{A}$ 的最大特征值.

5. 已知二次型 $f = 5x_1^2 + 5x_2^2 + cx_3^2 - 2x_1x_2 + 6x_1x_3 - 6x_2x_3$ 的秩为 2，求 c，并用正交变换化二次型为标准形.

6. 用配方法化下列二次型成标准形，并写出所用变换的矩阵：

(1) $f(x_1, x_2, x_3) = x_1^2 + 2x_3^2 + 2x_1x_3 - 2x_2x_3$；

(2) $f(x_1, x_2, x_3) = -4x_1x_2 + 2x_1x_3 + 2x_2x_3$.

7. 将下列二次型化为规范形，并指出其正惯性指数及秩：

(1) $f(x_1, x_2, x_3) = 2x_1x_2 + 2x_2x_3 + 2x_3x_4 + 2x_4x_1$；

(2) $f(x_1, x_2, x_3) = x_1^2 + x_2^2 - x_4^2 - 2x_1x_4$.

8. 二次型 $f(x_1, x_2, x_3) = (x_1 + x_2)^2 + (x_2 - x_3)^2 + (x_3 + x_1)^2$.

(1) 求二次型的标准形；

(2) 问 $f(x_1, x_2, x_3) = 1$ 表示何种曲面？

(3) 求二次型的规范形.

5.3 正定二次型

5.3.1 二次型有定性的概念

在实际中,比较重要的是正(负)惯性指数等于 n 的 n 元二次型.

定义 5.5 设有二次型 $f(\boldsymbol{x}) = \boldsymbol{x}^{\mathrm{T}}\boldsymbol{A}\boldsymbol{x}$, 若对任何 $\boldsymbol{x} \neq \boldsymbol{0}$, 都有 $f(\boldsymbol{x}) = \boldsymbol{x}^{\mathrm{T}}\boldsymbol{A}\boldsymbol{x} > 0$, 则称 f 为**正定二次型**,并称矩阵 $\boldsymbol{A}$ 为**正定**的;如果对任何 $\boldsymbol{x} \neq \boldsymbol{0}$, 都有 $f(\boldsymbol{x}) = \boldsymbol{x}^{\mathrm{T}}\boldsymbol{A}\boldsymbol{x} < 0$, 则称 f 为**负定二次型**,并称矩阵 $\boldsymbol{A}$ 为**负定**的.

将定义中的严格不等式改为非严格不等式,即得"**半正定**"和"**半负定**"的概念.二次型的正定(负定)、半正定(半负定)统称为二次型及其矩阵的**有定性**.不具备有定性的二次型及其矩阵称为**不定的**.

二次型正(负)定的几何意义是此二次型表示的曲面向上(下)弯曲,即曲面为凹(凸)的.

二次型及其矩阵的有定性在优化等问题中有着重要的作用.

例 5.8 设有 n 元实二次型

$$f = (x_1 + a_1 x_2)^2 + (x_2 + a_2 x_3)^2 + \cdots + (x_{n-1} + a_{n-1} x_n)^2 + (x_n + a_n x_1)^2,$$

其中 $a_i (i=1, 2, \cdots, n)$为实数,试问当 $a_1, a_2, \cdots, a_n$ 满足何种条件时,二次型 f 为正定二次型?

解 显然,对任意 $\boldsymbol{x} = (x_1, x_2, \cdots, x_n)^{\mathrm{T}}$, $f \geqslant 0$.

f 正定相当于只有当 $\boldsymbol{x} = \boldsymbol{0}$ 时 $f = 0$ 才成立,即方程组

$$\begin{cases} x_1 + a_1 x_2 = 0, \\ x_2 + a_2 x_3 = 0, \\ \cdots\cdots\cdots\cdots \\ x_n + a_n x_1 = 0 \end{cases}$$

仅有零解,亦即系数行列式

$$\begin{vmatrix} 1 & a_1 & 0 & \cdots & 0 \\ 0 & 1 & a_2 & \cdots & 0 \\ \vdots & \vdots & \vdots & & \vdots \\ 0 & 0 & 0 & \cdots & a_{n-1} \\ a_n & 0 & 0 & \cdots & 1 \end{vmatrix} \neq 0,$$

得

$$1 + (-1)^{n+1} a_1 a_2 \cdots a_n \neq 0.$$

因此,当 $1 + (-1)^{n+1} a_1 a_2 \cdots a_n \neq 0$ 时,f 为正定二次型.

5.3.2 二次型和矩阵正定的判别法

定理 5.7 n 元二次型 $f = \boldsymbol{x}^{\mathrm{T}} \boldsymbol{A} \boldsymbol{x}$ 正定的充要条件是:它的标准形中的 n 个系数全为正,即 f 的正惯性指数为 n.

证 设可逆线性变换 $\boldsymbol{x} = \boldsymbol{C}\boldsymbol{y}$,使

$$f(\boldsymbol{x}) = f(\boldsymbol{C}\boldsymbol{y}) = \sum_{i=1}^{n} k_i y_i^2.$$

先证充分性.设 $k_i > 0\ (i = 1, 2, \cdots, n)$,则对任给的 $\boldsymbol{x} \neq \boldsymbol{0}$,有 $\boldsymbol{y} = \boldsymbol{C}^{-1}\boldsymbol{x} \neq \boldsymbol{0}$,故

$$f(\boldsymbol{x}) = \sum_{i=1}^{n} k_i y_i^2 > 0.$$

再用反证法证必要性.假设有 $k_s \leqslant 0$,则当 $\boldsymbol{y} = \boldsymbol{e}_s$(单位坐标向量)时,$\boldsymbol{C}\boldsymbol{e}_s \neq \boldsymbol{0}$,而 $f(\boldsymbol{C}\boldsymbol{e}_s) = k_s \leqslant 0$,这与 f 的正定性矛盾.从而证明了 $k_i > 0\ (i = 1, 2, \cdots, n)$.

因为二次型的标准形中的系数即为二次型对应的矩阵的特征值,所以又有下列结论:

推论 对称矩阵 $\boldsymbol{A}$ 正定的充要条件是:$\boldsymbol{A}$ 的特征值全为正.

显然,正定矩阵必为可逆矩阵.

利用上述推论,可以很方便地证明下列定理:

定理 5.8 若 $\boldsymbol{A}, \boldsymbol{B}$ 均为 n 阶正定矩阵,则

(1) $\boldsymbol{A}^{\mathrm{T}}, \boldsymbol{A}^{-1}, \boldsymbol{A}^{*}$ 均为正定矩阵;

(2) $\boldsymbol{A} + \boldsymbol{B}$ 也为正定矩阵.

例 5.9 设 $\boldsymbol{A}$ 是 n 阶正定矩阵,$\boldsymbol{E}$ 是 n 阶单位矩阵,证明:矩阵

$A+E$ 的行列式大于1.

证 设 A 的特征值为λ,因为 A 是正定矩阵,所以 $\lambda>0$.

又 $A+E$ 的特征值显然为$\lambda+1$,大于1.而矩阵的行列式等于所有特征值的乘积,故 $A+E$ 的行列式大于1.

定义 5.6 n 阶方阵$A=(a_{ij})$的 k 个行标和列标相同的子式

$$\begin{vmatrix} a_{i_1i_1} & a_{i_1i_2} & \cdots & a_{i_1i_k} \\ a_{i_2i_1} & a_{i_2i_2} & \cdots & a_{i_2i_k} \\ \vdots & \vdots & & \vdots \\ a_{i_ki_1} & a_{i_ki_2} & \cdots & a_{i_ki_k} \end{vmatrix} \quad (1\leqslant i_1<i_2<\cdots<i_k\leqslant n)$$

称为 A 的一个 k **阶主子式**.而子式

$$|A_k|=\begin{vmatrix} a_{11} & a_{12} & \cdots & a_{1k} \\ a_{21} & a_{22} & \cdots & a_{2k} \\ \vdots & \vdots & & \vdots \\ a_{k1} & a_{k2} & \cdots & a_{kk} \end{vmatrix} \quad (k=1,2,\cdots,n)$$

称为 A 的一个 k **阶顺序主子式**.

定理 5.9 (1) n 阶方阵$A=(a_{ij})$正定的充要条件是:A 的各阶顺序主子式全为正,即$|A_k|>0$ $(i=1,2,\cdots,n)$;

(2) n 阶方阵$A=(a_{ij})$负定的充要条件是:A 的奇数阶顺序主子式为负,偶数阶顺序主子式为正,即$(-1)^k|A_k|>0$.

证 (1) 必要性.设 $f=x^{\mathrm{T}}Ax$ 正定,令 $x^{\mathrm{T}}=(x_1,\cdots,x_k,0,\cdots,0)$,代入得

$$\begin{aligned} f(x_1,\cdots,x_k,0,\cdots,0)&=(x_1,\cdots,x_k,0,\cdots,0)A\begin{pmatrix} x_1 \\ \vdots \\ x_k \\ 0 \\ \vdots \\ 0 \end{pmatrix} \\ &=(x_1,\cdots,x_k)A_k\begin{pmatrix} x_1 \\ \vdots \\ x_k \end{pmatrix} \\ &>0, \end{aligned}$$

故 $\boldsymbol{A}$ 的各阶顺序主子式 $|\boldsymbol{A}_k|>0\ (k=1,2,\cdots,n)$.

充分性. 设 $|\boldsymbol{A}_k|>0\ (k=1,2,\cdots,n)$, 由数学归纳法, 当 $n=1$ 时, 因 $|\boldsymbol{A}_1|>0$, 所以 $f(x_1)=a_{11}x_1^2>0$, 定理成立.

设 $n-1$ 元时充分条件成立, 将二次型 $f(x_1,x_2,\cdots,x_n)$ 改写成

$$\begin{aligned} f(x_1,x_2,\cdots,x_n) = {} & a_{11}\left(x_1+\frac{a_{12}}{a_{11}}x_2+\cdots+\frac{a_{1n}}{a_{11}}x_n\right)^2 \\ & + a_{22}'x_2^2+2a_{23}'x_2x_3+\cdots+2a_{2n}'x_2x_n \\ & + a_{33}'x_3^2+2a_{34}'x_3x_4+\cdots+2a_{3n}'x_3x_n \\ & + \cdots + a_{nn}'x_n^2, \end{aligned}$$

其中

$$a_{ij}'=\frac{1}{a_{11}}\begin{vmatrix} a_{11} & a_{1j} \\ a_{i1} & a_{ij} \end{vmatrix} \quad (i,j=1,2,\cdots,n).$$

因为 $a_{ij}=a_{ji}$, 故 $a_{ij}'=a_{ji}'$. 现只要证明上式中的 $n-1$ 元二次型

$$\begin{aligned} & a_{22}'x_2^2+2a_{23}'x_2x_3+\cdots+2a_{2n}'x_2x_n+a_{33}'x_3^2 \\ & \quad +2a_{34}'x_3x_4+\cdots+2a_{3n}'x_3x_n+\cdots+a_{nn}'x_n^2 \end{aligned}$$

正定即可, 即只需证明

$$\begin{vmatrix} a_{22}' & \cdots & a_{2k}' \\ \vdots & & \vdots \\ a_{k2}' & \cdots & a_{kk}' \end{vmatrix}>0 \quad (k=2,\cdots,n).$$

因

$$\begin{aligned} 0<|\boldsymbol{A}_k| & = \begin{vmatrix} a_{11} & a_{12} & \cdots & a_{1k} \\ a_{21} & a_{22} & \cdots & a_{2k} \\ \vdots & \vdots & & \vdots \\ a_{k1} & a_{k2} & \cdots & a_{kk} \end{vmatrix} \\ & = \begin{vmatrix} a_{11} & 0 & \cdots & 0 \\ 0 & a_{22}' & \cdots & a_{2k}' \\ \vdots & \vdots & & \vdots \\ 0 & a_{k2}' & \cdots & a_{kk}' \end{vmatrix} \end{aligned}$$

$$= a_{11}\begin{vmatrix} a_{22}' & \cdots & a_{2k}' \\ \vdots & & \vdots \\ a_{k2}' & \cdots & a_{kk}' \end{vmatrix},$$

又 $a_{11}>0$，即得

$$\begin{vmatrix} a_{22}' & \cdots & a_{2k}' \\ \vdots & & \vdots \\ a_{k2}' & \cdots & a_{kk}' \end{vmatrix}>0 \quad (k=2, \cdots, n).$$

上述定理称为霍尔维茨定理.

例 5.10 判定二次型

$$f(x_1, x_2, x_3)=-6x_1^2-3x_2^2-x_3^2+4x_1x_2+2x_2x_3$$

的正定性.

解 二次型 f 的矩阵为

$$\boldsymbol{A}=\begin{pmatrix} -6 & 2 & 0 \\ 2 & -3 & 1 \\ 0 & 1 & -1 \end{pmatrix},$$

可知

$$|\boldsymbol{A}_1|=-6<0,$$

$$|\boldsymbol{A}_2|=\begin{vmatrix} -6 & 2 \\ 2 & -3 \end{vmatrix}=14>0,$$

$$|\boldsymbol{A}_3|=\begin{vmatrix} -6 & 2 & 0 \\ 2 & -3 & 1 \\ 0 & 1 & -1 \end{vmatrix}=-10<0,$$

所以二次型 f 为负定.

例 5.11 考虑二次型

$$f(x_1, x_2, x_3)=x_1^2+4x_2^2+4x_3^2+2\lambda x_1x_2-2x_1x_3+4x_2x_3,$$

问 λ 取何值时，f 为正定二次型？

解 二次型 f 的矩阵为

$$A=\begin{pmatrix}1 & \lambda & -1\\ \lambda & 4 & 2\\ -1 & 2 & 4\end{pmatrix},$$

要二次型正定,必须

$$|A_1|=1>0,$$

$$|A_2|=\begin{vmatrix}1 & \lambda\\ \lambda & 4\end{vmatrix}=4-\lambda^2>0,$$

$$|A_3|=\begin{vmatrix}1 & \lambda & -1\\ \lambda & 4 & 2\\ -1 & 2 & 4\end{vmatrix}=-4(\lambda-1)(\lambda+2)>0,$$

所以

$$-2<\lambda<1.$$

习 题 5.3

1. 判别下列二次型的正定性:

(1) $f(x_1, x_2, x_3)=-2x_1^2-6x_2^2-4x_3^2+2x_1x_2+2x_1x_3$;

(2) $f(x_1, x_2, x_3, x_4)=x_1^2+3x_2^2+9x_3^2+19x_4^2-2x_1x_2+4x_1x_3+2x_1x_4-6x_2x_4-12x_3x_4$.

2. 求 a 的值,使下列二次型为正定:

(1) $f(x_1, x_2, x_3)=x_1^2+x_2^2+5x_3^2+2ax_1x_2-2x_1x_3+4x_2x_3$;

(2) $f(x_1, x_2, x_3)=5x_1^2+x_2^2+ax_3^2+4x_1x_2-2x_1x_3-2x_2x_3$.

3. 已知

$$A=\begin{pmatrix}2-a & 1 & 0\\ 1 & 1 & 0\\ 0 & 0 & a+3\end{pmatrix}$$

是正定矩阵,求 a 的值.

4. 证明:对称矩阵 A 为正定的充分必要条件是:存在可逆矩阵 U,使 $A=U^TU$,即 A 与单位阵 E 合同.

5. 证明:n 阶正定矩阵 A 的伴随矩阵 A^* 也正定,并研究逆命题是否成立.

6. 设 $\boldsymbol{A}, \boldsymbol{B}$ 均为 n 阶对称矩阵,其中 $\boldsymbol{A}$ 正定,证明存在实数 t,使 $t\boldsymbol{A}+\boldsymbol{B}$ 是正定矩阵.

7. 设 $\boldsymbol{A}, \boldsymbol{B}$ 分别为 m, n 阶正定矩阵,则分块矩阵

$$\boldsymbol{C}=\begin{pmatrix}\boldsymbol{A} & \boldsymbol{O}\\ \boldsymbol{O} & \boldsymbol{B}\end{pmatrix}$$

也是正定矩阵.

第6章　线性空间与线性变换

向量空间又称线性空间，是线性代数中一个最基本的概念. 在第3章中，我们介绍过向量空间的一些概念. 在这一章中，我们要把这些概念推广，使向量及向量空间的概念更具一般性.

本章首先给出线性空间的概念与性质，然后介绍基、维数与坐标的概念，以及基变换与坐标变换，最后简单介绍线性变换及其矩阵表示. 虽然本章中的叙述较为抽象，但它能使我们用更高的观点去审视前几章的内容.

6.1　线性空间的定义与性质

6.1.1　线性空间的定义

定义6.1　设 $\boldsymbol{V}$ 是一个非空集合，$\mathbb{R}$为实数域. 如果对于任意两个元素 $\boldsymbol{\alpha}, \boldsymbol{\beta} \in \boldsymbol{V}$，总有唯一的一个元素 $\boldsymbol{\gamma} \in \boldsymbol{V}$ 与之对应，则称其为 $\boldsymbol{\alpha}$ 与 $\boldsymbol{\beta}$ 的和，记作 $\boldsymbol{\gamma} = \boldsymbol{\alpha} + \boldsymbol{\beta}$；若对于一数 $\lambda \in \mathbb{R}$与任一元素 $\boldsymbol{\alpha} \in \boldsymbol{V}$，总有唯一的一个元素 $\boldsymbol{\delta} \in \boldsymbol{V}$ 与之对应，则称其为 λ 与 $\boldsymbol{\alpha}$ 的积，记作 $\boldsymbol{\delta} = \lambda\boldsymbol{\alpha}$. 上述两种运算满足以下八条运算规律，那么 $\boldsymbol{V}$ 就称为数域$\mathbb{R}$上的**线性空间**或**向量空间**：

设 $\boldsymbol{\alpha}, \boldsymbol{\beta}, \boldsymbol{\gamma} \in \boldsymbol{V}$；$\lambda, \mu \in \mathbb{R}$.

(1) $\boldsymbol{\alpha} + \boldsymbol{\beta} = \boldsymbol{\beta} + \boldsymbol{\alpha}$；

(2) $(\boldsymbol{\alpha} + \boldsymbol{\beta}) + \boldsymbol{\gamma} = \boldsymbol{\alpha} + (\boldsymbol{\beta} + \boldsymbol{\gamma})$；

(3) 在 $\boldsymbol{V}$ 中存在零元素 $\mathbf{0}$，使任何 $\boldsymbol{\alpha} \in \boldsymbol{V}$，都有 $\boldsymbol{\alpha} + \mathbf{0} = \boldsymbol{\alpha}$；

(4) 对任何 $\boldsymbol{\alpha} \in \boldsymbol{V}$，都有 $\boldsymbol{\alpha}$ 的负元素 $\boldsymbol{\beta} \in \boldsymbol{V}$，使 $\boldsymbol{\alpha} + \boldsymbol{\beta} = \mathbf{0}$；

(5) $1\boldsymbol{\alpha} = \boldsymbol{\alpha}$；

(6) $\lambda(\mu\boldsymbol{\alpha}) = (\lambda\mu)\boldsymbol{\alpha}$；

(7) $(\lambda + \mu)\boldsymbol{\alpha} = \lambda\boldsymbol{\alpha} + \mu\boldsymbol{\alpha}$；

(8) $\lambda(\boldsymbol{\alpha}+\boldsymbol{\beta})=\lambda\boldsymbol{\alpha}+\lambda\boldsymbol{\beta}$.

满足以上八条规律的加法及数乘运算,称为 $\boldsymbol{V}$ 上的**线性运算**.线性空间的元素一般仍称为**向量**,从而线性空间也称为向量空间.显然,这里所说的向量,其含义要比$\mathbb{R}^n$中的向量广泛得多.

在一个非空集合上,若对于所定义的加法和数乘运算不封闭,或者运算不满足八条性质的某一条,则此集合就不能构成向量空间.

例 6.1 记次数不超过 n 的多项式的全体为$\boldsymbol{P}[x]_n$,即

$$\boldsymbol{P}[x]_n=\{\boldsymbol{p}=a_nx^n+\cdots+a_1x+a_0\mid a_n,\cdots,a_1,a_0\in\mathbb{R}\},$$

试验证它对通常的多项式的加法与数乘运算构成线性空间.

证 注意到通常的多项式的加法与数乘运算满足线性运算的八条规律,且

$$(a_nx^n+\cdots+a_1x+a_0)+(b_nx^n+\cdots+b_1x+b_0)$$
$$=(a_n+b_n)x^n+\cdots+(a_1+b_1)x+(a_0+b_0)\in\boldsymbol{P}[x]_n,$$
$$\lambda(a_nx^n+\cdots+a_1x+a_0)$$
$$=(\lambda a_n)x^n+\cdots+(\lambda a_1)x+(\lambda a_0)\in\boldsymbol{P}[x]_n.$$

即 $\boldsymbol{P}[x]_n$ 对线性运算封闭,故 $\boldsymbol{P}[x]_n$ 构成一个线性空间.

例 6.2 证明 n 次多项式

$$\boldsymbol{Q}[x]_n=\{\boldsymbol{p}=a_nx^n+\cdots+a_1x+a_0\mid a_n,\cdots,a_0\in\mathbb{R},\text{且 }a_n\neq 0\}$$

对于通常的多项式的加法和数乘运算不构成线性空间.

证 因

$$0\boldsymbol{p}=0(a_nx^n+\cdots+a_1x+a_0)=\boldsymbol{0}\notin\boldsymbol{Q}[x]_n,$$

故 $\boldsymbol{Q}[x]_n$ 对数乘运算不封闭,因而 $\boldsymbol{Q}[x]_n$ 不构成一个线性空间.

例 6.3 n 个有序实数组成的数组的全体

$$\boldsymbol{S}^n=\{\boldsymbol{x}=(x_1,x_2,\cdots,x_n)^{\mathrm{T}}\mid x_1,x_2,\cdots,x_n\in\mathbb{R}\}$$

对于通常的有序数组的加法及如下定义的数乘:

$$\lambda\circ(x_1,x_2,\cdots,x_n)^{\mathrm{T}}=(0,\cdots,0)^{\mathrm{T}}\quad(\lambda\in\mathbb{R},\ \boldsymbol{x}\in\boldsymbol{S}^n)$$

不构成线性空间.

证　虽然可证得 $\boldsymbol{S}^n$ 对线性运算封闭,但 $1\circ\boldsymbol{x}=\boldsymbol{0}\neq\boldsymbol{x}$,即不满足第五条运算规律,故 $\boldsymbol{S}^n$ 不是线性空间.

例 6.4　正实数的全体记作 $\mathbb{R}^+$,在其中定义加法及数乘运算为

$$a\oplus b=ab,\quad \lambda\circ a=a^{\lambda}\quad(\lambda\in\mathbb{R},\ a,\ b\in\mathbb{R}^+),$$

验证 $\mathbb{R}^+$ 对于上述加法与数乘运算构成线性空间.

证　对任意 $\lambda\in\mathbb{R}$, a, $b\in\mathbb{R}^+$,有

$$a\oplus b=ab\in\mathbb{R}^+,\quad \lambda\circ a=a^{\lambda}\in\mathbb{R}^+,$$

故 $\mathbb{R}^+$ 对定义的加法与数乘运算封闭.又

(1) $a\oplus b=ab=ba=b\oplus a$;

(2) $(a\oplus b)\oplus c=(ab)\oplus c=(ab)c=a(bc)=a\oplus(bc)=a\oplus(b\oplus c)$;

(3) $\mathbb{R}^+$ 中存在零元素1,对任何 $a\in\mathbb{R}^+$,有 $a\oplus 1=a$;

(4) 对任意 $a\in\mathbb{R}^+$,有负元素 $a^{-1}\in\mathbb{R}^+$,使 $a\oplus a^{-1}=aa^{-1}=1$;

(5) $1\circ a=a^1=a$;

(6) $\lambda\circ(\mu\circ a)=\lambda\circ a^{\mu}=(a^{\mu})^{\lambda}=a^{\lambda\mu}=(\lambda\mu)\circ a$;

(7) $(\lambda+\mu)\circ a=a^{\lambda+\mu}=a^{\lambda}a^{\mu}=a^{\lambda}\oplus a^{\mu}=(\lambda\circ a)\oplus(\mu\circ a)$;

(8) $\lambda\circ(a\oplus b)=\lambda\circ(ab)=(ab)^{\lambda}=a^{\lambda}b^{\lambda}=a^{\lambda}\oplus b^{\lambda}=(\lambda\circ a)\oplus(\lambda\circ b)$.

所以, $\mathbb{R}^+$ 对定义的加法与数乘运算构成线性空间.

6.1.2　线性空间的性质

性质1　零元素是唯一的.

证　假设 $\boldsymbol{0}_1$, $\boldsymbol{0}_2$ 是线性空间 $\boldsymbol{V}$ 中的两个零元素,则对任何 $\boldsymbol{\alpha}\in\boldsymbol{V}$,有

$$\boldsymbol{\alpha}+\boldsymbol{0}_1=\boldsymbol{\alpha},\quad \boldsymbol{\alpha}+\boldsymbol{0}_2=\boldsymbol{\alpha}.$$

因为 $\boldsymbol{0}_1$, $\boldsymbol{0}_2\in\boldsymbol{V}$,所以 $\boldsymbol{0}_1+\boldsymbol{0}_2=\boldsymbol{0}_2$, $\boldsymbol{0}_1+\boldsymbol{0}_2=\boldsymbol{0}_1$,从而 $\boldsymbol{0}_1=\boldsymbol{0}_1+\boldsymbol{0}_2=\boldsymbol{0}_2+\boldsymbol{0}_1=\boldsymbol{0}_2$.

性质2　任一元素的负元素是唯一的.

证　假设 $\boldsymbol{\alpha}$ 有两个负元素 $\boldsymbol{\beta}$ 与 $\boldsymbol{\gamma}$,则 $\boldsymbol{\alpha}+\boldsymbol{\beta}=\boldsymbol{0}$, $\boldsymbol{\alpha}+\boldsymbol{\gamma}=\boldsymbol{0}$,所以

$$\boldsymbol{\beta} = \boldsymbol{\beta} + \mathbf{0} = \boldsymbol{\beta} + (\boldsymbol{\alpha} + \boldsymbol{\gamma}) = (\boldsymbol{\beta} + \boldsymbol{\alpha}) + \boldsymbol{\gamma} = \mathbf{0} + \boldsymbol{\gamma} = \boldsymbol{\gamma}.$$

向量 $\boldsymbol{\alpha}$ 的负元素记为 $-\boldsymbol{\alpha}$.

性质 3　$0\boldsymbol{\alpha} = \mathbf{0}$, $(-1)\boldsymbol{\alpha} = -\boldsymbol{\alpha}$, $\lambda\mathbf{0} = \mathbf{0}$.

证　(1) 因 $\boldsymbol{\alpha} + 0\boldsymbol{\alpha} = 1\boldsymbol{\alpha} + 0\boldsymbol{\alpha} = (1+0)\boldsymbol{\alpha} = 1\boldsymbol{\alpha} = \boldsymbol{\alpha}$, 故 $0\boldsymbol{\alpha} = \mathbf{0}$.

(2) 因 $\boldsymbol{\alpha} + (-1)\boldsymbol{\alpha} = 1\boldsymbol{\alpha} + (-1)\boldsymbol{\alpha} = [1 + (-1)]\boldsymbol{\alpha} = 0\boldsymbol{\alpha} = \mathbf{0}$, 故 $(-1)\boldsymbol{\alpha} = -\boldsymbol{\alpha}$.

(3) $\lambda\mathbf{0} = \lambda[\boldsymbol{\alpha} + (-1)\boldsymbol{\alpha}] = \lambda\boldsymbol{\alpha} + (-\lambda)\boldsymbol{\alpha} = [\lambda + (-\lambda)]\boldsymbol{\alpha} = 0\boldsymbol{\alpha} = \mathbf{0}$.

性质 4　若 $\lambda\boldsymbol{\alpha} = \mathbf{0}$,则 $\lambda = 0$ 或 $\boldsymbol{\alpha} = \mathbf{0}$.

证　假设 $\lambda \neq 0$, 则 $\dfrac{1}{\lambda}(\lambda\boldsymbol{\alpha}) = \dfrac{1}{\lambda}\cdot\mathbf{0} = \mathbf{0}$. 又

$$\frac{1}{\lambda}(\lambda\boldsymbol{\alpha}) = \left(\frac{1}{\lambda}\cdot\lambda\right)\boldsymbol{\alpha} = \boldsymbol{\alpha}.$$

于是 $\boldsymbol{\alpha} = \mathbf{0}$.

同理可证：若 $\boldsymbol{\alpha} \neq \mathbf{0}$, 则有 $\lambda = 0$.

6.1.3　线性空间的子空间

定义 6.2　设 $\boldsymbol{V}$ 是一个线性空间,$\boldsymbol{L}$ 是 $\boldsymbol{V}$ 的一个非空子集,如果 $\boldsymbol{L}$ 对于 $\boldsymbol{V}$ 中所定义的加法和数乘两种运算也构成一个线性空间,则称 $\boldsymbol{L}$ 为 $\boldsymbol{V}$ 的**子空间**.

一个非空子集要满足什么条件才构成子空间? 因 $\boldsymbol{L}$ 是 $\boldsymbol{V}$ 的一部分,$\boldsymbol{V}$ 中运算对于 $\boldsymbol{L}$ 而言,规律(1),(2),(5),(6),(7),(8)显然是满足的,因此只要 $\boldsymbol{L}$ 对运算封闭且满足规律(3),(4)即可.但由线性空间的性质知,若 $\boldsymbol{L}$ 对运算封闭,则即能满足规律(3),(4).因此我们有:

定理 6.1　线性空间 $\boldsymbol{V}$ 的非空子集 $\boldsymbol{L}$ 构成子空间的充要条件是:$\boldsymbol{L}$ 对于 $\boldsymbol{V}$ 中的线性运算封闭.

例 6.5　$\mathbb{R}^{2\times 3}$ 的下列子集是否构成子空间? 为什么?

(1) $\boldsymbol{W}_1 = \left\{\begin{pmatrix} 1 & b & 0 \\ 0 & c & d \end{pmatrix} \middle| b, c, d \in \mathbb{R}\right\}$;

(2) $\boldsymbol{W}_2 = \left\{\begin{pmatrix} a & b & 0 \\ 0 & 0 & c \end{pmatrix} \middle| a + b + c = 0, a, b, c \in \mathbb{R}\right\}$.

解　(1) $\boldsymbol{W}_1$ 不构成子空间.

因为对

$$\boldsymbol{A} = \boldsymbol{B} = \begin{pmatrix} 1 & b & 0 \\ 0 & c & d \end{pmatrix} \in \boldsymbol{W}_1,$$

其和

$$\boldsymbol{A} + \boldsymbol{B} = \begin{pmatrix} 2 & 2b & 0 \\ 0 & 2c & 2d \end{pmatrix} \notin \boldsymbol{W}_1,$$

故 $\boldsymbol{W}_1$ 不构成子空间.

(2) 若

$$\boldsymbol{A} = \begin{pmatrix} a_1 & b_1 & 0 \\ 0 & 0 & c_1 \end{pmatrix} \in \boldsymbol{W}_2,$$

$$\boldsymbol{B} = \begin{pmatrix} a_2 & b_2 & 0 \\ 0 & 0 & c_2 \end{pmatrix} \in \boldsymbol{W}_2,$$

则有

$$a_1 + b_1 + c_1 = 0, \quad a_2 + b_2 + c_2 = 0.$$

于是

$$\boldsymbol{A} + \boldsymbol{B} = \begin{pmatrix} a_1 + a_2 & b_1 + b_2 & 0 \\ 0 & 0 & c_1 + c_2 \end{pmatrix},$$

满足 $(a_1 + a_2) + (b_1 + b_2) + (c_1 + c_2) = 0$, 即 $\boldsymbol{A} + \boldsymbol{B} \in \boldsymbol{W}_2$.

又对于 $\lambda \in \mathbb{R}$, 有

$$\lambda \boldsymbol{A} = \begin{pmatrix} \lambda a_1 & \lambda b_1 & 0 \\ 0 & 0 & \lambda c_1 \end{pmatrix},$$

且 $\lambda a_1 + \lambda b_1 + \lambda c_1 = 0$, 所以 $\lambda \boldsymbol{A} \in \boldsymbol{W}_2$. 故 $\boldsymbol{W}_2$ 是 $\mathbb{R}^{2\times 3}$ 的子空间.

习　题　6.1

1. 验证以下集合对于指定的运算是否构成数域 $\mathbb{R}$ 上的线性空间:

(1) 所有 n 阶对称矩阵, 对矩阵加法及矩阵的数乘运算;

(2) 所有 n 阶可逆矩阵, 对矩阵加法及矩阵的数乘运算;

(3) 微分方程 $y'' + 3y' - 3y = 0$ 的全部解, 对函数的加法及数与函数的乘积;

(4) 微分方程 $y''+3y'-3y=2$ 的全部解,对函数的加法及数与函数的乘积;

(5) $\boldsymbol{V}=\{f(x)\in \boldsymbol{C}[a, b] \mid f(a)=1\}$ 对函数的加法及数与函数的乘积;

(6) $\boldsymbol{V}=\{(a, b) \mid a, b\in \mathbb{R}\}$, 对于运算:

$$(a_1, b_1)\oplus(a_2, b_2)=(a_1+a_2, b_1+b_2+a_1a_2),$$

$$k\circ(a_1, b_1)=\left(ka_1, kb_1+\frac{k(k-1)}{2}{a_1}^2\right).$$

2. 验证:与向量 $(0, 0, 1)^{\mathrm{T}}$ 不平行的全体三维数组向量,对于数组向量的加法和数乘运算不构成线性空间.

3. 判断下列 $\mathbb{R}^3$ 的子集是否构成 $\mathbb{R}^3$ 的子空间:

(1) 形如 $(a, b, a+2)^{\mathrm{T}}$ 的向量全体;

(2) 形如 $(a, b, 0)^{\mathrm{T}}$ 的向量全体;

(3) 形如 $(a, b, b^2)^{\mathrm{T}}$ 的向量全体;

(4) 形如 $(a, b, c)^{\mathrm{T}}$ 的向量全体 $(c\geqslant 0)$.

6.2 基、维数与坐标

在第3章中,我们定义了一些重要概念,如线性组合、线性表示、线性相关和线性无关等,这些概念以及相关的性质只涉及向量的线性运算,因此对于一般的线性空间中的向量仍然适用.今后我们将直接引用这些概念及性质.

6.2.1 线性空间的基与维数

已知在 $\mathbb{R}^n$ 中,线性无关的向量组最多由 n 个向量组成,而任意 $n+1$ 个向量都是线性相关的.现在我们要问:

在线性空间 $\boldsymbol{V}$ 中,最多能有多少个线性无关的向量?

定义 6.3 在线性空间 $\boldsymbol{V}$ 中,若存在 n 个元素 $\boldsymbol{\alpha}_1, \boldsymbol{\alpha}_2, \cdots, \boldsymbol{\alpha}_n$ 满足:

(1) $\boldsymbol{\alpha}_1, \boldsymbol{\alpha}_2, \cdots, \boldsymbol{\alpha}_n$ 线性无关;

(2) $\boldsymbol{V}$ 中任一元素 $\boldsymbol{\alpha}$ 总可由 $\boldsymbol{\alpha}_1, \boldsymbol{\alpha}_2, \cdots, \boldsymbol{\alpha}_n$ 线性表示,则称 $\boldsymbol{\alpha}_1, \boldsymbol{\alpha}_2, \cdots, \boldsymbol{\alpha}_n$ 为线性空间 $\boldsymbol{V}$ 的一个**基**,n 称为线性空间 $\boldsymbol{V}$ 的**维数**,记为 $\dim \boldsymbol{V} = n$. 维数为 n 的线性空间称为 **n 维线性空间**,记作 $\boldsymbol{V}_n$.

当一个线性空间 $\boldsymbol{V}$ 中存在任意多个线性无关的向量时,称 $\boldsymbol{V}$ 是**无限维**的.

若 $\boldsymbol{\alpha}_1, \boldsymbol{\alpha}_2, \cdots, \boldsymbol{\alpha}_n$ 为 $\boldsymbol{V}_n$ 的一个基,则 $\boldsymbol{V}_n$ 可表示为

$$\boldsymbol{V}_n = \{\boldsymbol{\alpha} = x_1\boldsymbol{\alpha}_1 + x_2\boldsymbol{\alpha}_2 + \cdots + x_n\boldsymbol{\alpha}_n \mid x_1, x_2, \cdots, x_n \in \mathbb{R}\}.$$

对任意 $\alpha \in \boldsymbol{V}_n$,都有一组有序数 $x_1, x_2, \cdots, x_n$,使得

$$\boldsymbol{\alpha} = x_1\boldsymbol{\alpha}_1 + x_2\boldsymbol{\alpha}_2 + \cdots + x_n\boldsymbol{\alpha}_n.$$

由 $\boldsymbol{\alpha}_1, \boldsymbol{\alpha}_2, \cdots, \boldsymbol{\alpha}_n$ 为 $\boldsymbol{V}_n$ 的一个基,可知这组数是唯一的.

反之,任给一组有序数 $x_1, x_2, \cdots, x_n$,总有唯一的元素

$$\boldsymbol{\alpha} = x_1\boldsymbol{\alpha}_1 + x_2\boldsymbol{\alpha}_2 + \cdots + x_n\boldsymbol{\alpha}_n \in \boldsymbol{V}_n.$$

于是,$\boldsymbol{V}_n$ 中任一元素 $\boldsymbol{\alpha}$ 均与一有序数组 $(x_1, x_2, \cdots, x_n)^{\mathrm{T}}$ 一一对应.

定义 6.4　设 $\boldsymbol{\alpha}_1, \boldsymbol{\alpha}_2, \cdots, \boldsymbol{\alpha}_n$ 是线性空间 $\boldsymbol{V}_n$ 的一个基,对于任一元素 $\boldsymbol{\alpha} \in \boldsymbol{V}_n$,有且仅有一组有序数 $x_1, x_2, \cdots, x_n$ 使

$$\boldsymbol{\alpha} = x_1\boldsymbol{\alpha}_1 + x_2\boldsymbol{\alpha}_2 + \cdots + x_n\boldsymbol{\alpha}_n,$$

则称有序数 $x_1, x_2, \cdots, x_n$ 为元素 $\boldsymbol{\alpha}$ **在基 $\boldsymbol{\alpha}_1, \boldsymbol{\alpha}_2, \cdots, \boldsymbol{\alpha}_n$ 下的坐标**,并记作

$$\boldsymbol{\alpha} = (x_1, x_2, \cdots, x_n)^{\mathrm{T}}.$$

例 6.6　证明:在线性空间 $\boldsymbol{P}[x]_4$ 中

$$\boldsymbol{p}_1 = 1,\quad \boldsymbol{p}_2 = x,\quad \boldsymbol{p}_3 = x^2,\quad \boldsymbol{p}_4 = x^3,\quad \boldsymbol{p}_5 = x^4$$

是它的一个基.

证　因为

(1) $\boldsymbol{p}_1 = 1, \boldsymbol{p}_2 = x, \boldsymbol{p}_3 = x^2, \boldsymbol{p}_4 = x^3, \boldsymbol{p}_5 = x^4$ 线性无关;

(2) 任一不超过 4 次的多项式

$$\boldsymbol{p} = a_4x^4 + a_3x^3 + a_2x^2 + a_1x + a_0$$

可表示为

$$\boldsymbol{p} = a_0\boldsymbol{p}_1 + a_1\boldsymbol{p}_2 + a_2\boldsymbol{p}_3 + a_3\boldsymbol{p}_4 + a_4\boldsymbol{p}_5,$$

因此 $\boldsymbol{p}_1 = 1$, $\boldsymbol{p}_2 = x$, $\boldsymbol{p}_3 = x^2$, $\boldsymbol{p}_4 = x^3$, $\boldsymbol{p}_5 = x^4$ 是 $\boldsymbol{P}[x]_4$ 的一个基,且 $\boldsymbol{p}$ 在这个基下的坐标为$(a_0, a_1, a_2, a_3, a_4)^{\mathrm{T}}$.

若取另一基 $\boldsymbol{q}_1 = 1$, $\boldsymbol{q}_2 = 1 + x$, $\boldsymbol{q}_3 = 2x^2$, $\boldsymbol{q}_4 = x^3$, $\boldsymbol{q}_5 = x^4$, 则

$$\boldsymbol{p} = (a_0 - a_1)\boldsymbol{q}_1 + a_1\boldsymbol{q}_2 + \frac{1}{2}a_2\boldsymbol{q}_3 + a_3\boldsymbol{q}_4 + a_4\boldsymbol{q}_5,$$

因此 $\boldsymbol{p}$ 在这个基下的坐标为$\left(a_0 - a_1, a_1, \frac{1}{2}a_2, a_3, a_4\right)^{\mathrm{T}}$.

线性空间 $\boldsymbol{V}$ 的任一元素在不同基下所对应的坐标一般不同,但一个元素在一个确定基下对应的坐标是唯一的.

例 6.7 所有二阶实矩阵组成的集合$\mathbb{R}^{2\times2}$对于矩阵的加法和数量乘法,构成实数域$\mathbb{R}$上的一个线性空间.试证:

$$\boldsymbol{E}_{11} = \begin{pmatrix} 1 & 0 \\ 0 & 0 \end{pmatrix}, \quad \boldsymbol{E}_{12} = \begin{pmatrix} 0 & 1 \\ 0 & 0 \end{pmatrix},$$

$$\boldsymbol{E}_{21} = \begin{pmatrix} 0 & 0 \\ 1 & 0 \end{pmatrix}, \quad \boldsymbol{E}_{22} = \begin{pmatrix} 0 & 1 \\ 0 & 0 \end{pmatrix}$$

是$\mathbb{R}^{2\times2}$中的一组基,并求其中矩阵 $\boldsymbol{A}$ 在该基下的坐标.

证 先证其线性无关.因为

$$k_1\boldsymbol{E}_{11} + k_2\boldsymbol{E}_{12} + k_3\boldsymbol{E}_{21} + k_4\boldsymbol{E}_{22} = \begin{pmatrix} k_1 & k_3 \\ k_2 & k_4 \end{pmatrix},$$

所以

$$k_1\boldsymbol{E}_{11} + k_2\boldsymbol{E}_{12} + k_3\boldsymbol{E}_{21} + k_4\boldsymbol{E}_{22} = \begin{pmatrix} 0 & 0 \\ 0 & 0 \end{pmatrix}$$

当且仅当 $k_1 = k_2 = k_3 = k_4 = 0$,即 $\boldsymbol{E}_{11}$, $\boldsymbol{E}_{12}$, $\boldsymbol{E}_{21}$, $\boldsymbol{E}_{22}$线性无关.

又对于任意二阶实矩阵

$$\boldsymbol{A} = \begin{pmatrix} a_{11} & a_{12} \\ a_{21} & a_{22} \end{pmatrix} \in \mathbb{R}^{2\times2},$$

有

$$\boldsymbol{A} = a_{11}\boldsymbol{E}_{11} + a_{12}\boldsymbol{E}_{12} + a_{21}\boldsymbol{E}_{21} + a_{22}\boldsymbol{E}_{22},$$

因此 $\boldsymbol{E}_{11}$，$\boldsymbol{E}_{12}$，$\boldsymbol{E}_{21}$，$\boldsymbol{E}_{22}$为 V 的一组基，而矩阵 $\boldsymbol{A}$ 在这组基下的坐标是

$$(a_{11},\ a_{12},\ a_{21},\ a_{22})^{\mathrm{T}}.$$

6.2.2　线性空间的同构

设 $\boldsymbol{\alpha}_1$，$\boldsymbol{\alpha}_2$，…，$\boldsymbol{\alpha}_n$ 是 n 维线性空间 $\boldsymbol{V}_n$ 的一组基，在这组基下，$\boldsymbol{V}_n$ 中的每一向量都有唯一确定的坐标，而向量的坐标可以看作$\mathbb{R}^n$中的元素，因此向量与它的坐标之间的对应就是 $\boldsymbol{V}_n$ 到$\mathbb{R}^n$的一个映射．对于 $\boldsymbol{V}_n$ 中不同的向量，它们的坐标也不同，即对应于$\mathbb{R}^n$中的不同元素．反过来，由于$\mathbb{R}^n$中的每个元素都有 $\boldsymbol{V}_n$ 中的向量与之对应，我们称这样的映射是 $\boldsymbol{V}_n$ 到$\mathbb{R}^n$的一个**一一对应的映射**．这个映射的一个重要特征表现在它保持线性运算（加法和数乘）的关系不变．

定义 6.5　设 $\boldsymbol{U}$，$\boldsymbol{V}$ 是$\mathbb{R}$上的两个线性空间，如果它们的元素之间有一一对应关系（常用↔表示），且这个对应关系保持线性组合的对应，则称线性空间 $\boldsymbol{U}$ 与 $\boldsymbol{V}$ **同构**．

例 6.8　证明 n 维线性空间

$$\boldsymbol{V}_n = \{\boldsymbol{\alpha} = x_1\boldsymbol{\alpha}_1 + x_2\boldsymbol{\alpha}_2 + \cdots + x_n\boldsymbol{\alpha}_n \mid x_1,\ x_2,\ \cdots,\ x_n \in \mathbb{R}\}$$

与 n 维数组向量空间$\mathbb{R}^n$同构．

证　(1) 显然，$\boldsymbol{V}_n$ 中的元素

$$\boldsymbol{\alpha} = x_1\boldsymbol{\alpha}_1 + x_2\boldsymbol{\alpha}_2 + \cdots + x_n\boldsymbol{\alpha}_n$$

与$\mathbb{R}^n$中的元素$(x_1,\ x_2,\ \cdots,\ x_n)^{\mathrm{T}}$ 有一一对应关系．

(2) 设 $\boldsymbol{\alpha} \leftrightarrow (x_1,\ x_2,\ \cdots,\ x_n)^{\mathrm{T}}$，$\boldsymbol{\beta} \leftrightarrow (y_1,\ y_2,\ \cdots,\ y_n)^{\mathrm{T}}$，则

$$\boldsymbol{\alpha} + \boldsymbol{\beta} \leftrightarrow (x_1,\ x_2,\ \cdots,\ x_n)^{\mathrm{T}} + (y_1,\ y_2,\ \cdots,\ y_n)^{\mathrm{T}},$$

$$k\boldsymbol{\alpha} \leftrightarrow k(x_1,\ x_2,\ \cdots,\ x_n)^{\mathrm{T}},$$

故 $\boldsymbol{V}_n$ 与$\mathbb{R}^n$同构．

本例表明：在 $\boldsymbol{V}_n$ 中的向量用坐标表示后，它们的线性运算就归结为坐标的线性运算，因而对线性空间 $\boldsymbol{V}_n$ 的讨论就可归结为在$\mathbb{R}^n$中的讨论．

同构具有下列性质：

(1) 同构的线性空间之间具有自反性、对称性与传递性；

(2) 实数域$\mathbb{R}$上任意两个 n 维线性空间都同构，即维数相同的线

性空间必同构.

在线性空间的抽象讨论中,无论构成线性空间的元素是什么,其中具体的线性运算是如何定义的,我们所关心的只是这些运算的代数性质.从这个意义上可以说,同构的线性空间是可以不加区别的,而有限维线性空间唯一本质的特征就是它的维数.

习 题 6.2

1. 分别验证下列指定集合 $\boldsymbol{S}_i (i = 1, 2, 3)$ 对于矩阵的加法及矩阵的数乘运算构成线性空间,并写出各个空间的一个基:

(1) 二阶矩阵的全体 $\boldsymbol{S}_1$;

(2) 主对角线上的元素之和等于 0 的二阶矩阵的全体 $\boldsymbol{S}_2$;

(3) 二阶对称矩阵的全体 $\boldsymbol{S}_3$.

2. 设 $\boldsymbol{U}$ 是线性空间 $\boldsymbol{V}$ 的一个子空间,试证:若 $\boldsymbol{U}$ 与 $\boldsymbol{V}$ 的维数相等,则 $\boldsymbol{U} = \boldsymbol{V}$.

3. 在 $\mathbb{R}^3$ 中求向量 $\boldsymbol{\alpha} = (3, 7, 1)^{\mathrm{T}}$ 在基 $\boldsymbol{\alpha}_1 = (1, 3, 5)^{\mathrm{T}}$, $\boldsymbol{\alpha}_2 = (6, 3, 2)^{\mathrm{T}}$, $\boldsymbol{\alpha}_3 = (3, 1, 0)^{\mathrm{T}}$ 下的坐标.

4. 在 $\mathbb{R}^4$ 中求向量 $\boldsymbol{\alpha}$ 关于 $\boldsymbol{\xi}_1, \boldsymbol{\xi}_2, \boldsymbol{\xi}_3, \boldsymbol{\xi}_4$ 的坐标,其中

$$\boldsymbol{\xi}_1 = \begin{pmatrix} 1 \\ 1 \\ 1 \\ 1 \end{pmatrix}, \quad \boldsymbol{\xi}_2 = \begin{pmatrix} 1 \\ 1 \\ -1 \\ -1 \end{pmatrix}, \quad \boldsymbol{\xi}_3 = \begin{pmatrix} 1 \\ -1 \\ 1 \\ -1 \end{pmatrix}, \quad \boldsymbol{\xi}_4 = \begin{pmatrix} 1 \\ -1 \\ -1 \\ 1 \end{pmatrix},$$

$$\boldsymbol{\alpha} = \begin{pmatrix} 1 \\ 2 \\ -2 \\ 1 \end{pmatrix}.$$

5. 设

$$\boldsymbol{\varepsilon}_1 = \begin{pmatrix} 1 \\ 0 \\ 0 \end{pmatrix}, \quad \boldsymbol{\varepsilon}_2 = \begin{pmatrix} 1 \\ 1 \\ 0 \end{pmatrix}, \quad \boldsymbol{\varepsilon}_3 = \begin{pmatrix} 1 \\ 1 \\ 1 \end{pmatrix}.$$

(1) 证明:$\boldsymbol{\varepsilon}_1, \boldsymbol{\varepsilon}_2, \boldsymbol{\varepsilon}_3$ 是 $\mathbb{R}^3$ 的一个基;

(2) 对于 $\boldsymbol{\alpha}=(a_1, a_2, a_3)^{\mathrm{T}}$，求 $\boldsymbol{\alpha}$ 在 $\boldsymbol{\varepsilon}_1, \boldsymbol{\varepsilon}_2, \boldsymbol{\varepsilon}_3$ 下的坐标.

6. 求出齐次线性方程组

$$\begin{cases} x_1+3x_2+3x_3+2x_4-x_5=0, \\ 2x_1+6x_2+9x_3+5x_4+4x_5=0, \\ -x_1-3x_2+3x_3+x_4+13x_5=0, \\ -3x_3+x_4-6x_5=0 \end{cases}$$

解空间的维数和一组基.

7. 设 $\boldsymbol{\alpha}_1=(1, 0, 2, 5, 4)^{\mathrm{T}}$，$\boldsymbol{\alpha}_2=(3, 1, -2, 1, 0)^{\mathrm{T}}$ 是 $\mathbb{R}^5$ 中两个线性无关的向量，试将它们扩充为 $\mathbb{R}^5$ 的一组基.

8. 设 $\boldsymbol{V}_r$ 是 n 维线性空间 $\boldsymbol{V}_n$ 的一个子空间，$\boldsymbol{a}_1, \boldsymbol{a}_2, \cdots, \boldsymbol{a}_r$ 是 $\boldsymbol{V}_r$ 的一个基，试证：$\boldsymbol{V}_n$ 中存在元素 $\boldsymbol{a}_{r+1}, \boldsymbol{a}_{r+2}, \cdots, \boldsymbol{a}_n$，使 $\boldsymbol{a}_1, \boldsymbol{a}_2, \cdots, \boldsymbol{a}_r, \boldsymbol{a}_{r+1}, \boldsymbol{a}_{r+2}, \cdots, \boldsymbol{a}_n$ 成为 $\boldsymbol{V}_n$ 的一个基.

9. 在 $\mathbb{R}^3$ 中，设 $\boldsymbol{L}$ 是由向量

$$\boldsymbol{\xi}_1=\begin{pmatrix}1\\1\\1\end{pmatrix}, \quad \boldsymbol{\xi}_2=\begin{pmatrix}2\\3\\4\end{pmatrix}, \quad \boldsymbol{\xi}_3=\begin{pmatrix}5\\7\\9\end{pmatrix}$$

生成的子空间，求 $\dim \boldsymbol{L}$.

6.3　基变换与坐标变换

6.3.1　基变换公式与过渡矩阵

同一向量在不同的基下有不同的坐标，那么，不同的基与不同的坐标之间有怎样的关系呢？

定义 6.6　设 $\boldsymbol{\alpha}_1, \boldsymbol{\alpha}_2, \cdots, \boldsymbol{\alpha}_n$ 及 $\boldsymbol{\beta}_1, \boldsymbol{\beta}_2, \cdots, \boldsymbol{\beta}_n$ 是线性空间 $\boldsymbol{V}_n$ 的两个基，且有

$$\begin{cases} \boldsymbol{\beta}_1=p_{11}\boldsymbol{\alpha}_1+p_{21}\boldsymbol{\alpha}_2+\cdots+p_{n1}\boldsymbol{\alpha}_n, \\ \boldsymbol{\beta}_2=p_{12}\boldsymbol{\alpha}_1+p_{22}\boldsymbol{\alpha}_2+\cdots+p_{n2}\boldsymbol{\alpha}_n, \\ \cdots\cdots\cdots\cdots \\ \boldsymbol{\beta}_n=p_{1n}\boldsymbol{\alpha}_1+p_{2n}\boldsymbol{\alpha}_2+\cdots+p_{nn}\boldsymbol{\alpha}_n, \end{cases} \tag{6.1}$$

(6.1)也可表示成矩阵形式

$$\begin{pmatrix} \boldsymbol{\beta}_1 \\ \boldsymbol{\beta}_2 \\ \vdots \\ \boldsymbol{\beta}_n \end{pmatrix} = \begin{pmatrix} p_{11} & p_{12} & \cdots & p_{n1} \\ p_{12} & p_{22} & \cdots & p_{n2} \\ \vdots & \vdots & & \vdots \\ p_{1n} & p_{2n} & \cdots & p_{nn} \end{pmatrix} \begin{pmatrix} \boldsymbol{\alpha}_1 \\ \boldsymbol{\alpha}_2 \\ \vdots \\ \boldsymbol{\alpha}_n \end{pmatrix} = \boldsymbol{P}^{\mathrm{T}} \begin{pmatrix} \boldsymbol{\alpha}_1 \\ \boldsymbol{\alpha}_2 \\ \vdots \\ \boldsymbol{\alpha}_n \end{pmatrix}, \tag{6.2}$$

或

$$(\boldsymbol{\beta}_1, \boldsymbol{\beta}_2, \cdots, \boldsymbol{\beta}_n) = (\boldsymbol{\alpha}_1, \boldsymbol{\alpha}_2, \cdots, \boldsymbol{\alpha}_n)\boldsymbol{P}. \tag{6.3}$$

(6.1)或(6.3)称为**基变换公式**,矩阵 $\boldsymbol{P}$ 称为由基 $\boldsymbol{\alpha}_1, \boldsymbol{\alpha}_2, \cdots, \boldsymbol{\alpha}_n$ 到基 $\boldsymbol{\beta}_1, \boldsymbol{\beta}_2, \cdots, \boldsymbol{\beta}_n$ 的**过渡矩阵**.过渡矩阵显然可逆.

6.3.2 坐标变换公式

定理 6.2 设 V_n 中的元素 $\boldsymbol{\alpha}$ 在基 $\boldsymbol{\alpha}_1, \boldsymbol{\alpha}_2, \cdots, \boldsymbol{\alpha}_n$ 下的坐标为 $(x_1, x_2, \cdots, x_n)^{\mathrm{T}}$,在基 $\boldsymbol{\beta}_1, \boldsymbol{\beta}_2, \cdots, \boldsymbol{\beta}_n$ 下的坐标为 $(x_1', x_2', \cdots, x_n')^{\mathrm{T}}$,若两个基满足关系式(6.3),则有坐标变换公式

$$\begin{pmatrix} x_1 \\ x_2 \\ \vdots \\ x_n \end{pmatrix} = \boldsymbol{P} \begin{pmatrix} x_1' \\ x_2' \\ \vdots \\ x_n' \end{pmatrix} \quad \text{或} \quad \begin{pmatrix} x_1' \\ x_2' \\ \vdots \\ x_n' \end{pmatrix} = \boldsymbol{P}^{-1} \begin{pmatrix} x_1 \\ x_2 \\ \vdots \\ x_n \end{pmatrix}. \tag{6.4}$$

证 因为

$$\boldsymbol{\alpha} = (\boldsymbol{\alpha}_1, \boldsymbol{\alpha}_2, \cdots, \boldsymbol{\alpha}_n) \begin{pmatrix} x_1 \\ x_2 \\ \vdots \\ x_n \end{pmatrix}$$

$$= (\boldsymbol{\beta}_1, \boldsymbol{\beta}_2, \cdots, \boldsymbol{\beta}_n)\boldsymbol{P}^{-1} \begin{pmatrix} x_1 \\ x_2 \\ \vdots \\ x_n \end{pmatrix},$$

$$\boldsymbol{\alpha} = (\boldsymbol{\beta}_1, \boldsymbol{\beta}_2, \cdots, \boldsymbol{\beta}_n) \begin{pmatrix} x_1' \\ x_2' \\ \vdots \\ x_n' \end{pmatrix},$$

由于 $\boldsymbol{\beta}_1, \boldsymbol{\beta}_2, \cdots, \boldsymbol{\beta}_n$ 线性无关,故有关系式(6.4).

显然,定理的逆命题也成立.

例 6.9　在 $P[x]_3$ 中取两个基:

$$\boldsymbol{\alpha}_1 = x^3 + 2x^2 - x,\quad \boldsymbol{\alpha}_2 = x^3 - x^2 + x + 1,$$

$$\boldsymbol{\alpha}_3 = - x^3 + 2x^2 + x + 1,\quad \boldsymbol{\alpha}_4 = - x^3 - x^2 + 1;$$

及

$$\boldsymbol{\beta}_1 = 2x^3 + x^2 + 1,\quad \boldsymbol{\beta}_2 = x^2 + 2x + 2,$$

$$\boldsymbol{\beta}_3 = - 2x^3 + x^2 + x + 2,\quad \boldsymbol{\beta}_4 = x^3 + 3x^2 + x + 2,$$

求坐标变换公式.

解　先将 $\boldsymbol{\beta}_1, \boldsymbol{\beta}_2, \boldsymbol{\beta}_3, \boldsymbol{\beta}_4$ 用 $\boldsymbol{\alpha}_1, \boldsymbol{\alpha}_2, \boldsymbol{\alpha}_3, \boldsymbol{\alpha}_4$ 表示.因为

$$(\boldsymbol{\alpha}_1, \boldsymbol{\alpha}_2, \boldsymbol{\alpha}_3, \boldsymbol{\alpha}_4) = (x^3, x^2, x, 1)\boldsymbol{A},$$

$$(\boldsymbol{\beta}_1, \boldsymbol{\beta}_2, \boldsymbol{\beta}_3, \boldsymbol{\beta}_4) = (x^3, x^2, x, 1)\boldsymbol{B},$$

其中

$$\boldsymbol{A} = \begin{pmatrix} 1 & 1 & -1 & -1 \\ 2 & -1 & 2 & -1 \\ -1 & 1 & 1 & 0 \\ 0 & 1 & 1 & 1 \end{pmatrix},$$

$$\boldsymbol{B} = \begin{pmatrix} 2 & 0 & -2 & 1 \\ 1 & 1 & 1 & 3 \\ 0 & 2 & 1 & 1 \\ 1 & 2 & 2 & 2 \end{pmatrix},$$

得

$$(\boldsymbol{\beta}_1, \boldsymbol{\beta}_2, \boldsymbol{\beta}_3, \boldsymbol{\beta}_4) = (\boldsymbol{\alpha}_1, \boldsymbol{\alpha}_2, \boldsymbol{\alpha}_3, \boldsymbol{\alpha}_4)\boldsymbol{A}^{-1}\boldsymbol{B},$$

即 $\boldsymbol{P} = \boldsymbol{A}^{-1}\boldsymbol{B}$.

然后用初等变换求 $\boldsymbol{P}^{-1} = \boldsymbol{B}^{-1}\boldsymbol{A}$.

$$(\boldsymbol{B} \mid \boldsymbol{A}) = \left(\begin{array}{cccc|cccc} 2 & 0 & -2 & 1 & 1 & 1 & -1 & -1 \\ 1 & 1 & 1 & 3 & 2 & -1 & 2 & -1 \\ 0 & 2 & 1 & 1 & -1 & 1 & 1 & 0 \\ 1 & 2 & 2 & 2 & 0 & 1 & 1 & 1 \end{array}\right)$$

$$\xrightarrow{\text{初等行变换}} \left(\begin{array}{cccc|cccc} 1 & 0 & 0 & 0 & 0 & 1 & -1 & 1 \\ 0 & 1 & 0 & 0 & -1 & 1 & 0 & 0 \\ 0 & 0 & 1 & 0 & 0 & 0 & 0 & 1 \\ 0 & 0 & 0 & 1 & 1 & -1 & 1 & -1 \end{array}\right)$$

$$= (\boldsymbol{E} \mid \boldsymbol{B}^{-1}\boldsymbol{A})$$

故所求变换公式为

$$\begin{pmatrix} x_1' \\ x_2' \\ x_3' \\ x_4' \end{pmatrix} = \begin{pmatrix} 0 & 1 & -1 & 1 \\ -1 & 1 & 0 & 0 \\ 0 & 0 & 0 & 1 \\ 1 & -1 & 1 & -1 \end{pmatrix} \begin{pmatrix} x_1 \\ x_2 \\ x_3 \\ x_4 \end{pmatrix}.$$

例 6.10 坐标变换的几何意义.设

$$\boldsymbol{\alpha}_1 = \begin{pmatrix} 1 \\ 0 \end{pmatrix}, \quad \boldsymbol{\alpha}_2 = \begin{pmatrix} 0 \\ 1 \end{pmatrix}$$

及

$$\boldsymbol{\beta}_1 = \begin{pmatrix} 1 \\ 1 \end{pmatrix}, \quad \boldsymbol{\beta}_2 = \begin{pmatrix} 1 \\ -\frac{1}{2} \end{pmatrix}$$

为线性空间$\mathbb{R}^2$的两个基,又设 $\boldsymbol{\alpha} = -\frac{1}{2}\boldsymbol{\alpha}_1 + \boldsymbol{\alpha}_2$,求 $\boldsymbol{\alpha}$ 在 $\boldsymbol{\beta}_1$, $\boldsymbol{\beta}_2$ 下的坐标.

解 $\boldsymbol{\alpha}$ 在 $\boldsymbol{\alpha}_1$, $\boldsymbol{\alpha}_2$ 下的坐标为

$$\begin{pmatrix} x_1 \\ x_2 \end{pmatrix} = \begin{pmatrix} -\frac{1}{2} \\ 1 \end{pmatrix},$$

又

$$(\boldsymbol{\beta}_1, \boldsymbol{\beta}_2) = (\boldsymbol{\alpha}_1, \boldsymbol{\alpha}_2) \begin{pmatrix} 1 & 1 \\ 1 & -\frac{1}{2} \end{pmatrix},$$

由坐标变换公式可知,$\boldsymbol{\alpha}$ 在 $\boldsymbol{\beta}_1$, $\boldsymbol{\beta}_2$ 下的坐标为

$$\begin{pmatrix} y_1 \\ y_2 \end{pmatrix} = \begin{pmatrix} 1 & 1 \\ 1 & -\frac{1}{2} \end{pmatrix}^{-1} \begin{pmatrix} -\frac{1}{2} \\ 1 \end{pmatrix} = \begin{pmatrix} \frac{1}{2} \\ -1 \end{pmatrix},$$

即

$$\boldsymbol{\alpha} = \frac{1}{2}\boldsymbol{\beta}_1 - \boldsymbol{\beta}_2.$$

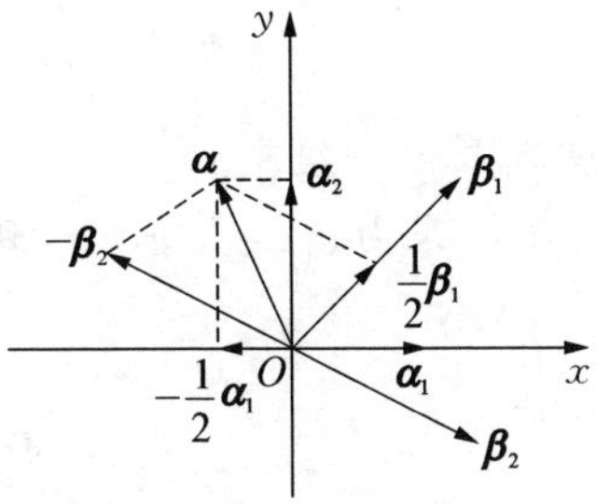

图 6.1

该变换的几何意义如图 6.1 所示.

习　题　6.3

1. 已知

$$\boldsymbol{\alpha}_1 = \begin{pmatrix} 1 \\ 1 \\ 1 \end{pmatrix}, \quad \boldsymbol{\alpha}_2 = \begin{pmatrix} 1 \\ 0 \\ -1 \end{pmatrix}, \quad \boldsymbol{\alpha}_3 = \begin{pmatrix} 1 \\ 0 \\ 1 \end{pmatrix}$$

是$\mathbb{R}^3$的一组基,证明:

$$\boldsymbol{\beta}_1 = \begin{pmatrix} 1 \\ 2 \\ 1 \end{pmatrix}, \quad \boldsymbol{\beta}_2 = \begin{pmatrix} 2 \\ 3 \\ 4 \end{pmatrix}, \quad \boldsymbol{\beta}_3 = \begin{pmatrix} 3 \\ 4 \\ 3 \end{pmatrix}$$

也是$\mathbb{R}^3$的一组基,并求由基 $\boldsymbol{\alpha}_1, \boldsymbol{\alpha}_2, \boldsymbol{\alpha}_3$ 到基 $\boldsymbol{\beta}_1, \boldsymbol{\beta}_2, \boldsymbol{\beta}_3$ 的过渡矩阵.

2. 在 $\boldsymbol{M}_{2\times 2}(\mathbb{R})$中,给定

$$\boldsymbol{\varepsilon}_1 = \begin{pmatrix} 1 & 0 \\ 0 & 0 \end{pmatrix}, \quad \boldsymbol{\varepsilon}_2 = \begin{pmatrix} 0 & 1 \\ 0 & 0 \end{pmatrix},$$

$$\boldsymbol{\varepsilon}_3 = \begin{pmatrix} 0 & 0 \\ 1 & 0 \end{pmatrix}, \quad \boldsymbol{\varepsilon}_4 = \begin{pmatrix} 0 & 0 \\ 0 & 1 \end{pmatrix},$$

(1) 证明:$\boldsymbol{\varepsilon}_1, \boldsymbol{\varepsilon}_2, \boldsymbol{\varepsilon}_3, \boldsymbol{\varepsilon}_4$ 是$\mathbb{R}^{2\times 2}$的一组基;

(2) 证明:

$$\boldsymbol{\eta}_1 = \begin{pmatrix} 0 & 1 \\ 1 & 1 \end{pmatrix}, \quad \boldsymbol{\eta}_2 = \begin{pmatrix} 1 & 0 \\ 1 & 1 \end{pmatrix},$$

$$\boldsymbol{\eta}_3 = \begin{pmatrix} 1 & 1 \\ 0 & 1 \end{pmatrix}, \quad \boldsymbol{\eta}_4 = \begin{pmatrix} 1 & 1 \\ 1 & 0 \end{pmatrix}$$

也是$\mathbb{R}^{2\times 2}$的一组基;

(3) 求由$\boldsymbol{\varepsilon}_1, \boldsymbol{\varepsilon}_2, \boldsymbol{\varepsilon}_3, \boldsymbol{\varepsilon}_4$到$\boldsymbol{\eta}_1, \boldsymbol{\eta}_2, \boldsymbol{\eta}_3, \boldsymbol{\eta}_4$的过渡矩阵;

(4) 求

$$\boldsymbol{\alpha} = \begin{pmatrix} 0 & 1 \\ 2 & 3 \end{pmatrix}$$

在两组基下的坐标.

3. 在$\mathbb{R}^4$中取两个基

$$\begin{cases} \boldsymbol{e}_1 = (1, 0, 0, 0)^{\mathrm{T}}, \\ \boldsymbol{e}_2 = (0, 1, 0, 0)^{\mathrm{T}}, \\ \boldsymbol{e}_3 = (0, 0, 1, 0)^{\mathrm{T}}, \\ \boldsymbol{e}_4 = (0, 0, 0, 1)^{\mathrm{T}}, \end{cases}$$

$$\begin{cases} \boldsymbol{\alpha}_1 = (2, 1, -1, 1)^{\mathrm{T}}, \\ \boldsymbol{\alpha}_2 = (0, 3, 1, 0)^{\mathrm{T}}, \\ \boldsymbol{\alpha}_3 = (5, 3, 2, 1)^{\mathrm{T}}, \\ \boldsymbol{\alpha}_4 = (6, 6, 1, 3)^{\mathrm{T}}, \end{cases}$$

(1) 求由前一个基到后一个基的过渡矩阵;

(2) 求向量$(x_1, x_2, x_3, x_4)^{\mathrm{T}}$在后一个基下的坐标;

(3) 求在两个基下有相同坐标的向量.

4. 设$\boldsymbol{\alpha}_1, \boldsymbol{\alpha}_2, \cdots, \boldsymbol{\alpha}_n$和$\boldsymbol{\beta}_1, \boldsymbol{\beta}_2, \cdots, \boldsymbol{\beta}_n$是$n$维线性空间$\boldsymbol{V}$中的向量组.

$$\boldsymbol{\beta}_i = a_{1i}\boldsymbol{\alpha}_1 + a_{2i}\boldsymbol{\alpha}_2 + \cdots + a_{ni}\boldsymbol{\alpha}_n \quad (i = 1, 2, \cdots, n),$$

且$\boldsymbol{A} = (a_{ij})_{n\times n}$是可逆矩阵.证明:$\boldsymbol{\alpha}_1, \boldsymbol{\alpha}_2, \cdots, \boldsymbol{\alpha}_n$和$\boldsymbol{\beta}_1, \boldsymbol{\beta}_2, \cdots, \boldsymbol{\beta}_n$都是$\boldsymbol{V}$的基,或者都不是$\boldsymbol{V}$的基.

5. 设$\boldsymbol{\xi}_1, \boldsymbol{\xi}_2, \cdots, \boldsymbol{\xi}_n$是线性空间$\boldsymbol{V}$的一组基,$\boldsymbol{\alpha}_1, \boldsymbol{\alpha}_2, \cdots, \boldsymbol{\alpha}_n$是$\boldsymbol{V}$中$n$个向量,若

$$(\boldsymbol{\alpha}_1, \boldsymbol{\alpha}_2, \cdots, \boldsymbol{\alpha}_n) = (\boldsymbol{\xi}_1, \boldsymbol{\xi}_2, \cdots, \boldsymbol{\xi}_n)\boldsymbol{A},$$

证明:$\boldsymbol{\alpha}_1, \boldsymbol{\alpha}_2, \cdots, \boldsymbol{\alpha}_n$生成的子空间$\boldsymbol{L}(\boldsymbol{\alpha}_1, \boldsymbol{\alpha}_2, \cdots, \boldsymbol{\alpha}_n)$的维数等于$\boldsymbol{A}$的秩.

6.4 线性变换

6.4.1 线性变换

线性空间中向量之间的联系,是通过线性空间到线性空间的映射来实现的.

定义 6.7 设有两个非空集合 $\boldsymbol{V}$, $\boldsymbol{U}$,若对于 $\boldsymbol{V}$ 中任一元素 $\boldsymbol{\alpha}$,按照一定规则,总有 $\boldsymbol{U}$ 中一个确定的元素 $\boldsymbol{\beta}$ 和它对应,则这个对应规则被称为从集合 $\boldsymbol{V}$ 到集合 $\boldsymbol{U}$ 的**变换**或**映射**,记作 $\boldsymbol{\beta} = \boldsymbol{T}(\boldsymbol{\alpha})$ 或 $\boldsymbol{\beta} = \boldsymbol{T}\boldsymbol{\alpha}$ $(\boldsymbol{\alpha} \in \boldsymbol{V})$.

设 $\boldsymbol{\alpha} \in \boldsymbol{V}$, $\boldsymbol{T}(\boldsymbol{\alpha}) = \boldsymbol{\beta}$, 则说变换 $\boldsymbol{T}$ 把元素 $\boldsymbol{\alpha}$ 变为 $\boldsymbol{\beta}$,$\boldsymbol{\beta}$ 称为 $\boldsymbol{\alpha}$ 在变换 $\boldsymbol{T}$ 下的**像**,$\boldsymbol{\alpha}$ 称为 $\boldsymbol{\beta}$ 在变换 $\boldsymbol{T}$ 下的**源**,$\boldsymbol{V}$ 称为变换 $\boldsymbol{T}$ 的**源集**,像的全体所构成的集合称为**像集**,记作 $\boldsymbol{T}(\boldsymbol{V})$.即

$$\boldsymbol{T}(\boldsymbol{V}) = \{\boldsymbol{\beta} = \boldsymbol{T}(\boldsymbol{\alpha}) \mid \boldsymbol{\alpha} \in \boldsymbol{V}\},$$

显然, $\boldsymbol{T}(\boldsymbol{V}) \subset \boldsymbol{U}$.

变换的概念实际上是函数概念的推广.

定义 6.8 设 $\boldsymbol{V}_n$, $\boldsymbol{U}_m$ 分别是实数域$\mathbb{R}$上的 n 维和 m 维线性空间,$\boldsymbol{T}$ 是一个从 $\boldsymbol{V}_n$ 到 $\boldsymbol{U}_m$ 的变换,如果变换 $\boldsymbol{T}$ 满足:

(1) 任给 $\boldsymbol{\alpha}_1$, $\boldsymbol{\alpha}_2 \in \boldsymbol{V}_n$, 有 $\boldsymbol{T}(\boldsymbol{\alpha}_1 + \boldsymbol{\alpha}_2) = \boldsymbol{T}(\boldsymbol{\alpha}_1) + \boldsymbol{T}(\boldsymbol{\alpha}_2)$;

(2) 任给 $\boldsymbol{\alpha} \in \boldsymbol{V}_n$, $k \in \mathbb{R}$, 都有 $\boldsymbol{T}(k\boldsymbol{\alpha}) = k\boldsymbol{T}(\boldsymbol{\alpha})$,

那么就称 $\boldsymbol{T}$ 为从 $\boldsymbol{V}_n$ 到 $\boldsymbol{U}_m$ 的**线性变换**.

线性变换就是保持线性组合的对应的变换.

一般用黑体大写字母 $\boldsymbol{T}$, $\boldsymbol{A}$, $\boldsymbol{B}$, …代表线性变换,$\boldsymbol{T}(\boldsymbol{\alpha})$或 $\boldsymbol{T}\boldsymbol{\alpha}$ 代表元素 $\boldsymbol{\alpha}$ 在变换 $\boldsymbol{T}$ 下的像.

若 $\boldsymbol{U}_m = \boldsymbol{V}_n$, 则 $\boldsymbol{T}$ 是一个从线性空间 $\boldsymbol{V}_n$ 到其自身的线性变换,称为线性空间 $\boldsymbol{V}_n$ 中的线性变换.下面主要讨论线性空间 $\boldsymbol{V}_n$ 中的线性变换.

例 6.11 在线性空间 $\boldsymbol{P}[x]_3$ 中,任取

$$\boldsymbol{p} = a_3x^3 + a_2x^2 + a_1x + a_0 \in \boldsymbol{P}[x]_3,$$

$$\boldsymbol{q} = b_3x^3 + b_2x^2 + b_1x + b_0 \in \boldsymbol{P}[x]_3,$$

$k \in \mathbb{R}$,

证明:

(1) 微分运算 $\boldsymbol{D}$ 是一个线性变换;

(2) 如果 $\boldsymbol{T}(\boldsymbol{p}) = a_0$,那么 $\boldsymbol{T}$ 也是一个线性变换;

(3) 如果 $\boldsymbol{T}_1(\boldsymbol{p}) = 1$,那么 $\boldsymbol{T}$ 是一个变换,但不是线性变换.

证 (1) 因为

$$\boldsymbol{Dp} = 3a_3x^2 + 2a_2x + a_1 \in \boldsymbol{P}[x]_3,$$

$$\boldsymbol{Dq} = 3b_3x^2 + 2b_2x + b_1 \in \boldsymbol{P}[x]_3,$$

所以

$$\begin{aligned}\boldsymbol{D}(\boldsymbol{p}+\boldsymbol{q}) &= \boldsymbol{D}[(a_3+b_3)x^3 + (a_2+b_2)x^2 \\ &\quad + (a_1+b_1)x + (a_0+b_0)] \\ &= 3(a_3+b_3)x^2 + 2(a_2+b_2)x + (a_1+b_1) \\ &= (3a_3x^2 + 2a_2x + a_1) + (3b_3x^2 + 2b_2x + b_1) \\ &= \boldsymbol{Dp} + \boldsymbol{Dq},\end{aligned}$$

$$\begin{aligned}\boldsymbol{D}(k\boldsymbol{p}) &= \boldsymbol{D}(ka_3x^3 + ka_2x^2 + ka_1x + ka_0) \\ &= k(3a_3x^2 + 2a_2x + a_1) \\ &= k\boldsymbol{Dp},\end{aligned}$$

故 $\boldsymbol{D}$ 是 $\boldsymbol{P}[x]_3$ 中的线性变换.

(2) 因为

$$\boldsymbol{T}(\boldsymbol{p}+\boldsymbol{q}) = a_0 + b_0 = \boldsymbol{T}(\boldsymbol{p}) + \boldsymbol{T}(\boldsymbol{q}),$$

$$\boldsymbol{T}(k\boldsymbol{p}) = ka_0 = k\boldsymbol{T}(\boldsymbol{p}),$$

故 $\boldsymbol{T}$ 是 $\boldsymbol{P}[x]_3$ 中的线性变换.

(3) 因为 $\boldsymbol{T}_1(\boldsymbol{p}+\boldsymbol{q}) = 1$,但 $\boldsymbol{T}_1(\boldsymbol{p}) + \boldsymbol{T}_1(\boldsymbol{q}) = 1 + 1 = 2$,所以

$$\boldsymbol{T}_1(\boldsymbol{p}+\boldsymbol{q}) \neq \boldsymbol{T}_1(\boldsymbol{p}) + \boldsymbol{T}_1(\boldsymbol{q}),$$

故 $\boldsymbol{T}_1$ 不是 $\boldsymbol{P}[x]_3$ 中的线性变换.

例 6.12 定义在闭区间上的全体连续函数组成实数域$\mathbb{R}$上的一个线性空间 $\boldsymbol{V}$,在这个空间中定义变换 $\boldsymbol{T}(f(x)) = \int_a^x f(t)\mathrm{d}t$,试证 $\boldsymbol{T}$ 是

线性变换.

证　设 $f(x) \in \boldsymbol{V}$, $g(x) \in \boldsymbol{V}$, $k \in \mathbb{R}$, 则有

$$\begin{aligned} \boldsymbol{T}[f(x)+g(x)] &= \int_a^x [f(t)+g(t)]\mathrm{d}t \\ &= \int_a^x f(t)\mathrm{d}t + \int_a^x g(t)\mathrm{d}t \\ &= \boldsymbol{T}[f(x)] + \boldsymbol{T}[g(x)], \end{aligned}$$

$$\begin{aligned} \boldsymbol{T}[kf(x)] &= \int_a^x kf(t)\mathrm{d}t = k\int_a^x f(t)\mathrm{d}t \\ &= k\boldsymbol{T}[f(x)], \end{aligned}$$

故命题得证.

例 6.13　线性空间 $\boldsymbol{V}$ 中的恒等变换(或称单位变换)$\boldsymbol{E}$: $\boldsymbol{E}(\boldsymbol{\alpha}) = \boldsymbol{\alpha}$ ($\boldsymbol{\alpha} \in \boldsymbol{V}$)是线性变换.

证　设 $\boldsymbol{\alpha}, \boldsymbol{\beta} \in \boldsymbol{V}$, $k \in \mathbb{R}$, 则有

$$\boldsymbol{E}(\boldsymbol{\alpha}+\boldsymbol{\beta}) = \boldsymbol{\alpha}+\boldsymbol{\beta} = E(\boldsymbol{\alpha}) + E(\boldsymbol{\beta}),$$

$$\boldsymbol{E}(k\boldsymbol{\alpha}) = k\boldsymbol{\alpha} = k\boldsymbol{E}(\boldsymbol{\alpha}),$$

所以恒等变换 $\boldsymbol{E}$ 是线性变换.

例 6.14　线性空间 $\boldsymbol{V}$ 中的零变换 $\boldsymbol{O}$: $\boldsymbol{O}(\boldsymbol{\alpha}) = \boldsymbol{0}$ 是线性变换.

证　设 $\boldsymbol{\alpha}, \boldsymbol{\beta} \in \boldsymbol{V}$, $k \in \mathbb{R}$, 则有

$$\boldsymbol{O}(\boldsymbol{\alpha}+\boldsymbol{\beta}) = \boldsymbol{0} = \boldsymbol{0}+\boldsymbol{0} = \boldsymbol{O}(\boldsymbol{\alpha}) + \boldsymbol{O}(\boldsymbol{\beta}),$$

$$\boldsymbol{O}(k\boldsymbol{\alpha}) = \boldsymbol{0} = k\boldsymbol{0} = k\boldsymbol{O}(\boldsymbol{\alpha}),$$

所以零变换 $\boldsymbol{O}$ 是线性变换.

6.4.2　线性变换的性质

设 $\boldsymbol{T}$ 是 $\boldsymbol{V}_n$ 中的线性变换,则

(1) $\boldsymbol{T}(\boldsymbol{0}) = \boldsymbol{0}$, $\boldsymbol{T}(-\boldsymbol{\alpha}) = -\boldsymbol{T}(\boldsymbol{\alpha})$.

(2) 若 $\boldsymbol{\beta} = k_1\boldsymbol{\alpha}_1 + k_2\boldsymbol{\alpha}_2 + \cdots + k_m\boldsymbol{\alpha}_m$, 则

$$\boldsymbol{T\beta} = k_1\boldsymbol{T\alpha}_1 + k_2\boldsymbol{T\alpha}_2 + \cdots + k_m\boldsymbol{T\alpha}_m.$$

(3) 若 $\boldsymbol{\alpha}_1, \cdots, \boldsymbol{\alpha}_m$ 线性相关,则 $\boldsymbol{T\alpha}_1, \cdots, \boldsymbol{T\alpha}_m$ 亦线性相关.结论对线性无关不一定成立.

(4) 线性变换 T 的像集 $T(V_n)$ 是一个线性空间 V_n 的子空间.

证 设 $\boldsymbol{\beta}_1, \boldsymbol{\beta}_2 \in T(V_n)$，则存在 $\boldsymbol{\alpha}_1, \boldsymbol{\alpha}_2 \in V_n$，使 $T\boldsymbol{\alpha}_1 = \boldsymbol{\beta}_1$，$T\boldsymbol{\alpha}_2 = \boldsymbol{\beta}_2$. 则有

$$\boldsymbol{\beta}_1 + \boldsymbol{\beta}_2 = T\boldsymbol{\alpha}_1 + T\boldsymbol{\alpha}_2 = T(\boldsymbol{\alpha}_1 + \boldsymbol{\alpha}_2) \in T(V_n),$$

$$k\boldsymbol{\beta}_1 = kT\boldsymbol{\alpha}_1 = T(k\boldsymbol{\alpha}_1) \in T(V_n).$$

由于 $T(V_n) \subset V_n$，从上述证明知它对 V_n 中的线性运算封闭，故它是 V_n 的子空间.

(5) $S_T = \{\boldsymbol{\alpha} \mid \boldsymbol{\alpha} \in V_n,\ T\boldsymbol{\alpha} = \boldsymbol{0}\}$ 称为线性变换 T 的**核**. 可证 S_T 是 V_n 的子空间.

证 若 $\boldsymbol{\alpha}_1, \boldsymbol{\alpha}_2 \in S_T$，则 $T\boldsymbol{\alpha}_1 = \boldsymbol{0}$，$T\boldsymbol{\alpha}_2 = \boldsymbol{0}$，于是

$$T(\boldsymbol{\alpha}_1 + \boldsymbol{\alpha}_2) = T\boldsymbol{\alpha}_1 + T\boldsymbol{\alpha}_2 = \boldsymbol{0},$$

故 $\boldsymbol{\alpha}_1 + \boldsymbol{\alpha}_2 \in S_T$；若 $\boldsymbol{\alpha} \in V_n$，$k \in \mathbb{R}$，则

$$T(k\boldsymbol{\alpha}_1) = kT\boldsymbol{\alpha}_1 = k\boldsymbol{0} = \boldsymbol{0},$$

所以 $k\boldsymbol{\alpha}_1 \in S_T$. 即 S_T 对线性运算封闭，又 $S_T \subset V_n$，故 S_T 是 V_n 的子空间.

例 6.15 设有 n 阶矩阵

$$\boldsymbol{A} = \begin{pmatrix} a_{11} & a_{12} & \cdots & a_{1n} \\ a_{21} & a_{22} & \cdots & a_{2n} \\ \vdots & \vdots & & \vdots \\ a_{n1} & a_{n2} & \cdots & a_{nn} \end{pmatrix} = (\boldsymbol{\alpha}_1, \boldsymbol{\alpha}_2, \cdots, \boldsymbol{\alpha}_n),$$

其中

$$\boldsymbol{\alpha}_i = \begin{pmatrix} a_{1i} \\ a_{2i} \\ \vdots \\ a_{ni} \end{pmatrix} \quad (i = 1, 2, \cdots, n),$$

定义 $\mathbb{R}^n$ 中的变换为 $T(\boldsymbol{x}) = \boldsymbol{A}\boldsymbol{x}$ $(\boldsymbol{x} \in \mathbb{R}^n)$，试证 T 为线性变换.

证 若 $\boldsymbol{\alpha}, \boldsymbol{\beta} \in \mathbb{R}^n$，则

$$T(\boldsymbol{\alpha} + \boldsymbol{\beta}) = \boldsymbol{A}(\boldsymbol{\alpha} + \boldsymbol{\beta}) = \boldsymbol{A}\boldsymbol{\alpha} + \boldsymbol{A}\boldsymbol{\beta} = T(\boldsymbol{\alpha}) + T(\boldsymbol{\beta}),$$

$$T(k\boldsymbol{\alpha}) = \boldsymbol{A}(k\boldsymbol{\alpha}) = k\boldsymbol{A}\alpha = kT(\boldsymbol{\alpha}),$$

即 $\boldsymbol{T}$ 为$\mathbb{R}^n$中的线性变换.而且可得

(1) $\boldsymbol{T}$ 的像空间就是由$\boldsymbol{\alpha}_1$, $\boldsymbol{\alpha}_2$, …, $\boldsymbol{\alpha}_n$ 所生成的向量空间：

$$\boldsymbol{T}(\mathbb{R}^n) = \{y = x_1\boldsymbol{\alpha}_1 + x_2\boldsymbol{\alpha}_2 + \cdots + x_n\boldsymbol{\alpha}_n \mid x_1, x_2, \cdots, x_n \in \mathbb{R}\};$$

(2) $\boldsymbol{T}$ 的核$\boldsymbol{S}_T$ 就是齐次线性方程组$\boldsymbol{A}\boldsymbol{x} = \boldsymbol{0}$ 的解空间.

习　题　6.4

1. 说明 xOy 平面上变换

$$\boldsymbol{T}\begin{pmatrix} x \\ y \end{pmatrix} = \boldsymbol{A}\begin{pmatrix} x \\ y \end{pmatrix}$$

的几何意义,其中

(1) $\boldsymbol{A} = \begin{pmatrix} -1 & 0 \\ 0 & 1 \end{pmatrix}$;　　(2) $\boldsymbol{A} = \begin{pmatrix} 0 & 0 \\ 0 & 1 \end{pmatrix}$;

(3) $\boldsymbol{A} = \begin{pmatrix} 0 & 1 \\ 1 & 0 \end{pmatrix}$;　　(4) $\boldsymbol{A} = \begin{pmatrix} 0 & 1 \\ -1 & 0 \end{pmatrix}$.

2. n 阶对称矩阵的全体 $\boldsymbol{V}$ 对于矩阵运算构成一个 $\dfrac{1}{2}n(n+1)$ 维线性空间.给出 n 阶矩阵$\boldsymbol{P}$,以 $\boldsymbol{A}$ 表示$\boldsymbol{V}$ 中的任一元素,变换 $\boldsymbol{T}(\boldsymbol{A}) = \boldsymbol{P}^{\mathrm{T}}\boldsymbol{A}\boldsymbol{P}$ 称为合同变换.试证：合同变换 $\boldsymbol{T}$ 是$\boldsymbol{V}$ 中的线性变换.

3. 判别下列变换是否是线性变换：

(1) 在$\mathbb{R}^3$中定义

$$\boldsymbol{A}\begin{pmatrix} a_1 \\ a_2 \\ a_3 \end{pmatrix} = \begin{pmatrix} a_1{}^2 \\ a_2 + a_3 \\ a_3 \end{pmatrix};$$

(2) 在$\mathbb{R}^4$中定义

$$\boldsymbol{A}\begin{pmatrix} a_1 \\ a_2 \\ a_3 \\ a_4 \end{pmatrix} = \begin{pmatrix} a_1 + a_2 \\ a_2 + a_3 \\ a_1 + a_4 \\ a_2 - a_4 \end{pmatrix}.$$

4. 求$\mathbb{R}^3$中的一个满足下列条件的线性变换：

$$\boldsymbol{A}\begin{pmatrix}1\\-1\\-3\end{pmatrix}=\begin{pmatrix}1\\0\\-1\end{pmatrix},\quad \boldsymbol{A}\begin{pmatrix}2\\1\\1\end{pmatrix}=\begin{pmatrix}2\\-1\\1\end{pmatrix},\quad \boldsymbol{A}\begin{pmatrix}1\\0\\-1\end{pmatrix}=\begin{pmatrix}1\\0\\-1\end{pmatrix}.$$

6.5 线性变换的矩阵表示

根据例6.15，若定义$\mathbb{R}^n$中的变换$\boldsymbol{y}=\boldsymbol{T}(\boldsymbol{x})$为

$$\boldsymbol{T}(\boldsymbol{x})=\boldsymbol{A}\boldsymbol{x}\quad(\boldsymbol{x}\in\mathbb{R}^n),$$

那么$\boldsymbol{T}$是一个线性变换.设$\boldsymbol{e}_1,\boldsymbol{e}_2,\cdots,\boldsymbol{e}_n$为单位坐标向量，则有

$$\boldsymbol{\alpha}_i=\boldsymbol{A}\boldsymbol{e}_i=\boldsymbol{T}(\boldsymbol{e}_i)\quad(i=1,2,\cdots,n).$$

因此，如果一个线性变换$\boldsymbol{T}$有关系式$\boldsymbol{T}(\boldsymbol{x})=\boldsymbol{A}\boldsymbol{x}$，那么矩阵$\boldsymbol{A}$应以$\boldsymbol{T}(\boldsymbol{e}_i)$为列向量.反之，如果一个线性变换$\boldsymbol{T}$使

$$\boldsymbol{T}(\boldsymbol{e}_i)=\boldsymbol{\alpha}_i\quad(i=1,2,\cdots,n),$$

则有

$$\begin{aligned}\boldsymbol{T}(\boldsymbol{x})&=\boldsymbol{T}[\boldsymbol{e}_1,\boldsymbol{e}_2,\cdots,\boldsymbol{e}_n]\\&=\boldsymbol{T}(x_1\boldsymbol{e}_1+x_2\boldsymbol{e}_2+\cdots+x_n\boldsymbol{e}_n)\\&=x_1\boldsymbol{T}(\boldsymbol{e}_1)+x_2\boldsymbol{T}(\boldsymbol{e}_2)+\cdots+x_n\boldsymbol{T}(\boldsymbol{e}_n)\\&=(\boldsymbol{T}(\boldsymbol{e}_1),\boldsymbol{T}(\boldsymbol{e}_2),\cdots,\boldsymbol{T}(\boldsymbol{e}_n))\boldsymbol{x}\\&=(\boldsymbol{\alpha}_1,\boldsymbol{\alpha}_2,\cdots,\boldsymbol{\alpha}_n)\boldsymbol{x}\\&=\boldsymbol{A}\boldsymbol{x},\end{aligned}$$

综上所述，知$\mathbb{R}^n$中的任何线性变换$\boldsymbol{T}$都可用关系式

$$\boldsymbol{T}(\boldsymbol{x})=\boldsymbol{A}\boldsymbol{x}\quad(\boldsymbol{x}\in\mathbb{R}^n)$$

表示，其中$\boldsymbol{A}=(\boldsymbol{T}(\boldsymbol{e}_1),\boldsymbol{T}(\boldsymbol{e}_2),\cdots,\boldsymbol{T}(\boldsymbol{e}_n))$.

6.5.1 线性变换在给定基下的矩阵

定义6.9 设$\boldsymbol{T}$是线性空间$\boldsymbol{V}_n$中的线性变换，在$\boldsymbol{V}_n$中取定一个基$\boldsymbol{\alpha}_1,\boldsymbol{\alpha}_2,\cdots,\boldsymbol{\alpha}_n$，如果这个基在变换$\boldsymbol{T}$下的像为

$$\begin{cases} T(\boldsymbol{\alpha}_1) = a_{11}\boldsymbol{\alpha}_1 + a_{21}\boldsymbol{\alpha}_2 + \cdots + a_{n1}\boldsymbol{\alpha}_n, \\ T(\boldsymbol{\alpha}_2) = a_{12}\boldsymbol{\alpha}_1 + a_{22}\boldsymbol{\alpha}_2 + \cdots + a_{n2}\boldsymbol{\alpha}_n, \\ \qquad\cdots\cdots\cdots\cdots \\ T(\boldsymbol{\alpha}_n) = a_{1n}\boldsymbol{\alpha}_1 + a_{2n}\boldsymbol{\alpha}_2 + \cdots + a_{nn}\boldsymbol{\alpha}_n, \end{cases} \tag{6.5}$$

记 $T(\boldsymbol{\alpha}_1, \boldsymbol{\alpha}_2, \cdots, \boldsymbol{\alpha}_n) = (T(\boldsymbol{\alpha}_1), T(\boldsymbol{\alpha}_2), \cdots, T(\boldsymbol{\alpha}_n))$，则上式可表示为

$$T(\boldsymbol{\alpha}_1, \boldsymbol{\alpha}_2, \cdots, \boldsymbol{\alpha}_n) = (\boldsymbol{\alpha}_1, \boldsymbol{\alpha}_2, \cdots, \boldsymbol{\alpha}_n)\boldsymbol{A}, \tag{6.6}$$

其中

$$\boldsymbol{A} = \begin{pmatrix} a_{11} & a_{12} & \cdots & a_{1n} \\ a_{21} & a_{22} & \cdots & a_{2n} \\ \vdots & \vdots & & \vdots \\ a_{n1} & a_{n2} & \cdots & a_{nn} \end{pmatrix},$$

那么，称 $\boldsymbol{A}$ 为**线性变换 T 在基($\boldsymbol{\alpha}_1, \boldsymbol{\alpha}_2, \cdots, \boldsymbol{\alpha}_n$)下的矩阵**.

显然，矩阵 $\boldsymbol{A}$ 由基的像 $T(\boldsymbol{\alpha}_1), T(\boldsymbol{\alpha}_2), \cdots, T(\boldsymbol{\alpha}_n)$ 唯一确定.

6.5.2　线性变换与其矩阵的关系

设 $\boldsymbol{A}$ 是线性变换 T 在基 $\boldsymbol{\alpha}_1, \boldsymbol{\alpha}_2, \cdots, \boldsymbol{\alpha}_n$ 下的矩阵，即基 $\boldsymbol{\alpha}_1, \boldsymbol{\alpha}_2, \cdots, \boldsymbol{\alpha}_n$ 在变换 T 下的像为

$$T(\boldsymbol{\alpha}_1, \boldsymbol{\alpha}_2, \cdots, \boldsymbol{\alpha}_n) = (\boldsymbol{\alpha}_1, \boldsymbol{\alpha}_2, \cdots, \boldsymbol{\alpha}_n)\boldsymbol{A}.$$

现推导线性变换 T 必须满足的条件. 对任意 $\boldsymbol{\alpha} \in \boldsymbol{V}_n$，设

$$\boldsymbol{\alpha} = \sum_{i=1}^{n} x_i \boldsymbol{\alpha}_i, \quad T(\boldsymbol{\alpha}) = \sum_{i=1}^{n} x_i' \boldsymbol{\alpha}_i,$$

则

$$\begin{aligned} T(\boldsymbol{\alpha}) &= T\left(\sum_{i=1}^{n} x_i \alpha_i\right) = \sum_{i=1}^{n} x_i T(\boldsymbol{\alpha}_i) \\ &= (T(\boldsymbol{\alpha}_1), T(\boldsymbol{\alpha}_2), \cdots, T(\boldsymbol{\alpha}_n)) \begin{pmatrix} x_1 \\ x_2 \\ \vdots \\ x_n \end{pmatrix} \end{aligned}$$

$$= (\boldsymbol{\alpha}_1, \boldsymbol{\alpha}_2, \cdots, \boldsymbol{\alpha}_n)\boldsymbol{A}\begin{pmatrix} x_1 \\ x_2 \\ \vdots \\ x_n \end{pmatrix},$$

即

$$\boldsymbol{T}(\boldsymbol{\alpha}) = (\boldsymbol{\alpha}_1, \boldsymbol{\alpha}_2, \cdots, \boldsymbol{\alpha}_n)\begin{pmatrix} x_1' \\ x_2' \\ \vdots \\ x_n' \end{pmatrix}$$

$$= (\boldsymbol{\alpha}_1, \boldsymbol{\alpha}_2, \cdots, \boldsymbol{\alpha}_n)\boldsymbol{A}\begin{pmatrix} x_1 \\ x_2 \\ \vdots \\ x_n \end{pmatrix}. \tag{6.7}$$

上式唯一地确定了一个以 $\boldsymbol{A}$ 为矩阵的线性变换 $\boldsymbol{T}$.

在 $\boldsymbol{V}_n$ 中取定一个基后,由线性变换 $\boldsymbol{T}$ 可唯一地确定一个矩阵 $\boldsymbol{A}$,由一个矩阵 $\boldsymbol{A}$ 也可唯一地确定一个线性变换 $\boldsymbol{T}$,故在给定基的条件下,线性变换与矩阵是一一对应的.

由(6.7)式,在基 $\boldsymbol{\alpha}_1, \boldsymbol{\alpha}_2, \cdots, \boldsymbol{\alpha}_n$ 下,$\boldsymbol{\alpha}$ 与 $\boldsymbol{T}(\boldsymbol{\alpha})$的坐标分别为

$$\boldsymbol{\alpha} = \begin{pmatrix} x_1 \\ x_2 \\ \vdots \\ x_n \end{pmatrix}$$

与

$$\boldsymbol{T}(\boldsymbol{\alpha}) = \boldsymbol{A}\begin{pmatrix} x_1 \\ x_2 \\ \vdots \\ x_n \end{pmatrix},$$

因此按坐标表示,有 $\boldsymbol{T}(\boldsymbol{\alpha}) = \boldsymbol{A}(\boldsymbol{\alpha})$, 即

$$\begin{pmatrix} x_1' \\ x_2' \\ \vdots \\ x_n' \end{pmatrix} = \boldsymbol{A}\begin{pmatrix} x_1 \\ x_2 \\ \vdots \\ x_n \end{pmatrix}.$$

例 6.16 在 $\boldsymbol{P}[x]_3$ 中,取基 $\boldsymbol{p}_1 = x^3$, $\boldsymbol{p}_2 = x^2$, $\boldsymbol{p}_3 = x$, $\boldsymbol{p}_4 = 1$, 求微分运算 $\boldsymbol{D}$ 的矩阵.

解 因为

$$\boldsymbol{D}\boldsymbol{p}_1 = 3x^2 = 0\boldsymbol{p}_1 + 3\boldsymbol{p}_2 + 0\boldsymbol{p}_3 + 0\boldsymbol{p}_4,$$

$$\boldsymbol{D}\boldsymbol{p}_2 = 2x = 0\boldsymbol{p}_1 + 0\boldsymbol{p}_2 + 2\boldsymbol{p}_3 + 0\boldsymbol{p}_4,$$

$$\boldsymbol{D}\boldsymbol{p}_3 = 1 = 0\boldsymbol{p}_1 + 0\boldsymbol{p}_2 + 0\boldsymbol{p}_3 + 1\boldsymbol{p}_4,$$

$$\boldsymbol{D}\boldsymbol{p}_4 = 0 = 0\boldsymbol{p}_1 + 0\boldsymbol{p}_2 + 0\boldsymbol{p}_3 + 0\boldsymbol{p}_4,$$

所以 $\boldsymbol{D}$ 在这组基下的矩阵为

$$\boldsymbol{A} = \begin{pmatrix} 0 & 0 & 0 & 0 \\ 3 & 0 & 0 & 0 \\ 0 & 2 & 0 & 0 \\ 0 & 0 & 1 & 0 \end{pmatrix}.$$

例 6.17 实数域$\mathbb{R}$上所有一元多项式的集合记作 $\boldsymbol{P}[x]$, $\boldsymbol{P}[x]$中次数小于 n 的所有一元多项式(包括零多项式)组成的集合记作 $\boldsymbol{P}[x]_n$,它对于多项式的加法和数与多项式的乘法,构成$\mathbb{R}$上的一个线性空间.在线性空间 $\boldsymbol{P}[x]_n$ 中,定义变换

$$\boldsymbol{\sigma}(f(x)) = \frac{\mathrm{d}}{\mathrm{d}x}f(x) \quad (f(x) \in \boldsymbol{P}[x]_n),$$

则由导数的性质可以证明:$\boldsymbol{\sigma}$ 是 $\boldsymbol{P}[x]_n$ 上的一个线性变换,这个变换也称为微分变换.现取 $\boldsymbol{P}[x]_n$ 的基为 $1, x, x^2, \cdots, x^{n-1}$,则有

$$\boldsymbol{\sigma}(1) = 0, \quad \boldsymbol{\sigma}(x) = 1, \quad \boldsymbol{\sigma}(x^2) = 2x, \quad \cdots,$$

$$\boldsymbol{\sigma}(x^{n-1}) = (n-1)x^{n-2},$$

因此,$\boldsymbol{\sigma}$ 在基 $1, x, x^2, \cdots, x^{n-1}$下的矩阵为

$$\boldsymbol{A} = \begin{pmatrix} 0 & 1 & 0 & \cdots & 0 \\ 0 & 0 & 2 & \cdots & 0 \\ \vdots & \vdots & \vdots & & \vdots \\ 0 & 0 & 0 & \cdots & n-1 \\ 0 & 0 & 0 & \cdots & 0 \end{pmatrix}.$$

例 6.18 在$\mathbb{R}^3$中,$\boldsymbol{T}$ 表示将向量投影到 xOy 平面的线性变换,

即

$$T(x\boldsymbol{i}+y\boldsymbol{j}+z\boldsymbol{k})=x\boldsymbol{i}+y\boldsymbol{j}.$$

(1) 取基 $\boldsymbol{i}, \boldsymbol{j}, \boldsymbol{k}$,求 T 的矩阵;

(2) 取基 $\boldsymbol{\alpha}=\boldsymbol{i}, \boldsymbol{\beta}=\boldsymbol{j}, \boldsymbol{\gamma}=\boldsymbol{i}+\boldsymbol{j}+\boldsymbol{k}$, 求 T 的矩阵.

解 (1) 可知

$$\begin{cases} T\boldsymbol{i}=\boldsymbol{i}, \\ T\boldsymbol{j}=\boldsymbol{j}, \\ T\boldsymbol{k}=\boldsymbol{0}, \end{cases}$$

即

$$T(\boldsymbol{i}, \boldsymbol{j}, \boldsymbol{k})=(\boldsymbol{i}, \boldsymbol{j}, \boldsymbol{k})\begin{pmatrix} 1 & 0 & 0 \\ 0 & 1 & 0 \\ 0 & 0 & 0 \end{pmatrix},$$

故所求 T 的矩阵为

$$\boldsymbol{A}=\begin{pmatrix} 1 & 0 & 0 \\ 0 & 1 & 0 \\ 0 & 0 & 0 \end{pmatrix};$$

(2) 可知

$$\begin{cases} T\boldsymbol{\alpha}=\boldsymbol{i}=\boldsymbol{\alpha}, \\ T\boldsymbol{\beta}=\boldsymbol{j}=\boldsymbol{\beta}, \\ T\boldsymbol{\gamma}=\boldsymbol{i}+\boldsymbol{j}=\boldsymbol{\alpha}+\boldsymbol{\beta}, \end{cases}$$

即

$$T(\boldsymbol{\alpha}, \boldsymbol{\beta}, \boldsymbol{\gamma})=(\boldsymbol{\alpha}, \boldsymbol{\beta}, \boldsymbol{\gamma})\begin{pmatrix} 1 & 0 & 1 \\ 0 & 1 & 1 \\ 0 & 0 & 0 \end{pmatrix},$$

故所求 T 的矩阵为

$$\boldsymbol{A}=\begin{pmatrix} 1 & 0 & 1 \\ 0 & 1 & 1 \\ 0 & 0 & 0 \end{pmatrix}.$$

由此可见,同一线性变换在不同的基下一般有不同的矩阵.

6.5.3　线性变换在不同基下的矩阵

已知同一线性变换在不同的基下有不同的矩阵,那么这些矩阵之间有什么关系呢?

定理6.3　设在线性空间 V_n 中取定两个基 $\boldsymbol{\alpha}_1, \boldsymbol{\alpha}_2, \cdots, \boldsymbol{\alpha}_n$ 和 $\boldsymbol{\beta}_1, \boldsymbol{\beta}_2, \cdots, \boldsymbol{\beta}_n$,由基 $\boldsymbol{\alpha}_1, \boldsymbol{\alpha}_2, \cdots, \boldsymbol{\alpha}_n$ 到基 $\boldsymbol{\beta}_1, \boldsymbol{\beta}_2, \cdots, \boldsymbol{\beta}_n$ 的过渡矩阵为 $\boldsymbol{P}$, V_n 中的线性变换 T 在这两个基下的矩阵依次为 $\boldsymbol{A}$ 和 $\boldsymbol{B}$,则 $\boldsymbol{B} = \boldsymbol{P}^{-1}\boldsymbol{A}\boldsymbol{P}$.

证　依题设,有

$$(\boldsymbol{\beta}_1, \boldsymbol{\beta}_2, \cdots, \boldsymbol{\beta}_n) = (\boldsymbol{\alpha}_1, \boldsymbol{\alpha}_2, \cdots, \boldsymbol{\alpha}_n)\boldsymbol{P},$$

$$T(\boldsymbol{\alpha}_1, \boldsymbol{\alpha}_2, \cdots, \boldsymbol{\alpha}_n) = (\boldsymbol{\alpha}_1, \boldsymbol{\alpha}_2, \cdots, \boldsymbol{\alpha}_n)\boldsymbol{A},$$

$$T(\boldsymbol{\beta}_1, \boldsymbol{\beta}_2, \cdots, \boldsymbol{\beta}_n) = (\boldsymbol{\beta}_1, \boldsymbol{\beta}_2, \cdots, \boldsymbol{\beta}_n)\boldsymbol{B},$$

则

$$\begin{aligned}(\boldsymbol{\beta}_1, \boldsymbol{\beta}_2, \cdots, \boldsymbol{\beta}_n)\boldsymbol{B} &= T(\boldsymbol{\beta}_1, \boldsymbol{\beta}_2, \cdots, \boldsymbol{\beta}_n)\\ &= T[(\boldsymbol{\alpha}_1, \boldsymbol{\alpha}_2, \cdots, \boldsymbol{\alpha}_n)\boldsymbol{P}]\\ &= T(\boldsymbol{\alpha}_1, \boldsymbol{\alpha}_2, \cdots, \boldsymbol{\alpha}_n)\boldsymbol{P}\\ &= (\boldsymbol{\alpha}_1, \boldsymbol{\alpha}_2, \cdots, \boldsymbol{\alpha}_n)\boldsymbol{A}\boldsymbol{P}\\ &= (\boldsymbol{\beta}_1, \boldsymbol{\beta}_2, \cdots, \boldsymbol{\beta}_n)\boldsymbol{P}^{-1}\boldsymbol{A}\boldsymbol{P},\end{aligned}$$

注意到 $\boldsymbol{\beta}_1, \boldsymbol{\beta}_2, \cdots, \boldsymbol{\beta}_n$ 线性无关,从而 $\boldsymbol{B} = \boldsymbol{P}^{-1}\boldsymbol{A}\boldsymbol{P}$.

定义6.10　线性变换 T 的像空间 $T(V_n)$ 的维数,称为线性变换 T 的**秩**.

容易证明下列结论:

(1) 若 $\boldsymbol{A}$ 是 T 的矩阵,则 T 的秩就是 $R(\boldsymbol{A})$.

(2) 若 T 的秩为 r,则 T 的核 $\boldsymbol{S}_T$ 的维数为 $n-r$.

例6.19　设 $\mathbb{R}^{2\times 2}$ 中的线性变换 T 在基 $\boldsymbol{\alpha}, \boldsymbol{\beta}$ 下的矩阵为

$$\boldsymbol{A} = \begin{pmatrix} a_{11} & a_{12} \\ a_{21} & a_{22} \end{pmatrix},$$

求 T 在基 $\boldsymbol{\beta}, \boldsymbol{\alpha}$ 下的矩阵.

解　可知

$$(\boldsymbol{\beta}, \boldsymbol{\alpha}) = (\boldsymbol{\alpha}, \boldsymbol{\beta})\begin{pmatrix} 0 & 1 \\ 1 & 0 \end{pmatrix},$$

即

$$\boldsymbol{P} = \begin{pmatrix} 0 & 1 \\ 1 & 0 \end{pmatrix},$$

易求得

$$\boldsymbol{P}^{-1} = \begin{pmatrix} 0 & 1 \\ 1 & 0 \end{pmatrix},$$

于是 $\boldsymbol{T}$ 在基$\boldsymbol{\beta}, \boldsymbol{\alpha}$ 下的矩阵为

$$\begin{aligned} \boldsymbol{B} &= \begin{pmatrix} 0 & 1 \\ 1 & 0 \end{pmatrix}\begin{pmatrix} a_{11} & a_{12} \\ a_{21} & a_{22} \end{pmatrix}\begin{pmatrix} 0 & 1 \\ 1 & 0 \end{pmatrix} \\ &= \begin{pmatrix} a_{21} & a_{22} \\ a_{11} & a_{12} \end{pmatrix}\begin{pmatrix} 0 & 1 \\ 1 & 0 \end{pmatrix} \\ &= \begin{pmatrix} a_{22} & a_{21} \\ a_{12} & a_{11} \end{pmatrix}. \end{aligned}$$

习 题 6.5

1. 函数集合 $\boldsymbol{V}_3 = \{\boldsymbol{\alpha} = (a_2x^2 + a_1x + a_0)\mathrm{e}^x \mid a_2, a_1, a_0 \in \mathbb{R}\}$ 对于函数的线性运算构成三维线性空间，在 $\boldsymbol{V}_3$ 中取一个基 $\boldsymbol{\alpha}_1 = x^2\mathrm{e}^x$，$\boldsymbol{\alpha}_2 = x\mathrm{e}^x$，$\boldsymbol{\alpha}_3 = \mathrm{e}^x$，求微分运算 $\boldsymbol{D}$ 在这个基下的矩阵.

2. 二阶对称矩阵的全体

$$\boldsymbol{V}_3 = \left\{ \boldsymbol{A} = \begin{pmatrix} x_1 & x_2 \\ x_2 & x_3 \end{pmatrix} \middle| x_1, x_2, x_3 \in \mathbb{R} \right\}$$

对于矩阵的线性运算构成三维线性空间.在 $\boldsymbol{V}_3$ 中取一个基

$$\boldsymbol{A}_1 = \begin{pmatrix} 1 & 0 \\ 0 & 0 \end{pmatrix}, \quad \boldsymbol{A}_2 = \begin{pmatrix} 0 & 1 \\ 1 & 0 \end{pmatrix}, \quad \boldsymbol{A}_3 = \begin{pmatrix} 0 & 0 \\ 0 & 1 \end{pmatrix},$$

在 $\boldsymbol{V}_3$ 中定义合同变换

$$\boldsymbol{T}(\boldsymbol{A}) = \begin{pmatrix} 1 & 0 \\ 1 & 1 \end{pmatrix}\boldsymbol{A}\begin{pmatrix} 1 & 1 \\ 0 & 1 \end{pmatrix},$$

求 $\boldsymbol{T}$ 在 $\boldsymbol{A}_1, \boldsymbol{A}_2, \boldsymbol{A}_3$ 下的矩阵.

3. 设 $\boldsymbol{T}$ 为 $\mathbb{R}^3$ 中的一个线性变换,满足

$$\boldsymbol{T}(\boldsymbol{\xi}_1) = (-1, 1, 0)^{\mathrm{T}},$$

$$\boldsymbol{T}(\boldsymbol{\xi}_2) = (2, 1, 1)^{\mathrm{T}},$$

$$\boldsymbol{T}(\boldsymbol{\xi}_3) = (0, -1, -1)^{\mathrm{T}},$$

其中

$$\boldsymbol{\xi}_1 = (1, 0, 0)^{\mathrm{T}},$$

$$\boldsymbol{\xi}_2 = (0, 1, 0)^{\mathrm{T}},$$

$$\boldsymbol{\xi}_3 = (0, 0, 1)^{\mathrm{T}}.$$

(1) 求 $\boldsymbol{T}$ 在 $\boldsymbol{\xi}_1, \boldsymbol{\xi}_2, \boldsymbol{\xi}_3$ 下的矩阵 $\boldsymbol{A}$;

(2) 求 $\boldsymbol{T}$ 在基 $\boldsymbol{\alpha}_1 = \boldsymbol{\xi}_1 + \boldsymbol{\xi}_2 + \boldsymbol{\xi}_3, \boldsymbol{\alpha}_2 = \boldsymbol{\xi}_1 + \boldsymbol{\xi}_2, \boldsymbol{\alpha}_3 = \boldsymbol{\xi}_1$ 下的矩阵 $\boldsymbol{B}$.

4. 设在 $\mathbb{R}^3$ 中,线性变换 $\boldsymbol{T}$ 关于 $\boldsymbol{\alpha}_1, \boldsymbol{\alpha}_2, \boldsymbol{\alpha}_3$ 的矩阵为

$$\boldsymbol{A} = \begin{pmatrix} 1 & 2 & 3 \\ -1 & 0 & 3 \\ 2 & 1 & 5 \end{pmatrix},$$

求 $\boldsymbol{T}$ 在新基 $\boldsymbol{\beta}_1 = \boldsymbol{\alpha}_1, \boldsymbol{\beta}_2 = \boldsymbol{\alpha}_1 + \boldsymbol{\alpha}_2, \boldsymbol{\beta}_3 = \boldsymbol{\alpha}_1 + \boldsymbol{\alpha}_2 + \boldsymbol{\alpha}_3$ 下的矩阵.

附录　代数学发展简史

数学发展到现在,已经成为科学世界中拥有一百多个分支学科的庞大的“数学王国”. 大体来说,数学中研究数的部分属于代数学的范畴;研究形的部分,属于几何学的范畴;沟通形与数且涉及极限运算的部分,属于分析学的范畴. 这三大类数学构成了整个数学的核心. 在这一核心的周围,数学与其他科学互相渗透,出现了许多边缘学科和交叉学科.

一门科学的发展历史是那门科学中最宝贵的部分. 因为科学只能给我们知识,而历史却能给我们智慧.

在此,我们简要介绍代数学的起源以及发展历史.

“代数”(algebra)一词最初来源于 9 世纪阿拉伯数学家、天文学家阿布·贾法尔·穆罕默德·伊本·穆萨·阿尔·花拉子米(al - Khowārizmī,约 780～850)的一本著作,这本著作书名的阿拉伯文是‘ilm al - jabr wa’l muqabalah,直译应为《还原与对消的科学》. al -jabr意为“还原”,这里指把负项移到方程另一端“还原”为正项;muqabalah意即“对消”或“化简”,指方程两端可以消去相同的项或合并同类项. 后人在翻译时把“al - jabr” 译为拉丁文“aljebra”,“aljebra”一词后来被许多国家采用,英文译作“algebra”.

阿尔·花拉子米的生平材料很少流传下来,一般认为他生于花拉子模(Khwarizm,位于阿姆河下游,今乌兹别克境内的希瓦城(Хива)附近),故以花拉子米为姓. 另一说他生于巴格达附近的库特鲁伯利(Qut - rubbullī),祖先是花拉子模人. 花拉子米是拜火教徒的后裔,早年在家乡接受初等教育,后到中亚细亚古城默夫(Мерв)继续深造,并到过阿富汗、印度等地游学,不久成为远近闻名的科学家. 东部地区的总督马蒙(al - Ma’mūn,786～833)曾在默夫召见过花拉子米. 813 年,马蒙成为阿拔斯王朝的哈利发后,聘请花拉子米到首都巴格达工作. 830 年,马蒙在巴格达创办了著名的“智慧馆”(Bayt al - Hikmah,是自公元前3世纪亚历山大博物馆之后最重要的学术机构），花拉子米是智慧馆学术工作的主要领导人之一．马蒙去世后，花拉子米仍留在巴格达工作，直至去世．花拉子米生活和工作的时期，是阿拉伯帝国的政治局势日渐安定、经济发展、文化生活繁荣昌盛的时期．花拉子米科学研究的范围十分广泛，包括数学、天文学、历史学和地理学等领域，并撰写了许多重要的科学著作．在数学方面，花拉子米编著了两部传世之作：《代数学》和《印度的计算术》．

1859年，我国数学家李善兰首次把“algebra”译成“代数”．后来清代学者华蘅芳和英国人傅兰雅合译英国瓦里斯的《代数学》，卷首有“代数之法，无论何数，皆可以任何记号代之”，亦即：代数，就是运用文字符号来代替数字的一种数学方法．古希腊著名数学家丢番图(Diophantus)用文字缩写来表示未知量，在250年前后，丢番图写了一本数学巨著《算术》(Arithmetica)，其中他引入了未知数的概念，创设了未知数的符号，并有建立方程组的思想．因此，丢番图享有“代数学之父”的美誉．

代数学是巴比伦人、希腊人、阿拉伯人、中国人、印度人和西欧人像传递奥运火炬一样一棒接一棒地完成的伟大数学成就．代数学发展至今，包含算术、初等代数、高等代数、数论、抽象代数五个部分．

下面对这五个部分做一个简要介绍．

1. 算　　术

“算术”有两种含义，一种是从中国传下来的，相当于一般所说的“数学”，如《九章算术》等．另一种是从欧洲数学翻译过来的，源自希腊语，有“计算技术”之意．现在一般所说的“算术”，往往指自然数的四则运算；如果是在高等数学中，则有“数论”的含义．作为现代小学课程内容的算术，主要讲授自然数、正分数以及它们的四则运算．

算术是数学中最古老的一个分支，它的一些结论是在长达数千年的时间里，缓慢而逐渐地建立起来的．它们反映了在许多世纪中积累起来，并不断凝固在人们意识中的经验．自然数是在对于对象的有限集合进行计算的过程中产生的抽象概念．日常生活中要求人们不仅要计算单个的对象，还要计算各种量，例如长度、重量和时间.为了满足这些简单的量度需要，就要用到分数.现代初等算术运算方法的发展，起源于印度，时间可能在10世纪或11世纪.它后来被阿拉伯人采用，之后传到西欧.15世纪，它被改造成现在的形式.在印度算术的后面，明显地存在着中国古代的影响.19世纪中叶，格拉斯曼(Grassmann)第一次成功地挑选出一个基本公理体系，来定义加法与乘法运算；而算术的其他命题，可以作为逻辑的结果，从这一体系中被推导出来.后来，皮亚诺(Peano)进一步完善了格拉斯曼的体系.算术的基本概念和逻辑推论法则，以人类的实践活动为基础，深刻地反映了世界的客观规律性.尽管它是高度抽象的，但由于它概括的原始材料是如此广泛，因此我们几乎离不开它.同时，它又构成了数学其他分支的最坚实的基础.

2. 初等代数

作为中学数学课程主要内容的初等代数，其中心内容是方程理论."代数"一词的拉丁文原意是"归位".代数方程理论在初等代数中是由一元一次方程向两个方面扩展的：其一是增加未知数的个数，考察由有几个未知数的若干个方程所构成的二元或三元方程组(主要是一次方程组)；其二是增高未知量的次数，考察一元二次方程或准二次方程.初等代数的主要内容在16世纪便已基本发展完备了.

古巴比伦人(公元前19世纪～前17世纪)解决了一次和二次方程问题，欧几里得的《几何原本》(公元前4世纪)中就有用几何形式解二次方程的方法.我国的《九章算术》(公元1世纪)中有三次方程和一次联立方程组的解法，并运用了负数.3世纪的丢番图用有理数求一次、二次不定方程的解.13世纪我国出现的天元术(李冶《测圆海镜》)是有关一元高次方程的数值解法.16世纪意大利数学家发现了三次和四次方程的解法.

代数学符号发展的历史，可分为三个阶段.第一个阶段为3世纪之前，对问题的解不用缩写和符号，而是写成一篇论文，称为文字叙述代数.第二个阶段为3世纪至16世纪，对某些较常出现的量和运算采用了缩写的方法，称为简化代数.3世纪的丢番图的杰出贡献之一，就是把希腊代数学简化，开创了简化代数.然而此后文字叙述代数，在除了印度以外的世界其他地方，还十分普遍地存在了好几百年，尤其在西欧一直到15世纪.第三个阶段为16世纪以后，对问题的解多半表现为由符号组成的数学速记，这些符号与所表现的内容没有什么明显的联系，称为符号代数.

韦达（Viète）在他的《分析方法入门》（Inartem analyticem isagoge，1591年）著作中，首次系统地使用了符号表示未知量的值进行运算，提出符号运算与数的区别，规定了代数与算术的分界.韦达是第一个试图创立一般符号代数的数学家，他开创的符号代数，经笛卡尔（Descarte）改进后成为现代的形式.笛卡尔用小写字母 a，b，c 等表示已知量，而用 x，y，z 代表未知量.这种用法已经成为当今的标准用法."+"、"−"号第一次在数学书中出现，是1489年维德曼的著作《商业中的巧妙速算法》（Behend und hüpsch Rechnung uff allen kauffmanschafften，1489年）.不过正式为大家所公认，作为加、减法运算的符号，那是从1514年由荷伊克开始的.1540年，雷科德（R. Rcorde）开始使用现在使用的"="号.到1591年，韦达在著作中大量使用后，才逐渐为人们所接受.1600年，哈里奥特（T. Harriot）创用大于号"$>$"和小于号"$<$".1631年，奥屈特给出"×"、"÷"号作为乘除运算符号.1637年，笛卡尔第一次使用了根号，并引进用字母表中前头的字母表示已知数、后面的字母表示未知数的习惯做法.至于"$\not<$"、"$\not>$"、"$\neq$"这三个符号的出现，那是近代的事了.

数的概念的拓广，在历史上并不全是由解代数方程所引起的，但习惯上仍把它放在初等代数里，以求与这门课程的安排相一致.公元前4世纪，古希腊人发现无理数.公元前2世纪（西汉时期），我国开始应用负数.1545年，意大利的卡尔达诺（N. Cardano）在《大术》中开始使用虚数.1614年，英国的耐普尔发明对数.17世纪末，一般的实数指数概念才逐步形成.

3. 高等代数

在高等代数中，一次方程组（即线性方程组）发展成为线性代数理论;而二次以上方程发展成为多项式理论.前者是包含向量空间、线性变换、型论、不变量论和张量代数等内容的一门近世代数分支学科,而后者是研究只含有一个未知量的任意次方程的一门近世代数分支学科.作为大学课程的高等代数,只研究它们的基础.

线性代数是高等代数的一大分支.我们知道一次方程叫做线性方程,讨论线性方程及线性运算的代数就叫做线性代数.线性代数中最重要的内容是行列式、矩阵和线性方程组.

17世纪,日本数学家关孝和提出了行列式(determinant)的概念.他在1683年写了一部叫做《解伏题之法》的著作,意思是"解行列式问题的方法",书里对行列式的概念和它的展开已经有了清楚的叙述.而在欧洲,第一个提出行列式概念的是德国数学家、微积分学奠基人之一莱布尼兹(Leibnitz,1693年).1750年,瑞士数学家克莱姆(Cramer)在他的《线性代数分析导言》(Introduction d l'analyse des lignes courbes alge'briques)中发表了求解线性系统方程的重要基本公式(即人们熟悉的克莱姆法则).1764年,法国数学家贝祖(Bezout)把确定行列式每一项的符号的手续系统化了.对给定的含 n 个未知量的 n 个齐次线性方程,贝祖证明了系数行列式等于零是这个方程组有非零解的条件.

法国数学家范德蒙(Vandermonde)是第一个对行列式理论进行系统阐述(即把行列式理论与线性方程组求解相分离)的人.他给出了一条法则,用二阶子式和它们的余子式来展开行列式.就对行列式本身进行研究这一点而言,他是这门理论的奠基人.参照克莱姆和贝祖的工作,1772年,法国数学家拉普拉斯(Laplace)在《对积分和世界体系的探讨》中,证明了范德蒙的一些规则,并推广了他的展开行列式的方法,用 r 行中所含的子式和它们的余子式的集合来展开行列式,这个方法现在仍然以他的名字命名.1841年,德国数学家雅可比(Jacobi)总结并提出了行列式的最系统的理论.另一个研究行列式的是法国最伟大的数学家柯西(Cauchy),他大大发展了行列式的理论,在行列式的记号中,他把元素排成方阵,并首次采用了双重足标的新记法,与此同时,发现两行列式相乘的公式及改进并证明了拉普拉斯的展开定理.

1848年,英格兰数学家西尔维斯特(J. Sylvester)首先提出了"矩阵"(matrix)这个词,它来源于拉丁语,代表一排数.在1855年,矩阵代数得到了英国数学家凯莱(A. Cayley)的进一步发展.凯莱研究了线性变换的组成，并提出了矩阵乘法的定义，使得复合变换 ST 的系数矩阵变为矩阵 S 和矩阵 T 的乘积. 他还进一步研究了那些包括矩阵的逆在内的代数问题. 1858 年，凯莱在他的矩阵理论文集中提出了著名的 Cayley - Hamilton 理论，即断言一个矩阵的平方就是它的特征多项式的根. 利用单一的字母 A 来表示矩阵对矩阵代数的发展是至关重要的. 在发展的早期，公式 $\det(AB) = \det(A)\det(B)$ 为矩阵代数和行列式间提供了一种联系. 数学家柯西首先给出了特征方程的术语，并证明了阶数超过 3 的矩阵有特征值及任意阶实对称行列式都有实特征值；给出了相似矩阵的概念，并证明了相似矩阵有相同的特征值；研究了代换理论.

矩阵的发展是与线性空间、线性变换密切相连的. 线性空间的定义是由皮亚诺(Peano)于 1888 年提出的. 第二次世界大战后，随着现代数字计算机的发展，矩阵又有了新的含义，特别是在矩阵的数值分析等方面. 由于计算机的飞速发展和广泛应用，许多实际问题可以通过离散化的数值计算得到定量的解决. 于是，作为处理离散问题的线性代数，成为从事科学研究和工程设计的科技人员必备的数学基础.

4. 数　论

以正整数作为研究对象的数论，可以看做是算术的一部分，但它不是以运算的观点，而是以数的结构的观点，即一个数可用性质较简单的其他数来表达的观点来研究数的. 因此可以说，数论是研究由整数按一定形式构成的数系的科学.

早在公元前 3 世纪，欧几里得在《几何原本》中就讨论了整数的一些性质. 他证明了素数的个数是无穷的，还给出了求两个数的公约数的辗转相除法. 这与我国《九章算术》中的“更相减损法”是相似的. 埃拉托色尼则给出了寻找不大于给定的自然数 N 的全部素数的“筛法”：在写出从 1 到 N 的全部整数的纸带上，依次挖去 2，3，5，7，…的倍数(各自的 2 倍，3 倍……)以及 1，在这筛子般的纸带上留下的便全是素数了.

当两个整数之差能被正整数 m 除尽时，便称这两个数对于“模”m

同余.我国《孙子算经》(4世纪)中计算一次同余式组的“求一术”,有“中国剩余定理”之称.13世纪,秦九韶已建立了比较完整的同余式理论——“大衍求一术”,这是数论研究的内容之一.丢番图的《算术》中给出了求所有整数解的方法.高斯的名著《数论研究》(1801年)对数论做了比较系统的研究.

数论的古典内容基本上不借助于其他数学分支的方法,称为初等数论.17世纪中叶以后,曾受数论影响而发展起来的代数、几何、分析、概率等数学分支,又反过来促进了数论的发展,出现了代数数论(研究整系数多项式的根——“代数数”)、几何数论(研究直线坐标系中坐标均为整数的全部“整点”——“空间格网”).19世纪后半期出现了解析数论,用分析方法研究素数的分布.20世纪出现了完备的数论理论.

5. 抽象代数

抽象代数又称近世代数,产生于19世纪.

抽象代数是研究各种抽象的公理化代数系统的数学学科.由于代数可处理实数与复数以外的集合,例如向量、矩阵、变换等,这些集合有它们各自的演算规律,数学家将这些演算用抽象的方法把其中的共性提炼出来,并将其升华到更高层次,就诞生了抽象代数.抽象代数包含有群论、环论、伽罗瓦理论、格论等许多分支,并与数学其他分支相结合,产生了代数几何、代数数论、代数拓扑、拓扑群等新的数学学科.抽象代数已经成了当代大部分数学的通用语言.

被誉为天才数学家的伽罗瓦(E. Galois, 1811~1832)是近世代数的创始人之一.他深入研究了一个方程能用根式求解所必须满足的本质条件,他提出的“伽罗瓦域”、“伽罗瓦群”和“伽罗瓦理论”都是近世代数所研究的最重要的课题.伽罗瓦群理论被公认为19世纪最杰出的数学成就之一.他给方程可解性问题提供了全面而透彻的解答,解决了困扰数学家们长达数百年之久的问题.伽罗瓦群论还给出了判断几何图形能否用直尺和圆规作图的一般判别法,圆满地回答了三等分任意角或倍立方体的问题都是不可解的.最重要的是,群论开辟了全新的研究领域,以结构研究代替计算,把从偏重计算研究的思维方式转变为用结构观念研究的思维方式，并把数学运算归类，使群论迅速发展成为一门崭新的数学分支，对近世代数的形成和发展产生了巨大影响.同时，这种理论对于物理学、化学的发展，甚至对于20世纪结构主义哲学的产生和发展都产生了巨大的影响.

1843年，哈密顿(W. R. Hamilton)发明了一种乘法交换律不成立的代数——四元数代数.第二年，格拉斯曼(Grassmann)推演出更有一般性的几类代数.1857年，凯莱设计出另一种不可交换的代数——矩阵代数.他们的研究打开了抽象代数的大门.实际上，减弱或删去普通代数的某些假定，或将某些假定代之以别的假定，就能研究出许多种代数体系.1870年，克隆尼克(Kronecker)给出了有限阿贝尔群的抽象定义；狄德金开始使用"体"的说法，并研究了代数体；1893年，韦伯定义了抽象的体；1910年，施坦尼茨展开了体的一般抽象理论；狄德金和克隆尼克创立了环论；1910年，施坦尼茨总结了包括群、代数、域等在内的代数体系的研究，开创了抽象代数学.

有一位杰出的女数学家被公认为抽象代数的奠基人之一，被誉为代数女皇，她就是诺特(Emmy Noether).诺特1882年3月23日生于德国埃尔朗根，1900年入埃尔朗根大学，1907年在数学家哥尔丹指导下获博士学位.诺特的工作在代数拓扑学、代数数论、代数几何的发展中有重要影响.1907～1919年，她主要研究代数不变式及微分不变式.她在博士论文中给出三元四次型的不变式的完全组，还解决了有理函数域的有限有理基的存在问题；对有限群的不变式具有有限基给出了一个构造性证明；她不用消去法而用直接微分法生成微分不变式.在格丁根大学的就职论文中，她讨论了连续群(李群)下的不变式问题，给出了诺特定理，把对称性、不变性和物理的守恒律联系在一起.

1920～1927年，诺特主要研究交换代数与交换算术.1920年，她引入了"左模"、"右模"的概念.1921年，她写出的《整环的理想理论》一书是交换代数发展的里程碑.1926年，她发表了著名论文《代数数域及代数函数域的理想理论的抽象构造》，文中给出了素理想因子唯一分解定理的充分必要条件.诺特的这套理论也就是现代数学中的"环"和"理想"的系统理论.一般认为抽象代数形成的时间就是1926年，从此代数学的研究对象从研究代数方程根的计算与分布，进入到研究数字、文字和更一般元素的代数运算规律和各种代数结构，完成了古典代数到抽象代数的本质的转变.诺特当之无愧地被人们誉为抽象代数的奠基人之一.

1927～1935 年,诺特研究非交换代数与非交换算术.她把表示理论、理想理论及模理论统一在所谓"超复系"即代数的基础上.诺特的思想通过她的学生范德瓦尔登的名著《近世代数学》得到广泛的传播,她的主要论文收在《诺特全集》(1982 年)中.

1930 年,毕尔霍夫建立格论,它源于 1847 年的布尔代数;第二次世界大战后,出现了各种代数系统的理论和布尔巴基学派;1955 年,嘉当、格洛辛狄克和爱伦伯克建立了同调代数理论.

到现在为止,数学家们已经研究过二百多种代数结构,这些工作的绝大部分属于 20 世纪,它们使一般化和抽象化的思想在现代数学中得到了充分的反映.

现在,可以笼统地把代数学解释为关于字母计算的学说,但字母的含义是在不断地拓广的.在初等代数中,字母表示数;而在高等代数和抽象代数中,字母则表示向量、矩阵、张量、旋量、超复数等各种形式的量.可以说,代数已经发展成为一门关于形式运算的一般学说.

(根据相关资料整理)

习 题 答 案

第 1 章

习题 1.1

1. (1) -7； (2) $3abc-a^3-b^3-c^3$； (3) $(a-b)(b-c)(c-a)$；
   (4) $-2(x^3+y^3)$.
3. $x\neq 0, 2$.

习题 1.2

1. (1) 13； (2) $\frac{1}{2}n(n-1)$； (3) $n(n-1)$.
2. $-a_{11}a_{23}a_{32}a_{44}$，$a_{11}a_{23}a_{34}a_{42}$.
3. (1) 正号； (2) 负号.
4. $k=1$，$l=5$.
6. (1) 1； (2) $(-1)^{(n-1)}n!$； (3) 0.

习题 1.3

1. (1) $4abcdef$； (2) $abcd+ab+cd+ad+1$； (3) 160； (4) 8.
2. (1) -270； (2) -799.
3. $-8m$.
5. (1) $n!$； (2) $b_1b_2\cdots b_n$； (3) $(x-a_1)(x-a_2)\cdots(x-a_n)$.
6. (1) $x=\pm 1$，$x=\pm 2$； (2) $x_i=i-1\ (i=1,2,\cdots,n-1)$.

习题 1.4

1. 0，29.
2. -15.
5. (1) x^2y^2； (2) $b^2(b^2-4a^2)$； (3) $x^n+(-1)^{n+1}y^n$；
   (4) $a_n+a_{n-1}x+a_{n-2}x^2+\cdots+a_1x^{n-1}+x^n$；

(5) $(-1)^n(n+1)a_1a_2\cdots a_n$； (6) $(-1)^{\frac{n(n-1)}{2}}\dfrac{n^n+n^{n-1}}{2}$.

6. (1) $a^{n-2}(a^2-1)$； (2) $\prod\limits_{n+1\geqslant i>j\geqslant 1}(i-j)$； (3) $\prod\limits_{i=1}^{n}(a_id_i-b_ic_i)$；

(4) $(-1)^{n-1}(n-1)2^{n-2}$； (5) $a_1a_2\cdots a_n\left(1+\sum\limits_{i=1}^{n}\dfrac{1}{a_i}\right)$.

习题 1.5

1. (1) $x=1,\ y=2,\ z=3$； (2) $x_1=1,\ x_2=2,\ x_3=3,\ x_4=-1$.
2. 仅有零解.
3. $\mu=0$ 或 $\lambda=1$ 时,方程组有非零解.
4. $\lambda=0,\ 2,\ 3$ 时,方程组有非零解.

第 2 章

习题 2.1

1.

A策略↓ \ B策略→	石头	剪子	布
石头	0	1	−1
剪子	−1	0	1
布	1	−1	0

$$\begin{pmatrix} 0 & 1 & -1 \\ -1 & 0 & 1 \\ 1 & -1 & 0 \end{pmatrix}.$$

2.

	1	2	3	4	5	6
1		1	0	1	1	1
2	0		0	1	1	1
3	1	1		1	0	0
4	0	0	0		1	1
5	0	0	1	0		1
6	0	0	1	0	0	

,按胜多负少排序为 1, 2, 3, 4, 5, 6.

习题 2.2

1. (1) $\begin{pmatrix} 0 & 0 & 0 \\ 0 & 0 & 0 \\ 0 & 0 & 0 \end{pmatrix}$； (2) $\begin{pmatrix} -3 & -2 & 2 \\ 6 & 4 & -4 \\ 9 & 6 & -6 \end{pmatrix}$； (3) $\begin{pmatrix} 6 & -7 & 8 \\ 20 & -5 & -6 \end{pmatrix}$；

(4) $a_{11}x_1^2+a_{22}x_2^2+a_{33}x_3^2+2a_{12}x_1x_2+2a_{13}x_1x_3+2a_{23}x_2x_3$.

2. $\begin{pmatrix} -2 & 13 & 22 \\ -2 & -17 & 20 \\ 4 & 29 & -2 \end{pmatrix}$, $\begin{pmatrix} 0 & 5 & 8 \\ 0 & -5 & 6 \\ 2 & 9 & 0 \end{pmatrix}$.

3. $\begin{cases} x_1 = -6z_1 + z_2 + 3z_3, \\ x_2 = 12z_1 - 4z_2 + 9z_3, \\ x_3 = -10z_1 - z_2 + 16z_3. \end{cases}$

4. 总价值：4 650 万元；总重量：470 t；总体积：2 600 m^3.

5. $\begin{pmatrix} a & b \\ 0 & a \end{pmatrix}$.

6. (1) $\begin{pmatrix} 1 & 0 \\ n\lambda & 1 \end{pmatrix}$； (2) $\begin{pmatrix} \lambda^n & n\lambda^{n-1} & \frac{n(n-1)}{2}\lambda^{n-2} \\ 0 & \lambda^n & n\lambda^{n-1} \\ 0 & 0 & \lambda^n \end{pmatrix}$ $(n \geqslant 2)$.

7. $\boldsymbol{O}$.

8. $3^{n-1}\begin{pmatrix} 1 & \frac{1}{2} & \frac{1}{3} \\ 2 & 1 & \frac{2}{3} \\ 3 & \frac{3}{2} & 1 \end{pmatrix}$.

10. $-m^4$.

11. 0.

习题 2.3

1. (1) $\begin{pmatrix} 5 & -2 \\ -2 & 1 \end{pmatrix}$； (2) $\begin{pmatrix} \cos\theta & \sin\theta \\ -\sin\theta & \cos\theta \end{pmatrix}$； (3) $\begin{pmatrix} -2 & 1 & 0 \\ -\frac{13}{2} & 3 & -\frac{1}{2} \\ -16 & 7 & -1 \end{pmatrix}$；

(4) $\begin{pmatrix} \frac{1}{a_1} & & & \\ & \frac{1}{a_2} & & \\ & & \ddots & \\ & & & \frac{1}{a_n} \end{pmatrix}$.

2. (1) $\begin{pmatrix} 2 & -23 \\ 0 & 8 \end{pmatrix}$； (2) $\begin{pmatrix} -2 & 2 & 1 \\ -\dfrac{8}{3} & 5 & -\dfrac{2}{3} \end{pmatrix}$； (3) $\begin{pmatrix} 2 & -1 & 0 \\ 1 & 3 & -4 \\ 1 & 0 & -2 \end{pmatrix}$；

(4) $\begin{pmatrix} x_1 \\ x_2 \\ x_3 \end{pmatrix} = \begin{pmatrix} 1 \\ 0 \\ 0 \end{pmatrix}$.

3. $\begin{cases} y_1 = -7x_1 - 4x_2 + 9x_3, \\ y_2 = 6x_1 + 3x_2 - 7x_3, \\ y_3 = 3x_1 + 2x_2 - 4x_3. \end{cases}$

6. $-\dfrac{16}{27}$.

9. (1) $\begin{pmatrix} 0 & 3 & 3 \\ -1 & 2 & 3 \\ 1 & 1 & 0 \end{pmatrix}$； (2) $\begin{pmatrix} 2 & 0 & 1 \\ 0 & 3 & 0 \\ 1 & 0 & 2 \end{pmatrix}$.

10. $\begin{pmatrix} 6 & 0 & 0 & 0 \\ 0 & 6 & 0 & 0 \\ 6 & 0 & 6 & 0 \\ 1 & 3 & 0 & -1 \end{pmatrix}$.

11. $\begin{pmatrix} 2\,731 & 2\,732 \\ -683 & -684 \end{pmatrix}$.

12. $\boldsymbol{B}(\boldsymbol{A}+\boldsymbol{B})^{-1}\boldsymbol{A}$.

13. (2) $\begin{pmatrix} 1 & \dfrac{1}{2} & 0 \\ -\dfrac{1}{3} & 1 & 0 \\ 0 & 0 & 2 \end{pmatrix}$.

习题 2.4

1. $\begin{pmatrix} 1 & 2 & 5 & 1 \\ 0 & 1 & 2 & -4 \\ 0 & 0 & -4 & 3 \\ 0 & 0 & 0 & -9 \end{pmatrix}$.

2. (1) $\begin{pmatrix} O & B^{-1} \\ A^{-1} & O \end{pmatrix}$； (2) $\begin{pmatrix} A^{-1} & O \\ -B^{-1}CA^{-1} & B^{-1} \end{pmatrix}$； (3) $\begin{pmatrix} A^{-1} & -A^{-1}CB^{-1} \\ O & B^{-1} \end{pmatrix}$.

3. (1) $\begin{pmatrix} 1 & -2 & 0 & 0 \\ -2 & 5 & 0 & 0 \\ 0 & 0 & 2 & -3 \\ 0 & 0 & -5 & 8 \end{pmatrix}$； (2) $\begin{pmatrix} 0 & 0 & -\frac{1}{6} & -\frac{1}{6} & \frac{1}{2} \\ 0 & 0 & -\frac{2}{3} & \frac{1}{3} & 0 \\ 0 & 0 & \frac{7}{6} & \frac{1}{6} & -\frac{1}{2} \\ 4 & -\frac{3}{2} & 0 & 0 & 0 \\ -1 & \frac{1}{2} & 0 & 0 & 0 \end{pmatrix}$.

4. (1) -4； (2) 6.

5. $\begin{pmatrix} \beta_1^T\beta_1 & \beta_1^T\beta_2 & \cdots & \beta_1^T\beta_n \\ \beta_2^T\beta_1 & \beta_2^T\beta_2 & \cdots & \beta_2^T\beta_n \\ \vdots & \vdots & & \vdots \\ \beta_n^T\beta_1 & \beta_n^T\beta_2 & \cdots & \beta_n^T\beta_n \end{pmatrix}$.

习题 2.5

1. $\begin{pmatrix} 4 & 5 & 2 \\ 1 & 2 & 2 \\ 7 & 8 & 2 \end{pmatrix}$.

2. (1) $\begin{pmatrix} 1 & -1 & 0 \\ 0 & 0 & 1 \\ 0 & 0 & 0 \end{pmatrix}$； (2) $\begin{pmatrix} 1 & 0 & 0 & 0 \\ 0 & 0 & 1 & 0 \\ 0 & 0 & 0 & 1 \end{pmatrix}$； (3) $\begin{pmatrix} 1 & -1 & 0 & 2 & -3 \\ 0 & 0 & 1 & -2 & 2 \\ 0 & 0 & 0 & 0 & 0 \\ 0 & 0 & 0 & 0 & 0 \end{pmatrix}$.

3. (1) $\begin{pmatrix} \frac{7}{6} & \frac{2}{3} & -\frac{3}{2} \\ -1 & -1 & 2 \\ -\frac{1}{2} & 0 & \frac{1}{2} \end{pmatrix}$； (2) $\begin{pmatrix} 1 & 1 & -2 & -4 \\ 0 & 1 & 0 & -1 \\ -1 & -1 & 3 & 6 \\ 2 & 1 & -6 & -10 \end{pmatrix}$.

4. (2) $E(i, j)$.

5. (1) $\begin{pmatrix} 10 & 2 \\ -15 & -3 \\ 12 & 4 \end{pmatrix}$； (2) $\begin{pmatrix} 2 & -1 & -1 \\ -4 & 7 & 4 \end{pmatrix}$； (3) $\begin{pmatrix} 0 & 1 & -1 \\ -1 & 0 & 1 \\ 1 & -1 & 0 \end{pmatrix}$；

(4) $\begin{pmatrix} 2 & 0 & -1 \\ -7 & -4 & 3 \\ -4 & -2 & 1 \end{pmatrix}$.

6. $\begin{pmatrix} 1 & 2 & 5 \\ 0 & 1 & 2 \\ 0 & 0 & 1 \end{pmatrix}$.

7. (1) $\boldsymbol{A}+\boldsymbol{E}$； (2) $\begin{pmatrix} \frac{1}{2} & 0 & 0 \\ 0 & \frac{7}{2} & -\frac{3}{2} \\ 0 & 9 & -4 \end{pmatrix}$.

8. (1) $\frac{1}{8}(\boldsymbol{A}-4\boldsymbol{E})$； (2) $\begin{pmatrix} 0 & 2 & 0 \\ -1 & -1 & 0 \\ 0 & 0 & -2 \end{pmatrix}$.

习题 2.6

1. $R(\boldsymbol{A}) \leqslant R(\boldsymbol{A}, \boldsymbol{b}) \leqslant R(\boldsymbol{A})+1$.
2. 两者都可能有.
3. $R(\boldsymbol{A}) \geqslant R(\boldsymbol{B})$.
4. $\begin{pmatrix} 1 & 0 & 1 & 0 & 0 \\ 1 & -1 & 0 & 0 & 0 \\ 0 & 0 & 0 & 1 & 0 \\ 0 & 0 & 0 & 0 & 1 \\ 0 & 0 & 0 & 0 & 0 \end{pmatrix}$.

6. (1) 秩为 2,二阶子式 $\begin{vmatrix} 3 & 1 \\ 1 & -1 \end{vmatrix}=-4$；

(2) 秩为 2,二阶子式 $\begin{vmatrix} 3 & 2 \\ 2 & -1 \end{vmatrix}=-7$；

(3) 秩为 3,三阶子式 $\begin{vmatrix} 1 & 1 & 0 \\ 3 & -1 & 1 \\ 0 & 0 & 1 \end{vmatrix}=-4$；

(4) 秩为 3,三阶子式 $\begin{vmatrix} 0 & 7 & -5 \\ 5 & 8 & 0 \\ 3 & 2 & 0 \end{vmatrix}=70$.

7. $\lambda = 3$ 时，$R(\boldsymbol{A}) = 2$；$\lambda \neq 3$ 时，$R(\boldsymbol{A}) = 3$.

8. $\lambda = 5$，$\mu = -4$ 时，$R(\boldsymbol{A})$的最小值为2；$\lambda \neq 5$，$\mu \neq -4$ 时，$R(\boldsymbol{A})$的最大值为4.

第 3 章

习题 3.1

1. (1) $\begin{pmatrix} x_1 \\ x_2 \\ x_3 \end{pmatrix} = k\begin{pmatrix} -2 \\ 1 \\ 0 \end{pmatrix}$ $(k \in \mathbb{R})$；(2) $\begin{pmatrix} x_1 \\ x_2 \\ x_3 \\ x_4 \end{pmatrix} = k_1\begin{pmatrix} -2 \\ 1 \\ 0 \\ 0 \end{pmatrix} + k_2\begin{pmatrix} 1 \\ 0 \\ 0 \\ 1 \end{pmatrix}$ $(k_1, k_2 \in \mathbb{R})$；

   (3) 无解； (4) $\begin{pmatrix} x \\ y \\ z \end{pmatrix} = k\begin{pmatrix} -2 \\ 1 \\ 1 \end{pmatrix} + \begin{pmatrix} -1 \\ 2 \\ 0 \end{pmatrix}$ $(k \in \mathbb{R})$.

2. $\begin{cases} x_1 - 2x_3 + 2x_4 = 0, \\ x_2 + 3x_3 - 4x_4 = 0. \end{cases}$

3. (1) 当 $a = 1$ 时，解为 $c_1\begin{pmatrix} -1 \\ 1 \\ 0 \end{pmatrix} + c_2\begin{pmatrix} -1 \\ 0 \\ 1 \end{pmatrix}$ $(c_1, c_2 \in \mathbb{R})$；当 $a = -2$ 时，解为

   $c\begin{pmatrix} 1 \\ 1 \\ 1 \end{pmatrix}$ $(c \in \mathbb{R})$.

   (2) 当 $a = 1$ 或 $b = 0$ 时，方程组有非零解，且当 $a = 1$ 时，解为 $c\begin{pmatrix} -1 \\ 0 \\ 1 \end{pmatrix}$ $(c \in \mathbb{R})$；

   当 $b = 0$ 时，解为 $c\begin{pmatrix} -1 \\ a-1 \\ 1 \end{pmatrix}$ $(c \in \mathbb{R})$.

4. (1) 当 $a \neq 0$，$b \neq \pm 1$ 时，有唯一解：$x_1 = \dfrac{5-b}{a(b+1)}$，$x_2 = -\dfrac{2}{b+1}$，$x_3 = \dfrac{2(b-1)}{b+1}$；

   当 $a \neq 0$，$b = 1$ 时，有无穷多解：$x_1 = \dfrac{1-c}{a}$，$x_2 = c$，$x_3 = 0$ $(c \in \mathbb{R})$；

当 $a=0$，$b=1$ 时,有无穷多解：$x_1=c$，$x_2=1$，$x_3=0$ $(c\in\mathbb{R})$；

当 $a=0$，$b=5$ 时,有无穷多解：$x_1=c$，$x_2=-\dfrac{1}{3}$，$x_3=\dfrac{4}{3}$ $(c\in\mathbb{R})$.

(2) 当 $b\neq-2$ 时,无解；

当 $b=-2$ 且 $a=-8$ 时,解为 $k_1\begin{pmatrix}4\\-2\\1\\0\end{pmatrix}+k_2\begin{pmatrix}-1\\-2\\0\\1\end{pmatrix}+\begin{pmatrix}-1\\1\\0\\0\end{pmatrix}$ $(k_1, k_2\in\mathbb{R})$；

当 $b=-2$ 且 $a\neq-8$ 时,解为 $k\begin{pmatrix}-1\\-2\\0\\1\end{pmatrix}+\begin{pmatrix}-1\\1\\0\\0\end{pmatrix}$ $(k\in\mathbb{R})$.

5. (1) 当 $\lambda\neq1, -2$ 时,有唯一解；当 $\lambda=-2$ 时,无解；

当 $\lambda=1$ 时,有无穷多个解,通解为 $k_1\begin{pmatrix}-1\\1\\0\end{pmatrix}+k_2\begin{pmatrix}-1\\0\\1\end{pmatrix}+\begin{pmatrix}1\\0\\0\end{pmatrix}$ $(k_1, k_2\in\mathbb{R})$.

(2) 当 $\lambda=1$ 时,解为 $k\begin{pmatrix}1\\1\\1\end{pmatrix}+\begin{pmatrix}1\\0\\0\end{pmatrix}$ $(k\in\mathbb{R})$；

当 $\lambda=-2$ 时,解为 $k\begin{pmatrix}1\\1\\1\end{pmatrix}+\begin{pmatrix}2\\2\\0\end{pmatrix}$ $(k\in\mathbb{R})$；

当 $\lambda\neq1, -2$ 时,无解;方程组不存在唯一解的情况.

习题 3.2

1. (1) $\boldsymbol{\beta}=2\boldsymbol{\alpha}_1-\boldsymbol{\alpha}_2$； (2) $\boldsymbol{\beta}$ 不能由 $\boldsymbol{\alpha}_1$，$\boldsymbol{\alpha}_2$ 线性表示.

4. (1) 当 $\lambda\neq0, -3$ 时，$\boldsymbol{\beta}$ 可由 $\boldsymbol{\alpha}_1$，$\boldsymbol{\alpha}_2$，$\boldsymbol{\alpha}_3$ 唯一线性表示；

(2) 当 $\lambda=0$ 时，$\boldsymbol{\beta}$ 可由 $\boldsymbol{\alpha}_1$，$\boldsymbol{\alpha}_2$，$\boldsymbol{\alpha}_3$ 线性表示,但表达式不唯一；

(3) 当 $\lambda=-3$ 时，$\boldsymbol{\beta}$ 不能由 $\boldsymbol{\alpha}_1$，$\boldsymbol{\alpha}_2$，$\boldsymbol{\alpha}_3$ 线性表示.

5. (1) 当 $a=-1$，$b\neq0$ 时，$\boldsymbol{\beta}$ 不能由 $\boldsymbol{\alpha}_1$，$\boldsymbol{\alpha}_2$，$\boldsymbol{\alpha}_3$，$\boldsymbol{\alpha}_4$ 线性表示；

(2) 当 $a\neq-1$ 时,表达式唯一,表达式为

$$\boldsymbol{\beta}=-\frac{2b}{a+1}\boldsymbol{\alpha}_1+\frac{a+b+1}{a+1}\boldsymbol{\alpha}_2+\frac{b}{a+1}\boldsymbol{\alpha}_3.$$

6. (1) 当 $b\neq2$ 时，$\boldsymbol{\beta}$ 不能由 $\boldsymbol{\alpha}_1$，$\boldsymbol{\alpha}_2$，$\boldsymbol{\alpha}_3$ 线性表示；

(2) 当 $b=2$，$a\neq1$ 时，$\boldsymbol{\beta}$ 可由 $\boldsymbol{\alpha}_1$，$\boldsymbol{\alpha}_2$，$\boldsymbol{\alpha}_3$ 唯一地线性表示，表达式为 $\boldsymbol{\beta}=$

$2\boldsymbol{\alpha}_2-\boldsymbol{\alpha}_1$；

当 $b=2$，$a=1$ 时，$\boldsymbol{\beta}$ 可由 $\boldsymbol{\alpha}_1$，$\boldsymbol{\alpha}_2$，$\boldsymbol{\alpha}_3$ 线性表示，但表达式不唯一，表达式为 $\boldsymbol{\beta}=-(2k+1)\boldsymbol{\alpha}_1+(k+2)\boldsymbol{\alpha}_2+k\boldsymbol{\alpha}_3$ （k 为任意常数）.

7. $\begin{pmatrix}7\\5\\2\end{pmatrix}$.

8. (1) 线性相关； (2) 线性无关； (3) 线性无关.

9. 当 $a=2$ 或 $a=-1$ 时，$\boldsymbol{\alpha}_1$，$\boldsymbol{\alpha}_2$，$\boldsymbol{\alpha}_3$ 线性相关.

10. (1) 当 $k=-4$ 时，$\boldsymbol{\alpha}_1$，$\boldsymbol{\alpha}_2$ 线性相关；当 $k\neq-4$ 时，$\boldsymbol{\alpha}_1$，$\boldsymbol{\alpha}_2$ 线性无关；

(2) 当 $k=-4$ 或 $k=\dfrac{3}{2}$ 时，$\boldsymbol{\alpha}_1$，$\boldsymbol{\alpha}_2$，$\boldsymbol{\alpha}_3$ 线性相关；当 $k\neq-4$ 且 $k\neq\dfrac{3}{2}$ 时，$\boldsymbol{\alpha}_1$，$\boldsymbol{\alpha}_2$，$\boldsymbol{\alpha}_3$ 线性无关；

(3) 当 $k=\dfrac{3}{2}$ 时，$\boldsymbol{\alpha}_3=\dfrac{2}{11}\boldsymbol{\alpha}_1+\dfrac{3}{11}\boldsymbol{\alpha}_2$；当 $k=-4$ 时，$\boldsymbol{\alpha}_3$ 不能被 $\boldsymbol{\alpha}_1$，$\boldsymbol{\alpha}_2$ 线性表示.

11. $\boldsymbol{\beta}=-\dfrac{k_1}{k_1+k_2}\boldsymbol{\alpha}_1-\dfrac{k_2}{k_1+k_2}\boldsymbol{\alpha}_2$ （k_1，$k_2\in\mathbb{R}$，$k_1+k_2\neq0$）.

12. 否.例如，$\boldsymbol{\alpha}_1=\begin{pmatrix}1\\0\end{pmatrix}$，$\boldsymbol{\alpha}_2=\begin{pmatrix}2\\0\end{pmatrix}$，$\boldsymbol{\beta}_1=\begin{pmatrix}0\\2\end{pmatrix}$，$\boldsymbol{\beta}_2=\begin{pmatrix}0\\3\end{pmatrix}$，$\boldsymbol{\alpha}_1$，$\boldsymbol{\alpha}_2$ 线性相关，$\boldsymbol{\beta}_1$，$\boldsymbol{\beta}_2$ 也线性相关，但 $\boldsymbol{\alpha}_1+\boldsymbol{\beta}_1$，$\boldsymbol{\alpha}_2+\boldsymbol{\beta}_2$ 线性无关.

15. 当 $k_1\neq1$，$k_2\neq0$ 时，$\boldsymbol{\beta}_1$，$\boldsymbol{\beta}_2$，$\boldsymbol{\beta}_3$ 线性无关；当 $k_1=1$ 或 $k_2=0$ 时，$\boldsymbol{\beta}_1$，$\boldsymbol{\beta}_2$，$\boldsymbol{\beta}_3$ 线性相关.

17. -17.

20. 不等价，因为 $R(\boldsymbol{\alpha}_1,\boldsymbol{\alpha}_2,\boldsymbol{\alpha}_3)\neq R(\boldsymbol{\beta}_1,\boldsymbol{\beta}_2,\boldsymbol{\beta}_3)$.

习题 3.3

1. (1) 秩为 3，$\boldsymbol{\alpha}_1$，$\boldsymbol{\alpha}_2$，$\boldsymbol{\alpha}_3$ 是一个最大无关组，且 $\boldsymbol{\alpha}_4=-3\boldsymbol{\alpha}_1+5\boldsymbol{\alpha}_2-\boldsymbol{\alpha}_3$；

(2) 秩为 2，$\boldsymbol{\alpha}_1$，$\boldsymbol{\alpha}_2$ 是一个最大无关组，且 $\boldsymbol{\alpha}_3=\dfrac{4}{3}\boldsymbol{\alpha}_1-\dfrac{1}{3}\boldsymbol{\alpha}_2$，$\boldsymbol{\alpha}_4=\dfrac{13}{3}\boldsymbol{\alpha}_1+\dfrac{2}{3}\boldsymbol{\alpha}_2$；

(3) 秩为 2，$\boldsymbol{\alpha}_1$，$\boldsymbol{\alpha}_2$ 是一个最大无关组，且 $\boldsymbol{\alpha}_3=\dfrac{3}{2}\boldsymbol{\alpha}_1-\dfrac{7}{2}\boldsymbol{\alpha}_2$，$\boldsymbol{\alpha}_4=\boldsymbol{\alpha}_1+2\boldsymbol{\alpha}_2$；

(4) 秩为 3，$\boldsymbol{\alpha}_1$，$\boldsymbol{\alpha}_2$，$\boldsymbol{\alpha}_3$ 是一个最大无关组，且 $\boldsymbol{\alpha}_4=2\boldsymbol{\alpha}_1+\boldsymbol{\alpha}_2-\boldsymbol{\alpha}_3$.

2. $a=2$，$b=5$.

9. (1) $\boldsymbol{B}=\begin{pmatrix}0&0&0\\1&0&3\\0&1&-2\end{pmatrix}$； (2) $|\boldsymbol{A}|=|\boldsymbol{B}|=0$.

习题 3.4

1. $\boldsymbol{V}_1$ 是,$\boldsymbol{V}_2$ 不是.
3. 不构成.
5. $\boldsymbol{v}_1 = 2\boldsymbol{\alpha}_1 + 3\boldsymbol{\alpha}_2 - \boldsymbol{\alpha}_3$, $\boldsymbol{v}_2 = 3\boldsymbol{\alpha}_1 - 3\boldsymbol{\alpha}_2 - 2\boldsymbol{\alpha}_3$.
6. (1, 2, 3).
7. $\left(\frac{1}{2}, \frac{1}{6}, \frac{1}{12}, \frac{1}{4}\right)$.
8. (1) $\begin{pmatrix} 2 & -1 & 1 \\ 0 & 1 & -2 \\ 0 & 0 & 1 \end{pmatrix}$; (2) (4, 1, −1), (2, −1, −1);

   (3) $k(1, 1, 0)^{\mathrm{T}}$(k 为非零任意常数).
9. $\dim V(\boldsymbol{\alpha}_1, \boldsymbol{\alpha}_2, \boldsymbol{\alpha}_3, \boldsymbol{\alpha}_4) = 3$, $\boldsymbol{\alpha}_1, \boldsymbol{\alpha}_2, \boldsymbol{\alpha}_4$ 是一组基.
10. $\begin{cases} x_1 - x_3 - x_4 = 0, \\ x_2 + x_3 - x_4 = 0. \end{cases}$

习题 3.5

1. (1) $\begin{pmatrix} x_1 \\ x_2 \\ x_3 \\ x_4 \end{pmatrix} = c\begin{pmatrix} -1 \\ 1 \\ 1 \\ 0 \end{pmatrix} + \begin{pmatrix} -8 \\ 13 \\ 0 \\ 2 \end{pmatrix} \quad (c \in \mathbb{R})$;

   (2) $\begin{pmatrix} x_1 \\ x_2 \\ x_3 \\ x_4 \end{pmatrix} = c_1\begin{pmatrix} -\frac{9}{7} \\ \frac{1}{7} \\ 1 \\ 0 \end{pmatrix} + c_2\begin{pmatrix} \frac{1}{2} \\ -\frac{1}{2} \\ 0 \\ 1 \end{pmatrix} + \begin{pmatrix} 1 \\ -2 \\ 0 \\ 0 \end{pmatrix} \quad (c_1, c_2 \in \mathbb{R})$.

2. $\begin{pmatrix} x_1 \\ x_2 \\ x_3 \\ x_4 \end{pmatrix} = c\begin{pmatrix} 3 \\ 4 \\ 5 \\ 6 \end{pmatrix} + \begin{pmatrix} 2 \\ 3 \\ 4 \\ 5 \end{pmatrix} \quad (c \in \mathbb{R})$.

3. $\boldsymbol{x} = c_1(\boldsymbol{\eta}_3 - \boldsymbol{\eta}_1) + c_2(\boldsymbol{\eta}_2 - \boldsymbol{\eta}_1) + \boldsymbol{\eta}_1 \quad (c_1, c_2 \in \mathbb{R})$.
4. (1) 当 $a = -4$, $b \neq 0$ 时,$\boldsymbol{\beta}$ 不能由 $\boldsymbol{\alpha}_1, \boldsymbol{\alpha}_2, \boldsymbol{\alpha}_3$ 线性表示;

   (2) 当 $a \neq 4$, b 任意时,$\boldsymbol{\beta}$ 能由 $\boldsymbol{\alpha}_1, \boldsymbol{\alpha}_2, \boldsymbol{\alpha}_3$ 线性表示,且表达式唯一;

   (3) 当 $a = -4$, $b = 0$ 时,$\boldsymbol{\beta}$ 能由 $\boldsymbol{\alpha}_1, \boldsymbol{\alpha}_2, \boldsymbol{\alpha}_3$ 线性表示,且表达式不唯一,表达

式为 $\boldsymbol{\beta}=k_1\boldsymbol{\alpha}_1+k_2\boldsymbol{\alpha}_2+k_3\boldsymbol{\alpha}_3$,其中 $\begin{pmatrix}k_1\\k_2\\k_3\end{pmatrix}=c\begin{pmatrix}1\\-2\\0\end{pmatrix}+\begin{pmatrix}0\\-1\\1\end{pmatrix}\ (c\in\mathbb{R})$.

6. $\begin{pmatrix}x_1\\x_2\\x_3\\x_4\end{pmatrix}=c\begin{pmatrix}1\\-2\\1\\0\end{pmatrix}+\begin{pmatrix}1\\1\\1\\1\end{pmatrix}\ (c\in\mathbb{R})$.

7. $\begin{pmatrix}x_1\\x_2\\x_3\\x_4\end{pmatrix}=c_1\begin{pmatrix}1\\-1\\1\\0\end{pmatrix}+c_2\begin{pmatrix}0\\-1\\0\\1\end{pmatrix}\ (c_1,\ c_2\in\mathbb{R})$.

8. 当 $\lambda=\dfrac{1}{2}$ 时,全部解为 $\begin{pmatrix}x_1\\x_2\\x_3\\x_4\end{pmatrix}=c_1\begin{pmatrix}1\\-3\\1\\0\end{pmatrix}+c_2\begin{pmatrix}-1\\-2\\0\\2\end{pmatrix}+\begin{pmatrix}-\frac{1}{2}\\1\\0\\0\end{pmatrix}\ (c_1,\ c_2\in\mathbb{R})$;

当 $\lambda\neq\dfrac{1}{2}$ 时,全部解为 $\begin{pmatrix}x_1\\x_2\\x_3\\x_4\end{pmatrix}=c\begin{pmatrix}-2\\1\\-1\\2\end{pmatrix}+\begin{pmatrix}0\\-\frac{1}{2}\\\frac{1}{2}\\0\end{pmatrix}\ (c\in\mathbb{R})$.

9. $9x_1+5x_2-3x_3=-5$.

第 4 章

习题 4.1

1. (1) $\lambda_1=0,\ \lambda_2=-1,\ \lambda_3=9$; $\lambda_1=0$ 的特征向量为 $k_1\begin{pmatrix}-1\\-1\\1\end{pmatrix}\ (k_1\neq0)$, $\lambda_2=-1$ 的特征向量为 $k_2\begin{pmatrix}-1\\1\\0\end{pmatrix}\ (k_2\neq0)$, $\lambda_3=9$ 的特征向量为 $k_3\begin{pmatrix}1\\1\\2\end{pmatrix}$

$(k_3 \neq 0)$.

(2) $\lambda_1 = \lambda_2 = \lambda_3 = 2$, 对应的特征向量为 $k_1\begin{pmatrix}1\\1\\0\\0\end{pmatrix} + k_2\begin{pmatrix}1\\0\\1\\0\end{pmatrix} + k_3\begin{pmatrix}1\\0\\0\\1\end{pmatrix}$ $(k_1, k_2, k_3$ 不全为零); $\lambda_4 = -2$, 对应的特征向量为 $k\begin{pmatrix}-1\\1\\1\\1\end{pmatrix}$ $(k \neq 0)$.

2. (1) 2, −4, 6;　(2) 1, $-\frac{1}{2}$, $\frac{1}{3}$.

6. $\boldsymbol{A}$ 的特征值为 $\lambda_1 = \lambda_2 = 2$, $\lambda_3 = 0$; $\lambda_{1,2} = 2$ 的特征向量为 $k_1\begin{pmatrix}0\\1\\0\end{pmatrix} + k_2\begin{pmatrix}1\\0\\1\end{pmatrix}$ $(k_1, k_2$ 不全为零), $\lambda_3 = 0$ 的特征向量为 $k_3\begin{pmatrix}1\\0\\-1\end{pmatrix}$ $(k_3 \neq 0)$.

9. −6.

10. 18.

11. 637.

习题 4.2

2. 3.

4. (1) $\lambda = -1$, $a = -3$, $b = 0$;　(2) 不能,因为没有三个线性无关的特征向量.

5. (1) 不能;　(2) 能.

6. $\begin{pmatrix}-2 & 3 & -3\\-4 & 5 & -3\\-4 & 4 & -2\end{pmatrix}$.

7. $\begin{pmatrix}-1 & 1 & 0\\-2 & 2 & 0\\4 & -2 & 1\end{pmatrix}$.

8. (1) $-2\begin{pmatrix}1 & 1\\1 & 1\end{pmatrix}$;　(2) $2\begin{pmatrix}1 & 1 & -2\\1 & 1 & -2\\-2 & -2 & 4\end{pmatrix}$.

10. $\lambda_1 = 1$, $\lambda_2 = 0$, $\lambda_3 = -1$; $\boldsymbol{\xi}_1 = (3, 1, 5)^{\mathrm{T}}$, $\boldsymbol{\xi}_2 = (4, -2, 1)^{\mathrm{T}}$, $\boldsymbol{\xi}_3 = (1, -1, 4)^{\mathrm{T}}$.

习题 4.3

1. 9.

2. $\pm\dfrac{1}{\sqrt{2}}\begin{pmatrix}1\\0\\0\\-1\end{pmatrix}$.

3. (1) $\boldsymbol{e}_1=\dfrac{1}{\sqrt{3}}\begin{pmatrix}1\\1\\1\end{pmatrix}$, $\boldsymbol{e}_2=\dfrac{1}{\sqrt{6}}\begin{pmatrix}-2\\1\\1\end{pmatrix}$, $\boldsymbol{e}_3=\dfrac{1}{\sqrt{2}}\begin{pmatrix}0\\-1\\1\end{pmatrix}$;

(2) $\boldsymbol{e}_1=\dfrac{1}{\sqrt{2}}\begin{pmatrix}1\\1\\0\\0\end{pmatrix}$, $\boldsymbol{e}_2=\dfrac{1}{\sqrt{6}}\begin{pmatrix}-1\\1\\2\\0\end{pmatrix}$, $\boldsymbol{e}_3=\dfrac{1}{\sqrt{21}}\begin{pmatrix}2\\-2\\2\\3\end{pmatrix}$.

4. $\dfrac{1}{\sqrt{3}}\begin{pmatrix}-1\\1\\0\\1\\0\end{pmatrix}$, $\dfrac{1}{\sqrt{15}}\begin{pmatrix}1\\-2\\0\\3\\1\end{pmatrix}$.

6. (1) 不是； (2) 是.

习题 4.4

1. (1) $\begin{pmatrix}1&2&2\\2&-2&1\\2&1&-2\end{pmatrix}$; (2) $\dfrac{1}{3}\begin{pmatrix}1&2&2\\2&-2&1\\2&1&-2\end{pmatrix}$.

2. (1) $\boldsymbol{P}=\dfrac{1}{3}\begin{pmatrix}1&2&2\\2&1&-2\\2&-2&1\end{pmatrix}$, $\boldsymbol{\Lambda}=\begin{pmatrix}-2&&\\&1&\\&&4\end{pmatrix}$;

(2) $\boldsymbol{P}=\begin{pmatrix}-\dfrac{2}{\sqrt{5}}&\dfrac{2\sqrt{5}}{15}&-\dfrac{1}{3}\\-\dfrac{1}{\sqrt{5}}&\dfrac{4\sqrt{5}}{15}&-\dfrac{2}{3}\\0&\dfrac{\sqrt{5}}{3}&\dfrac{2}{3}\end{pmatrix}$, $\boldsymbol{\Lambda}=\begin{pmatrix}1&&\\&1&\\&&10\end{pmatrix}$.

3. (1) $a=-2$; (2) $\boldsymbol{Q}=\begin{pmatrix} \frac{1}{\sqrt{2}} & \frac{1}{\sqrt{6}} & \frac{1}{\sqrt{3}} \\ 0 & -\frac{2}{\sqrt{6}} & \frac{1}{\sqrt{3}} \\ -\frac{1}{\sqrt{2}} & \frac{1}{\sqrt{6}} & \frac{1}{\sqrt{3}} \end{pmatrix}$.

4. $\boldsymbol{A}=\frac{1}{3}\begin{pmatrix} -1 & 0 & 2 \\ 0 & 1 & 2 \\ 2 & 2 & 0 \end{pmatrix}$.

5. $a=1$时，$\boldsymbol{A}=\frac{1}{6}\begin{pmatrix} 1 & 1 & 4 \\ 1 & 1 & 4 \\ 4 & 4 & -2 \end{pmatrix}$；$a=0$时，$\boldsymbol{A}=\begin{pmatrix} 0 & 0 & 0 \\ 0 & 0 & -1 \\ 0 & -1 & 0 \end{pmatrix}$.

6. $\boldsymbol{A}=\begin{pmatrix} 4 & 1 & 1 \\ 1 & 4 & 1 \\ 1 & 1 & 4 \end{pmatrix}$.

7. (2) $\sum_{i=1}^{n} a_i^2$ 为 $\boldsymbol{A}$ 的唯一非零特征值；$\lambda=0$ 对应的特征向量为

$$\boldsymbol{x}=k_2\begin{pmatrix} -\frac{a_2}{a_1} \\ 1 \\ 0 \\ \vdots \\ 0 \end{pmatrix}+k_3\begin{pmatrix} -\frac{a_3}{a_1} \\ 0 \\ 1 \\ \vdots \\ 0 \end{pmatrix}+\cdots+k_n\begin{pmatrix} -\frac{a_n}{a_1} \\ 0 \\ 0 \\ \vdots \\ 1 \end{pmatrix}$$

($k_2, k_3, \cdots, k_n$ 不同时为零)，

$\lambda=\sum_{i=1}^{n} a_i^2$ 对应的特征向量为 $\boldsymbol{\xi}_1=k\boldsymbol{\alpha}\ (k\neq 0)$.

第 5 章

习题 5.1

1. (1) $f=(x, y, z)\begin{pmatrix} 1 & 2 & 1 \\ 2 & 4 & 2 \\ 1 & 2 & 1 \end{pmatrix}\begin{pmatrix} x \\ y \\ z \end{pmatrix}$;

(2) $f=(x_1, x_2, x_3, x_4)\begin{pmatrix} 1 & -1 & 2 & -1 \\ -1 & 1 & 3 & -2 \\ 2 & 3 & 1 & 0 \\ -1 & -2 & 0 & 1 \end{pmatrix}\begin{pmatrix} x_1 \\ x_2 \\ x_3 \\ x_4 \end{pmatrix}$.

2. $f = x_1^2 + \frac{1}{3}x_3^2 - 2x_1x_2 - 6x_1x_3 + 2x_1x_4 - 4x_2x_3 + x_2x_4 - 3x_3x_4$.

3. $\begin{pmatrix} 1 & 3 & 5 \\ 3 & 5 & 7 \\ 5 & 7 & 9 \end{pmatrix}$.

4. $\begin{pmatrix} 0 & 1 & 0 \\ 1 & 0 & 0 \\ 0 & 0 & 1 \end{pmatrix}$.

5. 1.

6. (1) $f = 2y_1^2 - y_2^2 + 4y_3^2$； (2) $f = y_1^2 - y_2^2 + y_3^2$.

7. $a = -3$.

习题 5.2

1. (1) $\begin{pmatrix} x_1 \\ x_2 \\ x_3 \end{pmatrix} = \begin{pmatrix} -\frac{1}{\sqrt{6}} & \frac{1}{\sqrt{2}} & \frac{1}{\sqrt{3}} \\ \frac{1}{\sqrt{6}} & \frac{1}{\sqrt{2}} & -\frac{1}{\sqrt{3}} \\ \frac{2}{\sqrt{6}} & 0 & \frac{1}{\sqrt{3}} \end{pmatrix}\begin{pmatrix} y_1 \\ y_2 \\ y_3 \end{pmatrix}$, $f = 4y_2^2 + 9y_3^2$, $f(x_1, x_2, x_3) = 1$

表示椭圆柱面；

(2) $\begin{pmatrix} x_1 \\ x_2 \\ x_3 \\ x_4 \end{pmatrix} = \begin{pmatrix} \frac{1}{2} & \frac{1}{2} & \frac{1}{\sqrt{2}} & 0 \\ -\frac{1}{2} & \frac{1}{2} & 0 & \frac{1}{\sqrt{2}} \\ -\frac{1}{2} & -\frac{1}{2} & \frac{1}{\sqrt{2}} & 0 \\ \frac{1}{2} & -\frac{1}{2} & 0 & \frac{1}{\sqrt{2}} \end{pmatrix}\begin{pmatrix} y_1 \\ y_2 \\ y_3 \\ y_4 \end{pmatrix}$, $f = -y_1^2 + 3y_2^2 + y_3^2 + y_4^2$.

2. $f = 2y_1^2 + 2y_2^2 + 2y_3^2$.

3. $\begin{pmatrix} x_1 \\ x_2 \\ x_3 \end{pmatrix} = \begin{pmatrix} \frac{1}{\sqrt{2}} & -\frac{1}{\sqrt{2}} & 0 \\ 0 & 0 & 1 \\ \frac{1}{\sqrt{2}} & \frac{1}{\sqrt{2}} & 0 \end{pmatrix}\begin{pmatrix} y_1 \\ y_2 \\ y_3 \end{pmatrix}$, $2y_2^2 + 2y_3^2 = 1$.

5. $c=3$，$\begin{pmatrix}x_1\\x_2\\x_3\end{pmatrix}=\begin{pmatrix}-\frac{1}{\sqrt{6}} & \frac{1}{\sqrt{2}} & \frac{1}{\sqrt{3}}\\ \frac{1}{\sqrt{6}} & \frac{1}{\sqrt{2}} & -\frac{1}{\sqrt{3}}\\ \frac{2}{\sqrt{6}} & 0 & \frac{1}{\sqrt{3}}\end{pmatrix}\begin{pmatrix}y_1\\y_2\\y_3\end{pmatrix}$，$f=4{y_1}^2+9{y_2}^2$.

6. (1) $f={y_1}^2+{y_2}^2-{y_3}^2$，$\boldsymbol{x}=\begin{pmatrix}1 & 1 & -1\\0 & 0 & 1\\0 & -1 & 1\end{pmatrix}\boldsymbol{y}$；

(2) $f=-4{y_1}^2+4{y_2}^2+{y_3}^2$，$\boldsymbol{x}=\begin{pmatrix}1 & 1 & -\frac{1}{2}\\1 & -1 & -\frac{1}{2}\\0 & 0 & 1\end{pmatrix}\boldsymbol{y}$.

7. (1) 规范形为 $f={y_1}^2-{y_2}^2$，正惯性指数为1，秩为2；

(2) 规范形为 $f={y_1}^2+{y_2}^2-{y_3}^2$，正惯性指数为2，秩为3.

8. (1) 标准形为 $f=2{y_1}^2+\frac{3}{2}{y_2}^2$；

(2) $f=2{y_1}^2+\frac{3}{2}{y_2}^2=1$ 表示椭圆柱面；

(3) 规范形为 $f={z_1}^2+{z_2}^2$.

习题5.3

1. (1) 负定；(2) 正定.

2. (1) $-\frac{4}{5}<a<0$；(2) $a>2$.

3. $-3<a<1$.

第 6 章

习题6.1

1. (1) 是；(2) 不是；(3) 是；(4) 不是；(5) 不是；(6) 是.

3. (1) 不是；(2) 是；(3) 不是；(4) 不是.

习题 6.2

1. (1) $\boldsymbol{\varepsilon}_1 = \begin{pmatrix} 1 & 0 \\ 0 & 0 \end{pmatrix}$, $\boldsymbol{\varepsilon}_2 = \begin{pmatrix} 0 & 1 \\ 0 & 0 \end{pmatrix}$, $\boldsymbol{\varepsilon}_3 = \begin{pmatrix} 0 & 0 \\ 1 & 0 \end{pmatrix}$, $\boldsymbol{\varepsilon}_4 = \begin{pmatrix} 0 & 0 \\ 0 & 1 \end{pmatrix}$;

   (2) $\boldsymbol{\varepsilon}_1 = \begin{pmatrix} 1 & 0 \\ 0 & -1 \end{pmatrix}$, $\boldsymbol{\varepsilon}_2 = \begin{pmatrix} 0 & 1 \\ 0 & 0 \end{pmatrix}$, $\boldsymbol{\varepsilon}_3 = \begin{pmatrix} 0 & 0 \\ 1 & 0 \end{pmatrix}$;

   (3) $\boldsymbol{\varepsilon}_1 = \begin{pmatrix} 1 & 0 \\ 0 & 0 \end{pmatrix}$, $\boldsymbol{\varepsilon}_2 = \begin{pmatrix} 0 & 1 \\ 1 & 0 \end{pmatrix}$, $\boldsymbol{\varepsilon}_3 = \begin{pmatrix} 0 & 0 \\ 0 & 1 \end{pmatrix}$.

3. $(33, -82, 154)^{\mathrm{T}}$.

4. $\left(\dfrac{1}{2}, 1, -1, \dfrac{1}{2}\right)^{\mathrm{T}}$.

5. (2) $\begin{pmatrix} a_1 - a_2 \\ a_2 - a_3 \\ a_3 \end{pmatrix}$.

6. 维数为 2,基为 $\boldsymbol{\xi}_1 = (3, 1, 0, 0, 0)^{\mathrm{T}}$, $\boldsymbol{\xi}_2 = (7, 0, -2, 0, 1)^{\mathrm{T}}$.

7. $\boldsymbol{\alpha}_1$, $\boldsymbol{\alpha}_2$, $\boldsymbol{e}_1$, $\boldsymbol{e}_4$, $\boldsymbol{e}_5$.

9. $\dim \boldsymbol{L} = 2$.

习题 6.3

1. $\begin{pmatrix} 2 & 3 & 4 \\ 0 & -1 & 0 \\ -1 & 0 & -1 \end{pmatrix}$.

2. (3) $\begin{pmatrix} 0 & 1 & 1 & 1 \\ 1 & 0 & 1 & 1 \\ 1 & 1 & 0 & 1 \\ 1 & 1 & 1 & 0 \end{pmatrix}$; (4) $\begin{pmatrix} 0 \\ 1 \\ 2 \\ 3 \end{pmatrix}$, $\begin{pmatrix} 2 \\ 1 \\ 0 \\ -1 \end{pmatrix}$.

3. (1) $\begin{pmatrix} 2 & 1 & -1 & 1 \\ 0 & 3 & 1 & 0 \\ 5 & 3 & 2 & 1 \\ 6 & 6 & 1 & 3 \end{pmatrix}$; (2) $\begin{pmatrix} y_1 \\ y_2 \\ y_3 \\ y_4 \end{pmatrix} = \dfrac{1}{27}\begin{pmatrix} 12 & 1 & 9 & -7 \\ 9 & 12 & 0 & -3 \\ -27 & -9 & 0 & 9 \\ -33 & -23 & -18 & 26 \end{pmatrix}\begin{pmatrix} x_1 \\ x_2 \\ x_3 \\ x_4 \end{pmatrix}$;

   (3) $\begin{pmatrix} x_1 \\ x_2 \\ x_3 \\ x_4 \end{pmatrix} = k\begin{pmatrix} -1 \\ -2 \\ 4 \\ 7 \end{pmatrix}$.

习题 6.4

1. (1) 与原向量关于 y 轴对称；(2) 将原向量投影到 y 轴上；

(3) 与原向量关于直线 $y = x$ 对称；(4) 将原向量顺时针旋转$\frac{\pi}{2}$.

3. (1) 不是；(2) 是.

4. $\boldsymbol{A}\begin{pmatrix} a_1 \\ a_2 \\ a_3 \end{pmatrix} = \begin{pmatrix} a_1 \\ -a_1 + 2a_2 - a_3 \\ 2a_1 - 6a_2 + 3a_3 \end{pmatrix}$.

习题 6.5

1. $\begin{pmatrix} 1 & 0 & 0 \\ 2 & 1 & 0 \\ 0 & 1 & 1 \end{pmatrix}$.

2. $\begin{pmatrix} 1 & 0 & 0 \\ 1 & 1 & 0 \\ 1 & 2 & 1 \end{pmatrix}$.

3. (1) $\begin{pmatrix} -1 & 2 & 0 \\ 1 & 1 & -1 \\ 0 & 1 & -1 \end{pmatrix}$；(2) $\begin{pmatrix} 0 & 1 & 0 \\ 1 & 1 & 1 \\ 0 & -1 & -2 \end{pmatrix}$.

4. $\begin{pmatrix} 2 & 4 & 4 \\ -3 & -4 & -6 \\ 2 & 3 & 8 \end{pmatrix}$.

参 考 文 献

[1] 同济大学应用数学系.线性代数[M].4版.北京：高等教育出版社，2003.

[2] 吴赣昌.线性代数[M].北京：中国人民大学出版社，2006.

[3] 靳全勤，张华隆.线性代数[M].2版.上海：上海交通大学出版社，2007.

[4] 屠伯埙，徐诚浩，王芬.高等代数[M].上海：上海科学技术出版社，1987.

[5] 线性代数发展史[EB/OL]. http://baike.baidu.com/view/1347143.htm.